“十三五”国家重点出版物出版规划项目·重大出版工程

高超声速出版工程

自由活塞激波风洞理论

朱 浩 著

科 学 出 版 社

北 京

内 容 简 介

高超声速已成为空气动力学研究的热点之一。基于高超声速飞行的很多研究工作，迫切地期望地面试验设备能够逼真地模拟真实飞行环境。本书系统地讨论了一类重要的高超声速地面模拟设备——自由活塞激波风洞，该设备能够产生高焓高密度的试验气流，为高超声速飞行器提供更为逼真的绕流流场和热环境数据。本书首先介绍了自由活塞激波风洞一般特征，然后对该设备所涉及的重活塞运动、激波管流动、热/化学非平衡喷管流，以及气动设计等重要问题进行了细致的阐述与研究。

本书适合从事高超声速试验的技术人员阅读，也可供其他相关科研人员参考。

图书在版编目(CIP)数据

自由活塞激波风洞理论 / 朱浩著. —北京：科学出版社，2019.8

国家出版基金项目 “十三五”国家重点出版物出版规划项目·重大出版工程 高超声速出版工程

ISBN 978-7-03-061923-5

Ⅰ. ①自… Ⅱ. ①朱… Ⅲ. ①激波风洞 Ⅳ. ①V211.751

中国版本图书馆 CIP 数据核字(2019)第 151634 号

责任编辑：徐杨峰 赵微微 / 责任校对：谭宏宇
责任印制：黄晓鸣 / 封面设计：殷 靓

科学出版社 出版
北京东黄城根北街 16 号
邮政编码：100717
http://www.sciencep.com
南京展望文化发展有限公司排版
苏州市越洋印刷有限公司印刷
科学出版社发行 各地新华书店经销

*

2019 年 8 月第 一 版 开本：B5(720×1000)
2019 年 8 月第一次印刷 印张：20 3/4 插页：3
字数：361 000

定价：128.00 元

(如有印装质量问题，我社负责调换)

丛书序

飞得更快一直是人类飞行发展的主旋律。

1903 年 12 月 17 日，莱特兄弟发明的飞机腾空而起，虽然飞得摇摇晃晃犹如蹒跚学步的婴儿，但拉开了人类翱翔天空的华丽大幕；1949 年 2 月 24 日，Bumper-WAC 从美国新墨西哥州白沙发射场发射升空，上面级飞行速度超越 Mach 数 5，实现人类历史上第一次高超声速飞行。从学会飞行，到跨入高超声速，人类用了不到五十年，蹒跚学步的婴儿似乎长成了大人，但实际上，迄今人类还没有实现真正意义的商业高超声速飞行，我们还不得不忍受洲际旅行需要十多个小时甚至更长飞行时间的煎熬。试想一下，如果我们将来可以在两小时内抵达全球任意城市的时候，这个世界将会变成什么样？这并不是遥不可及的梦！

今天，人类进入高超声速领域已经快 70 年了，无数科研人员为之奋斗了终生。从空气动力学、控制、材料、防隔热到动力、测控、系统集成等众多与高超声速飞行相关的学术和工程领域内，一代又一代科研和工程技术人员传承创新，为人类的进步努力奋斗，共同致力于推动人类飞得更快这一目标。量变导致质变，仿佛是天亮前的那一瞬，又好像是蝶即将破茧而出，几代人的奋斗把高超声速推到了嬗变前的临界点上，相信高超声速飞行的商业应用已为期不远！

高超声速飞行的应用和普及必将颠覆人类现在的生活方式，极大地拓展人类文明，并有力地促进人类社会、经济、科技和文化的发展。这一伟大的事业，需要更多的同行者和参与者！

书是人类进步的阶梯。

实现可靠的长时间高超声速飞行堪称人类在求知探索的路上最为艰苦卓绝的一次前行，将披荆斩棘走过的路夯实、巩固成阶梯，以便于后来者跟进、攀登，意义深远。

以一套丛书,将高超声速基础研究和工程技术方面取得阶段性成果和宝贵经验固化下来,建立基础研究与高超声速技术应用的桥梁,为广大研究人员和工程技术人员提供一套科学、系统、全面的高超声速技术参考书,可以起到为人类文明探索、前进构建阶梯的作用。

2016 年,科学出版社就精心策划并着手启动了“高超声速出版工程”这一非常符合时宜的事业。我们围绕“高超声速”这一主题,邀请国内优势高校和主要科研院所,组织国内各领域知名专家,结合基础研究的学术成果和工程研究实践,系统梳理和总结,共同编写了“高超声速出版工程”丛书,丛书突出高超声速特色,体现学科交叉融合,确保了丛书的系统性、前瞻性、原创性、专业性、学术性、实用性和创新性。

丛书记载和传承了我国半个多世纪尤其是近十几年高超声速技术发展的科技成果,凝结了航天航空领域众多专家学者的智慧,既可为相关专业人员提供学习和参考,又可作为工具指导书。期望本套丛书能够为高超声速领域的人才培养、工程研制和基础研究提供有益的指导和帮助,更期望本套丛书能够吸引更多的新生力量关注高超声速技术的发展,并投身于这一领域,为我国高超声速事业的蓬勃发展做出力所能及的贡献。

是为序!

2017 年 10 月

前　言

自由活塞激波风洞是获得高焓高密度试验气流的重要设备,在国际上有着广泛的应用。这种设备的最大特点是,采用重活塞压缩器压缩轻质驱动气体(氦气或者氦气-氩气的混合气体),使之达到设定的高温高压状态,并以此驱动激波管运行。从历史的角度看,自由活塞激波风洞的出现,是高超声速风洞体系自我完善与超高速飞行器研发的外部需求共同作用的结果。自 20 世纪 60 年代 Stalker 先驱性研究算起,自由活塞激波风洞经历了 50 余年的发展,人们已经在这类风洞的理论、设计、运行和试验等多个方面取得了丰富的知识和经验。本书建立在这些成果之上,它是作者对自由活塞激波风洞等高超声速地面模拟设备进行系统性学习与研究的总结。就涉及的知识和研究内容而言,自由活塞激波风洞理论是理解高超声速空气动力学、激波管流动和高温气体效应的一个很好的切入点。

本书的初衷是实现对自由活塞激波风洞的运行过程及相关流动特征的完整刻画,为风洞气动设计与校测提供支撑。各个章节的内容则围绕这个任务展开,其中既包含对自由活塞激波风洞全景式的讨论,也囊括不少局部性研究成果。作者认为,自由活塞激波风洞是一项应用技术,气动设计者应当从客观知识和实践入手,寻求一个主观突破方向。因此,在具体的研究与写作过程中,作者逐步确立了一定的偏好,这是多次尝试后所形成的稍有特色之处,归纳起来,主要有三个方面。

1. 整体研究与局部研究求均衡

这一认识包括两个层面。

第一个层面是整体研究求系统,目的是为自由活塞激波风洞运行过程勾勒出一个系统性的轮廓。自由活塞激波风洞作为高超声速或超高速研究领域中的一个专门性课题,其自身成系统。但研究者仍然需要从更一般的理论去认识和处理这类专门问题。进一步地,为自由活塞激波风洞确立一个系统性轮廓,能够促进研究的不断进化,有助于局部研究的深入和更新,实现局部与整体的相容。从实践的角度看,自由活塞激波风洞理论是高超声速或超高速研究领域内众多经典结果的高度综合和平衡的产物,似应从系统论的角度去捏合众多知识点,弱化某些局部认识的偏执,才有可能塑造出一个令人满意的风洞设计方案。基于此,作者形成了力避支离、务求系统的意趣。这一认识也在研究与写作中不断地得到强化。

第二个层面是局部研究求深入。系统性轮廓的建立需要以若干相对"零散"的研究作为支撑,并且最终得益于这些具体研究的深度。在自由活塞激波风洞中,由于气动/结构等诸多因素的共同作用,其内部流动异常复杂。在多数情况下,这些因素互相纠缠,并最终影响自由活塞激波风洞的性能。不理解这些流动现象的成因,不能权衡这些成因的轻重,也就很难恰当地调和设计要素,使之达到令人满意的设计效果。自由活塞激波风洞理论所涉及知识的深度与广度,增加了风洞设计的风险性。假使在风洞建成之后,由盲目性引发的诸多问题才逐步暴露,试问木已成舟,何以改弦更张。所谓"创造之初,一或不审,日蹙百里之虞,遂伏于此焉"。从这个意义上说,局部研究的深度,决定了整个体系的坚固程度。

整体研究求系统,具体研究求深度,有时似乎是难以调和的矛盾,好比望远镜,想要看得远,视野就得受局限,由于受到风洞设计/试验等工程性目标的牵引,在这些具体研究问题上,作者的研究品位、研究方法,甚或研究的深度,都进行了适当的调整。因此,作者不得不在整体研究的系统性和局部研究深度之间寻求某种平衡。

2. 研究手法求简易

在不同阶段,因为研究需要,作者多次阅读了 Lukasiewicz 的名著 *Experiment Methods of Hypersonics*。这部著作发表于 1973 年,但是该书作者对高超声速地面试验的认识并未过时,书中的很多见解已经成为本领域的纲领,并在后继的时间序列中发挥作用。几十年以来,就高超声速流动中的一些具体问题而言,研究手段可谓愈加丰富,但是其理论核心似未越出 20 世纪中后期认识之藩篱。另外,研究中使用的物理模型越简易,越有利于工程应用。这种"简易"不应该简单地视为"简陋",而是一种科学化的"写意"。孔子曾言"先进于礼乐,野人也。后进于礼乐，君子也。如用之，则吾从先进”，大概是感慨事物常常自质而趋文。在本书中，一些问题的解决之道，亦多考镜源流，从乎“先进”，欲意从一些经典文献中完成对这类风洞的“写意”，宁简勿繁。风洞工程师特别喜欢采用二维平板绕流获得超声速机翼的升力估计。事实上，这个理论具有很大的局限性，仅在无板端扰动的条件下才适用，但是它却能很好地估计升力系数。这是因为环绕机身的上洗流使得机翼内侧升力增加，从而弥补了翼梢的升力损失。又如，高超声速流动中，Busemann 基于 Newton 理论导出离心力修正，从理论上看是完美而正确的，但是在压力分布的实际计算中，该方法反而不如直接 Newton 理论或者 Lee 修正的 Newton 理论准确。这两个细节暗示，简洁的处理需要建立在全面把握物理现象和机制的基础之上。针对风洞运行的各个阶段及状态，作者力图营建理论模型，突出流动过程的主要特征，尽量减少计算流体力学（computational fluid dynamics，CFD）技术的介入。根据作者个人粗陋的体会，漂亮的方程或者 CFD 技术不一定能够增加我们的真知灼见，它们只有和非数学化的深思充分融合，才能发挥最大价值。理论模型尽管在精细化问题上还有所欠缺（这些地方多是 CFD 技术大显身手之处），但有助于建立一个直观而深刻的物理认识，并适应大数据量和快速计算的工程需要。陆九渊诗云“易简工夫终久大，支离事业竟浮沉”。作者在研究与写作过程中，颇有感于斯言。

3. 信息搜集求全面

在开展自由活塞激波风洞技术研究之初，文献的收集与整理就作为一项长期的工作而存在。鉴于高焓管道流的复杂性以及人类目前的认知水平，自由活塞激波风洞的理论设计、后期调试和实际运行之间存在一定偏差，这种偏差形象地反映了理论和应用之间的差距。前人的各种经验和个人的研究/实践是填补这一差距的重要途径。从另外一个角度看，作为一名风洞设计者或者试验者，如果能多积累一些风洞运行、流场校测和相关试验的知识和实践，将对工作大有裨益。以行军作战作一粗浅比喻，风洞理论设计者好比一名阵地指挥官，知识和信息的掌握越丰富，越利于做出合理判断，下令才能自信果断。《三国演义》中有言曰“为将而不通天文，不识地利，不知奇门，不晓阴阳，不看阵图，不明兵势，是庸才也”。按照这个说法，才庸与否，当以对知识/信息掌握的广度深度，以及对知识/信息的品鉴力作为评判标准。本书在相关信息的搜求上，也务求全面，以方便风洞设计人员或者试验人员扩充耳目，驾驭知识，更好地应对实际问题。这或许使得本书有杂芜拖沓之嫌，但毕竟“兵可百年不用，不可一日不备”。还需要指出的是，如果缺少系统的知识体系和深度研究作为积淀,这些信息或多或少会缺少灵气,以致在解决实际问题时力不从心。

不知者不能,从知到能尚需一跃。这一跃就是要跨过理论和应用之间的鸿沟。流体力学大师 von Karman 也曾以填平理论科学和应用技术之间的鸿沟为己任。事实上,自由活塞激波风洞理论研究和实际运行之间也存在这样的"鸿沟",作者上述几个方面的努力,也可以视为填补"鸿沟"活动中所进行的尝试。由于对外学术交流的阻隔,作者只能在相对封闭的环境下,就自由活塞激波风洞设计和运行中的气动问题展开思考。一边是从外文文献中寻找线索,思考背后的原因;一边是预设实践中可能出现的问题,寻求解决之道。这种相对封闭的环境使得作者常常从独立思考和解决问题中获得愉悦,而不在意其附带价值,以致书中包含了不少本人未曾发表的研究结果。这些结果都是各个阶段寻求答案时所留下的足迹。

本书共 5 章,依次为自由活塞激波风洞概述、活塞运动与控制、激波管中的流动、高焓喷管流动、自由活塞激波风洞理论设计。第 1 章主要基于更为广阔的知识背景去理解自由活塞激波风洞的总体特征。第 2~4 章分别讨论自由活塞激波风洞若干重要部件及其相关流动,它们看似独立,实则紧密相关。第 5 章可以看作对上述四章内容的一个简单整合与运用。在具体内容的写作上,本书不能达到自包含的程度,这要求读者对高超声速空气动力学和激波管理论具有一定的了解。为了保持引文的原有状态,本书部分引用内容采用英制单位,希望读者能够适应。

在研究与写作过程中,作者特别留意澳大利亚昆士兰大学(University of Queensland)的 T4 风洞、美国加州理工学院(California Institute of Technology)的 T5 风洞、德国宇航中心(Deutsches Zentrum für Luft-und Raumfahrt, DLR)的 HEG 风洞、日本宇宙航空研究开发机构(Japan Aerospace Exploration Agency, JAXA)的 HIEST 风洞、美国卡尔斯潘大学布法罗研究中心(Calspan-University of Buffalo Research Center, CUBRC)的 LENS 风洞,以及美国国家航空航天局兰利研究中心(NASA-Langley Research Center, LaRC)、美国阿诺德工程和发展中心(Arnold Engineering Development Center, AEDC)等机构的风洞的相关设计与试验工作。这些机构依托地面模拟设备成为人才培养和科学研究的高地,其科学的规划、循序渐进的态度和日复一日的专注精神也同样值得学习。

本书源自作者 2010 年博士后研究工作成果,其间经过多次修改,前后历时近十年。在写作和研究过程中,作者先后得到了很多师长、领导和同事的帮助与鼓励。感谢沈清研究员，作为作者博士后研究阶段的合作导师，多次在百忙之中对作者的研究工作予以指导，并积极推荐与促成本书的出版。感谢宫建主任，由于他的信任，作者能够在较长的一段时间内专注于此项工作。感谢田文炳研究员和陈河梧研究员，两位老先生的关心和指点让作者受益良多。感谢江海南和张冰冰，在 2015~2016 年，两位年轻人协助作者完成了 FD－21 风洞气动设计任务，他们的工作加深了作者对这一课题的理解。此外，还要感谢中国航天空气动力技术研究院高超声速研究室的李睿劬博士、纪锋博士、姚大鹏先生、林键先生、刘荣健先生等诸位同事，他们对作者的工作有过直接或者间接的帮助。感谢秦永明所长、万惠南书记所给予的支持。本书的部分研究内容还得到了国家自然科学基金（编号 11572303）的资助，在此表示衷心感谢。本书承中国科学技术大学杨基明教授、清华大学徐胜利教授、中国航天空气动力技术研究院王强研究员审阅，在此深表感谢。

由于作者学术水平和精力有限，书中难免存在疏漏之处。晦庵诗云：旧学商量加邃密，新知培养转深沉。敬请各位学侣痛下针砭，助其完善。

朱　浩

2018 年 10 月

高超声速出版工程

目 录

第 2 章 活塞运动与控制

第 3 章 激波管中的流动

第 4 章　高焓喷管流动

第 5 章 自由活塞激波风洞理论设计

彩 图

第 1 章

自由活塞激波风洞概述

1.1 自由活塞激波风洞的发展和模拟能力

1.1.1 自由活塞激波风洞的兴起

1901~1902 年,莱特兄弟在完成系留和自由滑翔飞行以后,建造了一个低速风洞,并在风洞里完成了大量的气动试验;随后,他们才制造了“飞行者 1 号”飞机,并在 1903 年进行有动力的可操控飞行[1]。莱特兄弟并非风洞的发明者或最早使用者,但是他们里程碑式的飞行生动地展示了风洞和风洞试验的价值。自此以后,作为流体力学研究的重要手段,风洞和风洞试验获得了更为广泛的接受。正是依赖风洞试验,空气动力学的基本规律才得以证实,各种飞行器绕流的实际形态才得以确定,飞行器的气动力/热特性数值结果才能更加精确。一般认为,在着手进行大规模的航空航天工程的前期阶段,必须进行大量的风洞试验,这一经验,可以从 Apollo 飞船以及航天飞机研究和发展的范例中找到更为有力的支持。当前,高超声速飞行器的设计与发展则依赖风洞试验、数值模拟、飞行试验三个方面技术的综合运用,可以说,这三个方面的技术相辅相成,各有优势,是认识各种流动现象和研究流动机理的重要手段[2]。这些技术在加深人们对各种流动现象和特性理解的同时,也成为完善飞行器设计的重要基石。

就若干复杂的流动现象而言,人们的认识仍然有限,高超声速飞行中遇到的各类热/化学现象就是其中之一。为了研究高超声速或超高速飞行环境下复杂的流动,人们先后研制了多种地面试验平台模拟高超声速飞行环境。本书着重讨论的自由活塞激波风洞就是其中的一种。从高超声速飞行研究历程来看,自由活塞激波风洞迎合了高超声速流动研究的需要,是高超声速飞行研究和发展的产物。

在高超声速飞行中,周围空气将对飞行器做出巨大的阻力功,这种阻力功的最终表现形式为热能,因此可以称为气体黏性加热。在飞行器鼻头或者前缘,这些热能一旦足够强烈,就会使得空气分子发生离解和电离,覆盖在飞行器周围。这种变化意味着"真实气体效应"(或称高温气体效应,在本书中对这两个概念不加区别)的出现,气体粒子能量的激发以及组分之间的反应也将吸收大量的热,从而降低流场温度,改变飞行器的飞行环境。简单地说,真实气体效应意味着对完全气体状态的偏离。这些复杂的物理化学过程使得有关气动力/热的理论计算变得更加困难。因此,地面试验仍然是当前研究的主要方向。为了在实验室中获得真实气体效应,必须要求试验气体的能量和真实飞行相一致或相接近。

高超声速研究迫切地要求地面试验设备能够忠实地模拟飞行条件,以便获得更多可靠的结果。气体黏性加热大多发生在飞行器附近相当薄的边界层内,因此只有仔细分析边界层内发生的现象,才可能准确地预测飞行器的受热情况,并在热防护系统和气动外形之间寻找恰当的折中。如果希望飞行器具有更大的有效载荷和更好的机动性能,那么飞行器绕流的流场和热环境数据必须更加精确。为了获得速度为 6 km/s 以上的高能量试验气流,风洞的滞止温度将接近或超过 9 000 K,常规风洞(间歇式风洞,或者称为冷风洞)受到自身结构的限制,很难在此温度下运行。粗略而言,常规高超声速风洞承袭了超声速风洞的特点,不同的是高超声速风洞使用加热器以避免空气凝结。在空气不凝结的条件下,常规高超声速风洞产生的试验气流的 Mach 数上限在 15 左右。常规高超声速风洞(包括连续式、电弧加热或射流、Ludwieg 管下吹式风洞等)的 Mach 数、Reynolds 数、焓以及试验段速度上限受到几个因素的制约[3]: ① 加热技术的最大加热能力;② 高温高压和长时间的运行要非常巨大的能量(风洞功率与自由流速度的三次方成正比,为了获得 35 km 高空 Mach 数 20 的飞行环境,1 m^2截面积的自由流所需要的能量约为 1.2 GW);③ 长时间运行下过多的热损失;④ 气流对于喷管喉道的侵蚀;⑤ 结构所能承受的最大滞止压力。另外,常规高超声速风洞昂贵的造价和运行成本迫使人们不得不采用另外一些驱动技术,这导致了短时间脉冲型风洞的出现,如热射风洞、炮风洞和激波风洞。脉冲型风洞在模拟再入飞行时,其实际性能通常低于预期[3]。

1899 年,法国化学家 Vieille 研究无烟火药在矿井中的爆炸问题时,完成了第一次激波管试验。1932 年,Schedin 给出了激波管方程和相关理论,但是将激波管用于高超声速风洞设计却是从 1951 年才开始(关于激波管发展的历史细节请参阅文献[3])。1951 年,Hertzberg 首先提出了激波风洞的概念,即在激波管末端加上一个喷管,让激波压缩的热气体通过喷管发生膨胀,就可以突破简单型激波管的 Mach 数上限[3]。在环境温度大于凝结温度的情况下,Mach 数和 Reynolds 数可以超过常规的高超声速风洞。激波风洞利用了激波管高焓高压的优点,但和激波管不同的是,激波风洞产生的高 Mach 数流动是以减少 Reynolds 数为代价得到的。在激波风洞发展的早期阶段,风洞采用常温氢气或氦气作为驱动气体,可以产生焓值为 5 MJ/kg 左右的试验气流,利用加热器加热氢气或采用氢氧混合气体在氦气中燃烧的办法,可以使得焓值增加到 12.5 MJ/kg 左右[3]。在此量级的焓值下,空气中的氧气将发生显著的离解,而氮气的离解相对微弱。不过,这些办法难以获得更高焓值的试验气流,因此增加驱动气体温度的技术更加迫切。

1945 年 12 月,在 von Karman 发表了题为 *Toward new horizons* 的报告以后,超声速/高超声速空气动力学迎来一段快速发展的黄金时期。可是,在 20 世纪 60 年代中期,美国和西欧对高超声速问题的研究兴趣和资助出现了显著的衰退。此时,在澳大利亚,Stalker 带领研究者逆势而上,试图采用自由活塞技术获得高超声速飞行环境中的真实气体效应,并最终取得了成功[4]。因此,自由活塞激波风洞有时被称为“Stalker 管”。自由活塞技术是炮风洞和长射风洞设计思路的延续,其原理是,利用重活塞实施快速等熵压缩,实现对驱动气体的加热加压。事实上,早在 1959 年,Stalker 在加拿大的国家研究委员会工作期间就开始了自由活塞技术的研究工作。之后,在澳大利亚国立大学,他建立了一系列由自由活塞驱动的激波管或风洞(T1 ~ T3)[4]。随着研发高超声速飞行器兴趣的增加,美国和其他国家近年来陆续兴建这类自由活塞激波风洞,如美国的 T5 风洞、澳大利亚的 T4 风洞、德国的 HEG 风洞、日本的 HIEST 风洞。

尽管自由活塞激波风洞存在若干不足,但是就目前技术而言,这类风洞具有强劲的驱动能力,是获得高焓高密度试验气流的重要设备。

1.1.2　不同驱动方式的激波风洞

在叙述不同驱动方式的激波风洞之前,需要将激波管的工作方式略加说明。图 1.1.1 是经典的激波管简图,从该图可以看出,激波管由两个截面积相同的气体贮室组成。最初,两个贮室之间采用膜片隔开,分别充满不同压力的气体,形成高压段(驱动段)和低压段(被驱动段)。当膜片打开时,高压段驱动气体膨胀,并且压缩低压段的被驱动气体,形成了图 1.1.1 中的流动波系和工作区域,图中的激波实际上是强烈的压力间断(或压力阶跃)。关于激波管的详细讨论参见文献[5]和[6]。需要提及的是,真实情况下激波的形成和运动是一个非定常过程,激波管理论只是一个合适的理想化模型,文献[7]和[8]提供的试验和数值结果印证了这一结论。激波管具有广泛的应用范围,相关研究和文献层出不穷,文献[9]~[11]就激波管流动和应用进行了探讨,读者可以从这些文献入手,找到更多的研究线索和细节。

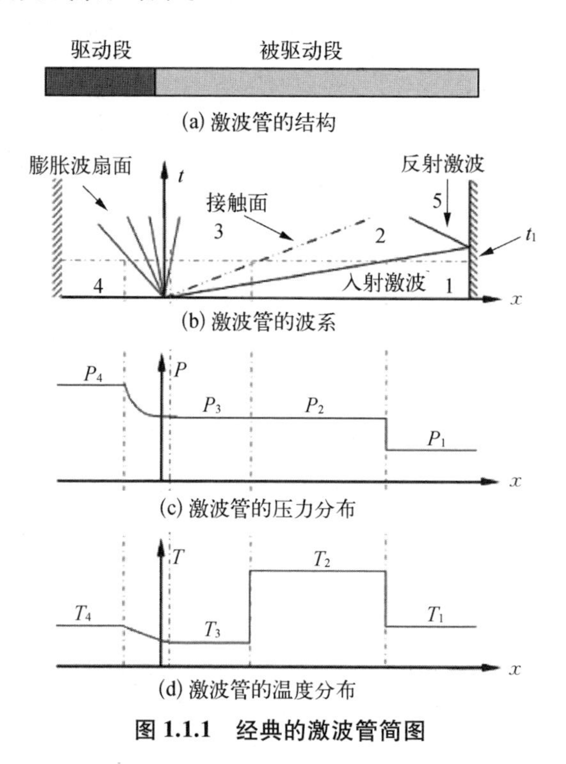

图 1.1.1 经典的激波管简图

高超声速研究中人们感兴趣的是激波管波系中 2 区或者 5 区的气体状态,如图 1.1.1所示。以 2 区为例,它是激波和接触面之间的一段均匀流区。为了模拟的需要,通常希望 2 区的速度和压力达到最大值。由于驱动段的压力 P_4 在实际运行中受结构条件的制约,为了获得最佳的驱动效果,就应当在有效的压降 $(P_4 - P_3)$ 内,使得 3 区气体速度 u_3 达到最大,根据相容性条件,2 区气体的速度 u_2 满足 $u_2 = u_3$。对于非定常膨胀(这里定常/非定常的概念,以滞止焓的变化与否作为标准,即 $\mathrm{d}h_0 = 0$),存在如下关系,即 $\mathrm{d}h_0 = -(M-1)\mathrm{d}h$,这里 h 表示气流静焓。由此可以看出,当试验气流的 Mach 数 $M > 1$ 时,非定常膨胀可以获得更高的滞止焓和更快的速度，静焓的减少引起了速度的增加，在固定的静焓差 dh 下，速度增量为定常膨胀的 M 倍[3]。另外，气体的非定常膨胀还满足

$$\left|\frac{\mathrm{d}u}{\mathrm{d}P}\right| = \frac{1}{(\rho a)} \tag{1.1.1}$$

其中，u、P、ρ 和 a 分别为气体的速度、压力、密度和声速。(ρa) 称为声阻抗(acoustic impedance)，它表示单位时间内单位截面积因声扰动而通过的气体质量[12]。因此，声阻抗越小的气体在一定压降下速度增量才越大。在理想气体假设下，利用方程(1.1.1)的积分形式可以得到 3 区气体和 4 区气体的压力关系：

$$P_{34} = \left(1 - \frac{\gamma_4 - 1}{2}\frac{u_3}{a_4}\right)^{\frac{2\gamma_4}{\gamma_4 - 1}} \tag{1.1.2}$$

其中，$P_{34} = \dfrac{P_3}{P_4}$，$\gamma_4$ 为驱动气体比热比。对于给定的压力比 P_{34}，$\dfrac{u_3}{a_4}$ 随着 γ_4 的减小而稍稍增加，这个影响并不显著，是次要的。只有多原子分子气体才有很小的比热比，但这些气体声速很小，所以理想的驱动气体应当是具有特别大声速的轻质气体(如氢气或者氦气)。这就是早期的激波风洞采用未经加热的氢气和氦气作为驱动气体的原因。例如，在室温条件下，当采用空气驱动时，压力比 P_{41} = 2 000 对应的激波 Mach 数为 3.378。当采用氦气驱动时，获得这一激波 Mach 数所需要的压力比仅略大于 70。文献[4]对氢气/氦气两种气体的声速和驱动能力进行对比，在室温下，氢气的驱动能力强于氦气(图 1.1.2)。当然，为了获得更强的驱动效果，模拟更高的 Mach 数，需要对驱动气体进行不同形式的“加热”，这些不同的“加热”形式形成了不同驱动方式的激波风洞。这些不同驱动方式的激波风洞又以反射型激波风洞最为普遍。文献[5]详尽讨论了反射的价值，对于给定的入射激波，通过固壁的反射形成的反射激波，可以对试验气体进行再次压缩和加热，进一步提高试验气体的压力和温度，使得风洞的驱动能力更高。

激波风洞就驱动方式来加以划分，主要有：① 氢氧燃烧驱动的激波风洞(如中国空气动力研究和发展中心的 FD-22)；② 轻质气体加热驱动的激波风洞(如美国 CUBRC 的 LENS)；③ 爆轰驱动的激波风洞(如中国科学院力学研究所的 JF12、德国亚琛工业大学的 TH2、美国阿诺德工程和发展中心的 HYPULSE)；④ 自由活塞驱动的激波风洞(如澳大利亚昆士兰大学的 T4、美国加州理工学院的 T5、德国宇航中心的 HEG、日本宇宙航空研究开发机构的 HIEST 等)。这四

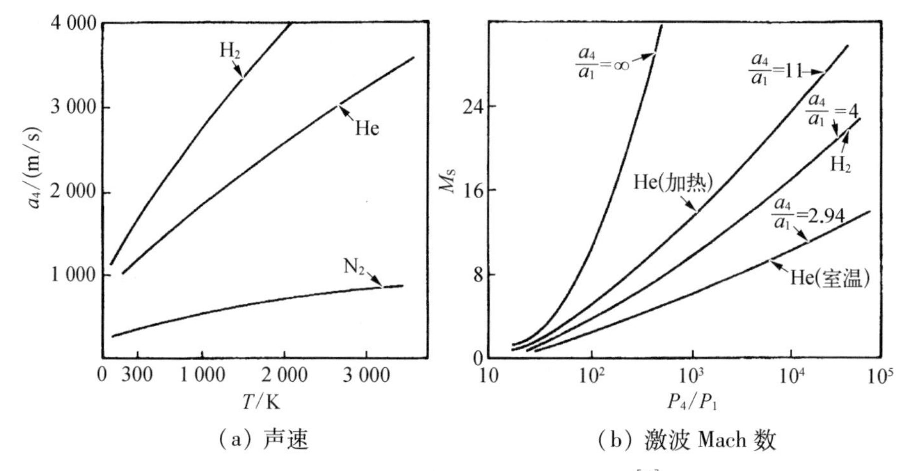

(a) 声速　　(b) 激波 Mach 数

图 1.1.2　不同气体的声速和驱动能力[4]

种不同驱动方式的激波风洞，驱动能力依次增强。氢氧燃烧驱动的激波风洞产生的驱动气体压力一般低于 40 MPa，温度为 2 000 K 左右，驱动能力最弱[13]。爆轰驱动的激波风洞通过氢氧爆轰产生的爆轰波加热驱动气体，相比自由活塞驱动的激波风洞，这种风洞可以获得更长的有用试验时间。不过，爆轰过程中产生的水与空气受热产生的一氧化氮一旦结合形成强酸，将对设备和模型造成某种程度的伤害，增加风洞维护上的麻烦。中国科学院力学研究所的 JF12 巨型风洞，总长超过 200 m，采用反向爆轰技术，可以获得最高滞止压力为 6.5 MPa，最高滞止温度为 3 500 K，有用试验时间约为 80 ms，更多细节见文献[14]。中国科学院力学研究所的 JF12 风洞 Mach 数 7 高总温运行参数见附录 A。

图 1.1.3 显示了美国 CUBRC 的 LENS 系列激波风洞的模拟能力以及若干飞行器的速度/高度测试点[15]。从图中可以看到 LENS-Ⅰ和 LENS-Ⅱ激波风洞的模拟能力能够满足大部分近地飞行器地面试验的要求，但是对于航天飞机以及 Apollo 飞船的再入模拟则有所欠缺。产生这种不足主要在于 LENS 系列激波风洞的轻质气体加热器在加热氢气或者氢气和氮气的混合气体时，最大加热温度在 2 000 K 左右，驱动能力受到了制约。在原有基础上弥补这一缺陷的一个办法是将激波风洞改造为膨胀管风洞，图 1.1.3 中 LENS-XX 即为此类风洞，其模拟超高速流动的能力相当优异。图 1.1.4 将若干自由活塞激波风洞和 LENS 系列激波风洞的双尺度参数（即流动密度 ρ 和特征长度 L_c 的乘积）进行对比[16]，可以看出自由活塞激波风洞普遍可以获得比 LENS 系列激波风洞更为高速的试验气流速度。T4 风洞曾获得过 Mach 数 19 的强激波，在激波管末端，经过反射激波再次压缩的试验气流可以获

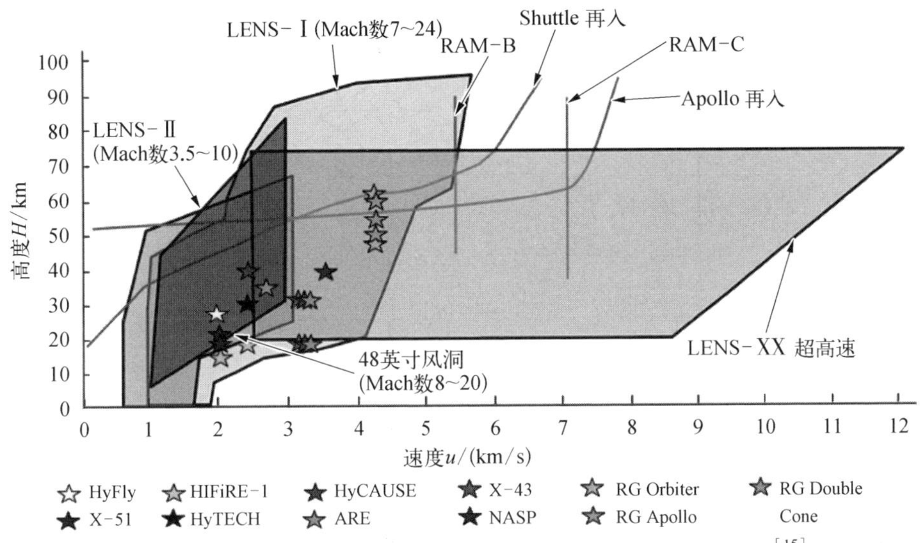

图 1.1.3 LENS 系列激波风洞模拟能力以及若干飞行器的速度/高度测试点[15](后附彩图)

得高达 46 MJ/kg 的焓值,对应的飞行速度是 9.46 km/s,超过了 7.9 m/s 的地球轨道速度[16]。Bakos 和 Erdos 对不同驱动方式的激波风洞进行评估后指出,如果不计较价格因素,单就驱动能力而言,自由活塞激波风洞应为首选[17]。另外,图 1.1.5 给出了自由活塞激波风洞能够模拟的速度、高度和滞止焓的情况。图 1.1.6 展示了“冷”风洞(常规高超声速风洞)和激波风洞自由流 Mach 数和 Reynolds 数的模拟能力[4],这些风洞的更多细节参见文献[18]。

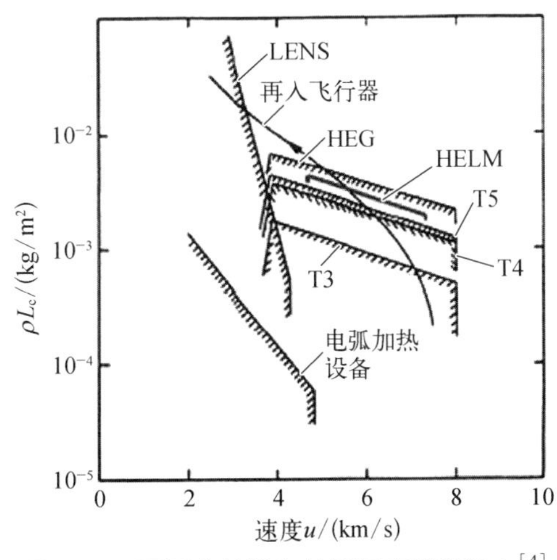

图 1.1.4 不同高焓设备的双尺度模拟能力[4]

1.1.3 重要的自由活塞激波风洞

世界上已经建成的自由活塞激波风洞有十多座,其中比较知名的有澳大利亚国立大学的 T2 和昆士兰大学的 T4、美国加州理工学院的 T5 和阿诺德工程和发展中心的 G-Range、德国宇航中心的 HEG、日本宇宙航空研究开发机构的 HIEST。另外,法国、印度以及英国也拥有(或即将拥有)这类设备。

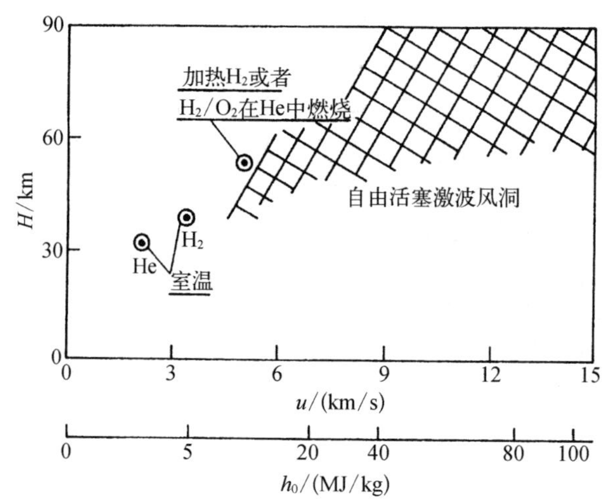

图 1.1.5 自由活塞激波风洞所能模拟的速度 u、高度 H 和滞止焓 h_0 [4]

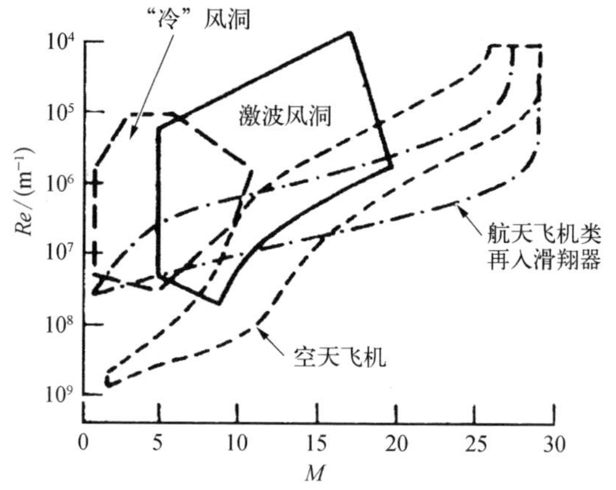

图 1.1.6 "冷"风洞与激波风洞自由流 Mach 数-Reynolds 数的模拟能力[4]

位于 Canberra 的澳大利亚国立大学的 T3 风洞是这类设备的先驱,这个风洞由 Stalker 和 Hornung 在 20 世纪 60 年代后期设计建设[4]。尽管还有两个更小的设备(T1 和 T2)建于此前,但其主要作为原型并提供高超声速条件下的真实气体效应的某些现象研究之用,因此,可以说 T3 风洞是这类风洞的首个大设备。T3 风洞的运行跨度已经超过 30 年,它为再入流动的众多问题,以及自由活塞激波风洞的运行和性能研究提供了异常丰富的信息和经验,如驱动气体的污染、压缩管的细长比的重要性、活塞运动的控制和破膜后的常压力驱动时间的延长,以及增加操作压力以提高试验段密度和压力[4]。T3 风洞可以获得的单位长度 Reynolds 数(m^{-1})可达 10^5 量级,T4 风洞和 T5 风洞的单位长度 Reynolds 数量级更高,而 HEG 风洞和 HIEST 风洞的单位长度 Reynolds 数量级可达 10^7。这就意味着,在 T4 风洞、T5 风洞、HEG 风洞和 HIEST 风洞中的模型可以产生湍流边界层,而 T3 风洞中的模型则被限定在层流边界层流动中。一般而言,由于受到非平衡效应的影响,滑翔再入的飞行器和航天飞机的飞行过程中的单位长度 Reynolds 数量级不大于 10^6,因此对 T3 风洞而言,Reynolds 数模拟不是一个严重的问题[4]。图 1.1.4 显示自由活塞激波风洞双尺度参数模拟和其他高焓设备的比较[4]。纵轴的双尺度参数 ρL_c 是流动密度 ρ 和特征长度 L_c 的乘积。可以看到,T3 风洞可获得双尺度参数在 10^{-3} 量级,T4 风洞、T5 风洞和 HEG 风洞则更高。

高超声速飞行的发展带动了更大的自由活塞激波风洞兴建。第二代大型激波风洞 T4 位于澳大利亚 Brisbane 的昆士兰大学,首次运行在 1987 年。这个设备建造初期,目的是适应各类航天飞行器推进研究的需要[4,19]。该风洞压缩管长度为 26 m,内径为 0.229 m,活塞质量为 93 kg,T4 风洞结构轮廓见图 1.1.7。该风洞可以产生足够高的试验段压力和密度,在超声速燃烧领域已经取得了不少成功的研究成果[20]。T4 风洞在 2000 年进行了整修,以便为 HyShot 试验提供更高的操作压力,整修之后,T4 风洞可用的滞止焓值为 2.5~15 MJ/kg,滞止压力为 10~50 MPa,更多细节参见文献[4]、[18]~[20]。T5 风洞坐落于美国 Pasadena 的加州理工学院,1990 年进行了首次运行。该设备比 T4 风洞略大,主要致力于混合和燃烧的试验研究,校准和性能评估在 1992 年完成,T5 风洞是美国第一座自由活塞激波风洞[21,22]。T5 风洞的结构轮廓见图 1.1.8。

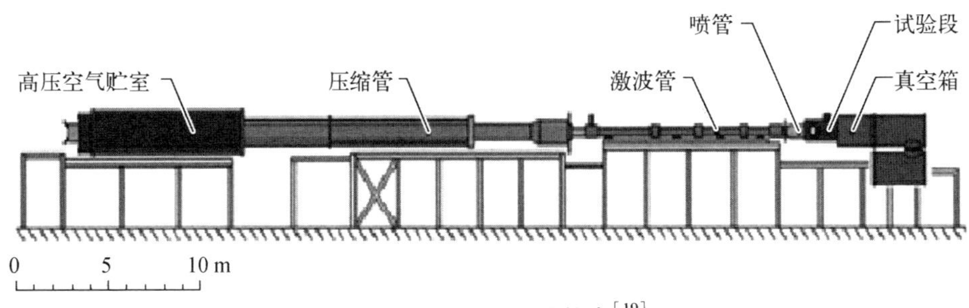

图 1.1.7　T4 风洞结构轮廓[19]

德国宇航中心的 HEG 风洞是一座大型的自由活塞激波风洞,位于德国 Göttingen,建造计划始于 1990 年,1990~1995 年完成了准备工作,1995~1997 年完成了风洞的建造,到 2001 年,风洞已经运行了 400 余次[23,24]。图 1.1.9 细致地勾勒 HEG 风洞的结构轮廓,该风洞的局部结构细节见图 1.1.10。HEG 风洞最大的破膜压力可达 2 000 bar(1 bar=0.1 MPa),最大焓值高达 45 MJ/kg(实际运行中风洞滞止焓一般不超过 25 MJ/kg)。文献[25]也提供了 HEG 风洞的相关信息,可供参考。依据文献[26],HEG 风洞具有 9 种常见的运行状态,相应的喷管滞止条件和自由流参数见表 1.1.1,若干状态的 Mach 数-Reynolds 数模拟参数见

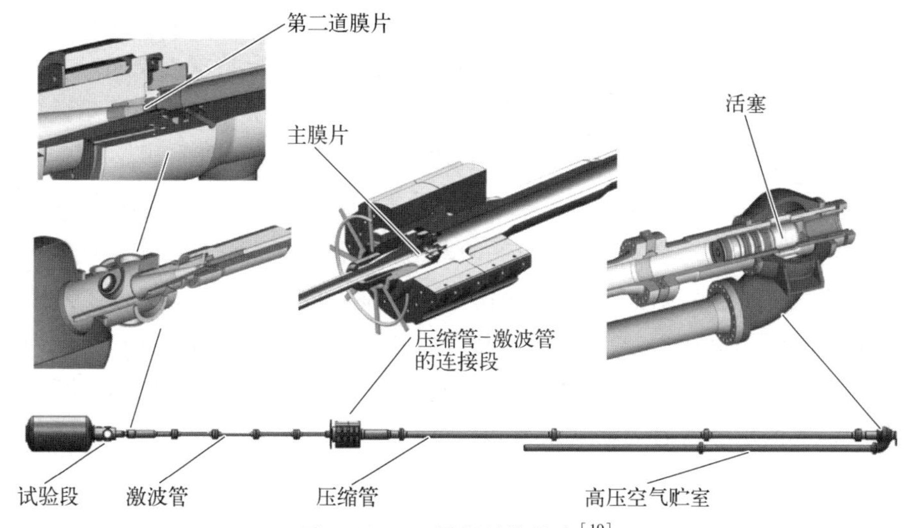

图 1.1.8　T5 风洞结构轮廓[19]

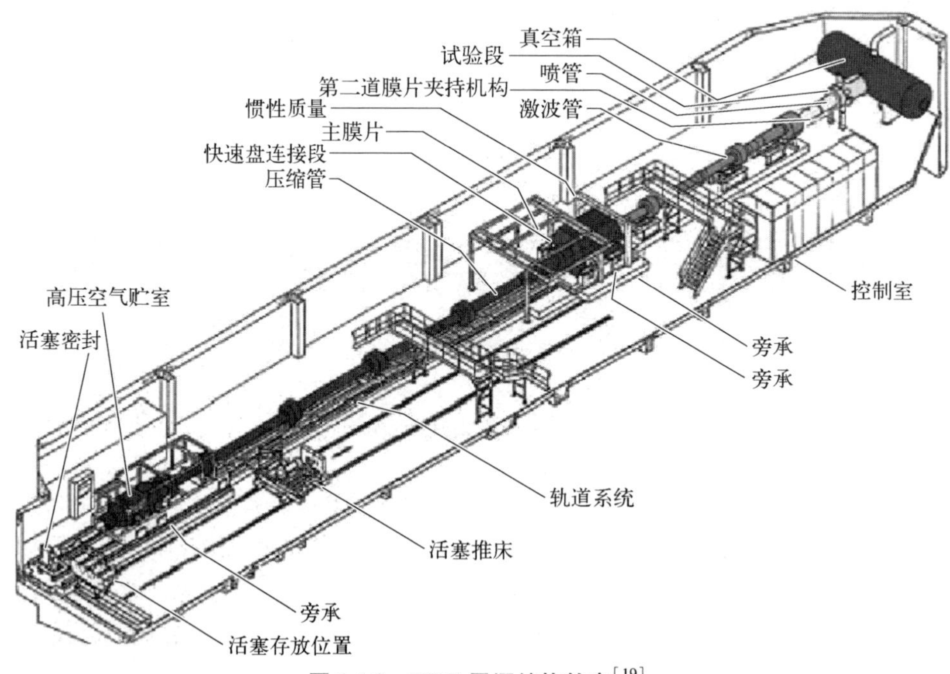

图 1.1.9　HEG 风洞结构轮廓[19]

图 1.1.11。HEG 风洞具有 4 具喷管,其中最大膨胀比为 1 600,最大出口直径为 880 mm,几何形状和尺寸见图 1.1.12。另根据文献[26],HEG 风洞在高焓运行条件Ⅰ~Ⅳ下,有用试验时间最高为 1 ms,在低焓状态下,有用试验时间为 3~6 ms。

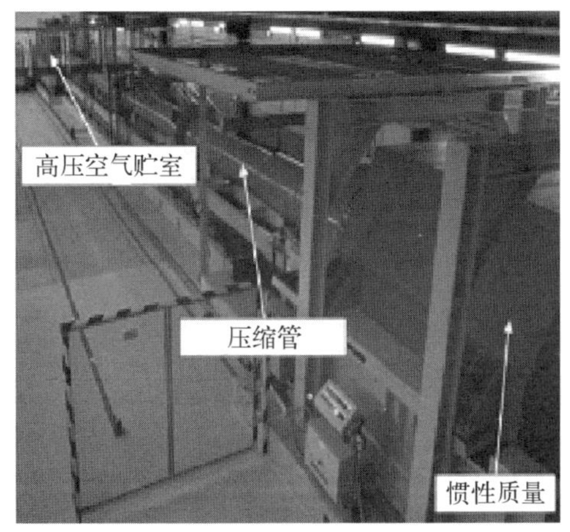

图 1.1.10　HEG 风洞局部结构细节[26]

表 1.1.1　HEG 风洞喷管滞止条件和自由流参数[26]

喷管	2				3		4		5
条件	Ⅰ	Ⅱ	Ⅲ	Ⅳ	XIII	XIV	XXI	XXII	XXXI
滞止压力/MPa	35	85	44	90	17	8	37	54	70.0
滞止温度/K	9 100	9 900	7 000	8 100	2 740	2 810	1 640	1 200	4 400
滞止焓/(MJ/kg)	22	23	12	15	3.3	3.4	1.5	1.3	6.0
自由流 Mach 数	8.2	7.8	8.1	7.9	7.4	7.4	6.0	6.1	10.3
自由流 Reynolds 数/($\times10^{-6}$ m^{-1})	0.20	0.42	0.39	0.67	3.70	1.60	45.0	100.0	2.8
自由流静压/Pa	660	1 700	790	1 680	1 990	880	20 100	29 400	930
自由流温度/K	1 140	1 450	800	1 060	266	277	221	152	253
自由流密度/(g/m^3)	1.7	3.5	3.3	5.3	25.9	11.0	327.0	682.0	12.6
自由流速度/(m/s)	5 900	6 200	4 700	5 200	2 410	2 450	1 750	1 510	3 270

在目前发展的自由活塞驱动的激波风洞中,日本宇宙航空研究开发机构的 HIEST 尺度最大,技术成熟,试验时间长,HIEST 风洞的结构轮廓见图 1.1.13。HIEST 始建于 1990 年,压缩管长为 42 m,内径为 600 mm;激波管长为 17 m,内径

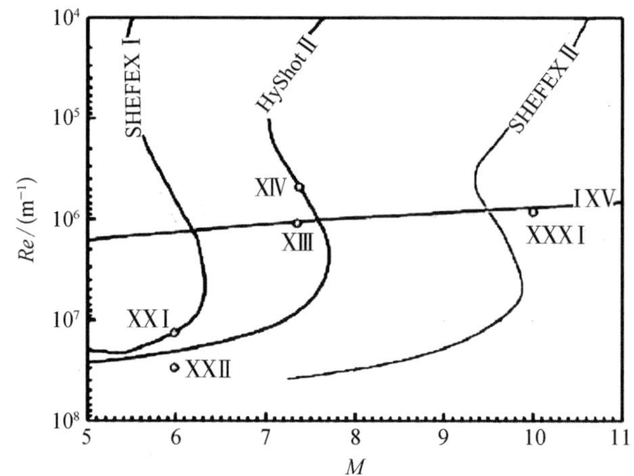

图 1.1.11 HEG 风洞的 Mach 数-Reynolds 数模拟[26]

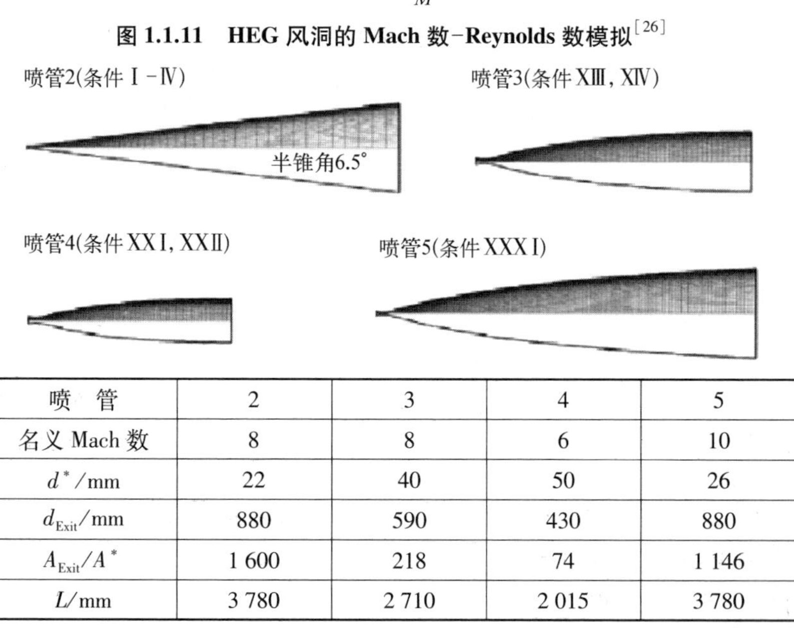

喷　管	2	3	4	5
名义 Mach 数	8	8	6	10
d^*/mm	22	40	50	26
d_{Exit}/mm	880	590	430	880
A_{Exit}/A^*	1 600	218	74	1 146
L/mm	3 780	2 710	2 015	3 780

图 1.1.12 HEG 风洞喷管的几何参数[26]

为 180 mm;活塞质量最大可达 780 kg(不同文献提供的活塞质量存在差异)。风洞有两具喷管,其中锥形喷管出口直径为 1.2 m,喉道直径为 24~50 mm;型面喷管出口直径为 0.8 m,喉道直径为 50 mm。风洞最大滞止压力为 150 MPa,最大滞止焓为 25 MJ/kg,稳定试验时间在 2 ms 左右(低焓条件下试验时间更长一些)。HIEST 风洞的主要性能范围:自由流速度为 3~7 km/s,飞行 Mach 数为 8~16,动压为 50~100 kPa。图 1.1.14 显示了 HIEST 风洞单位 Reynolds 数与滞止焓 h_0 的关系[27],通过该图可以知道风洞单位 Reynolds 数范围在 $1.0 \times 10^6 \sim 8.0 \times 10^6\ m^{-1}$。

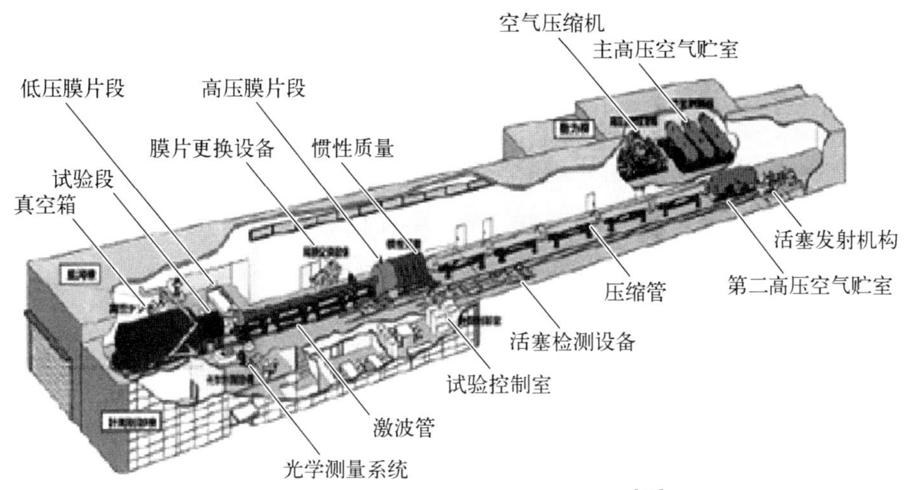

图 1.1.13　HIEST 风洞的结构轮廓[19]

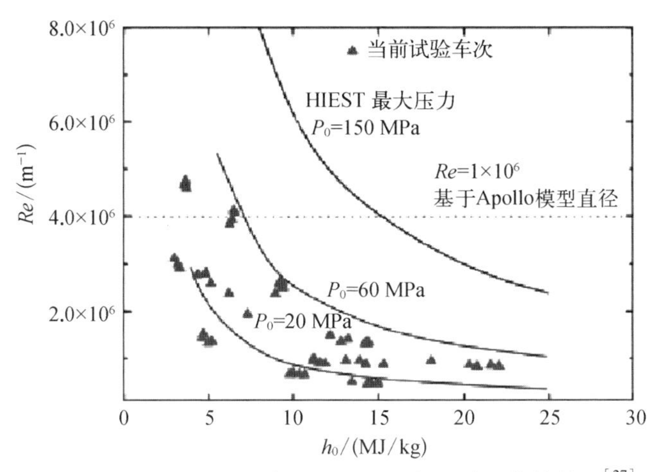

图 1.1.14　HIEST 风洞单位 Reynolds 数和滞止焓的关系[27]

在 HIEST 风洞建造之初，曾被要求该设备可以进行模型长度为 500 mm 的试验（对应滞止焓和滞止压力为 25 MJ/kg 和 150 MPa），HIEST 风洞还可以进行模型长度为 2.5 m 的亚尺度超燃发动机的试验。基于 HIEST 风洞，日本国家航空航天实验室开展了一系列高超声速流动试验，如探索真实气体效应对于日本太空飞行器（Hope-X）俯仰力矩的影响、热化学反应流动的表面催化效应，以及 Mach 数 8 的超燃冲压发动机试验等[18,27,28]。表 1.1.2 归纳了一些著名自由活塞激波风洞细节特征，包括风洞尺寸、驱动能力和主要用途等（当文献提供的某些数据不一致时，以新文献为准）。

表 1.1.2　部分自由活塞激波风洞参数表

设　备		T3	T4	T5	HEG	HIEST	HELM
高压空气贮室		—	长度 = 11.3 m 内径 = 173 mm 体积 = 1.2 m^3 最大承压≤14 MPa	—	—	7.7 m^3	—
压缩管	压缩管长度/m	6	26	30	33	42	15.5，21
	压缩管内径/m	0.3	0.229	0.3	0.55	0.6	0.286
	压缩管长度/压缩管内径	20	110	100	60	70	54，73
	压缩管中重活塞质量/kg	90	92，110 （活塞直径=0.229 m，活塞长度 = 0.47 m）	120	275,481,700, 815,848	220,290,580,780	30~120
	压缩比	30~60	60~120	40~60	60	50	64~128
	试验时间/ms	<1	>1	~3	1.8	2	<2
激波管	激波管长度/m	6	10	12	17	17	8,9,10,11
	激波管内径/m	0.076	0.075	0.09	0.15	0.18	0.095

（续表）

<table>
<tr><th colspan="2">设 备</th><th>T3</th><th>T4</th><th>T5</th><th>HEG</th><th>HIEST</th><th>HELM</th></tr>
<tr><td>激波管</td><td>激波管长度/激波管内径</td><td>79</td><td>133</td><td>133</td><td>113</td><td>94.44</td><td>84,95,105,116</td></tr>
<tr><td colspan="2">压缩管内径/激波管内径</td><td>3.0</td><td>3.01</td><td>3.33</td><td>3.67</td><td>3.33</td><td>3.01</td></tr>
<tr><td colspan="2">最高焓值/（MJ/kg）</td><td>~25, 85（直通型）</td><td>~40</td><td>4~27</td><td>~23</td><td>~25</td><td>20~25</td></tr>
<tr><td colspan="2">喷管喉道直径/m</td><td>—</td><td>—</td><td>0.03</td><td>0.022</td><td>0.002 4~0.05（锥形）
0.05（型面）</td><td>—</td></tr>
<tr><td colspan="2" rowspan="3">喷管出口直径/m</td><td rowspan="3">0.3</td><td>0.388（Mach 数 8）</td><td rowspan="3">0.314</td><td rowspan="3">≤0.880</td><td rowspan="3">0.8（型面）
1.2（锥形）</td><td rowspan="3">0.684</td></tr>
<tr><td>0.260（Mach 数 6）</td></tr>
<tr><td>0.135（Mach 数 4）</td></tr>
<tr><td colspan="2">喷管其他特征</td><td>—</td><td>—</td><td>半锥角 7°，可承受 2 GW/m² 热流</td><td>2.75</td><td>长度 2.8（型面）</td><td>—</td></tr>
<tr><td colspan="2">试验段</td><td>—</td><td>直径 = 450 mm
长度 = 1.2 m</td><td>—</td><td>—</td><td>—</td><td>—</td></tr>
<tr><td colspan="2">真空箱</td><td>—</td><td><1 torr</td><td>—</td><td>—</td><td>—</td><td>—</td></tr>
<tr><td colspan="2">试验气体组分</td><td>空气、氮气</td><td>空气、氮气</td><td>空气、氮气、二氧化碳、氢气等</td><td>空气、氮气、二氧化碳</td><td>空气、氮气</td><td>空气、氮气</td></tr>
</table>

（续表）

设　备	T3	T4	T5	HEG	HIEST	HELM
试验气体速度/(km/s)	—	≤8.9	2~6.3	≤7	4~7	5~7
试验时间/ms	<1	>1	1~2	1.8	≤2	<2
设计用途	气动热，光学诊断	气动热	混合与燃烧	气动热	气动热，超燃	—
附　注	—	—	惯性质量 20 t，固定在压缩管末端，可以极大地减少设备的回弹运动，补偿高压空气贮室流出的气体以及活塞带来的快速动量变化。整个设备安装在滑轨之上。高压空气贮室、压缩管和激波管的回弹距离为 100~150 mm，使用铝质活塞，喷管面积膨胀比为 109	风洞本体的总质量为 280 t，惯性质量接近其质量的 1/3，Mach 数 8 型面喷管出口直径 0.88 m，喉道直径 3.75 m。最大的面积扩张比为 1 600。新近设计的 Mach 数 8 喷管，喉道直径 0.045 m，出口直径 0.60 m，长2.3 m。出口可用核心流区域直径约为0.40 m	试验气流速度达 4~7 km/s；最大滞止温度 10 000 K，最大滞止压力 150 MPa。具有锥形、型面喷管共两具，型面喷管喉道直径 50 mm，出口直径 800 mm，膨胀比 256（Mach 数约为 8.5），锥形喷管喉道直径 24 ~ 50 mm，出口直径 1.2 m	高压空气贮室容积 1.36 m^3，最高压力 30 MPa。滞止压力 100 MPa，对应焓值 20 MJ/kg

注：1 torr≈133.322 Pa。

1.2　自由活塞激波风洞基本结构与运行原理

自由活塞激波风洞主要由高压空气贮室、压缩管(含重活塞)、激波管、喷管、试验段和真空箱等组成,如图 1.1.7 所示。为了减少活塞加速和减速运行时冲击载荷对设备的不利影响,一般采取两种措施:其一是将整个风洞安置在可滑动的导轨上,其二是在压缩管的末端安装一个适当质量的配重装置。T3 风洞和 T4 风洞未使用配重装置。综合 T4 风洞的相关文献及昆士兰大学高超声速研究中心关于 T4 风洞研究的有关信息,表 1.2.1 和表 1.2.2 给出了 T4 风洞的详尽信息,作为表 1.1.2 的一个补充。

表 1.2.1　T4 风洞的结构参数

名　　称	长度 /m	直径 /mm	体积 /L	仪　　器	误差	初始 压力
高压空气贮室	11.3	173	266	Bourdon 压力计	±5%	—
连接管	1	168	22.1	—	—	—
压缩管	25.53	229	1052	膜片 应变式压力计	±5%	<1 torr
激波管	10	76	45	Bourdon 压力计	±7%	<1 torr
喷管	0.87	25 (喉道直径, Mach 数 6), 262 (出口直径, Mach 数 6)	15	—	—	<1 torr
试验段	1.2	450 mm	243	—	—	<1 torr
真空箱(×2)	2.5	650	1 104	—	—	<1 torr

表 1.2.2　T4 风洞的常用运行状态

膜片厚度 (低碳钢)/mm	压缩比	高压空气 初始压力/MPa	驱动气体 初始压力/kPa	滞止压力/ MPa
1	40	1.2	26.0	9
1	60	1.2	26.0	9

（续表）

膜片厚度（低碳钢）/mm	压缩比	高压空气初始压力/MPa	驱动气体初始压力/kPa	滞止压力/MPa
2	40	2.4	52.0	20
2	60	1.4	27.4	11
3	40	3.8	78.0	29
3	60	2.5	40.2	25
4	40	5.2	104.0	34
4	60	3.5	53.6	33
5	40	7.0	130.0	43
5	60	4.6	67.0	38
6	40	8.4	156.0	53
6	60	5.6	80.5	44

活塞：质量 90 kg，长度 0.47 m，nylatron 承载；主膜片：1～6 mm 低碳钢（mild steel），破膜压力约 14.2 MPa/mm；第二膜片：材质 mylar，位于喷管喉道前；试验段：直径 450 mm

自由活塞激波风洞的运行原理如下：在压缩管中，重活塞的前侧为被压缩气体（也是激波管的驱动气体），一般为氦气（或者氦气和氩气的混合气体），压力很低，大约为 1 atm（1 atm = 101.325 kPa）或者更少，在重活塞的后侧，是高压贮室，其内贮存高压空气。打开高压贮室和压缩管之间的阀门并释放活塞，由于巨大的压力差，活塞将向低压（被压缩）气体的方向加速运动，低压气体从膨胀的高压气体那里获得能量。当活塞两侧压力相等时，活塞加速过程结束，此时活塞速度最大。之后，由于惯性，活塞将减速前行。当活塞抵达压缩管的末端时，活塞绝大部分能量传递给被压缩气体，被压缩气体获得很高的压力和温度（具体值依赖被压缩气体初始压力及压缩比，例如，在某些高压缩的状态下，被压缩气体可以获得的压力高达 900 atm，温度高达 4 600 K）。此时位于压缩管和激波管之间的第一道膜片打开，激波管处于起动状态。由于活塞很重，整个压缩过程十分接近等熵过程，按照气体动力学的观点，若要获得很高的压缩比，采用等熵压缩要比冲击压缩好。

当第一道膜片打开时，膜片处产生一道入射激波，此时活塞仍然以一定速度向前运动，在激波到达激波管末端并发生反射时，第二道膜片打开，喷管处于起动过程。如果风洞采用缝合接触面操作，那么当反射激波穿过接触面时，不会产生任何反射激波，以致激波的运动不会对试验气体(5区气体)产生扰动。在这种模式下，定常的喷管流动随之发生。与此同时，在这段时间内，活塞也将缓慢地停下来，不触及压缩管末端壁面。整个运行过程可以通过图1.2.1[29]形象地加以描绘。另外，图1.2.2[26]描绘了风洞运行过程中形成的波系。

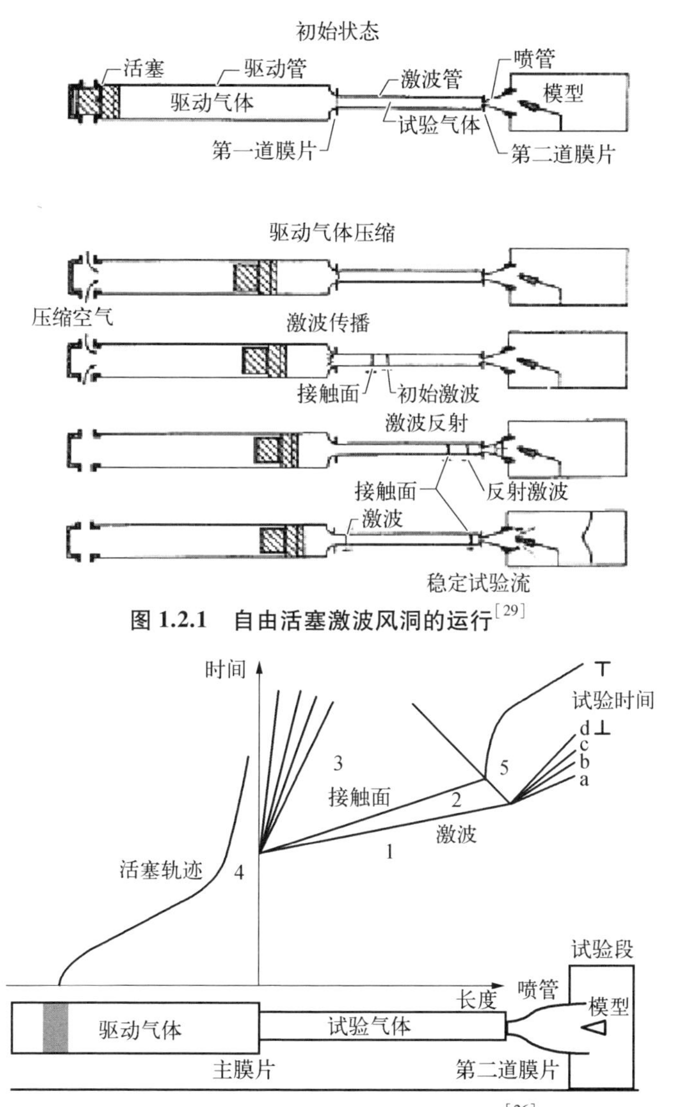

图1.2.1 自由活塞激波风洞的运行[29]

图1.2.2 自由活塞激波风洞的波系图[26]

作为一种特殊的加热设备，活塞压缩器采用重活塞对驱动气体进行快速等熵压缩，以便获得更高温度，产生更高的激波Mach数。为了达到这一目的，驱动气体必须具有更高的声速。与氢气比较,氦气(或者氦气和氩气的混合气体)作为驱动气体更为适合,因为在相对较高的温度下,氦气仍可保持完全气体,较少的能量就可以使其加热到高温。另外一项重要考虑是,氦气比氢气在使用上更加安全。在自由活塞激波风洞的运行中,氦气一般是首选的驱动气体。图1.1.2显示了氦气的优越性。根据文献[3],法国航空航天研究院曾采用自由活塞压缩器驱动常规高超声速风洞,活塞等熵压缩的持续时间约为 1 s,但是活塞速度很低,约为 9.1 m/s,风洞获得的滞止压力为20.7 MPa,滞止温度约为 1 700 K,性能和炮风洞相当。

前文已经提到,自由活塞激波风洞是炮风洞和长射风洞设计思路的延续。但是,炮风洞和长射风洞这两种风洞与自由活塞激波风洞还是有所不同的。从结构上看,炮风洞和长射风洞的活塞位于激波管中,而自由活塞激波风洞的活塞位于压缩器中。从原理上看,绝热压缩作为驱动高超声速风洞的基本手段,炮风洞和长射风洞采用非等熵压缩,自由活塞激波风洞采用等熵压缩。在对气体做功相等的条件下,等熵压缩可以产生最大压力和最大密度。若仅压缩到给定压力,则温度(焓)随熵的增加而增加。因此,等熵压缩有利于得到最高 Reynolds 数,而非等熵压缩可望获得最高的试验段速度和滞止焓。从运行上看,炮风洞中轻质活塞将驱动气体和被驱动气体隔绝开,活塞由于质量很轻,很快达到驱动气体和被驱动气体的接触面速度。理论上,这种运行方式可以获得非常高的滞止温度和很长的工作时间。事实上,炮风洞性能一般只能处于中等水平,其原因在于[3]:① 轻活塞不能承受很高峰值压力的冲击载荷;② 滞止温度衰减很大。例如,对一个典型的炮风洞而言,活塞速度为 600 m/s,滞止温度为 2 000 K,滞止压力接近 34 MPa,有用试验时间达 10 ms 以上,Mach 数为 8~12。

长射风洞使用的活塞比炮风洞使用的活塞重很多,这种风洞于 1963 年首次运行,用以产生高 Reynolds 数的高超声速条件。由于采用重活塞,在活塞冲程终止处产生可观的回跳,峰值压力持续时间非常短暂。为了避免活塞的回跳,保持被驱动气体峰值压力,长射风洞中设置了单向阀,用以套住被驱动气体,让它从管子末端的贮室膨胀到高超声速喷管中去。文献[30]介绍了长射式 VKI 风洞,该风洞以氮气或者二氧化碳作为试验气体,滞止温度为 2 000 K,滞止压力为 33.5 MPa,Mach 数最高可达 27,有用试验时间为 40 ms。VKI 风洞在 Mach 数 15 运行时,对应的 Reynolds 数为 10^6 m^{-1},具体细节和研究结果参见文献[31]。

1.3 高焓流动的特征与模拟

1.3.1 再入过程中的真实气体效应

Apollo宇宙飞船再入飞行过程中,配平角约为3°,低于预测值。航天飞机轨道器压心前移,从而产生了一个没有预测到的上仰力矩。这两个异常现象主要是空气在高超声速激波层内受到强烈的加热引起热力学状态的改变造成的[32]。此外,飞行器底部压力对气体热力学状态比较敏感,例如,在飞行Mach数为20、高度约为24.4 km时,热力学平衡条件下的飞行器底部压力比完全气体条件下的理想值大2.3倍左右[3]。飞行器再入过程中,Mach数大多为5~30。一般认为,Mach数大于5即为高超声速,当速度超过3 km/s则称为超高速。在Mach数为5~30时,动能和热能之比相当可观,这使得飞行器气动力控制和热防护系统面临挑战。文献[33]展示了日本HYFLEX飞行器的再入细节,如图1.3.1所示,可以看到,从48 km高度下降到38 km高度过程中,HYFLEX飞行器经受最为严酷的气动加热,飞行器底部温度高达1 500 K,整个过程持续约120 s。

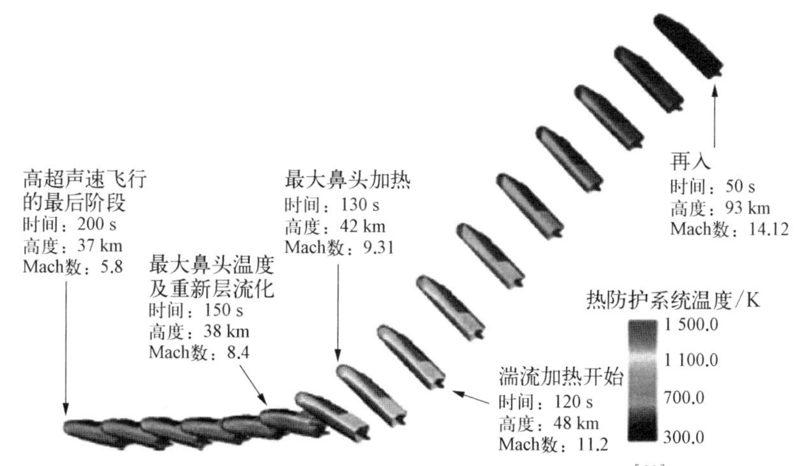

图1.3.1 日本HYFLEX飞行器的再入过程与表面温度变化[33](后附彩图)

航天飞机和空天飞机等飞行器在再入过程中,气体分子通过弓形激波层,动能将转化为热能,飞行器周围的流场经历振动激发、离解和电离等真实气体环境。振动激发、离解和电离这类等热/化学过程吸收大量的热能,从而限制了气体温度的增加[34]。例如,完全气体通过速度为7 000 m/s的强激波时,按照完全气体假设,温度约为25 000 K,但是由于振动激发、离解和电离这类热/化学过程的存在,气体实际温度约为 10 000 K[35]。

当飞行器以大攻角再入大气层时,这类热/化学过程不仅出现在飞行器的滞止区域,还出现在再入飞行器的下表面。在高水平热能的激发下,气体分子非常容易因为碰撞而产生离解。因此,流动中气体分子的内在结构会发生显著变化,并控制整个绕流流场,产生“真实气体效应”。“真实气体效应”这一术语目前尚无严格的定义,简单地说,指的是流动中气体性质偏离完全气体特性(分子间作用力可以忽略)的行为,这种偏离行为使得气体本身不能采用完全气体状态方程加以刻画。真实气体效应可以从几个方面的特征去加以认识: ① 压缩效应;② 变化的比热(比);③ van der Waals 力;④ 非平衡的热力学效应;⑤ 分子的离解电离、化学反应和不断变动的组分。基于这些特征与具体环境,研究者采用不同的气体状态方程,如 van der Waals 模型、Redlich-Kwong 模型、Dieterici 模型、Berthelot 模型、Beattie-Bridgman 模型和 Clausius 模型等去刻画真实气体效应[36,37]。在高超声速或者超高速空气动力学领域,真实气体效应可以指代飞行器外部的绕流流场所形成的气动热力学系统。因此,在高超声速飞行器的绕流中,一旦出现热/化学过程,真实气体效应也随之出现。表 1.3.1 给出了空气发生振动激发、离解和电离的温度或者焓范围[21,38]。地面设备试图复现高动能流动的先决条件是产生足够高的焓。图 1.3.2 显示风洞自由流速度和滞止焓之间的关系[4],可以看到自由流速度和滞止焓正相关,滞止焓中有一部分能量不能转化为动能,这一部分能量所占比重随着滞止焓的增长而增加。

表 1.3.1 空气发生振动激发、离解和电离的温度或者焓范围[21,38]

<table>
<tr><th>温 度 范 围</th><th>离解和电离</th><th>发生振动激发以及
离解完成所需焓</th></tr>
<tr><td>$T \leqslant 2\,500$ K</td><td>空气的化学组分和常温相同</td><td rowspan="4">氮: 0.992 MJ/kg,33.6 MJ/kg
氧: 0.579 MJ/kg,15.5 MJ/kg
一氧化氮:
0.751 MJ/kg,20.9 MJ/kg</td></tr>
<tr><td>2 500 K<$T \leqslant 4\,000$ K</td><td>氧离解,氮无明显离解,一氧化氮开始出现</td></tr>
<tr><td>4 000 K<$T \leqslant 8\,000$ K</td><td>氮离解,氧完全离解</td></tr>
<tr><td>$T>8\,000$ K</td><td>原子电离发生</td></tr>
</table>

注: 以上是在大气压力为 1 atm 下的结果。一般而言,气体分子量越大,气体发生振动激发和离解的温度也就越低。

从微观角度看,真实气体效应的产生取决于气体分子的特性和流动过程中存在的微观过程的特征时间(分子相继两次碰撞的平均时间)。在高温气体中可存在各种化学反应和各种自由度之间的能量转化,故存在反应(或松弛)的特征时间。当分子的碰撞或反应的特征时间与气体运动的宏观特征时间之比不能忽略时,就会出现真实气体效应。流动中真实气体效应可由不同的微观过程引起,化学反应和各种自由度之间的能量转化是产生真实气体效应的主要原因[39,40]。由于气体分子特性在不同的绕流中各不相同,实际绕流中的真实气体效应也就不同,这势必影响飞行器的热载荷。图1.3.3粗略勾勒出不同飞行器再入过程中经历的真实气体效应,以及加热峰值的位置。

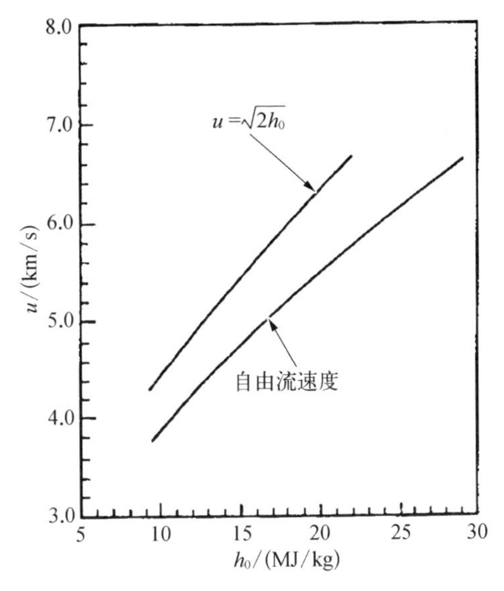

图1.3.2　自由流速度和滞止焓之间的关系[4]

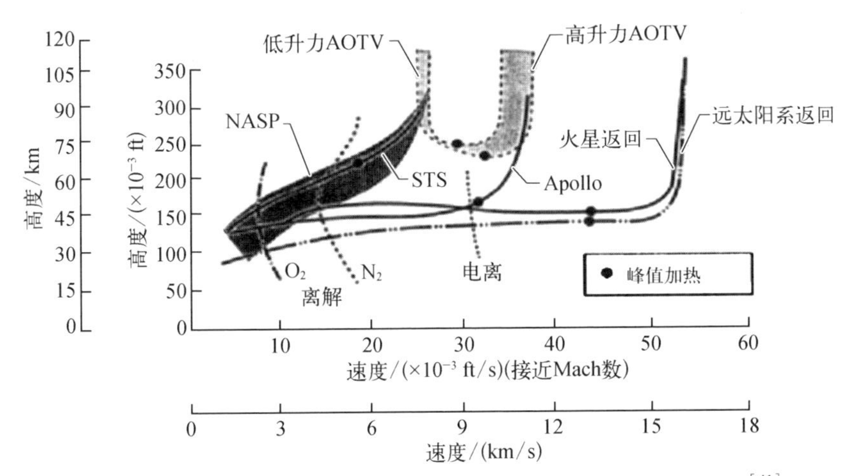

图1.3.3　不同高超声速飞行器的飞行轨迹和面临的真实气体环境[41]

AOTV：气动辅助变轨飞行器;NASP：国家空天飞机计划(美国);STS：美国航天飞机;1 ft = 3.048×10^{-1} m

若采用振动松弛速率或者化学反应速率来衡量,热/化学过程存在平衡和冻结两种极端状态,这两种极端状态有助于判断一个高温流动的非平衡程度。从宏观上看,分子内能模型通常可以采用单一温度加以刻画,当分子和外界的温度相同时,即可认为其达到热力学平衡。化学平衡,是指系统中的所有化学组分不再发生变化,无论反应怎样慢,当系统处于化学平衡时,组分的分布是唯一的,可以由密度和温度这两个热力学量加以确定[41]。从微观角度看,如果化学反应速率方程中正向、逆向的反应速率常数满足 $k_f = k_b = 0$,并且振动松弛时间 $\tau \to \infty$,那么这个流动是热/化学过程冻结的;如果 $k_f = k_b \to \infty$,并且振动松弛时间 $\tau \to 0$,那么这个流动的热/化学过程是平衡的。这意味着,高温流体微元沿着迹线行进时,其组分和内能可以根据外部条件的改变即刻作出调整。类似地,对冻结流而言,内能和化学组分保持不变。由于化学反应速率为零,换句话说,振动松弛时间无穷大。事实上,没有哪个流动过程严格遵循上述定义。如果定义 $\tau_f = \dfrac{L_c}{u_\infty}$ 作为流体微元的特征时间,其中 L_c 为流动的特征长度,u_∞ 为自由流速度。定义 τ_c 为化学反应的特征时间,或者说是振动能达到平衡态的时间,那么

1) 如果流动满足 $\tau_f \gg \tau_c$,称为平衡流;

2) 如果流动满足 $\tau_f = \tau_c$,称为冻结流;

3) 所有其他情况,化学反应和(或者)振动激发流动称为非平衡流动。

如果流动过程的松弛时间相对流动的特征时间可以忽略,则可以采用平衡流假设,这一简化将为相关研究带来方便。在平衡气体假设下,气体的热动力学参数可以通过当前某两个已知的热动力学参数予以表示,而和流动的历史无关。例如,气体压力可以表示为

$$P = P(e, \rho) = \rho e(\gamma - 1)$$

其中,$\gamma = \gamma(e, \rho)$ 为一个由 $\lg e$ 和 $\lg \rho$ 组成的多项式,多项式的系数通过计算和拟合的办法直接给出。同样,气体温度也可以表示为 $T = T(e, \rho)$ 等,更多细节可以参阅文献[38]。但是,非平衡流动的热力学参数不具有这样的表达形式。非平衡流动的热力学参数不仅是当前状态的函数,还是时间的函数,之前的流动过程也影响当前流动的热力学参数。关于真实气体效应的更为细致深入的讨论参阅文献[41]、[42]。

因为再入飞行器的飞行高度/速度和几何参数的差异,其飞行环境中呈现的真实气体效应也将出现明显差异。例如,有翼再入飞行器的迎风面的真实气体效应进一步凸显,在飞行器前驻点和下游流场出现热/化学非平衡现象,其非平衡程度主要取决于飞行器的飞行速度和高度[32]。图 1.3.4 中三条垂线表明在正激波后,化学平衡态下的氧气和氮气离解和电离的逐渐开始。水平线则意味着化学平衡态和连续流状态严重偏离时的高度。在速度超过 4 km/s、高度低于 40 km 的情况下,气流密度很高,足以使得这类化学反应达到平衡态或者接近平

衡态。在更高的环境下,由于气流密度的下降,气体微粒之间需要增加碰撞次数才能达到离解和电离,这使得气体分子特性发生显著变化,这个过程需要一定的时间。在这段时间中,气体微粒将沿着迹线运动一段距离,这段距离就是离解的特征长度,这个长度和周围气体的密度成反比。在这段时间内,流动的本质是非平衡的。当高度超过 90 km 时,连续流的假设已经不再成立,必须从分子的角度重新处理问题。文献[27]比较了多种不同的高超声速飞行器再入时的飞行轨迹和面临的真实气体环境,这些细节有助于深化对地面风洞模拟环境的认识。图 1.3.5 展示了美国、日本和德国从事真实气体研究的不同高超声速地面设备的模拟能力[43]。

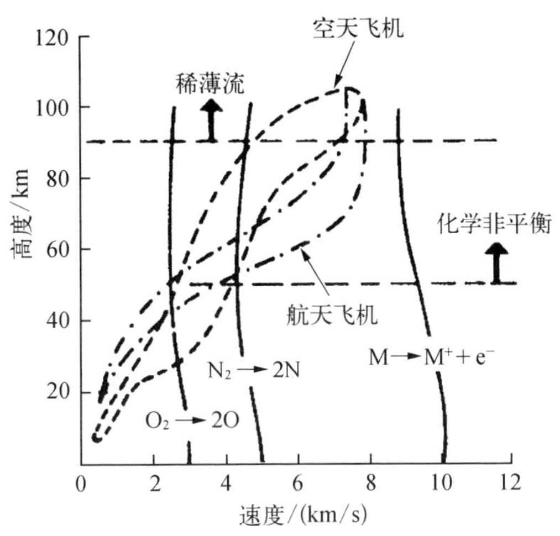

图 1.3.4　太空梭和空天飞机的飞行包线以及离解、电离、化学非平衡和稀薄流的边界[4]

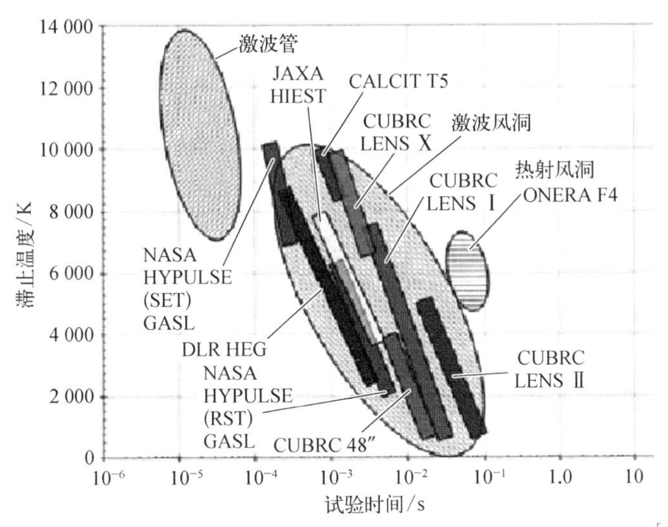

图 1.3.5　从事真实气体研究的不同高超声速地面设备的模拟能力[43]

1.3.2　双尺度律

高超声速风洞在模拟飞行速度的同时,有时需要模拟高超声速流场中出现的热/化学过程。当速度超过 3 km/s 时,飞行器周围流场中的化学反应更加显著。为了实现对化学反应过程更为逼真的模拟,我们需要知道,两个流动在何种条件下具有相同的化学反应速率。假如把空气视为双原子分子构成的气体且化学反应中氧气离解占主导地位,即

$$O_2 + M \longrightarrow 2O + M \tag{1.3.1}$$

其中,M 为处于碰撞的组分,在化学反应过程中,离解从左至右发生,属于二体过程,逆向反应称为复合,属于三体过程,但是复合反应的发生概率要低于离解反应。在非平衡流动中,如果离解处于主要部分,复合可以忽略,那么对于一个简单的二维定常流动,各个组分应当满足相应的连续方程,于是对原子氧而言,其满足

$$u\frac{\partial c_O}{\partial x} + v\frac{\partial c_O}{\partial y} = K_1 \rho c_{O_2} c_M \tag{1.3.2}$$

其中,$c_i = \dfrac{\rho_i}{\rho} = \dfrac{\rho_i}{\sum \rho_i}$ 为第 i 组分在整个气体中所占的质量比重。特别地,可以得

$$K_1 = 2\frac{\mathscr{M}_O}{\mathscr{M}_{O_2}\mathscr{M}_M}k_f = f(T) \tag{1.3.3}$$

其中,$\mathscr{M}_i$ 为第 i 组分的分子量;k_f 为正向反应速率常数,仅是温度 T 的函数。定义无量纲变量:

$$x' = \frac{x}{L_c},\quad y' = \frac{y}{L_c},\quad u' = \frac{u}{u_\infty},\quad v' = \frac{v}{u_\infty},\quad \rho' = \frac{\rho}{\rho_\infty}$$

其中,L_c 为特征长度,将上述变量代入式(1.3.2)可得

$$u'\frac{\partial c_O}{\partial x'} + v'\frac{\partial c_O}{\partial y'} = K_1 \frac{\rho_\infty L_c}{u_\infty}\rho' c_{O_2} c_M \tag{1.3.4}$$

这个方程表明,对于具有相同的 T_∞ 和 u_∞,但是 ρ_∞ 和 L_c 不同的两种流动而言(当然这两种流动对应的 K_1 值是相同的),如果乘积 $\rho_\infty L_c$ 相同,那么这两种流动中具有的原子氧的质量比重 c_O(抑或其他组分的质量比重)关于坐标轴 x'、y' 的关系是相同的。乘积 $\rho_\infty L_c$ 称为双尺度参数[38]。因此,若希望风洞试验气流和真实飞行环境具有相同的氧气离解程度,就要使这两个流动之间具有相同的

双尺度参数。

类似地，对三体过程(复合)而言，相应的双尺度参数是$\rho_{\infty} L_{c}^{2}$。这就是说，在风洞中，同时获得真实飞行环境相同的离解和复合反应是不可能的，除非风洞的试验气流直径足够大，以致足以容纳和真实飞行器相同尺寸的模型。另外，在计算双尺度参数时，特征长度的选择和具体环境有关。一般而言，特征长度可以选择飞行器的展向长度，也可以选择喷管出口直径。例如，T5 风洞选择喷管出口直径的 1/3 作为特征长度[44]。另外，由于气体压力和密度成正比，也可以采用压力来代替密度，获得需要的双尺度参数。

图 1.3.6 有助于进一步理解双尺度参数[45]。图 1.3.6(a)部分展示了激波后的密度变化与压力-时间乘积之间的变化关系。图中压力暗含了密度对离解速率的依赖程度，时间 (x/v) 则刻画了离解反应的进程，于是压力与时间乘积即为一个双尺度参数。当飞行高度处于 30~75 km 时，飞行器对应的大气密度相差 450 倍左右[45]。但是在相同的双尺度参数下，在分叉点以前，30 km 和 75 km 高度环境下的激波后无量纲密度(激波后气体密度与激波后 0 距离处气体密度之比)变化是相同的。特别地，在 30 km 高度附近，流场几乎可以达到离解/复合平衡态，所以分叉点是流动达到平衡态的上限。当高度增加到 75 km 时，分叉点将在更小双尺度参数值处出现。对于大范围的密度变化，曲线的一致性表明，双尺度律可以应用于强激波下游的非平衡流动，直到流动抵达平衡态[45]。

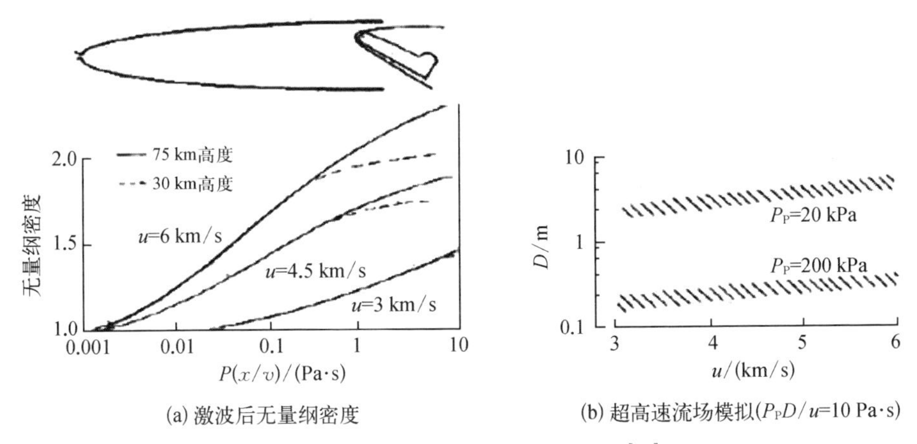

(a) 激波后无量纲密度

(b) 超高速流场模拟($P_{P}D/u$=10 Pa·s)

图 1.3.6 双尺度参数和超高速模拟[45]

P 为波后压力；x 为激波后距离；u 为自由流速度；v 为波后速度，P_{P} 为 Pitot 压力，D 为自由流直径

高超声速风洞在模拟给定速度的离解流场时，需要和双尺度参数相匹配，即流场参考压力(或者流场参考密度)乘以流场参考尺寸。在多数情况下，风洞采

用的飞行器模型比实际飞行器尺寸要小,因此,相比飞行条件,风洞流场需要具有更高的压力(或密度)。另外,图 1.3.6(a)暗示:一个较小的双尺度参数数值也可使得流场达到平衡态,即风洞可以在更低的双尺度参数下研究平衡态。文献[45]指出,选用较小的双尺度参数进行模拟时,自由流密度所受影响较小,但是自由流密度沿着流向的变化率所受影响较大,这将对模型压心处的升力造成影响(量值不大但是比较重要)。总体而言,以双尺度参数作为模拟基础,可以实现或者部分实现风洞自由流的化学组分与实际飞行状态的匹配,也使得在接近平衡态时流场的若干细节得以保留。

图 1.3.6(b)给出了双尺度参数 $\dfrac{P_{\mathrm{p}}D}{u}$ = 10 Pa · s 时,Pitot 压力和自由流直径随自由流速度的关系,在该图中模型长度作为参考长度,其长度等于自由流直径 D。两组不同的 Pitot 压力(20 kPa 和 200 kPa)下的斜杠线所对应的自由流直径范围显示了风洞尺寸最受欢迎的区间。在相同的双尺度参数下,增加风洞尺寸等价于降低试验气体压力水平,而在相同的压力水平下,增加风洞尺寸意味着可以在弓形激波下游更远处使用双尺度参数[45]。

滞止压力/滞止温度(或称贮室压力/贮室温度)是高超声速风洞最重要的参数。在较低的滞止温度下,Pitot 压力和滞止压力之间的关系依赖试验段自由流 Mach 数、比热比及激波之后流场建立的时间。但是随着滞止温度的增加,Mach 数逐步失去了作为模拟参数的重要性。在自由流离解冻结的情况下,弓形激波后面的物体绕流主要依赖自由流密度和自由流速度。因此,地面模拟不必通过膨胀试验气体获得正确的 Mach 数,仅需要提供充分高的 Mach 数去获得一个强的弓形激波即可。这样,Pitot 压力和滞止压力之间存在一定的任意性。例如,假定试验气体比热比 γ = 1.35,经过喷管膨胀以后,气流 Pitot 压力为 20 kPa,当 Mach 数为 7.3 时,对应的滞止压力为 2 MPa,当 Mach 数为 9.9 时,对应的滞止压力为 10 MPa,此时滞止压力值之间存在 5 倍因子;若 Pitot 压力为 200 kPa,在这两种试验 Mach 数下,滞止压力值之间存在 10 倍因子[45]。

以下粗略地讨论双尺度参数和 Reynolds 数之间的关系。推进流场和超高速流场依赖模拟的双尺度参数,但是流场的边界层模拟则要求地面试验和飞行条件下的 Reynolds 数保持一致。在自由流离解可以忽略的情况下,自由流速度、温度和黏性在给定的焓值下保持不变,这样当自由流密度和特征长度乘积作为流动的双尺度参数确定以后,自由流 Reynolds 数(激波后 Reynolds 数)亦可和真实飞行相符。Clarke 的相关结论也表明：如果流动对 Mach 数依赖性可以忽略，那么双尺度参数的复现可以通过对 Reynolds 数的复现而获得[46]。在自由流离解冻结大量存在时，情况尚不十分清楚，按照文献[20]的看法，离解冻结对自由流 Reynolds 数影响较小，因为大量的离解冻结出现在激波后的区域，仅显著影响激波后 Reynolds 数。

1.3.3 推进试验

自由活塞激波风洞可以为超燃冲压发动机提供试验环境。超燃冲压发动机通常在 Mach 数 4 的速度以上才开始工作，此时空气在飞行器下方被压缩，并以高压状态进入发动机，在燃烧室入口仍然保持超声速状态，之后与空气混合、燃烧、膨胀产生动力[47]。为了获得维持超声速燃烧所需要的空气气流和流动静压，超燃冲压发动机的工作环境具有一个高度上限；弹道学研究表明，一般将 25 kPa（也有学者认为 5 kPa 或者 9.5 kPa）作为可实现燃烧的动压的下限。无论如何，由于超燃冲压发动机的工作特性、内部管道压力、机体表面温度和动压载荷等因素的共同制约，吸气式冲压飞行被限制在一个狭窄的走廊[48]，如图 1.3.7 所示。结合文献[49]提供的美国标准大气参数，表 1.3.2 给出了真实气体效应下，30 km 空域上不同 Mach 数所对应的滞止压力和滞止温度。可以看到，为了获得 Mach 数 8 的自由流，滞止温度约 2 800 K，在此压力和温度下空气中的氧气已经发生离解，而滞止温度已经超过常规高超声速风洞的上限。表 1.3.3 给出了承担推进试验任务的若干风洞的性能参数，代表了当前推进试验设备的总体状况。需要稍加注意的是，加热器的加热能力和效率是限制常规高超声速风洞模拟能力的主要因素。NASA-Glenn 的 HTF 风洞的石墨芯蓄热式加热器的核心是一个电磁感应器，理论上，这个感应器可以使氮气获得 2 755 K 的高温，但实际运行的最高滞止温度不足 2 200 K（表 1.3.3）。日本 RJTF 风洞同时采用蓄热式加热（SAH）和燃烧加热（VAH，烧氢补氧），可以获得 2 600 K 的名义滞止温度。但是，出于污染以及安全上的考虑，绝大多数常规高超声速风洞实际可用的滞止温度约以2 200 K为限。比较表 1.3.2 和表 1.3.3，可以看到当前设备实际能力和理论能力之间存在的差异。另外，加热过程中，常规高超声速风洞产生的试验气体通常含有 H_2O、CO_2、OH 等污染组分，这些污染组分对燃烧过程产生额外影响，降低地面试验结果的可靠性[50]。这些风洞的详细情况，可参见文献[51]~[59]，并由这些文献可以找到更多细节和线索超燃推进研究渴望实现对飞行 Mach 数的模拟。图 1.3.8 描绘了用于超燃推进研究的高超声速地面设备的

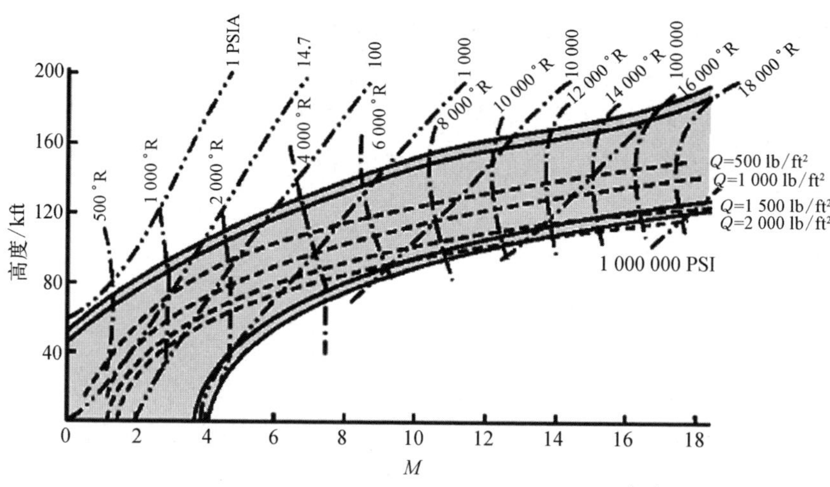

图 1.3.7 吸气式高超声速飞行器的飞行走廊[48]

1 lb≈0.454 kg; 1 ft=0.304 8 m

滞止压力,可以看到,随着飞行 Mach 数的增加,反射型激波风洞已经不能提供模拟所需要的滞止压力,此时需要依赖膨胀管风洞来完成模拟任务[60]。

表 1.3.2 Mach 数 5~10 飞行环境所对应的滞止温度和滞止压力

飞行 Mach 数	滞止压力/MPa	滞止温度/K	面积比	附　　注
5	0.696	1 278.5	27.8(25)	采用 Berthelot 方程进行近似计算,模拟速度、密度和静温
6	2.261	1 709.6	65.05(53.18)	
7	6.568	2 210.1	142.88(107.79)	
8	17.272	2 818.6	295.10(190.11)	
9	16.212	3 129.2	256(固定)	采用经验公式进行估算,喷管采用固定膨胀比,仅模拟密度和速度
10	19.40	3 737.2	256(固定)	

注: 大气数据采用美国标准大气表[49],计算细节参见详见本书第 5 章。
括注数字表示气体在理想条件下膨胀到所需 Mach 数时所对应喷管的面积比。

另外,表 1.3.4 给出了印度高超声速飞行器的飞行条件和对应的激波风洞模拟参数[61],表 1.3.5 给出了 CALSPAN 激波风洞复现环境和实际飞行条件对比结果。对比这些数据[62],可以得到结论: ① 对于推进试验,Mach 数 8 以下飞行环境,可以采用常规高超声速风洞或激波风洞获得;但是 Mach 数 8 以上飞行环境必须采用激波风洞获得。② Mach 数 5~8 的范围内,相比激波风洞,常规高超声

表 1.3.3 承担推进试验的若干风洞的性能参数

风洞名称		喷管			试验段			
	飞行 Mach 数/出口 Mach 数(喷口尺寸)	滞止压力/MPa	滞止温度/K	质量流量/(kg/s)	模拟高度/km	运行时间	单位 Reynolds 数/$10^6 m^{-1}$	速度/(m/s)
HTF NASA-Glenn[51,52]	5	2.83	1 222	86	20.7	103 s	—	—
		0.48	1 344	14	32.9	294 s	—	—
	6	8.27	1 647	101	21.9	42 s	—	—
		1.00	1 839	12	36.6	294 s	—	—
	7	8.27	2 128	47	28.3	90 s	—	—
		2.96	2 167	16	36.6	180 s	—	—
15-in HTT NASA-Langley[53]	6(空气,12 in) HIT,HIP	0.345~2.415 0.345~18.63	478~722	—	—	—	0.5~6.0 1~40	—
	8(空气,18 in)	0.207~20.7	644~833	—	—	—	0.1~12	—
	10(空气,31 in)	0.8~10.0	1 016	—	—	—	0.25~2.2	—
	17(N_2,20 in)	13.8~34.5	1 556~1 944	—	—	—	0.2~0.8	—
8-ft HTT NASA-Langley[54]	4, 8 ft	0.59	928	—	20.1	—	—	—
	5,8 ft	1.97	1 151	—	21.94	—	—	—
	5,4.5 ft	3.79	1 191	—	18.89	—	—	—
	7,8 ft	13.8	1 933	—	25.91	—	—	—

（续表）

风洞名称		喷管			试验段			
	飞行 Mach 数/出口 Mach 数(喷口尺寸)	滞止压力/MPa	滞止温度/K	质量流量/(kg/s)	模拟高度/km	运行时间	单位 Reynolds 数/$10^6 m^{-1}$	速度/(m/s)
RJTF JAXA[55,56]	4，SAH (510 mm×510 mm)	0.86	872	45.9	20.0	60 s	—	—
	6，SAH (510 mm×510 mm)	5.25	1 580	29.8	25.0	60 s	—	—
	8，SAH+VAH (510 mm×510 mm)	10.0	2 600	23.7	35.0	30 s	—	—
HYPULSE GASL[57]	7/7.32 (AR=175)	5.15	2 140	—	—	3~7 ms	—	2 140
	10/6.91 (AR=225)	24.0	3 850	—	—	3~7 ms	—	2 998
HIEST JAXA[58]	7.5/7.65 (AR=256，0.8 m)	14.2	2 518 (3.02 MJ/kg)	22.04	28~30	~5 ms	2.87	2 345
HEG DLR[59]	7.5/7.35 (AR=133，0.6 m)	15.67	2 624 (3.37 MJ/kg)	16.46	28~30	~5 ms	3.55	2 370
JF-12 (附录 A)	6.65 (AR=100，1.5 m)	2.40	3 310 (3.68 MJ/kg)	—	—	~120 ms	0.5	2 650

注：HIEST 和 HEG 的质量流根据喷管出口处流动参数推算；
SAH 为蓄热空气加热，VAH 为燃烧空气加热；
AR 表示喷管面积膨胀比；
1 in=2.54 cm。

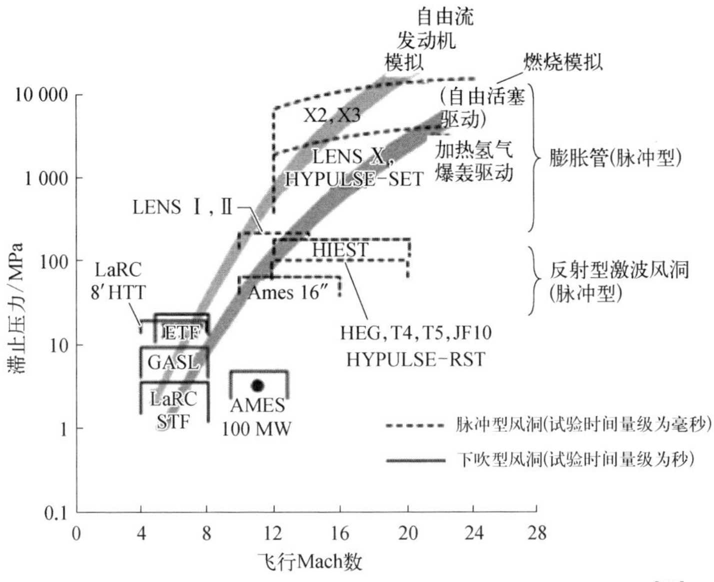

图 1.3.8　用于超燃推进研究的高超声速地面设备的滞止压力[60]

表 1.3.4　印度高超声速飞行器的飞行条件和对应的激波风洞模拟参数[61]

编号	高度/km	Mach 数	静压/mbar	静温/K	5 区压力/atm	5 区温度/K	激波 Mach 数	驱动压力/atm	被驱动压力/mbar
1	25	6.0	27.0	220	50	1 624	3.5	18	600
2	30	6.5	12.5	231	41	1 931	3.9	21	350
3	35	7.0	6.00	243	34	2 258	4.3	25	250

注：采用氢气作为驱动气体。

表 1.3.5　CALSPAN 激波风洞复现环境和实际飞行条件对比结果[62]

状　态	物理量	飞行条件	风洞条件	备　注
风洞滞止压力 800 atm 滞止温度 5 000 K	温度/K	810	1 470	模拟超燃推进中斜坡或者进气道温度和速度。斜坡角度 14°，喷管膨胀比为 250
	压力/atm	0.5	0.64	
	速度/(ft/s)	11 100	11 000	
	Mach 数	12	6.6	
风洞滞止压力 1 000 atm 滞止温度 3 500 K	温度/K	1 000	1 060	
	压力/atm	0.42	0.43	
	速度/(ft/s)	9 660	9 660	
	Mach 数	9.8	9.1	

速风洞在尺寸和试验时间上占据优势,但试验气体清洁程度稍劣。③ 在 Mach 数 8 以上,激波风洞为了获得和飞行环境比较接近的自由流速度和静压(或者自由流密度),自由流温度以及 Mach 数的模拟将可能出现较大差异。

发生化学反应的最低飞行速度约为 2 km/s,这正是超燃(冲压)推进研究最感兴趣的范围。在低速情况下,吸气式飞行推进方式涉及涡轮喷射和冲压喷射两种模式,其化学反应本质上不依赖整个流场,因此不必将整个流场中某些部分特别加以模拟。但是,超燃冲压喷射试验需要将飞行器构型和其流场的综合因素加以考虑,因此流场模拟必须涉及燃烧过程的化学反应[45]。模拟中要使得风洞模型产生冲压喷射条件,即燃烧反应达到与真实飞行构型相同的水平。对于具有几何相似性的燃烧室,大量研究显示氢气(H_2)的超声速燃烧同样服从双尺度关系,其量值如下[45]:

$$P_c l_c = 2 \times 10^4\ \mathrm{Pa \cdot m} \tag{1.3.5}$$

其中,P_c 为燃烧室的预燃压力;l_c 为燃烧室长度。式(1.3.5)右端的常数值随着参数变化而变化,如预燃 Mach 数(气体在燃烧前具有的 Mach 数)和燃烧室构型。式(1.3.5)为探索高超声速风洞关于高超声速推进试验流场的模拟极限,提供了有用的途径。

高超声速飞行器为了确保合理有效的推进,一般采用低阻力构型,如楔形结构,飞行器总长度约为燃烧室长度的 10 倍。在推进试验中,模型构型的具体细节必须将模型尺寸和燃烧室长度之间的关系予以考虑。高超声速风洞所产生的自由流直径要达到模型长度的 1/3,例如,在图 1.3.9 的上半部分中喷管出口处的自由流直径 D 取为模型长度的 1/3,燃烧室长度的 3 倍[20,45]。自由流在模型进气道内进行预压缩,获得预燃的 Mach 数 M_c。若假定整个过程等熵,那么可以得到[45]:

$$P_c = P_R \{1 + 0.5(\gamma - 1) M_c^2\}^{\frac{-\gamma}{\gamma-1}} \tag{1.3.6}$$

其中,P_R 为喷管的滞止压力。这样一来,利用式(1.3.5),并注意到自由流直径 D 满足关系 $D \sim 3l_c$,于是可以得到:

$$P_R D \sim 0.06 \{1 + 0.5(\gamma - 1) M_c^2\}^{\frac{-\gamma}{\gamma-1}}\ \mathrm{MPa \cdot m} \tag{1.3.7}$$

如果取 $\gamma = 1.35$,式(1.3.7)可以近似地导出图 1.3.6 的结果。图 1.3.6 表明,考虑完整的飞行器流场中模拟冲压燃烧时,风洞尺寸和压力水平之间存在复杂关系,

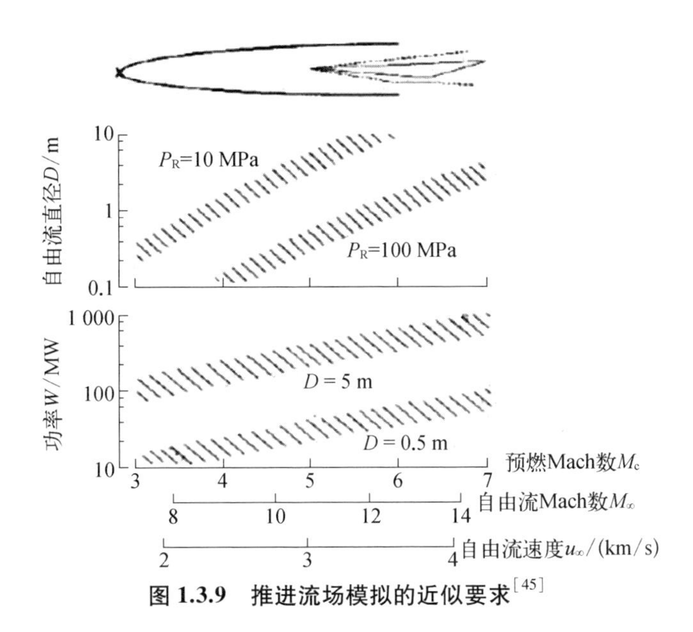

图 1.3.9　推进流场模拟的近似要求[45]

图中两个反斜线之间的区域是超燃模拟常用的区域[45]。当然,关于冲压发动机各个部件的试验可以拓展这些复杂关系所揭示的极限。式(1.3.5)的双尺度关系也暗含风洞模拟超燃推进流场所需要的能量水平。如果记试验段功率为 W,可以近似认为

$$W = 0.5\rho_\infty A_\infty u_\infty^3 \tag{1.3.8}$$

其中,ρ_∞、A_∞、u_∞ 分别为试验段自由流密度、截面积和自由流速度。在等熵条件下,进气道内的完全气体状态方程为

$$\rho_\infty = \left(\frac{P_c}{RT_c}\right)\left(\frac{T_\infty}{T_c}\right)^{\frac{1}{\gamma-1}} \tag{1.3.9}$$

其中,预燃温度 T_c 为燃料和空气混合/引燃时的温度,例如,氢气的预燃温度一般接近 1 000 K。由于进气道压缩模拟的需要,预燃温度 T_c 近似为 T_∞ 的 4 倍。利用式(1.3.6)和式(1.3.7)可以得到 $P_cD \sim 6.0\times10^4$ Pa·m,再利用式(1.3.9),同时在式(1.3.8)中,注意到 $A_\infty = \pi D^2/4$,可得[45]

$$W = 1.6Du_\infty^3\ \text{MW} \tag{1.3.10}$$

其中,u_∞ 的单位为 km/s,D 的单位为 m。对于选定试验流动直径值,图 1.3.9 展

示了上述关系,这一近似的本质关系在图中由斜线区域予以标示。试验段 Mach 数和速度的尺度与相应预燃 Mach 数之间的关系亦由图 1.3.9 加以揭示。

双尺度参数的使用可以使如下飞行参数获得相似性: Reynolds 数、二体反应速率、黏性效应、点火时间和燃料混合过程[20]。对可以容纳亚尺度或者更小尺度的风洞而言,双尺度参数要求更高的滞止压力,随着模拟飞行器飞行速度的增加,所需滞止压力的量值将超越当前反射型激波风洞的结构上限。图 1.3.9 表明,当推进流场的 Mach 数增加时,功率水平和压力成倍增加。由于高流动能量的热传导存在各种问题,所以在高 Mach 数推进模拟中存在十分严重的工程问题。另外,在较高的焓水平下,对反射型激波风洞而言,即使满足双尺度参数,也无法保障自由流组分和实际飞行环境相符。由于复合反应速率偏低,氧原子和一氧化氮分子含量高于飞行环境,这些组分将为燃烧提供更多的附加热量,增加点火速率并影响混合过程,以致高估发动机实际性能(选择稍小双尺度参数可以抵消这部分影响)。膨胀管风洞产生自由流离解水平更接近真实情况,适合 Mach 数 10 以上的推进研究[60]。

NASA 的 Hyper-X 等一系列飞行器能够取得飞行成功,其显著特点是,成功牢固建立在大量风洞试验结果之上[20]。鉴于超声速推进燃烧问题的复杂性,地面推进试验希望风洞能够提供更为逼真的自由流条件和更长的试验时间。一般而言,Mach 数 4 ~ 8 的吸气式冲压飞行大多使用有催化反应的吸热碳氢燃料,Mach 数 8 以上的飞行需要使用氢燃料。由于发动机实际尺寸重量的严格限制(超燃燃烧室的长度通常在 1.5 m 左右),气流在燃烧室中的驻留时间约为 1 ms,在这段时间内空气要完成压缩、增压,并与燃料在超声速流动状态下完成掺混、点火和燃烧是困难的[20]。吸热的碳氢燃料点火延迟时间较长,在超燃冲压发动机燃烧室典型工作范围(50~100 kPa, 600~1 000 K)内,其点火延迟时间为 5~10 ms,液氢的点火延迟时间不足 1 ms,按照文献[63]的结论,点火延迟时间顺序从大到小为甲烷、JP10、庚烷、重整的吸热碳氢燃料、乙烯、氢。有关超燃推进中的碳氢燃料的系统研究参见文献[64]。确保在有限长度的燃烧室内实现碳氢燃料的点火与稳定燃烧成为碳氢燃料超燃冲压发动机研制过程中必须解决的问题,也是地面模拟试验要重点研究的问题。为了克服激波风洞试验时间的限制,增强燃料和试验气体的混合,一般燃料在试验气体到达之前 10 ms 时就开始喷注,这种办法使得在 T4 自由活塞激波风洞进行液氢的超燃试验成为可能[20]。对碳氢燃料而言,在提前喷注的基础上,还要对风洞有用试验时间进行延拓,才可以胜任这类燃烧试验。

不同试验对试验时间长短的要求存在差别。例如,激波风洞中的测压和热交换试验要求流动保持30~60倍的模型长度,以获得稳定的出现分离的底部流场[3]。对超燃研究而言,Hornung认为,能够获得20倍模型长度的平稳试验气流(边界层的建立需要3~4个模型长度的时间)就足够[65]。这就意味着,对于一个2 m长的一体化模型,若自由流速度为1 500 m/s,那么这样的试验时间约为27 ms。假如增加自由流速度,所需要的试验时间随之减少。国内不少研究者认为,对于碳氢燃料,地面模拟需要提供100 ms左右的试验时间,才能保证稳定的超声速燃烧流场的建立,在高Mach数情况下,这个时间要求是非常大的挑战。

无论如何,对超燃推进的地面模拟而言,地面设备应当能够兼顾双尺度范围和有用试验时间,并在两者之间获得好的均衡。

1.3.4　高焓流动的模拟策略

再入飞行中真实气体效应越发受到关注[16,42,65,66]。地面试验设备在模拟再入飞行条件时,需要具备模拟真实气体效应的能力。Mach数不是制约地面设备的主要问题,因为当$M_\infty > 8$时,再入飞行器的气动特性和Mach数仅存在微弱的关系[34]。事实上,为了获得逼真的真实气体效应,地面设备应当在如下两个参数的模拟上达到恰当水平[4,16]:其一是,自由流中动能(specific kinetic energy)$\left(\frac{u^2}{2}\right)$和离解能(specific dissociation energy)(D_g)的比值;其二是,Damköhler数Ω的量级,这里Damköhler数定义为$\Omega = \frac{\tau_d}{\tau_c} = \frac{L_c}{l_d}$,其中$L_c$为飞行器的特征长度,$\tau_c$为流动的特征时间,$\tau_d$为离解的特征时间,$l_d$为离解长度($l_d = u\tau_d$)。

从理论上讲,在飞行环境下,气流焓值$h \approx \frac{u^2}{2}$,如果风洞模拟气流焓值和原型气流焓值相等,那么两者气流速度相等;如果风洞的模拟气流和原型流动的气体成分一致,那么两者离解能D_g相等。因此,风洞的模拟气流满足焓和气体成分的一致性条件时,模拟气流和原型气流的参数$\frac{u^2}{2D_g}$自然相等。

Damköhler数(Ω)是判断流动的化学反应状态的重要指标,$\Omega \ll 1$代表流动处于化学平衡状态;$\Omega \gg 1$代表流动的化学反应处于冻结状态;$\Omega = O(1)$代表流动处于化学非平衡状态,有限速率的离解效应需要予以考虑。化学反应通常包括离解和复合(recombination)两种行为,对于再入型的连续流(双原子气体分子),离解长度 l_d 满足 $l_d \sim 1/\rho$,复合长度 l_{rec} 满足 $l_{rec} \sim 1/\rho^2$,由于气体密度很小,如果 l_d 和特征长度 L_c 的尺度相当,那么复合长度 l_{rec} 通常会非常大,所以仅需要考虑离解的行为和它带来的影响,复合现象的影响并不显著[16]。结合式(1.3.4)可以看出,Ω 的一致性依赖对双尺度参数 ρL_c 的模拟。风洞一般通过升高试验段密度来补偿模型尺度缩小带来的影响,其后果是,对合理的滞止压力而言,喷管处流动的膨胀能力降低(即试验段的 Mach 数降低)。根据文献[46],Ω 可以表述为 $\Omega = Re(r \cdot M^2)^{-1}$,这里 r 是一个比值,通常为 10 000 量级或者更大,如果流动对 Mach 数依赖性可以忽略,那么对于 Ω 的复现可以通过对 Reynolds 数的复现获得。

更一般地,地面模拟的终极目标是获得和真实飞行环境相同的边界层状态,但是这个看似简单的目标,具体实现起来却困难重重。对于高超声速或者超高速飞行而言,影响飞行器气动力/热的主要参数在风洞模拟中往往顾此失彼,难以顾全。一个妥协的办法是,根据具体的试验任务,模拟影响试验结果的主要参数。在定常高超声速流动中,任何无量纲物理量 Γ 均依赖于特征化流动的一组无量纲化参数。就简单双原子气体而言,可以表示为[16,65]

$$\Gamma = \Gamma(M,\ Re,\ Pr,\ \gamma,\ b_g,\ T_w/T_o) \tag{1.3.11}$$

其中,Pr 为 Prandtl 数;b_g 为飞行器形体的特征参数;T_w 为壁面温度;T_o 为滞止温度。Prandtl 数的定义为 $Pr = \dfrac{C_p \mu}{k}$,这里 C_p 是比定压热容,μ 为黏性系数,k 为热传导率,这个无量纲常数体现了流体物理性质对对流传热过程的影响。依照定义,如果试验气体和飞行环境的气体在成分上保持一致,则可以保证 Pr 的一致性。这样一来,如果飞行器形状保持不变,仅改变大小,同时试验气体和自由飞行时的条件一致,则式(1.3.11)可以简化为

$$\Gamma = \Gamma(M,\ Re,\ T_w/T_o) \tag{1.3.12}$$

这是常规高超声速风洞(冷风洞)所要遵循的关系。结合前述真实气体效应模拟的相关策略,关系式(1.3.11)可以改写为如下形式[16,65]:

$$\Gamma = \Gamma(M,\ Re,\ T_w/T_o,\ u^2/2D_g,\ \Omega,\ \alpha_\infty) \tag{1.3.13}$$

其中,α_∞ 为自由流的离解质量比重(离解度),该参数是体现气体成分的标志

项。对于再入问题,在弱 Mach 数依赖的前提下,上述关系式可以简化为

$$\Gamma = \Gamma(Re,\ T_w/T_o,\ u^2/2D_g,\ \Omega,\ \alpha_\infty) \tag{1.3.14}$$

以下对关系式(1.3.14)略加阐述。T_w/T_o 的模拟主要依赖自由流静温,而静温的获取可以通过适当调节喷管滞止条件来实现。在反射型激波风洞中,高温试验气体由滞止状态经过喷管膨胀加速,在膨胀过程中,试验气体热/化学非平衡行为使得喷管出口的自由流静温和声速明显大于飞行环境下的相应值,同时自由流 Mach 数偏小。随着模拟速度的不断增加,这个趋势越发严重。在滞止温度不高于 2 600 K 的限制下,振动非平衡效应影响相对较小,风洞自由流温度可以接近飞行环境,T_w/T_o 和 Mach 数模拟可以获得保证。

在通常情况下,自由流离解度 α_∞ 的一致性不容易满足,这也正是高焓激波风洞最大的限制。在全尺度流动中,自由流离解度 α_∞ 需要和飞行环境下的流动保持一致,以获得相似性。但是,经由喷管膨胀而产生的试验气流,则难以满足这一相似性准则。当流动通过喷管膨胀时,由于离解气体的复合速率迅速减小,喷管出口处气体仍然保持部分离解。对于钝体而言,由于激波很强,激波的上游条件本质上不能影响下游焓值,流场仅在模型的鼻部和前缘区域出现合理的反射,这和真实飞行中的情况接近。如果是细长体,在远场处将出现明显不同[4]。

气体黏性系数 μ 虽然是温度和压力的函数,但是在较低的温度下,根据平板理论,黏性阻力系数 C_f 仅是 Reynolds 数的函数,当 Reynolds 数得到模拟以后,黏性阻力系数 C_f 自然相等。而壁面温度的恢复系数仅是 Prandtl 数的函数[67]。利用 Reynolds 比拟关系, Stanton 数可以表示为 $St = \dfrac{1}{2}C_f Pr^{-2/3}$, 当试验气体组分差别很小时,可以认为 Prandtl 数是一致的。鉴于黏性阻力系数 C_f 仅是 Reynolds 数的函数,Stanton 数的模拟取决于 Reynolds 数和气体组分。

综上所述,激波风洞应当实现对自由流速度(或者滞止焓)、双尺度参数、静温和气体组分的模拟,即可获得一致或者接近的相似性参数。当滞止温度不太高(如 2 600 K)时,激波风洞(含炮风洞)产生的流场和飞行环境十分接近。当风洞运行高于该滞止温度时,由于热/化学效应的存在,自由流静温和气体组分与飞行环境之间差异随着滞止温度的增加逐渐增加,其他无量纲参数和气体热力学参数也相应发生变化。以表 1.3.3 为例,当 HYPULSE 风洞在模拟 Mach 数 10 的飞行速度时,实际喷管出口处自由流 Mach 数为 6.91。由于部分模拟参数

的逐渐偏离,需要针对具体试验内容和任务,选择相似性条件和模拟参数,并通过测量手段和计算手段的提升来弥补激波风洞的模拟弱点。

1.4 自由活塞激波风洞的局限

1.4.1 基本情况

产生高超声速或者超高速流动所需要的能量是惊人的。例如,一个常规高超声速风洞产生截面积为 1 m^2的高超声速流动,假定气流密度为0.01 kg/m^3,速度为 7 km/s,那么风洞需要 2 GW 的功率,这个值约为 2010 年美国电能总消耗的千分之一,相应的热流为 2 GW/m^2,是太阳表面热流的 46 倍[65]。如此巨大的运行功率很难维持较长时间。另外,在如此高的速度下,模型周围建立起一个定常流场,所需时间也相当短暂。如果采用上述例子中试验气流速度,要求风洞能够产生 20 倍模型长度的试验气流(假定模型长度为 1 m),那么此风洞需要提供的有效时间接近 3 ms。在这段时间内,风洞所需的能量总和仅为 10 MJ,这一量级的能量需求是可以满足的。能量上限制是激波风洞成为高焓流动模拟的必需设备的重要原因。为了使得定常膨胀后的试验气流速度达到 7 km/s 的模拟要求,风洞喷管贮室的试验气体对应的焓值约为 25 MJ/kg,对空气而言,在 100 MPa 压力下,该焓值所对应的温度大约为 9 500 K,在此温度下,现有材料极易发生熔化和烧蚀,因此必须对容纳高温高压气体的时间加以限制。直至今日,即使采用最为可行的材料,其维持时间也不超过 3 ms[65]。上述论述仅是泛泛而谈,并非特指某个具体类型的风洞,不过,这足以揭示自由活塞激波风洞大致的功率水平,以及在试验时间和热防护等问题上面临的挑战。

从自由活塞激波风洞自身角度来看,控制风洞性能的基本参数是驱动气体的体积压缩比 λ。λ 越大,驱动气体经过等熵压缩获得的温度也就越高,满足缝合接触面条件的激波 Mach 数也随之增加,其代价是有用试验时间的缩短。图 1.4.1 显示,在压缩比小于 40 时,采用氢气的驱动效果更好[4],但是高压高温下氢气容易使得压缩管发生"氢脆"现象,危及设备安全,且氢气本身易燃不易贮藏,所以基于安全性的考虑,在自由活塞激波风洞的实际操作中,很少使用氢气作为驱动气体。不过,作为自由活塞激波风洞使用的驱动气体——氦气,固然具有性质稳定的特点,但制备不易,价格相对昂贵,风洞运行成本因之增加。这也是大型自由活塞激波风洞设计中需要谨慎处理的问题。

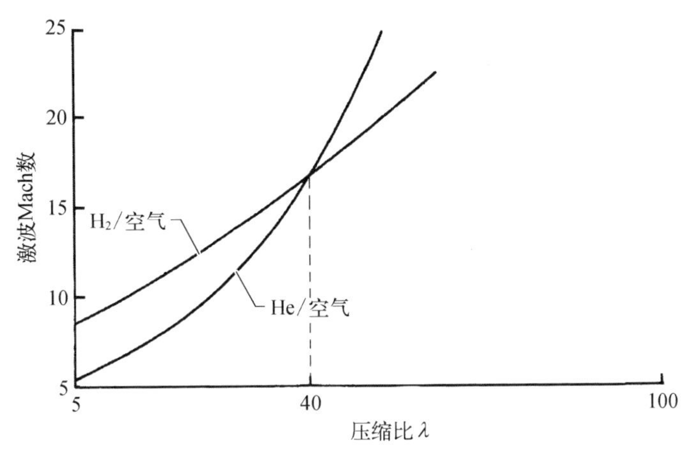

图 1.4.1　自由活塞激波风洞中驱动气体体积压缩比和激波 Mach 数之间的关系[4]

自由活塞激波风洞滞止压力和有用试验时间常常随着滞止焓的增加而减小。滞止压力是指,在激波反射过程完全发生后,激波管末端(喷管贮室)维持的压力。试验时间是指,在驱动气体到达喷管前,激波管末端压力接近常数的时间。图 1.4.2 中显示了喷管贮室滞止压力(作为时间的函数)的变化情况。可以看到,在超过 0.5 ms 的时间中,压力的下降不会超过 10%。这段时间是风洞名义上的定常试验时间段。原则上讲,滞止焓的变化可以通过变更驱动气体的压缩比获得。然而对于给定的破膜压力(即膜片打开时刻驱动气体压力),在最高的可实现压缩比下破膜,可能更为经济,在此压缩比下,通过变更激波管的填充压力来获得期望的滞止焓。

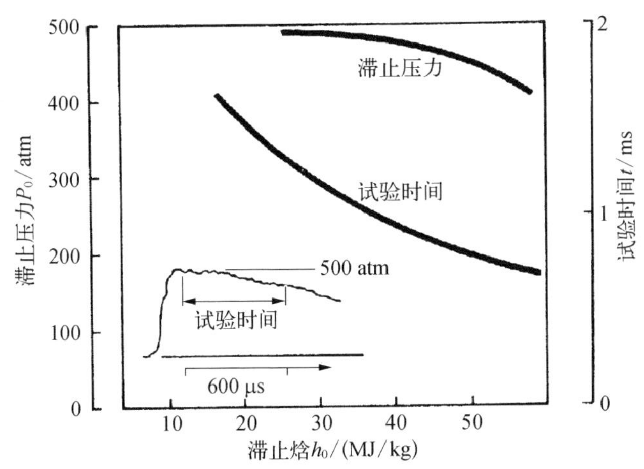

图 1.4.2　T4 自由活塞激波风洞的滞止压力、试验时间和滞止焓的关系[4]

在高焓模拟设备(包括自由活塞激波风洞)中进行试验,成本相对昂贵。因此,一个经济的想法是,在一次试验中,尽可能多地获得各类数据。但是,依据以往实践经验,大多数测量技术具有不同层次的专业程度和复杂程度,这些类型不同的技术很难同时在同一个试验中出现。在高焓实验设备中,常用的试验技术包括表面压力和热流测量(surface pressure and heat flux measurement)、纹影和阴影成像(schliren and shadow photography)以及干涉测量(interferometry)。另外还有一些重要技术在高焓实验设备中的应用则受到限制,这些技术包括质量谱测量(mass spectrometry)、光谱测量(spectroscopy)、激光诱导的荧光(laser-induced fluorescence)以及 Raman 谱测量(Raman spectroscopy)。由于试验时间短暂,高焓模拟设备(包含自由活塞激波风洞)要求各个分系统之间应当具有高度的自动化水平。特别地,各种测试仪器和风洞运行之间要实现良好的同步,用以弥补这种设备在试验时间上的先天缺陷。

1.4.2 污染与辐射

制约自由活塞激波风洞性能的重要因素之一是驱动气体对试验气体的污染,这一问题在反射型激波风洞中普遍存在。不过在自由活塞激波风洞中,由于风洞采用轻质气体作为驱动气体,这种现象更为严重。喷管起动过程也将影响流动的持续能力和品质,但是污染的影响更为明显。污染机理可以通过图 1.4.3 粗略地加以说明[65,68],在激波管末端,反射激波在激波管近壁面处产生分岔,形成两道斜激波。位于激波管中央区域的试验气体在强的正激波(反射激波)作

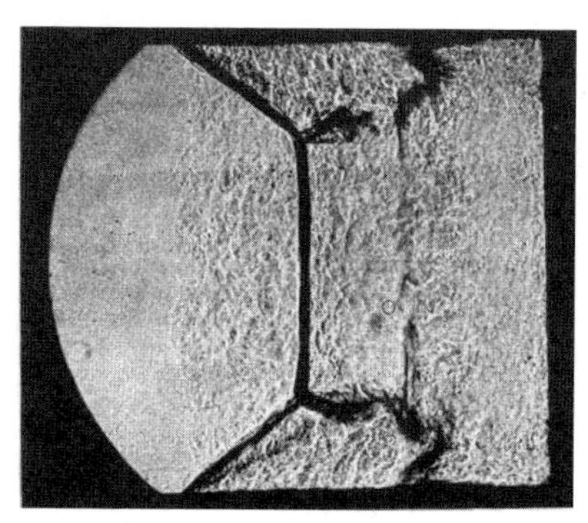

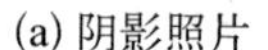

(a) 阴影照片

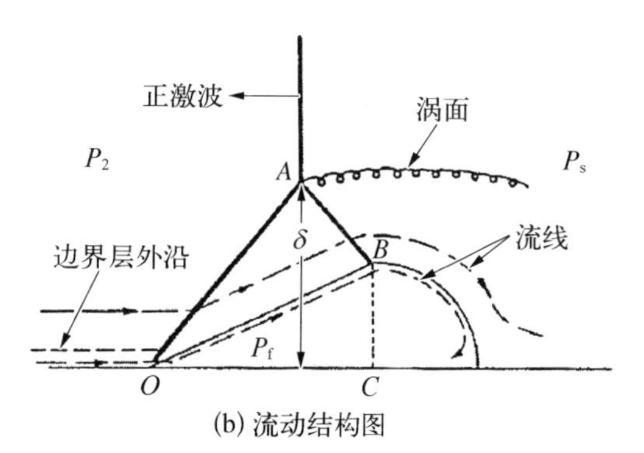

(b) 流动结构图

图 1.4.3 反射激波和边界层相互作用的阴影照片[65]与流动结构轮廓图

P_2:(反射)正激波波前压力;P_s:正激波波后压力(滞止压力);

P_f:近壁区压力;A、B、C 表示位置

用下,保持静止,而强度相对较弱的斜激波则允许驱动气体沿着壁面发生喷射。这样一来,一部分驱动气体在接触面之前,率先到达喷管入口,从而污染了试验气体。驱动气体对试验气体的污染是激波管中反射激波和边界层之间相互作用的产物,这种相互作用使得冷驱动气体边界层出现“喷射”现象,进一步缩短有用试验时间。在多数情况下,驱动气体对试验气体的污染一般发生在喷管滞止压力下降之前。单原子驱动气体对试验气体过早的污染,改变了试验段中试验气体的组分和温度,影响了化学反应流动的测量。因此,知晓驱动气体到达时间并进行推迟则变得十分重要,这一举措将延长反射激波风洞有用试验时间。

Crane 和 Stalker 采用连续取样质量频谱仪(continuous sampling mass spectrometer)估计了自由活塞激波风洞中试验流动的污染情况[68],如图 1.4.4 所示。图中纵坐标代表激波反射后总的时间周期,虚线表征氦气污染水平可接受的上限(不超过气体体积的 10%),实线是喷管获得定常流动需要的起动时间。在这个例子中,当滞止焓低于 25 MJ/kg 时,可以获得有用试验时间 200~300 μs,如果滞止焓大于 25 MJ/kg,由于污染的存在,有用试验时间几乎不能加以利用。文献[44]也指出,当流动焓达到 20 MJ/kg 以上时,驱动气体对试验气体的污染是风洞迫切需要解决的关键性问题。为了延长自由流试验时间,可以考虑增加驱动气体体积压缩比的办法[69],或者采用边界层控制技术,如采用抽吸阻止分离和激波分叉。抽吸的办法已经获得了部分成功,其代价是损失了部分滞止压力[4]。

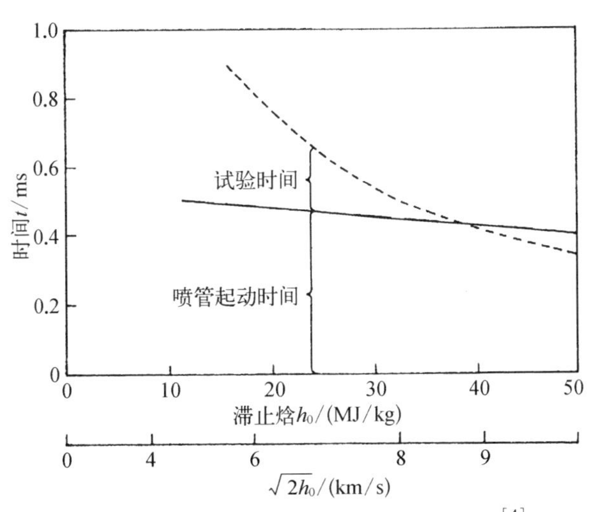

图 1.4.4　驱动气体污染和试验时间的关系[4]

根据 T4 自由活塞激波风洞的运行经验,为了有效延迟这种“喷射”的到达,激波管可以采用亚缝合模式运行。在这种运行模式下,反射激波加速进入驱动气体,在接触面位置,形成膨胀波,传播进入喷管贮室。驱动气体/试验气体的接触面与激波管末端壁面之间的距离增大,同时滞止压力也有所降低。采用这种办法,试验气体污染喷管出现在喉道位置的时间得到了缩短,而滞止焓则有所增加[4]。

使用连续取样质量频谱仪可以观察到氦气的污染,不过,一个更为简单和直接的办法是监控试验段中的静压水平,这种办法已经获得了成功[69]。由于驱动气体保持完全气体状态,并具有更低的温度和更大的比热比,所以静压的衰减可以认为是驱动气体(氦气)对试验气体产生污染的一种信号。为了观察试验段出现的污染,Paull 等发展了一类简单的气体动力学办法,后来,Paull 等将其与试验模型结合起来使用,这个设备包含了很小的管道和楔形,经过巧妙安排,未受污染的试验气体通过管道时将不发生阻塞,但是,受到污染的试验气体(具有一定浓度)通过管道时则要发生阻塞[70]。基于这一想法,Sudani 和 Hornung 设计了类似的观察设备,用于 T5 高超声速风洞,同时建议修改导管观察装置的构型,以便对驱动气体浓度具有更高的灵敏度。可以证明,在一个相对宽泛的滞止焓区域,污染的发生可以通过管道中压力测量数据导出,这一结果和 Davies-Wilson 模型吻合得很好(图 1.4.5)。为了满足流动可视化的需要,在 T5 高超声速风洞,设计并测试了新型的二维观测导管,这一装置对于理解管道内的流动以及提高观测仪器的灵敏性是有意义的[70]。图 1.4.6 展示了自由流静压和驱动气体污染的关系。

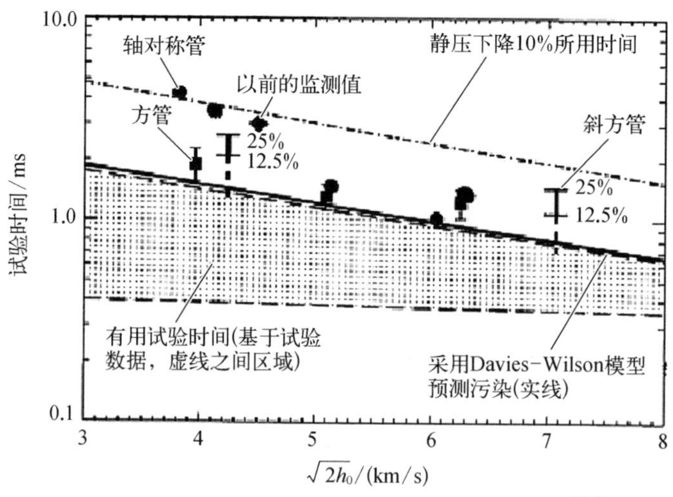

图 1.4.5 新型观测导管获得试验时间和焓的关系[70]

在激波管中，反射激波、边界层以及接触面三者之间相互作用，导致了污染现象的出现，虽然发生机理尚不明确，但是污染确实与这些复杂的流动现象密不可分。Chue 和 Itoh 采用数值技术[71]，模拟了超/亚缝合(且 Mach 数的选择距离缝合值相对较远)两种情况下的试验气体的现象，

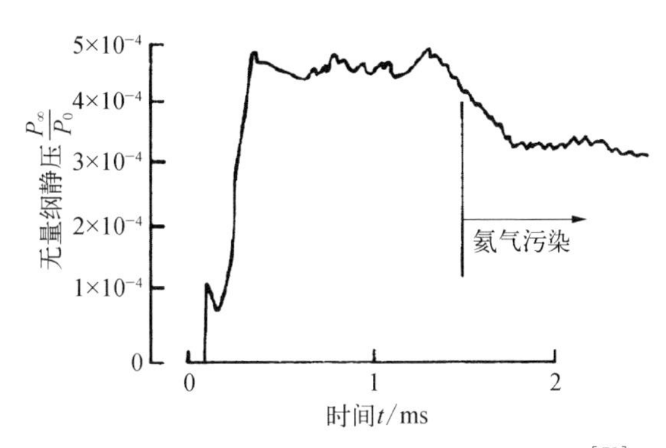

图 1.4.6　自由流静压与驱动气体污染的关系[70]

结果表明，在亚缝合条件下，驱动气体沿着激波管壁面的喷射十分微弱。Sudani 等在中等焓(14 MJ/kg 左右)条件下，通过测量 T5 风洞试验段中驱动气体的到达时间，研究了超缝合条件下的污染问题。他们认为，在超缝合条件下，严重的驱动气体污染过早地发生，为了延长有用试验时间，接触面条件必须优化[70]。另外，文献[72]、[73]提供了这方面研究的较新成果。

对实际运行的风洞而言，辐射损失使得焓受到限制，这类辐射一般多发生在喷管贮室内(对飞行器而言，辐射多发生在激波层内)。在高焓情况下，当试验气体电离发生在喷管贮室区域时，焓由于辐射损失而衰减，这个衰减过程一般长达 300 μs 左右，以致有用试验时间变得很短[74]。辐射带来的影响在焓值为 45 MJ/kg 以上才特别显著，这一问题高度复杂，对其理解尚不全面[75]。20 世纪 60 年代设计建造的 HYPULSE 风洞，主要针对月球返回的辐射气体动力学以及气动热问题[75]。在自由活塞激波风洞中，滞止焓一般不超过 40 MJ/kg。由于驱动气体污染的因素，实际运行中风洞滞止焓一般控制在 25 MJ/kg 以下，此时，辐射损失几乎可以忽略。

1.4.3　流动的特征

相比常规高超声速风洞，激波风洞流场品质都不太好[16]，不过这类风洞仍然可以获得大部分气动参数，如压力、密度、力、力矩系数和热导率等。在模拟再入滑翔器和航天飞机的再入过程(Reynolds 数为 $10^3 \sim 10^7\ \mathrm{m}^{-1}$)中存在的转捩现象时，流动需要具有足够的“安静”程度，这也是自由活塞激波风洞的不足之处[4]。不过，仍然有大量转捩试验在此类风洞中进行[76-80]。例如，Adam 和 Hornung 曾在 T5 自由活塞激波风洞中，针对零攻角的半锥角 5°尖锥，研究了滞止焓与转捩 Reynolds 数之间的关系(图 1.4.7)。结果显示，转捩 Reynolds 数随滞止焓增加而增加，当气体达到一定的焓值时，转捩 Reynolds 数接近常数。在他们

看来,高温气体效应抑制了第二模态的声扰动可能是导致转捩受到抑制的原因[76]。随后,Johnson 和 Candler 采用抛物化稳定性方程(parabolized stability equations, PSE)分析方法得到结论[81]:当滞止焓值增加时,转捩 Reynolds 数也增加,这意味着边界层中化学反应的存在以及平动-振动能量的改变在一定程度上抑制了转捩的发生。对于 CO_2 气体,这种状况更为明显。文献[82]详细讨论了振动松弛对边界层声扰动的影响。

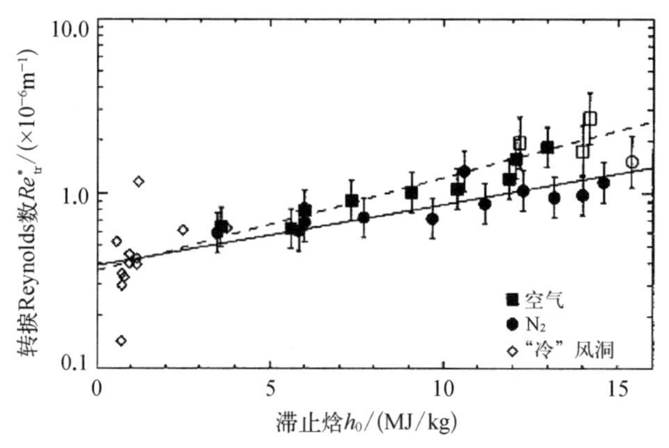

图 1.4.7 滞止焓和转捩 Reynolds 数的关系

自由活塞激波风洞通常会配置轴对称锥形喷管和型面喷管。锥形喷管的主要缺点是在发展了有源流的同时,附带着轴向和径向的流动梯度。目前已经可以设计出具有可接受轴向和径向的流动梯度,同时又能抑制边界层发展的锥形喷管[83]。型面喷管理论上可以获得均匀的平行流,不过集中在中轴的扰动,会使得流场呈非均匀性,这个问题曾多次出现[4]。文献[84]的试验结果证实,在非设计状态下型面喷管的非均匀性更加显著。当需要特别精细和可靠的试验数据时,这一现象要加以注意。事实上,型面喷管设计很难消除这一问题。型面喷管的基本设计途径是先进行无黏型面的计算,然后进行边界层修正,无黏计算需要考虑真实气体效应[85],这增加了型面喷管设计的难度,特别是在高焓情况下当喷管的膨胀比较大时。有关型面喷管的更多细节参阅文献[86]和[87]。在高焓情况下锥形喷管对非设计状态具有很好的稳健性,只要采取充分预防措施和适当的边界层修正,仍然可加以使用。事实上不少自由活塞激波风洞配置了锥形喷管。型面喷管在非设计状态下的缺陷仍需要研究和改观。另外,高温高压对于喷管喉道的腐蚀相对严重,容易使之发生扭曲,流场品质也会随之恶化。

在高焓条件下,喷管贮室中大量试验气体(空气)分子裂解为原子,通过喷管膨胀后,部分原子不能复合形成分子。因此,试验段的空气中不仅包含了分子形式的氧气和氮气,还包含了氧原子和氮原子,以及少量的一氧化氮分子,这些不同组分的浓度从喉道后的某个位置起变化不大,仿佛发生了"冻结"。由于流动的静温低于原子存在的平衡态温度,所以试验段的流动是非平衡的。在真实飞行中,热/化学反应"冻结"的情况绝少出现。从能量的角度看,气流中有一部分能量(化学焓和振动能)发生冻结,不能转化为动能,形成冻结焓。冻结焓这一物理量和"冻结"的化学分子种类直接相关,冻结的气体分子在进一步的膨胀中不能恢复原状。对钝体而言,这不是十分严重的妨碍,对细长体而言,则需要慎重对待[23]。粗略地说,如果自由流中的冻结焓与滞止焓比值小于15%,则物体绕流中的自由流的离解效应不会很大。

自由流静温、静压等流动参数对于真实气体效应十分敏感,静压和滞止焓不存在依赖关系。静压测量的相关概述参见文献[88]。通常,直接测量静温并不容易,而直接测量Pitot压力则相对简单,所以直接测量静压的研究结果相对较少。例如,文献[69]通过静压计测量静压间接地获得静温;文献[89]通过静压插入机构来实现静压测量,并对比计算结果来判断化学反应速率模型的合理性(静压管的设计和安装细节亦可在该文中获得)。图1.4.8给出了T3风洞进行

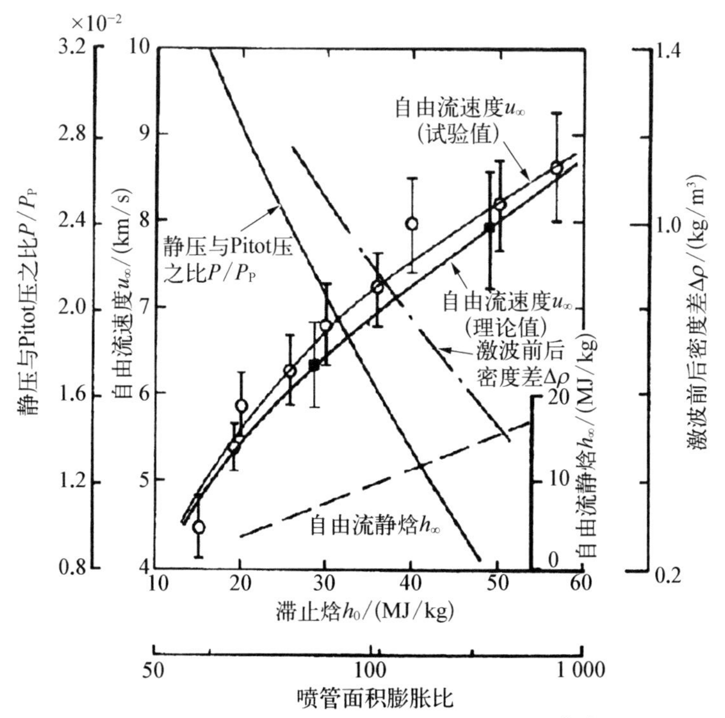

图1.4.8 T3风洞喷管流动的热/化学校测[90]

热/化学校准数据和数值计算的比较结果,图中滞止焓是在激波管压力测量值获得以后计算得到的[90]。试验段自由流速度 u_{∞} 取决于测量获得的高 Mach 数流动的 Pitot 压力 P_{P} 和密度 ρ_{∞},对于高 Mach 数流动一般存在近似关系 $P_{\mathrm{P}} \approx \rho_{\infty} u_{\infty}^{2}$。试验段密度 ρ_{∞} 通过干涉测量方法获得,通常干涉测量中的条纹转变和激波前后密度差 $\Delta\rho$ 相关。测量获得的试验段速度略高于理论值。另外,从图中也可以看出,冻结焓(自由流静焓 h_{∞} 的主要部分)所占比例和滞止焓正相关[90]。

1.5 直通型风洞与膨胀管风洞

1.5.1 直通型风洞

在高焓条件下,反射型激波风洞的性能受到驱动气体的污染和喷管贮室内辐射损失的限制。为了缓解这一问题,研究者设计了直通型(或者称为非反射型)激波风洞。这种改良的激波风洞取消了位于激波管末端(喷管之前)的膜片,使得喷管的入口直接和激波管末端相连接。入射激波后的试验气体通过喷管,直接膨胀到高超声速条件。采用这项技术能够使得接近一半的焓作为动能被保留下来,不像反射型激波风洞那样,几乎所有的焓都在喷管贮室内转化为热能。这一结果减少了辐射所造成的损失。然而,其代价是试验时间严重减少,针对喷管起动过程所导致的试验时间损失,文献[91]给出了相应的缓解办法,可供参考。

由于试验段具有更大的密度,直通型风洞可以获得更大的双尺度参数,这就意味着使用更小的模型尺寸就可以获得相似性条件,相比反射型风洞而言,这是一个优势。在 20 世纪 70 年代中期,T3 设备上曾经成功地使用过这种模式。直通型风洞是当时唯一可行的能够从事电离非平衡流动以及焓超过 40 MJ/kg 的反应流动等问题研究的设备[92,93]。目前,已经很少使用这种直通型的运行模式。因此,本书中使用的“激波风洞”一词均指反射型激波风洞。

1.5.2 膨胀管风洞

假如单级入轨飞行器以 Mach 数 17 再入时,飞行器周围气流对应的滞止焓约为 15.2 MJ/kg(该焓值几乎和大气温度独立)。这样的焓可以在反射型激波风洞中获得,但是结合飞行环境下的大气压力和飞行 Mach 数,需要的滞止压力则达到 500~10 000 MPa。当前的反射型激波风洞的结构可以承受的压力上限为 150~300 MPa,这种数量上的差异使得静压和 Reynolds 数相差 2~70 倍。另外,喉道和管子末端也处于熔化的边缘。这意味着风洞部件损毁后形成金属蒸气将对试验气体产生污染[17]。由于滞止焓和滞止压力的限制,在实际运行中的激波风洞通常仅具有亚轨道速度模拟能力。膨胀管最初主要是为了克服简单激波管的 Mach 数极限,实现超轨道速度的模拟能力。膨胀管风洞的设计思路是在驱动管(激波管)的下游部分增加一个加速管,薄的隔膜作为第二道膜片将驱动管(激波管)和加速管分开,驱动管下游一侧的压力相对更低。当穿过驱动管的初始激波击破第二道膜片时,试验气体产生非定常膨胀进入加速管。相比定常膨胀,对于给定的静焓减少量,非定常膨胀可以产生更大的速度增量,使得加速管试验气体的滞止焓局部增加。从理论上讲,非定常膨胀的这个性质暗示膨胀管的性能要好于激波风洞[69]。膨胀管的相关研究始于 20 世纪 60 年代或者更早。美国国家航空航天局的 Langley 研究中心基于膨胀管技术,获得了速度高达 5.5 km/s 的超高速气流,并进行了与此相关的流场和热传导研究[94]。文献[95]介绍了美国通用科学实验室(General Apply Science Lab, GASL)的膨胀管研究实践。早期的膨胀管仅取得了部分成功[94-97],这主要是由于试验段出现的巨大振荡难以消除。后来,Paull 和 Stalker 发现了导致这种现象的原因[98],简单地说,激波管中的某些波系受到膜片破裂的激发,并在非定常膨胀中占据主导频率。当膨胀管在亚缝合条件下运行时,驱动气体中包含的侧向声扰动被传递给试验气体,而超缝合运行可以有效抑制这种声扰动。由于采用超缝合的办法在实际运行中并不总是可行的,他们提出采用氦气作为第二驱动段的驱动气体,这样只要第二驱动段的驱动气体(sd2)声速是激波管中的试验气体(sd3)声速的 1.25 倍以上,即 $a_{sd2}/a_{sd3} > 1.25$,即可实现对声扰动的抑制[99]。基于早期研究经验与 Paull 和 Stalker 的理论,一般采用氮气、氦气和氩气的混合气体作为驱动气体,这个办法使得扰动在很多情况下得到减弱,自此以后,膨胀管风洞逐步成为一种可行的超高速设备[99]。图 1.5.1 展示的是澳大利亚昆士兰大学自由活塞驱动的膨胀管风洞 X-2 的结构和波系。

膨胀管风洞的另外一个优点是,可以获得更为“干净”的试验气流。简单来说,激波风洞在模拟 Mach 数 12 以上超燃冲压的自由流环境时,试验气体的氧分子的离解程度急剧增加,图 1.5.2 展示了膨胀管风洞和反射型激波风洞氧分子的离解程度,膨胀管风洞在模拟 Mach 数 10~20 范围内超燃冲压的自由流环境,试

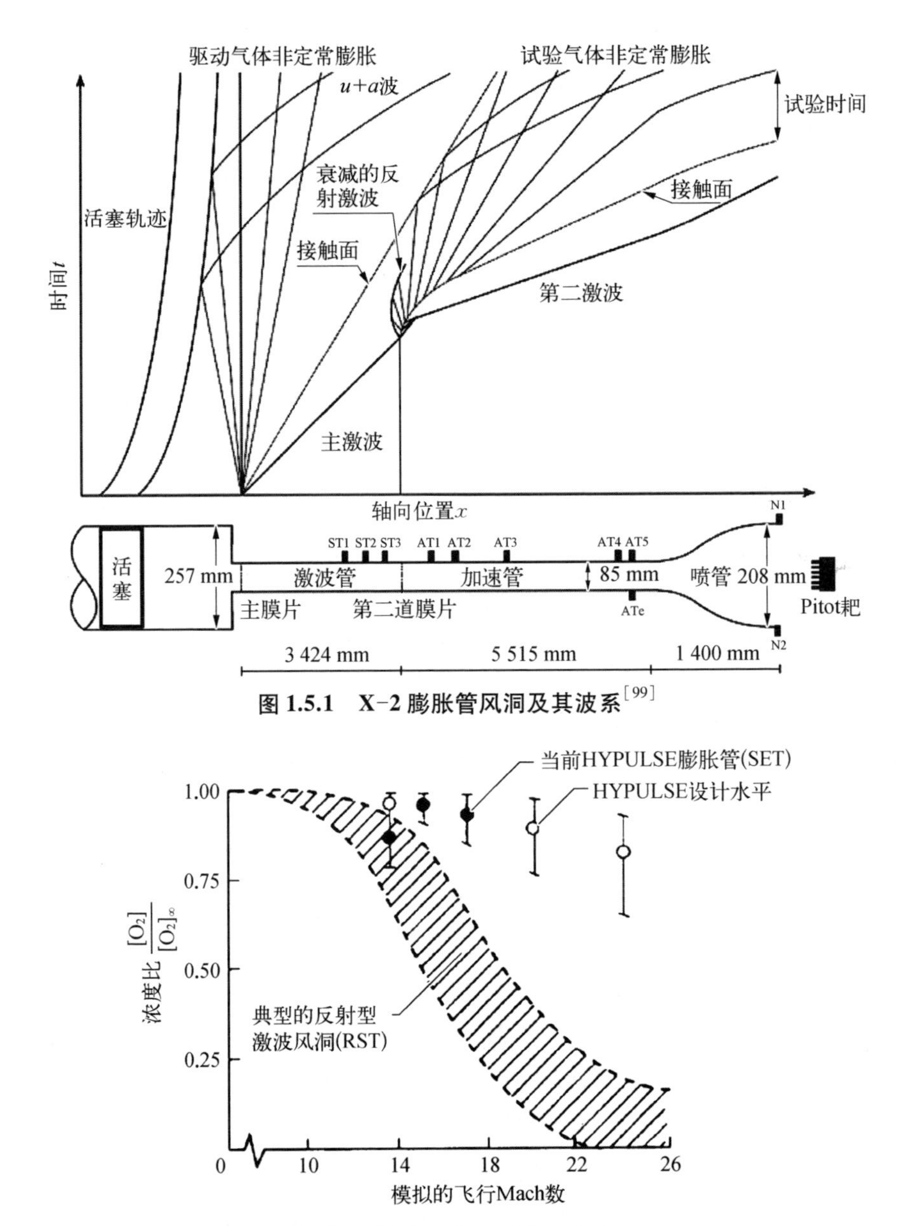

图 1.5.1　X-2 膨胀管风洞及其波系[99]

图 1.5.2　HYPULSE 膨胀管风洞和反射型激波风洞关于氧分子离解程度的对比[91]

验气流中氧分子的离解程度和飞行环境十分接近[100]。膨胀管风洞使得在更低的自由流离解程度下获得更高的试验段速度成为可能。

膨胀管风洞存在三个不足：① 和非反射型激波风洞一样，膨胀管风洞的测试时间相对短暂,从图 1.5.1 中可以看出,由于接触面和膨胀扇面尾部的移动速度大致相当,所以最大有用试验时间要比激波风洞更短暂;② 由于加速管具有一定长度,黏性的衰减将削弱一部分性能;③ 试验段中模型的尺寸将受到激波管和加速管的制约。另外,当试验流动受到双非平衡过程支配时,模型绕流流场的气体状态也不易确定[4]。

昆士兰大学建成的 X-3 自由活塞驱动的膨胀管风洞可以产生 100 MJ/kg 的滞止焓,试验气流速度约为 15 km/s[99]。相比传统驱动方式,自由活塞驱动方式显著增强膨胀管的性能,当以空气作为试验气体时,假如焓在 48 MJ/kg 以上,有用试验时间可望达到 100 μs 以上[99]。对于非平衡的超高速气体动力学,自由活塞驱动的膨胀管正好适合填补反射型和非反射型激波风洞之间的位置。20 世纪 90 年代建设的 HYPULSE 双模式风洞可以在膨胀管模式下运行,风洞采用激波诱导爆轰(shock induced detonation, SID)的驱动方式,可以模拟飞行 Mach 数 19 的自由流环境,对应的滞止压力可达 1.3 GPa[101]。美国 CUBRC 设计并建造了一个大尺寸膨胀管设备 LENS-XX,其目前已经投入试验研究[15],膨胀管内径接近 0.61 m,总长大于 73.2 m,可以模拟行星再入的高超声速和超高速飞行条件。设备可以在滞止焓 90 MJ/kg 的条件下进行试验,激波速度上限可达 12.4 km/s[15]。关于膨胀管风洞的更多细节还可参见文献[75]、[102]~[113]。

参考文献

[1] Anderson J D. Introduction to Flight[M]. 7th ed. New York: McGraw-Hill, 2012.

[2] Schmisseur J D. Summary of task group activities and accomplishments[R]. Brussels: RTO-TR-AVT-136, 2012.

[3] Lukasiewicz J. Experiment Methods of Hypersonics[M]. New York: Marcel Dekker, Inc., 1973.

[4] Gai S L. Free piston shock tunnels: Developments and capabilities[J]. Progress in Aerospace Science, 1992, 29(1): 1-41.

[5] Glass I I, Hall J G. Shock tubes[R]. Washington D. C.: Handbook of Supersonic Aerodynamic, Section 18, NAVORD Report 1488, 1959.

[6] Lamanna G. Shock tube brief introduction on its theory and applications[R]. Stuttgart: University of Stuttgart, Department of Physics Report, 2010.

[7] Bazhenova T V. Shock wave in real gases[R]. Washington D. C.: NASA Technical Translation F-585, 1968.

[8] Amir A F. Flow instability in shock tube due to shock wave-boundary layer-contact surface interactions: A numerical study[J]. European Journal of Scientific Research, 2009, 30(1): 164-176.

[9] Petersen E L, Hanson R K. Improved turbulent boundary-layer model for shock tubes[J]. AIAA Journal, 2003, 41(7): 1314-1322.
[10] Dillon R E, Nagamatsu T. Heat transfer and transition mechanism on a shock-tube wall[J]. AIAA Journal, 1984, 22(11): 1524-1528.
[11] Brun R. Shock tubes and shock tunnels: Design and experiments[R]. Brussels: RTO-EN-AVT-162-12, 2010.
[12] Thompson P A. Compressible Fluid Dynamics[M]. New York: McGraw-Hill, 1972.
[13] Yu H R. Hydrogen and oxygen combustion and detonation driver for shock tube [J]. Acta Mechanical Sinica, 1999, 31(4): 389-396.
[14] Jiang Z L, Yu H R. Experiment and development of long test duration hypersonic shock tunnel[C]. Dallas: AIAA-2015-2291, The 22nd AIAA Computational Fluid Dynamics Conference, 2015.
[15] Dufrene A, Machem M, Parker P, et al. Characterization of the new LENS expansion tunnel facility [C]. Orlando: AIAA - 2010 - 1564, The 45th AIAA Aerospace Sciences Meeting, 2010.
[16] Hornung H G. Experimental real gas hypersonic[J]. Aeronautical Journal, 1988, 92(920): 379-389.
[17] Bakos R J, Erdos J I. Options for enhancement of the performance of shock expansion tubes and tunnel[C]. Reno: AIAA-95-0799, The 33rd AIAA Aerospace Sciences and Meeting and Exihibit, 1995.
[18] Robinson M J, Rowan S A, Odam J, et al. T4 free piston shock tunnel operator's manual[R/OL]. Version 2. 0. http://hypersonics.mechmining.uq.edu.au/filething/get/1178/T4_operator_Manual.pdf, 2015.
[19] Hannemann K, Itoh K, Mee D J, et al. Free Piston Shock Tunnels HEG, HIEST, T4 and T5 [M]//Igra O, Seiler F. Experimental Methods of Shock Wave Research. Heidelberg: Springer, 2016: 181-264.
[20] Stalker R J, Paull A, Mee D J, et al. Scramjets and shock tunnels — The Queensland experience[J]. Progress in Aerospace Sciences, 2005, 41(6): 471-513.
[21] Hornung H G. Performance data of the new free-piston shock tunnel at GALCIT [C]. Nashville: AIAA-92-3943, The 17th AIAA Aerospace Ground Testing Conference, 1992.
[22] Hornung H G, Cummings E B. Recent results from hypervelocity research in T5 [C]. Colorado Springs: AIAA - 94 - 2523, The 18th AIAA Aerospace Ground Testing Conference, 1994.
[23] Eitellberg G, McIntyre T J, Beck W H, et al. The high enthalpy shock tunnel in Gottingen [C]. Nashville: AIAA - 92 - 3942, The 17th AIAA Aerospace Ground Testing Conference, 1992.
[24] Eitellberg G. First results of calibration and use of HEG[C]. Colorado Springs: AIAA-94-2525, The 18th AIAA Aerospace Ground Testing Conference, 1994.
[25] Fournier J, Chazot O. Review of ground facilities and instrumentation for re-entry studies [R]. Sint-Geneseius-Rode: Von Karman Istitute for Fluid Dynamics RASTAS-VKI-D2.1-

01, Partner Reference: 10, 2011.

[26] Hannemann K, Schramm J M, Wagner A. A closely coupled experimental and numerical approach for hypersonic and high enthalpy flow investigations utilizing the HEG shock tunnel and the DLR TAU Code[R]. Brussels: RTO-EN-AVT-186, 2010.

[27] Tanno H, Komuro T, Sato K, et al. Aero heating measurement of Apollo shaped capsule with boundary layer trip in the free-piston shock tunnel HIEST[C]. National Harbor: 2AIAA-2014-0434, The 52nd AIAA Aerospace Science Meeting, 2014.

[28] Tanno H, Itoh K, Uuda S, et al. Scramjet testing in high-enthalpy shock tunnel (HIEST) [R/OL]. https://www.researchgate.net/profile/Hideyuki_TANNO.download.full-text, 2002.

[29] Jacobs P A. Quasi-one-dimensional modeling of free piston shock tunnel[J]. AIAA Journal, 1994, 32(1): 137-145.

[30] Richards B E, Enkenhus K R. Hypersonic testing in the V.K.I. long-shot free-piston tunnel [C]. Reston: AIAA-0069-0333, 1969.

[31] Simeonides G. The performance of the VKI long-shot hypersonic wind tunnel[R]. Sint-Geneseius-Rode: Von Karman Institute Technical Note 161, 1987.

[32] Hirschel E H, Weiland C. Selected Aerothermodynamics Design Problems of Hypersonic Flight Vehicles[M]. Berlin: Springer, 2009.

[33] Yamamoto Y, Takashi K, Koichi H, et al. Numerical rebuilding of aero thermal environments and CFD analysis of post flight wind tunnel test for hypersonic flight experiment HYFLEX [C]. Anaheim: AIAA-2001-2899, The 35th AIAA Thermophysics Conference, 2001.

[34] Walberg G D. Hypersonic dynamics — hypersonic flight experience[J]. Philosophical Transactions of Royal Aeronautical Society, 1991, 76(4): 376-384.

[35] Eiteberg G. Calibration of the HEG and its use for verification of real gas effects in high enthalpy flows[C]. Munich: AIAA-93-5170, AIAA/DGLR 15th International Aerospace Planes and Hypersonic Technologies Conference, 1993.

[36] Wylen G J V, Sonntage R E. Fundamental of Classical Thermodynamics[M]. 3rd ed. New York: John Wiley and Sons, 1986.

[37] Cengel Y A, Boles M A. Thermodynamics: An Engineering Approach[M]. 7th ed. New York: McGraw-Hill, 2010.

[38] Anderson J D. Hypersonic and High Temperature Gas Dynamics[M]. 2nd ed. Reston: AIAA Press, 2006.

[39] Vincenti W G, Kruger C H. Introduction to Physical Gas Dynamics[M]. New York: John Wiley and Sons, Inc., 1965.

[40] 卞荫贵, 徐立功. 气动热力学[M]. 2版. 合肥: 中国科学技术大学, 2011.

[41] Flecher D G. Fundamentals of hypersonic flow aerothermodynamics[R]. Brussels: RTO EN AVT-116-03, 2011.

[42] Stalker R J. Hypervelocity aerodynamics with chemical non-equilibrium[J]. Annual Review Fluid Mechanics, 1989, 21: 37-60.

[43] Holden M S. Aero thermal and propulsion ground testing that can be conducted to increase chances for successful hypervelocity flight experiment[R]. Brussels: RTO-EN-AVT-

130, 2005.
[44] Hornung H G, Belanger J. Role and techniques of the ground testing for simulation of flows up to orbital speed[C]. Seattle: AIAA-90-1377, The 16th AIAA Aerodynamic Ground Testing Conference, 1990.
[45] Stalker R J. Modern developments in hypersonic wind tunnels[J]. The Aeronautical Journal, 2006, 110(1103): 21-39.
[46] Clarke J F. Chemical reaction in high speed flows[J]. Philosophical Transactions of Royal Society B, 1991, 335(1637): 161-199.
[47] Segal C. The Scramjet Engine: Progresses and Characteristics[M]. Cambridge: Cambridge University Press, 2009.
[48] Fry R S. A century of ramjet propulsion technology evolution[J]. Journal of Propulsion and Power, 2004, 20(1): 27-58.
[49] Cole A. Distribution of thermodynamic properties of the atmosphere between 30 and 80 km [R]. Cambridge: Air Force Cambridge Research Laboratories, AFCRL-72-0477 (AD-751 874), 1972.
[50] Goyne C P, Mcdaniel J C, Krauss R H. Test gas vitiation effects in a dual mode scramjet combustor[J]. Journal of Propulsion and Power, 2007, 23(3): 559-565.
[51] Woike M R, Willis B P. Mach 6 integrated systems testing for the hypersonic tunnel facility [C]. Denver: AIAA-2000-2446, The 21th AIAA Aerodynamics Measurement Technology and Ground Testing Conference, 2000.
[52] Woike M R, Willis B P. Chapter 16: The NASA glen research center's hypersonic tunnel facility[R]. Washington D. C.: NASA Report, 2001.
[53] Hodge J. The Langley 15-inch Mach 6 high temperature tunnel[C]. Nashville: AIAA 92-3938, The 17th AIAA Aerospace Ground Testing Conference, 1992.
[54] Gaffey R L, Stewart B K, Harvin S F. The design of a high Q Mach5 nozzle for the Langley 8-foot HTT [C]. San Francisco: AIAA - 2006 - 2954, The 25th AIAA Aerodynamics Measurement Technology and Ground Testing Conference, 2006.
[55] Gilbert M, Raju I, Piascik R, et al. NESC review of the 8-foot high temperature tunnel (HTT) oxygen storage pressure vessel inspection requirements[R]. Washington D. C.: NASA TM 2009-215316, 2009.
[56] Yatsuyanagi N, Chinzei N, Mitani T, et al. Ramjet engine test facility (RJTF) in NAL-KRC [C]. Norfolk: AIAA-98-1511, The 8th International Space Planes and Hypersonic Systems and Technologies Conference, 1998.
[57] Chinzei N. Progress in scramjet engine tests at NAL-KRC[C]. Kyoto: AIAA-2001-1883, AIAA/NAL - NASPA - ISAS International Space Planes and Hypersonic Systems and Technologies Conference, 2001.
[58] Rogers R C. Scramjet tests in a shock tunnel at flight Mach 7, 10, and 15 conditions[C]. Salt Lake City: AIAA-2001-3241, The 37th AIAA/ASME/SAE/ASEE/Joint Propulsion Conference and Exhibit, 2001.
[59] Schramm J M, Sunami T, Ito K, et al. Experimental investigation of supersonic combustion

in the HIEST and HEG free piston shock tunnels[C]. Nashville: AIAA-2010-7122, The 46th AIAA/ASME/SAE/ASEE/Joint Propulsion Conference and Exhibit, 2010.

[60] Scott M P, Morgan R G, Jacobs P A. A new single stage driver for the X2 expansion tube [C]. Reno: AIAA - 2005 - 697, The 43rd AIAA Aerospace Science Meeting and Exhibit, 2005.

[61] Indian Institute of Science. Scanjet testing in shock tunnels[R/OL]. Bangalore, Inidian. http://cgph.iisc.ernet.in/site/portals/o/publications/presentstions/combustion%20%20propulsion, 2010.

[62] Lordi J A, Boyer D W, Dunn M G, et al. Description of non-equilibrium effects on simulation of flows about hypersonic vehicles[C]. Reno: AIAA-88-0476, The 43rd AIAA Aerospace Science Meeting and Exhibit, 1988.

[63] Meredith B C, Louis J S. Scramjet fuels auto ignition study[J]. Journal of Propulsion and Power, 2001, 21(17): 315-323.

[64] Maurice L, Edwards T, Griffiths J. Liquid Hydrocarbon Fuels for Hypersonic Propulsion, Scramjet Propulsion[M]. Reston: AIAA Press, 2000: 757-822.

[65] Hornung H G. Ground testing for hypervelocity flow, capabilities and limitations [R]. Brussels: RTO-EN-AVT-186, NATO, 2010.

[66] Stalker R J. Shock tunnel for real gas hypersonic[R]. Neuilly sur Seine: Advisory Group for Aerospace Research and Development, AGARD CP-428, 1987.

[67] Schlichting H. Boundary Layer Theory[M]. New York: McGraw-Hill, 1960.

[68] Crane K C, Stalker R J. Mass-spectrometric analysis of hypersonic flows[J]. Journal of Physics D: Applied Physics, 1977, 10(3): 37-43.

[69] Stalker R J, Morgan R G. The university of Queensland free piston shock tunnel T4-initial operation and preliminary calibration[C]. The 4th National Space Engineering Symposium, Adelaide, 1988.

[70] Sudani N, Valiferdowsi B, Hornung H G. Test time increase by delaying driver gas contamination for reflected shock tunnels[J]. AIAA Journal, 2000, 38(9): 1497-1503.

[71] Chue R S M, Itoh K. Influence of reflected shock boundary layer interaction on driver gas contamination in high enthalpy shock tunnel[C]. Proceedings of the 20th International Symposium on Shock Waves, Pasadena, 1996: 777-782.

[72] Hannmann K, Schnieder M, Reimann B, et al. The influence and the delay of driver gas contamination in HEG [C]. Denver: AIAA - 2000 - 2593, The 21th AIAA Aerodynamics Measurement Technology and Ground Testing Conference, 2000.

[73] Burtschell Y, Cardoso M, Zeitoun D E, et al. Numerical analysis of reducing driver gas contamination in impulse shock tunnel[J]. AIAA Journal, 2001, 39(12): 2357-2365.

[74] Logan P E, Stalker R J, Mcintosh M K. A shock tube study of radioactive energy loss from an argon plasma[J]. Journal of Physics D: Applied Physics, 1977, 10(3): 323-337.

[75] Tsai C Y, Chue N C, Tyll J. Hypervelocity capability of hypulse shock tunnel for radioactive heat transfer measurements at lunar reentries[C]. Orlando: AIAA-2009-1516, The 47th AIAA Aerospace Science Meeting Including the New Horizons Forum, 2009.

[76] Adam P H, Hornung H G. Enthalpy effects on hypervelocity boundary layer transition: Experiments and free flight data[C]. Reno: AIAA-97-0764, The 35th AIAA Aerospace Sciences Meeting and Exhibit, 1997.

[77] Hornung H G. Relaxation effects in hypervelocity flow: Selected contribution from the T5 lab [C]. The 26th International Symposium on Shock Waves, 2009: 3-10.

[78] Gronvall J E, Johnson H B, Candler G V. Boundary layer stability analysis of the free-piston shock tunnel HIEST transition experiments[C]. Orlando: AIAA-2010-896, The 48th AIAA Aerospace Science Meeting Including the New Horizons Forum, 2010.

[79] Marineau E C, Laurencey S J, Hans G, et al. Apollo-shaped capsule boundary layer transition at high-enthalpy in T5[C]. Orlando: AIAA 2010-446, The 48th AIAA Aerospace Science Meeting Including the New Horizons Forum, 2010.

[80] Wagner A, Laurencey S, Schrammz J M, et al. Experimental investigation of hypersonic boundary-layer transition on a cone model in the High Enthalpy Shock Tunnel (HEG) at Mach 7.5[C]. San Francisco: AIAA-2011-2374, The 17th AIAA International Space Planes and Hypersonic Systems and Technologies Conference, 2011.

[81] Johnson H B, Candler G V. PSE analysis of reacting hypersonic boundary layer transition [C]. Norfolk: AIAA-1999-3793, The 31th AIAA Fluid Dynamics Conference, 1999.

[82] Candler G, Subbareddy P, Ross R, et al. Vibrational relaxation effects on acoustic disturbances in a hypersonic boundary layer over a cone[C]. Nashville: AIAA-2012-0922, The 50th AIAA Aerospace Science Meeting Including the New Horizons Forum, 2012.

[83] Gai S L, Cain T, Joe W S. Heat transfer measurements on biconics at incidence in hypersonic high enthalpy air and nitrogen flows[J]. Aeronautical Journal, 1991, 95(946): 187-193.

[84] Beckwith I E, Miller C G. Aerothermodynamics and transition in high speed wind tunnels at NASA langley[J]. Annual Review of Fluid Mechanics,1990, 22: 419-439.

[85] Jacobs P A, Stalker R J. Mach 4 & Mach 8 axisymmetric nozzle for high enthalpy shock tunnel[J]. Aeronautical Journal, 1991, 91: 324-334.

[86] Sivells J C. A computer program for the aerodynamic design of axisymmetric and planar nozzles for supersonic and hypersonic wind tunnels[R]. Arnold Air Force Base: Arnold Engineering Development Center, AEDC-TR-78-63, 1978.

[87] Shope F L. Design optimization of hypersonic test facility nozzle contours using splined corrections[R]. Arnold Air Force Base: Arnold Engineering Development Center, AEDC-TR-04-2, 2005.

[88] Liepmann H W, Roshko A. Elements of Gasdynamics[M]. New York: John Wiley and Sons, 1957.

[89] Marineau E C, Hornung H G. High-enthalpy no equilibrium nozzle flow of air: Experiments and computations[C]. San Antonio: AIAA-2009-4216, The 39th AIAA Fluid Dynamics Conference and Exhibit, 2009.

[90] Stalker R J. Free piston shock tunnel T3 facility handbook[R]. Brisbane: University of Queensland, 1985.

[91] Mudford N R, Stalker R J. The production of pulsed nozzle flows in a shock tube[C]. Reston: AIAA-1976-357, 1976.

[92] Stalker R J. Shock tunnel measurement of ionization rates in hydrogen[J]. AIAA Joural, 1980, 18(4): 478-480.

[93] Gai S L, Mudford N R. Stagnation point heat flux in hypersonic high enthalpy flow[J]. Shock Waves, 1992, 2(1): 43-47.

[94] Trimpi R L. A theoretical investigation of simulation in expansion tubes and tunnels[R]. Washington D. C.: NASA TR R-243, 1959.

[95] Trimpi R L. A preliminary theoretical study of the expansion tube, a new device for producing high enthalpy short duration hypersonic gas flows[R]. Washington D. C.: NASA TR R-133, 1962.

[96] Moore J A. Description and initial operating performance of the langley 6-inch expansion tube using heated helium driver gas[R]. Washington D. C: NASA TN X-3240, 1975.

[97] Miller C G. Operational experience in the langley expansion tube with various gases[R]. Washington D. C.: NASA TM 78-637, 1977.

[98] Paull A, Stalker R J. Test flow disturbances in an expansion tube [J]. Journal of Fluid Mechanics, 1992, 245(1): 493-521.

[99] Doolan C J, Morgan R G. A two stage free-piston driver for expansion tubes[C]. Reno: AIAA-96-0854, The 34rd Aerospace Sciences Meeting and Exihibit, 1996.

[100] Chinitz W, Erdos J I, Rizkalla O, et al. Facility opportunities and associated stream chemistry considerations for hypersonic air-breathing propulsion[J]. Journal of Propulsion and Power, 1994, 10(1): 6-17.

[101] Bakos R, Morgan R, Tamagno J. Effects of oxygen dissociation on hypervelocity combustion experiments[C]. Nashville: AIAA-92-3964, The 17th AIAA Aerospace Ground Testing Conference, 1992.

[102] Trimpi R L. Expansion tube /tunnel/ investigations progress report[R]. Washington D. C.: NASA-TM-X-60447, 1967.

[103] Tamagno J, Bakos R, Pulsonetti M, et al. Hypervelocity real gas capabilities of GASL's expansion tube (HYPULSE) facility[C]. Seattle: AIAA-90-1390, The 16th AIAA Aerospace Ground Testing Conference, 1990.

[104] Hollis B R, Perkins J N. Hypervelocity heat-transfer measurements in an expansion tube [C]. New Orleans: AIAA-96-2240, The 19th AIAA Advanced Measurement and Ground Testing Technology Conference, 1996.

[105] Dufrene A, Sharma M, Austin J. Design and characterization of hypervelocity expansion tube facility[J]. Journal of Propulsion and Power, 2007, 23(6): 1185-1193.

[106] Ben-Yakar A, Hanson R K. Characterization of expansion tube flows for hypervelocity combustion studies[J]. Journal of Propulsion and Power, 2002, 18(4): 943-952.

[107] Scott M P, Morgan R G, Jacobs P A. A new single stage driver for the X2 expansion tube [C]. Reno: AIAA-2005-697, The 43rd Aerospace Sciences Meeting and Exihibit, 2005.

[108] Hass N E, Shih A T, Roger R C. Mach 12 & 15 Scramjet test capabilities of the HYPULSE

shock expansion tunnel [C]. Reno: AIAA - 2005 - 690, The 43rd AIAA Aerospace Sciences Meeting and Exhibit, 2005.

[109] McGilvray M. Scamjet Test at High Enthalpies in Expansion Tube Facilities[D]. Brisbane: The University of Queensland, Thesis for Degree of Ph. D., 2008.

[110] Gildfind D E. Design of lightweight pistons for X2 and X3 expansion tube free piston drivers [C]. Auckland: University of Auckland, The 17th Australasian Fluid Mechanics Conference, 2010.

[111] Gildfind D E, Morgan R G, McGilvray M, et al. Simulation of high Mach number scramjet flow conditions using the X2 expansion tube[C]. Tour: AIAA-2012-5954, The 18th AIAA/3AF International Space Planes and Hypersonic Systems and Technologies Conference, 2012.

[112] Tanno H, Komuro T, Sato K, et al. Basic characteristics of the free piston driven expansion tube JAXAA HEK-X [C]. Washington D. C.: AIAA-2016-3817, The 32nd AIAA Aerodynamics Measurement Technology and Ground Testing Conference, 2016.

[113] Gu S, Morgan R G, McIntyre T J. Study of afterbody radiation during mars entry in expansion tube[C]. Grapevine: The 55th AIAA Aerospace Sciences Meeting, 2017.

第2章

活塞运动与控制

2.1 活塞的运动

2.1.1 膜片打开之前活塞的控制方程

活塞压缩器是自由活塞激波风洞的核心部件之一。从本质上说，活塞压缩器是激波(管)风洞中驱动气体的加热加压设备。活塞压缩器的压缩效率直接影响着自由活塞激波风洞的模拟能力。活塞压缩器主要包括压缩管、重活塞(以下简称活塞)、活塞制动缓冲装置、阀门和密封圈等。压缩管中，活塞前方的气体为被压缩气体(即激波管的驱动气体)，一般为氦气或者氦气和氩气的混合气体(在压缩过程中可以保持完全气体性质)，其压力很低；在活塞后方的气体是从高压贮室膨胀出来的高压空气。由于前后巨大的压力差，活塞将向低压气体的方向加速运动，直至活塞抵达峰值速度(此时活塞前后压力相等)，随后由于被压缩气体压力的进一步增长，活塞速度快速下降。例如，在某个典型状态下，活塞峰值速度接近 300 m/s。在如此高的速度下，既能满足驱动气体"加热加压"要求，又不对压缩管末端产生破坏性撞击，是一件不容易的事情。因此，活塞压缩器的核心问题是合理安排参数，对活塞实施有效控制，确保设备安全，实现对驱动气体的加热加压要求。

Stalker 在文献[1]、[2]中已经对活塞的运动做过分析。之后，Hornung 更为细致地考虑了这一问题[3]。为了便于分析和比较，借鉴 Hornung 的无量纲形式来描述活塞运动是合适的。Hornung 关于活塞运动的刻画，基于假定：活塞两侧流动是拟一维的；高压空气贮室的容积无穷大；驱动气体和高压空气为完全气体，是绝热的；摩擦损失和气体泄漏可以忽略等。高压贮室中空气的初始压力为

$P_{A,0}$，初始声速为 $a_{A,0}$，而氦气和氩气混合气体（驱动气体）的初始压力为 $P_{HA,0}$，L 和 D 分别为压缩管的长度和直径（图 2.1.1）。基于简单波理论，在任意时刻，空气发生等熵膨胀，其压力为

$$\frac{P_A}{P_{A,0}}=\left(1-\frac{\gamma_A-1}{2}\frac{u_p}{a_{A,0}}\right)^{\frac{2\gamma_A}{\gamma_A-1}} \tag{2.1.1}$$

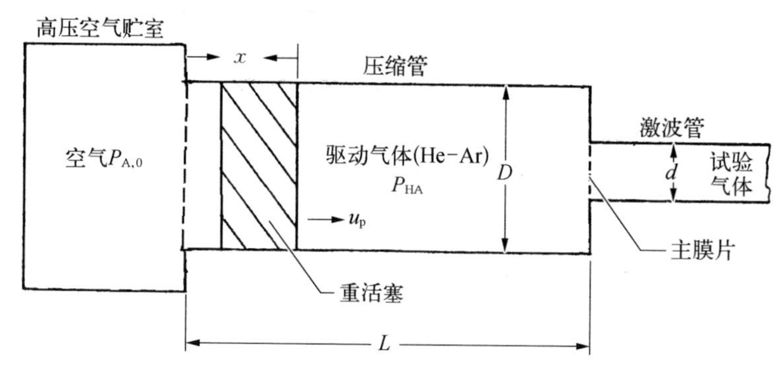

图 2.1.1　膜片打开之前活塞运动简图

其中，P_A 为活塞后脸的压力；u_p 为活塞的瞬时速度；γ_A 为空气的比热比。上述关系假定活塞和初始位置相孤立，产生的膨胀波不发生反射。以活塞出发点为起点，当活塞前脸移动距离为 x 时，活塞前方的驱动气体对应的压缩比为 $\lambda=\left(\frac{L}{L-x}\right)^{\gamma_{HA}}$，$\gamma_{HA}$ 为驱动气体比热比，这里认为主膜片和压缩管末端十分靠近，活塞前脸距离膜片的初始距离为 L。于是驱动气体压力 P_{HA} 可以表述为

$$\frac{P_{HA}}{P_{HA,0}}=\lambda^{\gamma_{HA}}=\left(\frac{L}{L-x}\right)^{\gamma_{HA}} \tag{2.1.2}$$

利用等熵关系，驱动气体的温度 T_{HA} 可以表述为 $\frac{T_{HA}}{T_{HA,0}}=\lambda^{\gamma_{HA}-1}=\left(\frac{L}{L-x}\right)^{\gamma_{HA}-1}$，这里 $T_{HA,0}$ 为驱动气体初始温度。活塞在运动过程中任意时刻的受力为

$$F=\frac{\pi D^2}{4}(P_A-P_{HA})-f \tag{2.1.3}$$

假如摩擦力 $f=0$, 那么可以得到

$$m_{\mathrm{p}} \frac{\mathrm{d}^2 x}{\mathrm{d}t^2} = \frac{\pi D^2}{4}\left[P_{\mathrm{A},0}\left(1-\frac{\gamma_{\mathrm{A}}-1}{2}\frac{u_{\mathrm{p}}}{a_{\mathrm{A},0}}\right)^{\frac{2\gamma_{\mathrm{A}}}{\gamma_{\mathrm{A}}-1}} - P_{\mathrm{HA},0}\left(\frac{L}{L-x}\right)^{\gamma_{\mathrm{HA}}}\right] \tag{2.1.4}$$

其中, m_{p} 为活塞质量,时间 t 以活塞开始运动为起点。引入无量纲变量: 无量纲时间 $\tau=\dfrac{ta_{\mathrm{A},0}}{D}$, 无量纲长度 $\xi(\tau)=\dfrac{L-x}{D}$ 和活塞运行无量纲速度 $\phi(\tau)=\dfrac{u_{\mathrm{p}}}{a_{\mathrm{A},0}}$。将其代入式(2.1.4),可以得到

$$\begin{cases} \dfrac{\mathrm{d}\phi}{\mathrm{d}\tau} = b_1\left(1-\dfrac{\gamma_{\mathrm{A}}-1}{2}\phi\right)^{\frac{2\gamma_{\mathrm{A}}}{\gamma_{\mathrm{A}}-1}} - b_1 b_2 \xi^{\gamma_{\mathrm{HA}}} \\ \dfrac{\mathrm{d}\xi}{\mathrm{d}\tau} = \phi \end{cases} \tag{2.1.5}$$

边界条件

$$\xi(0)=0,\quad \phi(0)=0$$

其中,

$$b_1 = \frac{\pi}{4}\frac{P_{\mathrm{A},0}D^3}{m_{\mathrm{p}}a_{\mathrm{A},0}^2},\quad b_2=\frac{P_{\mathrm{HA},0}}{P_{\mathrm{A},0}}\left(\frac{L}{D}\right)^{\gamma_{\mathrm{HA}}}$$

可以看到参数 b_1 和 b_2 仅依赖高压空气贮室的压力、压缩管的驱动气体的初始压力、比值 $\left(\dfrac{L}{D}\right)$ 以及活塞质量。式(2.1.5)是非线性的,很难获得解析解,一般通过数值计算来求解。活塞速度,特别是峰值速度和主膜片打开时刻的活塞速度,依赖参数 b_1 和 b_2 的选择。

2.1.2　膜片打开之后活塞的控制方程

当驱动气体被压缩至预设压力和温度时,膜片打开。膜片打开是一个复杂的动力学过程,暂且认为膜片打开是瞬态完成的,不对外部状态产生其他附带影响。此时,活塞距离压缩管的末端仍然有段距离,在惯性作用下,活塞仍然保持原来的运动方向并继续向下游运动,即继续推动驱动气体,使其扩张进入激波

管,如图 2.1.2 所示。图中 d 表示激波管内径,更严格地说是激波管和压缩管之间连接段的内径。

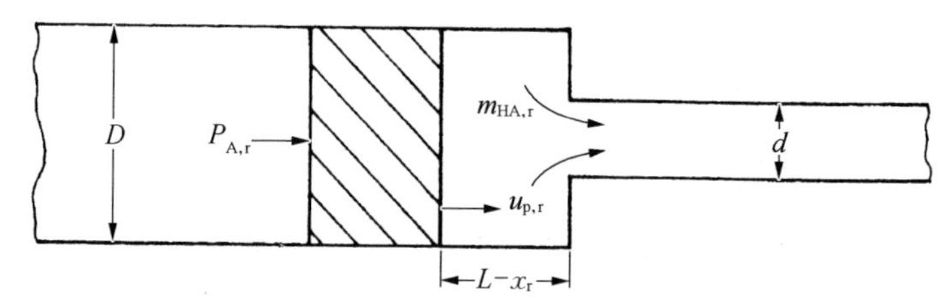

图 2.1.2 膜片打开之后活塞运动简图

如果 m_{HA} 表示驱动气体的质量,V 为活塞前脸与压缩管末端之间的空间(即膜片打开前驱动气体的体积),ρ_{HA} 为驱动气体密度,则可以得到

$$\frac{\mathrm{d}m_{HA}}{\mathrm{d}t} = -\frac{\mathrm{d}}{\mathrm{d}t}(\rho_{HA}V) \tag{2.1.6}$$

驱动气体在声速条件下逃逸进入激波管,那么

$$\frac{\mathrm{d}m_{HA}}{\mathrm{d}t} = -\rho^* a^* \pi \frac{d^2}{4} \tag{2.1.7}$$

其中,ρ^* 和 a^* 分别为驱动气体的临界密度和临界速度,具体形式如下:

$$\frac{\rho^*}{\rho_{HA}} = \left(\frac{2}{\gamma_{HA}+1}\right)^{\frac{1}{\gamma_{HA}-1}}$$

$$\frac{a^*}{a_{HA}} = \left(\frac{2}{\gamma_{HA}+1}\right)^{\frac{1}{2}}$$

将 $a_{HA} = \sqrt{\dfrac{\gamma_{HA}P_{HA}}{\rho_{HA}}}$ 代入式(2.1.7),可以得到

$$\frac{\mathrm{d}m_{HA}}{\mathrm{d}t} = -\rho\sqrt{\frac{\gamma_{HA}P_{HA}}{\rho}}\left(\frac{2}{\gamma_{HA}+1}\right)^{\frac{\gamma_{HA}+1}{2(\gamma_{HA}-1)}}\frac{\pi d^2}{4} \tag{2.1.8}$$

在等熵条件下,驱动气体的状态参数写成

$$\frac{P_{HA}}{P_{HA,r}} = \left(\frac{\rho_{HA}}{\rho_{HA,r}}\right)^{\gamma_{HA}} \tag{2.1.9}$$

以及

$$\rho_{HA} = \frac{m_{HA}}{\frac{\pi D^2}{4}(L-x)}, \quad \rho_{HA,r} = \frac{m_{HA,r}}{\frac{\pi D^2}{4}(L-x_r)}$$

其中，$P_{HA,r}$、$\rho_{HA,r}$ 和 $m_{HA,r}$ 为主膜片打开时刻驱动气体的压力、密度和质量。这样，式(2.1.8)则可以表示为

$$\frac{dm_{HA}}{dt} = -\left(\frac{2}{\gamma_{HA}+1}\right)^{\frac{\gamma_{HA}+1}{2(\gamma_{HA}-1)}} \sqrt{\gamma_{HA}} \frac{\sqrt{\pi}d^2}{2D}\left(\frac{L-x_r}{m_r}\right)^{\frac{\gamma_{HA}}{2}}\left(\frac{m}{L-x}\right)^{\frac{\gamma_{HA}+1}{2}}\sqrt{P_{HA,r}} \tag{2.1.10}$$

另外，式(2.1.9)还可以改写为

$$\frac{P_{HA}}{P_{HA,r}} = \left(\mu\frac{L-x_r}{L-x}\right)^{\gamma_{HA}} \tag{2.1.11}$$

其中，$\mu = \frac{m_{HA}}{m_{HA,r}}$ 为驱动气体的无量纲质量。式(2.1.11)将有助于对式(2.1.10)实施无量纲化。

在膜片打开时刻，活塞的运动方程为

$$m_p \frac{d^2x}{dt^2} = (P_{A,r} - P_{HA})\left(\frac{\pi D^2}{4}\right) \tag{2.1.12}$$

其中，$P_{A,r}$ 为主膜片打开时刻活塞后方空气的压力。式(2.1.12)也可以进一步写成

$$m_p \frac{d^2x}{dt^2} = P_{A,0}\left[\frac{P_{A,r}}{P_{A,0}} - \frac{P_{HA,r}}{P_{A,0}}\left(\mu\frac{L-x_r}{L-x}\right)^{\gamma_{HA}}\right]\left(\frac{\pi D^2}{4}\right) \tag{2.1.13}$$

将式(2.1.10)和式(2.1.13)联立，并仿照式(2.1.5)进行无量纲处理，可以得到有关活塞的速度、位移以及驱动气体质量的无量纲方程组：

$$
\begin{cases}
\dfrac{\mathrm{d}\phi}{\mathrm{d}\tau} = b_3 - b_4\left(\dfrac{\mu}{\xi}\right)^{\gamma_{HA}} \\
\dfrac{\mathrm{d}\mu}{\mathrm{d}\tau} = - b_5\left(\dfrac{\mu}{\xi}\right)^{\frac{\gamma_{HA}+1}{2}} \\
\dfrac{\mathrm{d}\xi}{\mathrm{d}\tau} = \phi
\end{cases}
\tag{2.1.14}
$$

并且边界条件为

$$
\begin{cases}
\xi(\tau_r) = \xi_r \equiv \dfrac{L - x_r}{D} \\
\phi(\tau_r) = \phi_r \equiv \dfrac{u_{p,r}}{a_{A,0}} \\
\mu(\tau_r) = 1
\end{cases}
$$

其中，$b_3 = b_1 \dfrac{P_{A,r}}{P_{A,0}}$ 和 $b_4 = b_1 b_2$，b_1 和 b_2 的表达式见式(2.1.5)，b_5 的具体表达式为

$$
b_5 = \left(\frac{2}{\gamma_{HA} + 1}\right)^{\frac{\gamma_{HA}+1}{2(\gamma_{HA}-1)}} \frac{a_{HA,0}}{a_{A,0}}\left(\frac{L}{D}\right)^{\frac{\gamma_{HA}-1}{2}}\left(\frac{d}{D}\right)^2
\tag{2.1.15}
$$

参数 b_5 还可以表述成如下形式：

$$
b_5 = \left(\frac{2}{\gamma_{HA} + 1}\right)^{\frac{\gamma_{HA}+1}{2(\gamma_{HA}-1)}} \sqrt{\gamma_{HA}}\left(\frac{b_1 b_2 m_p}{m_r}\right)^{1/2}\left(\frac{d}{D}\right)^2
$$

通过简单计算，可以发现这两个表达式是一致的。在驱动气体组分固定以后，参数 b_5 只是 $\dfrac{L}{D}$ 和 $\dfrac{d}{D}$ 的函数。如此一来，膜片打开以后活塞的运动和压力演化则由下列几个参数得到

$$
b_3 = b_3(b_1, \phi_r), \quad \phi_r = \phi_r\left(b_1, b_2, \frac{L}{D}, \xi_r\right)
$$

$$
b_4 = b_1 b_2
$$

$$b_5 = b_5\left(\frac{L}{D}, \frac{d}{D}\right)$$

可以看出,参数 b_3 和 b_4 均可由 b_1 和 b_2 表示。参数 b_3 仅依赖高压空气的比热比和(膜片打开时刻)活塞速度,参数 b_5 与驱动气体的下泄速率有关。利用方程组(2.1.5)和方程组(2.1.14),可以获得活塞速度和位移之间的关系,如图 2.1.3 所示(驱动气体为氦气)。在活塞压缩过程中,活塞速度和位移是一对特别重要的物理量。

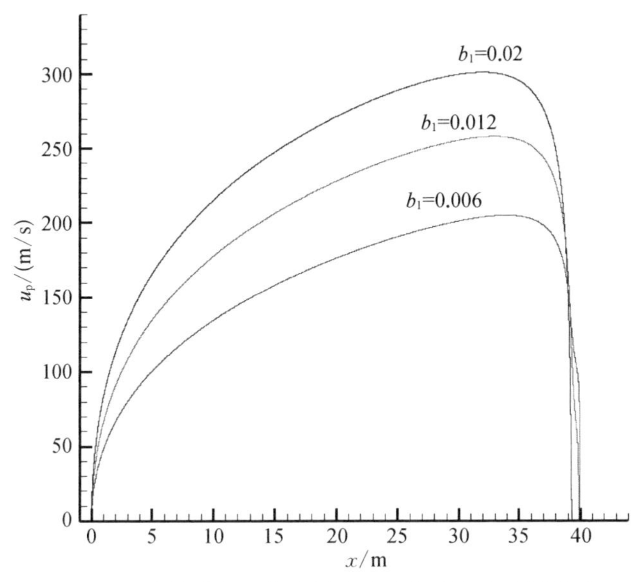

图 2.1.3　主膜片打开前后活塞速度和距离之间的关系

考虑摩擦,$L/D=90$, $d/D=0.36$, $b_2=25$, He

2.1.3　混合气体的热力学参数及补充说明

在压缩过程中,单原子气体氦气和氩气构成的混合气体可以很好地保持完全气体性质。假如采用双原子气体(如氮气、氧气和氢气)作为驱动气体,需要考虑真实气体效应,特别是在高的体积压缩比下(大于 30)。另外,当压缩比大于 40 时,氦气的驱动性能优于氢气,而当压缩比小于 40 时,结论刚好相反[4]。

氦气和氩气的混合气体的热力学参数,如声速和比热比可以通过如下方式计算。假定混合气体按照体积分数进行混合,其中氦气的体积分数为 α_{He},那么氦气的质量分数 η_{He} 可以表示为 $\eta_{He} = \dfrac{\alpha_{He} w_{He}}{\alpha_{He} w_{He} + (1-\alpha_{He}) w_{Ar}}$,这里 w 为分子量。

混合气体的气体常数 R_{HA} 为

$$R_{HA} = \eta_{He} R_{He} + (1 - \eta_{He}) R_{Ar} \tag{2.1.16}$$

混合气体的比定压热容 $(C_p)_{HA}$ 和比定容热容 $(C_v)_{HA}$ 表示为

$$(C_p)_{HA} = \eta_{He}(C_p)_{He} + (1 - \eta_{He})(C_p)_{Ar} \tag{2.1.17}$$

$$(C_v)_{HA} = \eta_{He}(C_v)_{He} + (1 - \eta_{He})(C_v)_{Ar} \tag{2.1.18}$$

混合气体的比热比 γ_{HA} 和声速 a_{HA} 为

$$\gamma_{HA} = \frac{(C_p)_{HA}}{(C_v)_{HA}} = \frac{5}{3} \tag{2.1.19}$$

$$a_{HA} = \sqrt{\gamma_{HA} R_{HA} T} \tag{2.1.20}$$

当前的活塞动力学模型包含了高压空气贮室的容积无穷大这一假设,为了接近这一假设,高压空气贮室需要保持足够容积(相比压缩管容积),而且高压空气的下泄速率尽可能大,这样活塞在初始阶段就能获得充分加速,活塞速度-位移才能更贴近理论预测值。活塞对驱动气体进行压缩时,压缩波在活塞前脸和压缩管末端之间来回反射,驱动气体的压力和温度由此得到增加。由于压缩波的存在,活塞前脸驱动气体压力峰值的形成是一个阶梯过程,如果主膜片位于激波管一侧,那么压缩管和激波管之间的连接段不宜太短。

文献[5]中的实验结果表明压缩管末端压力存在高频振荡,这种振荡主要由活塞前脸和压缩管末端之间的扰动波来回反射形成,有时可能带来较大的误差(如在膜片打开时刻),如果处理不当,将损害下游流动品质。另外,测量和数值模拟的对比结果表明,数值模拟结果获得的压缩管末端的压力(膜片打开以前)比相应的测量值高出30%。数值模拟得到的活塞速度与相应测量值则吻合得很好(仅高出5%),因而活塞速度的计算结果是可以信赖的[5]。本节所采用的活塞动力学模型也是如此。

鉴于活塞(包含高压空气)与高压空气贮室/压缩管/激波管集合体是彼此独立的两个系统,当高压空气下泄推动活塞向前运动时,为了保持设备总质心的固定,高压空气贮室/压缩管/激波管集合体将发生向后反弹。在文献[5]的实验中,采用电位计(potentiometer)对高压空气贮室/压缩管/激波管集合体的反弹进行了测量,结果表明:如果不考虑摩擦因素,活塞和集合体的最大位移之比与其质量之比正好互为倒数。不少自由活塞激波风洞在压缩管末端安置了配重块,使得高压空气贮室/压缩管/激波管集合体的向后位移明显减少。例如,据文献[6]介绍,T5 激波风洞惯性质量约为 20 t,固定在压缩管末端,极大地减少了设备的回弹运动。对于质量为 120 kg 的铝质活塞,在每个车次中,高压空气贮室、压缩管和激波管作为整体在滑轨之上的回弹距离为 0.10~0.15 m。另外,文献[7]提及,T5 风洞采用直线位移传感器[或称线性可变差分变压器(linear variable differential transformer, LVDT)]对集合体位移进行测量。

2.2　临界速度和常压力驱动时间

2.2.1　临界速度

在一定条件下,当主膜片打开时,活塞速度刚好可以补偿压缩管中流失的驱动气体,使得压缩管末端驱动气体压力保持常值,这有助于激波管获得更好的驱动效果。在此情况下活塞的速度称为临界速度(活塞的 Mach 数),记为 ϕ_{rc}。按照定义有

$$\rho_{HA,r} u_{HA,r} \pi \frac{D^2}{4} = \rho^* a^* \pi \frac{d^2}{4} \tag{2.2.1}$$

求解 $u_{HA,r}$, 并进行无量纲化,可以得到

$$\phi_{rc} = \left(\frac{2}{\gamma_{HA}+1}\right)^{\frac{\gamma_{HA}+1}{2(\gamma_{HA}-1)}} \lambda^{\frac{\gamma_{HA}-1}{2}} \frac{a_{HA,0}}{a_{A,0}} \left(\frac{d}{D}\right)^2 \tag{2.2.2}$$

联合式(2.1.13)和 $\xi_r = \frac{1}{\lambda}\frac{L}{D}$, 不难得到

$$\phi_{rc} = \frac{b_5}{\xi_r^{\frac{\gamma_{HA}-1}{2}}} \tag{2.2.3}$$

式(2.2.3)表明,在压缩管长度和内径固定时,参数 b_5 是活塞的临界速度和压缩比的函数。特别地,当驱动气体为氦气时$\left(\text{比热比 } \gamma_{He} = \frac{5}{3}, \text{室温下声速 } a_{He,0} = 997\ \text{m/s}\right)$, 如果空气声速为 340 m/s,那么式(2.2.2)可以简化为

$$\phi_{rc} = 1.65\lambda^{\frac{1}{3}}\left(\frac{d}{D}\right)^2$$

进一步,假如 $\frac{d}{D}=0.3$, $\lambda=60$,那么活塞的临界速度 ϕ_{rc} 约为0.58,这是一个很大的值。从工程实践的角度看,在很短的剩余距离内,活塞由无量纲速度 0.58 减速到 0,并不容易做到。

2.2.2 常压力驱动时间

常压力驱动时间 τ_{cp} 是考量活塞压缩器性能的重要指标,定义为,膜片打开后驱动气体压力峰值下浮 10%所形成的时间间隔[3],如图 2.2.1 所示。一般而言,常压力驱动时间越长,激波管中试验气体的流动越稳定。因此,获得充足的常压力驱动时间一直是活塞压缩器设计努力的方向。膜片打开以后,压缩管中驱动气体压力 P_{HA} 和无量纲物理量 $W^{\gamma_{HA}}=\left(\frac{\mu}{\xi}\right)^{\gamma_{HA}}=\left(\frac{\mu}{\xi}\right)^{5/3}$ 的变化是一致的,可以通过变量 W 来研究压力。

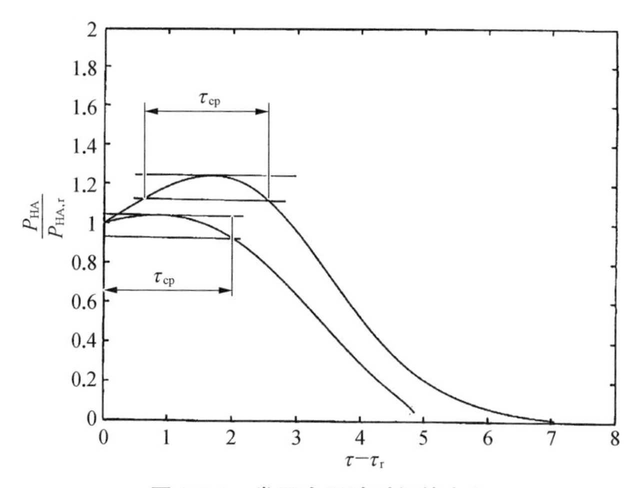

图 2.2.1 常压力驱动时间的定义

在给定的设备尺寸下,常压力驱动时间 τ_{cp} 随着压缩比 λ 增加而增加,当达到一个极大值后,常压力驱动时间 τ_{cp} 随着压缩比 λ 增加而减小[3,4],如图 2.2.2 所示。运行经验和数值结果表明,当压缩比满足 $40 \leqslant \lambda \leqslant 60$ 时,常压力驱动时间 τ_{cp} 可以达到可用水平[4]。目前,大多数的自由活塞激波风洞的压缩比控制在

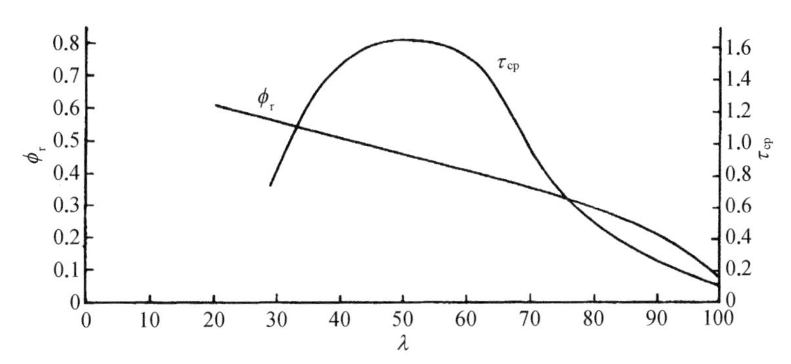

图 2.2.2　一类典型的活塞性能：膜片打开速度和常压力驱动时间与压缩比的关系[4]（$L/D=60$）

40～60。

如上所述，参数 b_5 是 $\frac{L}{D}$ 和 $\frac{d}{D}$ 的函数，一旦设备尺寸确定，便为已知量。因此，对于固定尺寸设备，研究运行参数 b_1、b_2 与常压力驱动时间 τ_{cp} 的关系更为主要。文献[3]指出，如果压缩管尺寸 $\frac{L}{D}=100$，压缩比 $\lambda=60$，为了获得可行的常压力驱动时间，运行参数 b_1 和 b_2 大致满足条件：① b_1b_2 的范围 0.1～0.4；② b_1 的范围 0.005～0.02；③ b_2 的范围 6～30。图 2.2.3 展示了一个更为具体的结果。

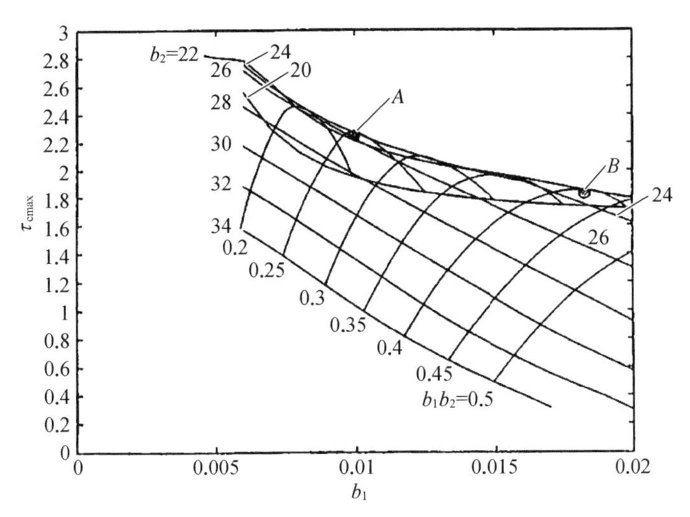

图 2.2.3　$\frac{L}{D}=100$，$\lambda=60$ 条件下常压力驱动时间与参数 b_1、b_2 的关系[3]

A 和 B 代表压缩管和激波管所选取的设计点

当 $\frac{L}{D}$ 和 λ 发生变化时,运行参数 b_1 和 b_2 的范围将发生漂移,但是这个漂移量一般不会很大。在其他条件相同时,大的参数 $\frac{L}{D}$,对获得较大的 τ_{cp} 是有益的;但是对参数 $\frac{d}{D}$ 而言,情况刚好相反。对于给定的压缩比,在膜片打开时刻活塞速度(理论上)应当比临界速度 ϕ_{rc} 略大。总体而言,选取更大的参数 $\frac{L}{D}$ 和更小的参数 $\frac{d}{D}$ 对运行有益,但是带来的是运行成本的增加,激波管核心流区域变窄,因而要小心权衡。一般而言,为了获得更高的驱动压力(主膜片打开时刻驱动气体的压力)和风洞喷管滞止压力的比值,细长比 $\frac{L}{D}$ 应该大于 30,这一要求也将增加常压力驱动时间 τ_{cp}。Beck 等的工作显示,高压下气体非理想行为和有限贮室容积对 τ_{cp} 的影响很小,和理想情况下 τ_{cp} 的值相差不足 1%[8]。从这个角度来说,完全气体和贮室容积无限大的假定是合理的。

2.3 常压力驱动时间的深入研究

2.2 节已经对常压力驱动时间的一些性质做了总结。但是还有若干问题没有彻底解决:常压力驱动时间是否总有极大值;极大值什么时候取得;膜片打开时刻活塞速度对常压力驱动时间的影响如何;常压力驱动时间在参数平面 (b_1, b_2) 的分布形式如何。令无量纲速度比 $\beta = \frac{\phi_r}{\phi_{rc}}$, $X = \frac{\xi}{\xi_r}$, $Y = \frac{\phi}{\phi_r}$, $Z = \mu$,将活塞运动式(2.1.12)进行重新整理,此时各个变量的初始值均为 1,这里 X 为活塞到终点的无量纲距离(也对应驱动气体体积), Y 为活塞的无量纲速度, Z 为驱动气体的无量纲质量。Z 是随时间 τ 单调递减的,于是 τ 可以用 Z 代替,即 $\tau = \tau(Z)$。另外,其他两个变量 X、Y 也可以表示成 Z(或者 μ)的函数。但是,直接找出这样的显式函数表达是困难的,文献[9]曾采用 Bessel 方程理论获得了活塞运动方程(2.1.12)的近似表达式。

在膜片打开以后,压缩管末端驱动气体的压力 $\dfrac{P_{\mathrm{HA}}}{P_{\mathrm{HA,r}}}=\left(\dfrac{Z}{X}\right)^{\gamma_{\mathrm{HA}}}=W^{\gamma_{\mathrm{HA}}}$,根据等熵条件,压力和密度呈正比关系,即 $P\sim\rho^{\gamma}$,因此采用密度变量 $W=\dfrac{Z}{X}=\dfrac{\mu}{\xi}$ 表示压力信息是合适的。图 2.3.1 显示了膜片打开以后,参数 X、Y、Z 和 W 的变化,可以看到 Z 比 X 衰减慢,因此驱动气体的密度 W 仍然在增长。更一般地,当活塞速度 ϕ_{r} 大于临界速度 ϕ_{rc} 时(即 $\beta>1$),活塞对于压缩管末端的驱动气体继续进行压缩,压缩管末端腔体内的驱动气体压力还将增加,使得活塞速度继续减小,逐步抵达临界速度 ϕ_{rc},压缩管末端压力 P_{He} 达到最大值。之后,随着活塞继续减速,压缩管末端压力将减小。在 (b_1,b_2) 平面上,常压力驱动时间 τ_{cp} 存在局部极大值,这些极值形成一条脊线(局部极大值线),如图 2.3.2 所示。进一步地,在膜片打开时刻氦气压力、压力峰值和终止压力满足

$$\frac{1}{1+10\%}P_{\max}=P_{\mathrm{r}}=P_{\mathrm{f}} \tag{2.3.1}$$

其中,$P_{\max}$ 为峰值压力;P_{r} 为膜片打开时刻压力;P_{f} 为常压力过程终止时刻的压力。

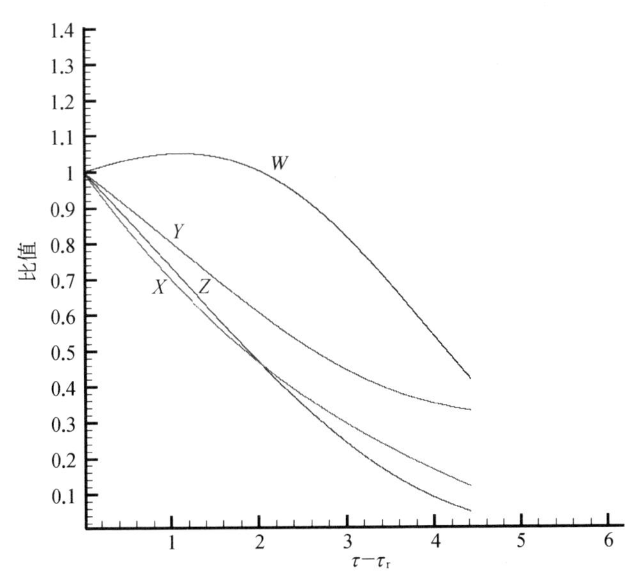

图 2.3.1 膜片打开以后活塞的速度、位置以及驱动气体(氦气)的质量和压力随时间的演化

$b_1=0.01$, $b_2=25.0$, $b_5=0.5$, $\dfrac{L}{D}=100$, $\dfrac{d}{D}=0.256$, $\lambda=60$

活塞压缩器的常压力驱动时间 τ_{cp} 达到局部极大值。在图 2.3.2 中,将常压力驱动时间的极值曲线向 (b_1, b_2) 平面投影,其于 β 平面的交线即为常压力驱动时间极值下(最优)对应的活塞无量纲速度比 β。图 2.3.3 展示了不同压缩比所对应的极值曲线在速度分布曲面上的位置。由此可知极值曲线和活塞无量纲速度比 β 的等值线并不平行,沿着极值曲线(从左至右),活塞无量纲速度比 β 依次增加(在参数 b_1、b_2 可行的范围内,其变化范围为 1.00~1.30),而其常压力驱动时间依次递减。表 2.3.1 提供了不同参数下脊线的起止位置、对应的活塞无量纲速度比和常压力驱动时间。需要说明的是,在风洞设计或者运行中,参数 b_1、b_2 的选择并不单独取决于常压力驱动时间的长短,不过在条件允许的范围内,使得设计点尽量靠近极值曲线,以便获得更长的常压力驱动时间,却是必要的。

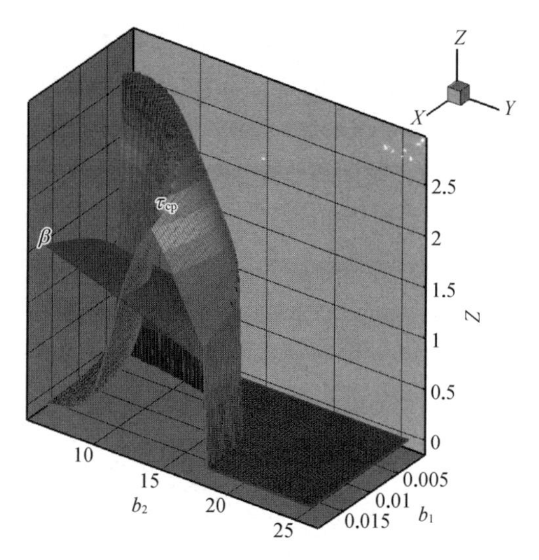

图 2.3.2 活塞常压力驱动时间分布和活塞速度分布(后附彩图)

$\frac{L}{D}=70$, $\frac{d}{D}=0.3$, $\lambda=45$, 驱动气体为氦气

表 2.3.1 不同设计参数下的脊线的起止位置和对应的重要变量值

设备参数 L/D	脊线的起止位置 (b_1, b_2)	起止点活塞无量纲速度比 β	常压力驱动时间 τ_{cp}
70	(0.004 9, 6.00)	1.004	2.454
	(0.018 7, 12.25)	1.214	1.905
80	(0.004 3, 7.75)	1.001	2.814
	(0.018 7, 15.25)	1.234	2.104

（续表）

设备参数 L/D	脊线的起止位置 (b_1, b_2)	起止点活塞无量纲速度比 β	常压力驱动时间 τ_{cp}
90	(0.003 7, 8.50)	1.001	3.157
	(0.018 7, 18.5)	1.247	2.282
100	(0.003 1, 7.20)	1.001	3.476
	(0.018 7, 21.90)	1.259	2.456

注：$\frac{d}{D} = \frac{1}{3}$，$\lambda = 50$，驱动气体为氦气。

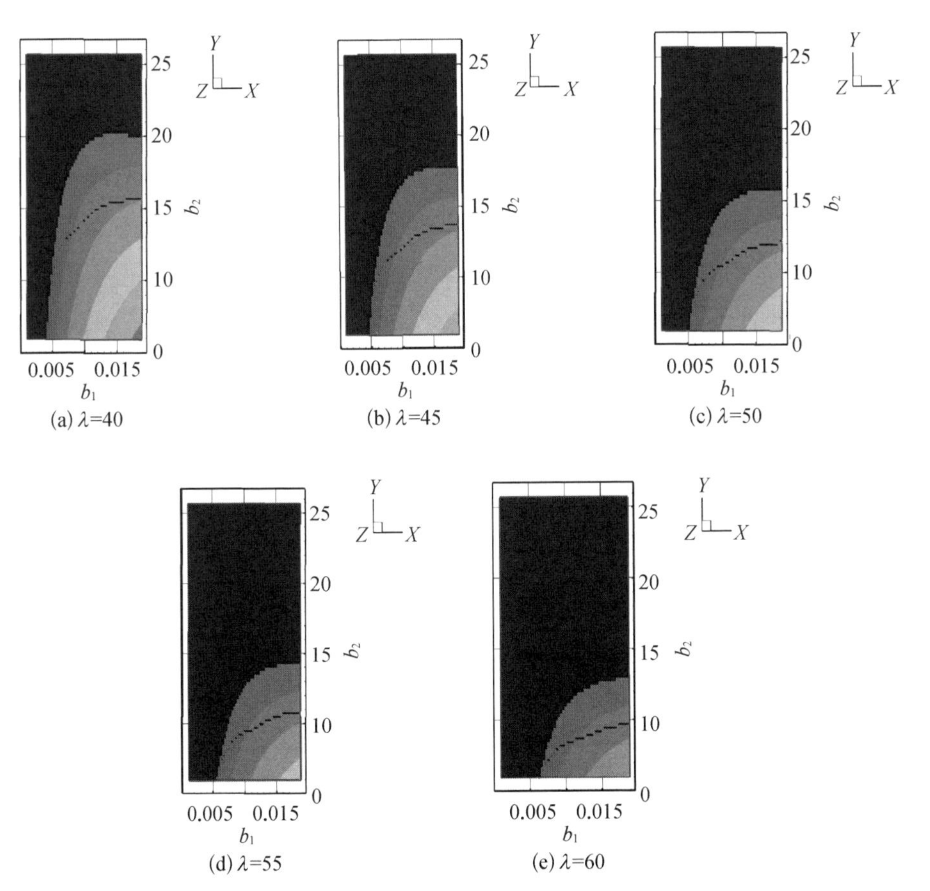

图 2.3.3　不同压缩比下活塞速度等值面上的脊线（后附彩图）

$\frac{L}{D} = 70$，$\frac{d}{D} = \frac{1}{3}$，驱动气体为氦气

2.4 调谐操作

2.4.1 调谐操作的概念

在膜片打开时刻,活塞前脸和膜片之间十分接近,这一段腔体实际上是传统意义上激波管的驱动段,驱动气体长度因此受到限制,这将导致更为短暂的试验时间。为了增加常压力驱动时间,使之保持一定长度,Stalker 提出了"过驱动操作"(over driving operation)的思路,通过增大膜片打开时刻的活塞速度(活塞无量纲速度比 $\beta \geqslant 1$),补偿压缩管末端的压力衰减[2]。这种思路增加了活塞碰撞压缩管末端壁面的风险。如果速度过快,活塞无法在很短的距离内停止,那么活塞将撞击压缩管的末端壁面,造成设备的损伤。由于重活塞的质量很大,这种撞击所产生的损伤是十分严重的。

在膜片打开之后,活塞可能发生的运动类型有三种情况:回弹(rebound)、软着陆(soft landing)和正碰(impact),如图 2.4.1 所示。需要注意的是,当活塞到达压缩管末端发生回弹之后,由于压差的存在,活塞仍然可能再次加速,并和压缩管末端发生正碰。另外,活塞回弹还容易产生强烈的膨胀波,该膨胀波经由激波管到达喷管贮室,将减少喷管贮室平稳的压力时间[10]。自由活塞激波风洞需要竭力实现活塞的软着陆。理论上,通过巧妙地布置运行参数,可以使得活塞在压缩管末端紧贴末端壁面的位置"柔软地"停下。在满足过驱动操作的情况

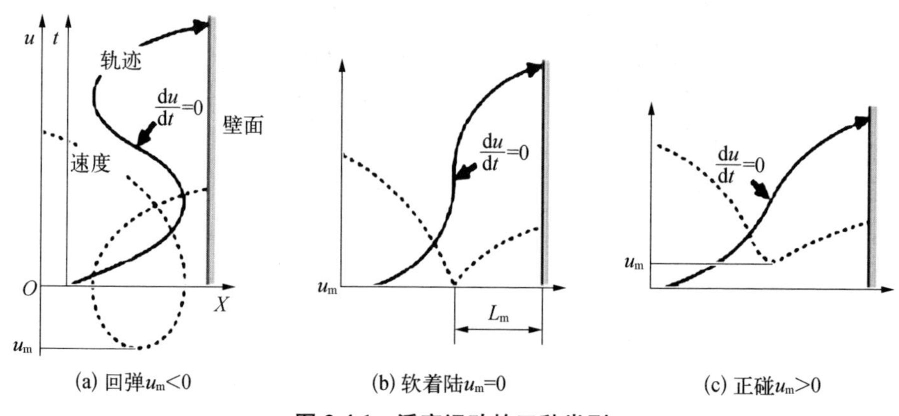

(a) 回弹 $u_m<0$　(b) 软着陆 $u_m=0$　(c) 正碰 $u_m>0$

图 2.4.1 活塞运动的三种类型

u_m 为加速度为 0 时对应的活塞速度

下,又能实现软着陆的情况称为调谐操作(tuned operation),这一想法最早出现于文献[1]和[11]。调谐操作的目的是,在满足“软着陆”的条件下,实现常压力驱动时间的最大化。软着陆是设备安全的要求,过驱动操作是激波管驱动的要求。

在风洞实际运行中实现活塞的软着陆或者调谐操作并不容易,研究者为此进行长期的探索,除了 Stalker 和 Hornung 等的工作外,Itoh 等采用 Bessel 方程的相关理论研究了调谐操作,得到调谐操作应满足的近似表达式[9]。Tanno 等基于自由活塞发射装置 NAL-CTA,通过活塞末端速度(膜片打开以后)的测量验证了 Itoh 近似表达式的可行性,该文中还包含了 NAL-CTA 获得调谐操作的更多细节[10]。

为了实现过操作,通常要求活塞无量纲速度比 β 不小于 1,不过,由于风洞设备的差异,β 范围也略有差别。文献[9]提供的 β 为 1.2~1.6,特别地,HIEST 风洞的调谐操作设计点要求 $\beta = 1.6$。文献[10]提供的无量纲速度比 β 范围为 1.1~1.4,NAL-CTA 的调谐操作选择 $\beta = 1.1$。此外,对小型的自由活塞激波风洞而言,为了弥补压缩过程中气体泄漏带来的损失,压缩比 λ 要比相应理论计算值提高 1.2~1.3 倍[10]。

2.4.2　一个简单的软着陆模型

假定活塞和压缩管之间的摩擦可以忽略。如果活塞实现软着陆,刚好在距离 x 内停下,且活塞的加速度 g 保持恒定,膜片打开时刻活塞速度等于临界速度,即 $u_{p,r} = \phi_{rc} a_{A,0}$,那么利用动量定理可以得

$$2gx = u_{p,r}^2 \tag{2.4.1}$$

另外

$$g = \frac{P_4}{\sigma} \tag{2.4.2}$$

其中,$\sigma = \dfrac{m_p}{\frac{1}{4}\pi D^2}$ 为单位面积上的活塞质量,$P_4 = P_{HA,r}$ 为激波管驱动压力。两个式子联立可以得

$$x = \frac{\sigma u_{p,r}^2}{2P_4} \tag{2.4.3}$$

当 $x \leqslant \left(\frac{L}{\lambda}\right)$ 时，活塞不可能和压缩管末端正碰，于是有

$$\frac{\sigma u_{\mathrm{p,\,r}}^{2}}{2P_{4}} < \frac{L}{\lambda} \tag{2.4.4}$$

利用式(2.2.2)，有

$$u_{\mathrm{p,\,r}} = \phi_{\mathrm{rc}} a_{\mathrm{A,\,0}} = \left(\frac{2}{\gamma_{\mathrm{HA}}+1}\right)^{\frac{\gamma_{\mathrm{HA}}+1}{2(\gamma_{\mathrm{HA}}-1)}} \left(\frac{d}{D}\right)^{2} \lambda^{\frac{\gamma_{\mathrm{HA}}-1}{2}} a_{\mathrm{HA,\,0}} \tag{2.4.5}$$

于是得

$$\frac{\sigma a_{\mathrm{HA,\,0}}^{2} \lambda^{\gamma_{\mathrm{HA}}-1} \left(\frac{2}{\gamma_{\mathrm{HA}}+1}\right)^{\frac{\gamma_{\mathrm{HA}}+1}{\gamma_{\mathrm{HA}}-1}} \left(\frac{d}{D}\right)^{4}}{2P_{4}} \leqslant \frac{L}{\lambda} \tag{2.4.6}$$

定义 $\Phi \equiv \frac{1}{2}\lambda^{\gamma_{\mathrm{HA}}}\left(\frac{2}{\gamma_{\mathrm{HA}}+1}\right)^{\frac{\gamma_{\mathrm{HA}}+1}{\gamma_{\mathrm{HA}}-1}}\left(\frac{d}{D}\right)^{4}$，式(2.4.6)可以变为

$$\frac{P_{4}L}{\sigma a_{\mathrm{HA,\,0}}^{2}} \geqslant \Phi \tag{2.4.7}$$

式(2.4.7)表明：当风洞尺寸、活塞质量和压缩比固定时，为了使得活塞不发生正碰，激波管驱动压力必须大于某个固定值 Φ（或者为 Φ 的某个常数倍）。当风洞尺寸固定时，Φ 仅由压缩比和驱动气体的比热比确定。文献[11]给出了一些自由活塞激波风洞所具有的 Φ 曲线，见图 2.4.2。当风洞对应的参数 $\frac{P_{4}L}{\sigma a_{\mathrm{HA,\,0}}^{2}}$ 在此曲线以上，活塞会发生回弹，否则，活塞将发生正碰。在固定的压缩比下，风洞选择的参数 $\frac{P_{4}L}{\sigma a_{\mathrm{HA,\,0}}^{2}}$ 与 Φ 的差越大，发生正碰的风险越小。一些自由活塞激波风洞参数 $\frac{P_{4}L}{\sigma a_{\mathrm{HA,\,0}}^{2}}$ 选择的下限见图 2.4.2 左侧纵坐标位置。

T5 自由活塞激波风洞的压缩管长度 $L = 30$ m，内径 $D = 0.3$ m，激波管与压

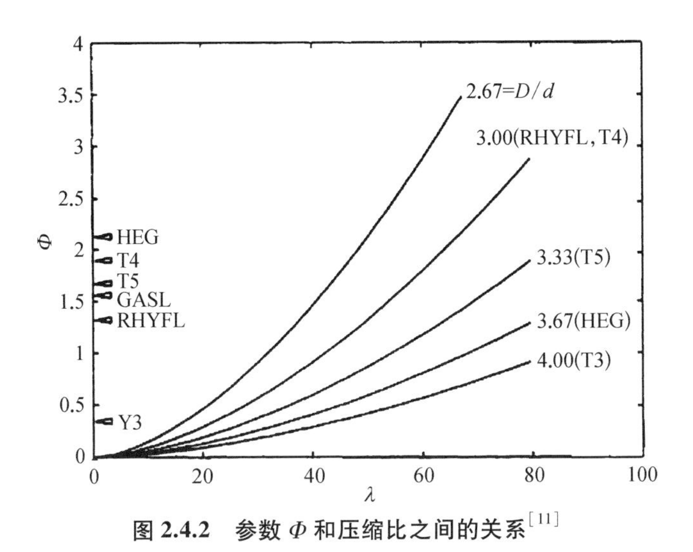

图 2.4.2　参数 Φ 和压缩比之间的关系[11]

缩管内径比 $\dfrac{d}{D}=\dfrac{3}{10}$，活塞质量 $m_p = 120\ \text{kg}$，驱动气体为氦气，当 $\gamma_{HA}=\dfrac{5}{3}$ 时，$\lambda = 60$，于是可以得

$$\Phi = \frac{1}{2}\lambda^{\gamma_{HA}}\left(\frac{2}{\gamma_{HA}+1}\right)^{\frac{\gamma_{HA}+1}{\gamma_{HA}-1}}\left(\frac{d}{D}\right)^4 = 0.158\,2\lambda^{5/3}\left(\frac{d}{D}\right)^4 \approx 1.17$$

理论上，当 $\dfrac{P_4 L}{\sigma a_{HA,0}^2} \geqslant 1.17$ 时，活塞将发生反弹，当 $\dfrac{P_4 L}{\sigma a_{HA,0}^2} < 1.17$ 时，活塞将发生正碰。但为了安全，T5 自由活塞激波风洞在设计/运行过程中保守地选择 $\dfrac{P_4 L}{\sigma a_{HA,0}^2} > 1.7$，这里 1.7 是压缩比 $\lambda = 75$ 下对应的 Φ 值。进一步地，对于 T5 风洞，有

$$P_4 \geqslant \frac{1.7\sigma a_{HA,0}^2}{L} \tag{2.4.8}$$

注意到 $\sigma \approx 1\,697.65$ 和 $a_{HA,0} = 997\ \text{m/s}$，最终可以得到 $P_4 \geqslant 95.6\ \text{MPa}$，接近文献[11]中图 7 所提供压力数据 $P_4 = P_{HA,r} = 100\ \text{MPa}$。

利用这个模型可以对 HIEST 自由活塞激波风洞进行估算。注意到 HIEST

风洞满足 $L=42\ \mathrm{m}$, $D=0.6\ \mathrm{m}$, $\frac{d}{D}=\frac{3}{10}$, $\lambda=50$, 假如活塞质量为 480 kg,那么可以得到 $\Phi\approx0.863$, $\sigma\approx1\ 697.65$。进一步地,如果风洞运行过程选择 $\frac{P_4L}{\sigma a_{\mathrm{HA},0}^2}>2.0>\Phi$, 最终可以得到 $P_4\geqslant80.3\ \mathrm{MPa}$。

2.4.3 软着陆和调谐操作的实现

理论上,巧妙地匹配活塞两端的压力,可以实现活塞软着陆或调谐操作,以下将在更贴近真实情况的条件下(考虑活塞密封和摩擦),研究活塞软着陆和调谐操作。为了防止驱动气体的泄漏,活塞通常需要安装密封环。在实际运行中,密封环将增加活塞和压缩管壁面之间的摩擦力,对活塞减速起到辅助作用。活塞的密封环采用尼拉特隆(nylatron,经过填充的酰胺纤维化合物)或者其他高密度有机材料。密封环内侧的金属腔室和驱动气体通过小孔相连,这样一来,作用在密封环将其推向壁面的压力始终和驱动气体压力保持一致(或者相差某个常数因子)。依靠压缩管壁面之间的摩擦对活塞的运动影响,达到辅助减速的作用。因此,包含摩擦阻力的活塞运动方程则可以表示为

$$m_{\mathrm{p}}\frac{\mathrm{d}u}{\mathrm{d}t}=A[P_{\mathrm{A}}-(1+\mu')P_{\mathrm{HA}}]\tag{2.4.9}$$

其中, $\mu'\equiv\mu\frac{A'P'}{AP_{\mathrm{HA}}}$, μ 为活塞密封圈和压缩管壁面之间的摩擦系数, A 为压缩管截面积, A' 为活塞密封圈和压缩管壁面之间的接触面积, P' 为密封圈所受压力。依据文献[9],日本 HEK 小型自由活塞激波风洞的活塞密封环采用尼龙材质,满足 $\frac{A'}{A}=0.34$, $\frac{P'}{P_{\mathrm{HA}}}=0.8$ 和 $\mu=0.15$。对式(2.4.9)进行无量纲化处理,这样式(2.1.5)和式(2.1.12)可以改写为

$$\begin{cases}\dfrac{\mathrm{d}\phi}{\mathrm{d}\tau}=b_1\left(1-\dfrac{\gamma_{\mathrm{A}}-1}{2}\phi\right)^{\frac{2\gamma_{\mathrm{A}}}{\gamma_{\mathrm{A}}-1}}-b_1b_2\xi^{\gamma_{\mathrm{HA}}}-f_1\\[2ex]\dfrac{\mathrm{d}\xi}{\mathrm{d}\tau}=\phi\end{cases}\tag{2.4.10}$$

以及

$$
\begin{cases}
\dfrac{\mathrm{d}\phi}{\mathrm{d}\tau}=b_3-b_4\left(\dfrac{\mu}{\xi}\right)^{\gamma_{\mathrm{HA}}}-f_1\\
\dfrac{\mathrm{d}\mu}{\mathrm{d}\tau}=-b_5\left(\dfrac{\mu}{\xi}\right)^{\frac{\gamma_{\mathrm{HA}}+1}{2}}\\
\dfrac{\mathrm{d}\xi}{\mathrm{d}\tau}=\phi
\end{cases}
\tag{2.4.11}
$$

这里添加的无量纲摩擦阻力的表达式为

$$
f_1=\frac{\mu\theta b_1 b_2}{\xi^{\gamma_{\mathrm{HA}}}}
\tag{2.4.12}
$$

通过方程(2.4.10)和方程(2.4.11),可以用来评估摩擦阻力的减速效果,如图 2.4.3 所示,该图显示了有无人工摩擦两种情况下膜片打开时刻的活塞速度分布。从图 2.4.3(a)中可以看到,在参数 b_1 和 b_2 取值范围内,如果无人工摩擦介入,膜片打开时刻活塞速度不能达到或者接近调谐操作要求;而在图 2.4.3(b)中,人工摩擦使得活塞末端速度有了不同程度的降低,图中有箭头标识的区域即为使活塞达到或者接近调谐操作的区域,严格满足调谐操作的参数将从这个区

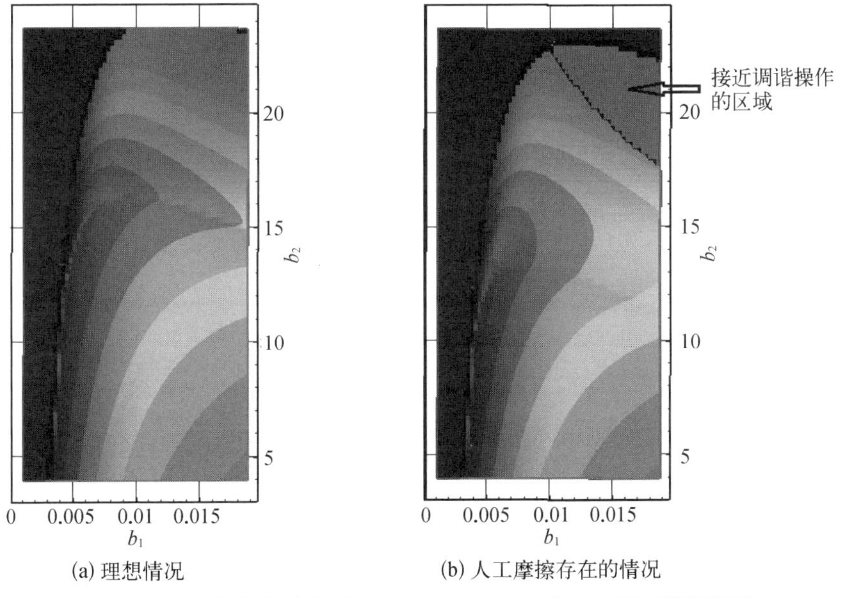

(a) 理想情况　　(b) 人工摩擦存在的情况

图 2.4.3　活塞速度分布图($L/D=90$,$d/D=1/3$, $\lambda=50$,后附彩图)

域进一步筛选产生，通过对活塞无量纲速度比 β 的评判。对于尺寸为 $\dfrac{L}{D}=90$，$\dfrac{d}{D}=\dfrac{1}{3}$ 的压缩管，图 2.4.4 给出了压缩比 λ 为 40、50 和 60 下，活塞达到或者接近调谐操作的区域，在参数 b_1 和 b_2 取值范围内这三个区域之间不存在公共交集。

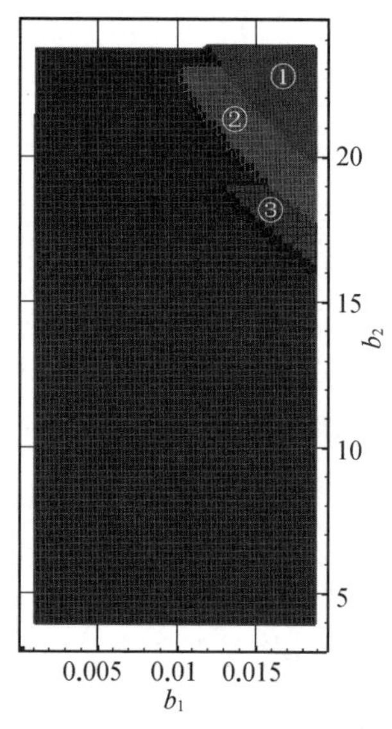

图 2.4.4 不同压缩比下达到或者接近调谐操作的可行参数集合（后附彩图）

区域①对应压缩比 40，区域②对应压缩比 50，区域③对应压缩比 60，压缩管尺寸满足 $L/D=90$，$d/D=1/3$

软着陆是调谐操作的前提。根据 2.4.2 节的内容，对于固定的压缩管尺寸和活塞质量，存在一个驱动压力的下限，使得活塞在临界速度下实现软着陆，这种简单的处理方法为风洞获得调谐操作提供了方便。进一步地，还可以引入调谐参数来判断调谐操作可能出现的范围，调谐参数定义如下[12]：

$$\bar{\omega}=\frac{\lambda P_{\mathrm{A},0}}{P_{\mathrm{HA},\mathrm{r}}} \tag{2.4.13}$$

在 T3 自由活塞激波风洞中，调谐参数 $\bar{\omega}$ 为 4~6，在 HELM 自由活塞激波风洞中，调谐参数 $\bar{\omega}$ 为 6~8[12]。如果压缩比 λ 固定，参数 b_2 的范围和调谐参数 $\bar{\omega}$ 有关。此时参数 b_2 满足

$$\bar{\omega}b_2=\frac{1}{\lambda^{\gamma-1}}\left(\frac{L}{D}\right)^{5/3} \tag{2.4.14}$$

当压缩比 λ 为 60 时，如果参数 b_2 为 16.0~19.0，有

$$\bar{\omega}=\frac{1}{\lambda^{\gamma-1}b_2}\left(\frac{L}{D}\right)^{5/3}=\frac{1\,810.182}{15.347b_2}=\frac{117.95}{b_2}$$

故调谐参数 $\bar{\omega}$ 为 6.2~7.4。通过这类计算可以知道，对于不同的设备参数，调谐参数 $\bar{\omega}$ 的变化范围不大。

在实际运行中，应当综合采用多种办法来实现活塞的软着陆或者调谐操作。在 T5 自由活塞激波风洞设计建造过程中，曾在压缩管末端安装了聚氨酯材质的缓冲器（polyurethane buffer），以便吸收活塞剩余的动能，当活塞速度不大于 15 m/s 时（活塞质量为 120 kg，单位面积质量为 1 697.653 kg/m^2），其动能可以被

缓冲器吸收[13]。在过驱动操作下,活塞的剩余速度未必是过驱动操作引起的,也可能因为活塞前脸的压力还未高到足以使活塞停止,但弱驱动操作(under driven operation)也可能造成活塞剩余速度,在这种情况下,活塞可能在某个位置已经充分减速或者停止,随后由于大部分驱动气体泄漏并进入激波管而再次加速。无论是过驱动操作还是弱驱动操作,只要活塞速度小于 15 m/s,整个设备都是安全的。在 T5 自由活塞激波风洞的运行过程中,约有 75%的试验都存在如下情况:当活塞还未靠近缓冲器时,来自激波管中的反射激波抵达压缩管末端,率先和活塞前脸作用,显著地降低活塞速度[13]。通常而言,压缩管/激波管(或激波管和压缩管之间连接段喉道)的截面积比值 $\left(\frac{D}{d}\right)^2$ 越大,越有利于活塞减速,T5 自由活塞激波风洞的截面积比值为 11.1,而 HEG 自由活塞激波风洞的截面积比值为 13.4~20[13]。总之,自由活塞激波风洞的实际运行要求研究者能够特别精准地布置活塞两端的压力,实现活塞软着陆或调谐操作。

自由活塞激波风洞中大多采用氦气和氩气的混合气体作为驱动气体,当膜片打开时,氩气的掺入将减小驱动气体下泄速率(其他条件相同),这对活塞的减速,驱动时间的延长,以及激波管的缝合运行是有益的,其代价是试验气体滞止焓降低。

2.4.4　活塞的密封与速度的测量

活塞密封环在阻止气体泄漏时,需要承受一定的应力和形变,以保证密封环和摩擦,还需要防止活塞两侧气体的泄漏,文献[11]给出了 T5 自由活塞激波风洞的活塞密封环的设计和变更,这一细节对活塞设计具有借鉴意义。

在 T5 自由活塞激波风洞的初始设计中,活塞前部(或者后部)的密封环采用尼拉特隆材质,密封环的工作依赖活塞前部(或者后部)的压力,这个压力使得紧贴着压缩管内壁的尼拉特隆内衬发生弯曲,从而实现密封效果。调试过程中,密封环在高压环境下,出现了严重的磨损,因此对活塞进行了重新设计,采用更为坚硬的纤维材料代替尼拉特隆。初始设计的密封环采用 V 形环方案,如图 2.4.5(a)所示。铝-青铜环上有 4 个小孔,高压驱动气体通过小孔进入腔室,腔室位于铝-青铜环和尼拉特隆密封圈之间。理论上,压缩管末端的高压驱动气体将顶起 V 形环,使其紧紧贴住压缩管内壁,从而实现密封功能。但是在风洞运行中,这些腔室发生了泄漏,使部分高压驱动气体进入活塞和压缩管内壁之间的空隙,以致驱动气体出现大量的热损失,泄漏的热量使铝-青铜熔化而丧失效能。

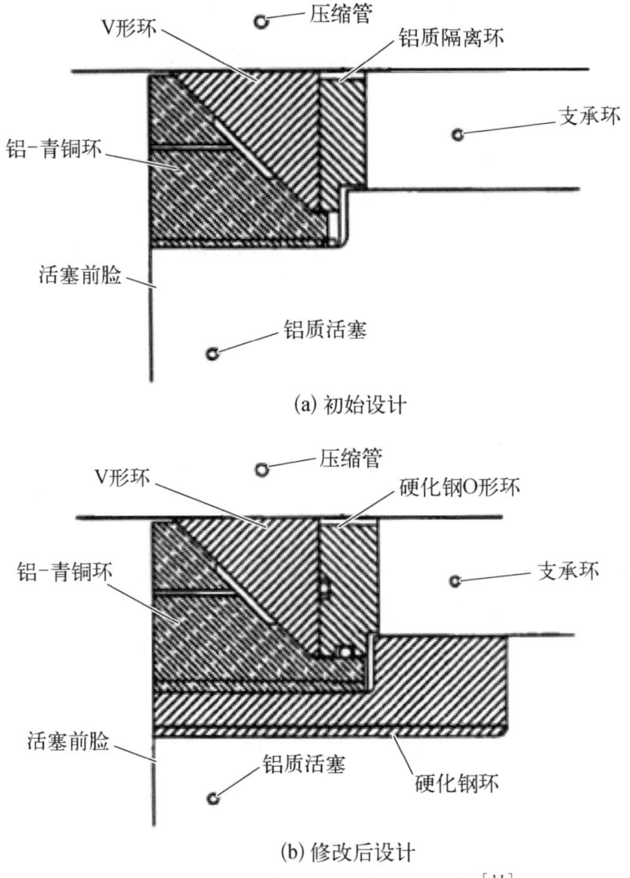

(a) 初始设计

(b) 修改后设计

图 2.4.5 活塞前部密封部分的设计[11]

另外,在非设计状态下的操作中,铝-青铜环或者沿着向前方向拧在一起,或者致使活塞的铝质隔离环发生折断,从而使整个铝-青铜环失去效能[11]。

为了解决这些问题,设计者对活塞前部密封部分进行了修改,修改后的设计见图 2.4.5(b)。在该方案中,采用两道厚的硬化钢 O 形环代替原先的铝质隔离环,铝-青铜环从(V 形环)背后加以延伸,并由新的硬化钢环加以约束固定,以阻止铝-青铜环从螺纹上滑落并发生扭曲。原先铝-青铜环下面的垫片改用硬质钢材,这些钢质垫片由螺丝钉固定在活塞上。在实际运行中,铝-青铜环不再发生扭曲,腔室的泄漏问题消失,活塞密封效果良好,铝-青铜环没有出现膨胀或者熔化的情况[11]。

精准的活塞速度测量技术对风洞的调试和运行是十分重要的。活塞速度测量的常见办法是,通过压缩管内壁上的多个压力传感器或者光敏传感器(photosensor)获得不同时刻活塞的位置,然后通过计算获得活塞速度。日本HEK自由活塞激波风洞即采用光敏传感器获得活塞速度[9],其测量过程大致如下:利用阳极氧化法使活塞表面布满黑色条纹,条纹之间具有精确的间距。激光束由压缩管侧壁的边窗射入,照射到运动活塞的表面,并在其(抛光)表面发生反射。当黑色条纹穿过激光束时,激光束的反射信号消失。通常,反射信号还因条纹间距、材质等不同而存在差异。因此,分析这些反射信号即可获得不同时刻下活塞的位置,从而获得活塞速度。激光束的反射光束实时受到监控,活塞运动可以由少数几个传感器获得精确的测量。一般而言,光敏传感器对辐射相当敏感,当活塞到达传感器部位时,活塞自身阻止了辐射,因此驱动气体的辐射不会妨碍测量。更多实验设计细节请参见文献[9]。

日本NAL-CTA自由活塞发射机构采用CCD(charge coupled device,电荷耦合器件)高速摄像机进行活塞速度测量。测速时使用长为15 cm丙烯酸材质的观察窗(位于压缩管末端),利用该观察窗,活塞的运动速度可以由CCD高速摄像机获得,在这个试验中,CCD高速摄像机的曝光速度为1/12 000 s。活塞速度误差估计由紧贴观察窗安装的活塞位置光学传感器完成。这种传感器主要包含两组光纤,一组光纤发射光束,另一组光纤接收其反射光束。由于反射激光束随活塞进入观察窗口而变化,由此得到活塞的速度[10]。

HEK风洞是日本一座中型自由活塞激波风洞,1995年进行了首次运行,其作用是为大型自由活塞激波风洞HIEST设计的诸多细节提供数据[9],风洞的主要部件尺寸见表2.4.1,若干车次的运行参数见表2.4.2。HEK风洞试验结果表明,无量纲速度比β对激波管末端的滞止压力产生显著影响,增加β会增加激波管末端的滞止压力,压力平台得到延长,这一结果和理论分析是一致的[9]。图2.4.6提供了无量纲速度比β和压力恢复因子(激波管1 ms时间内滞止压力的平均值和膜片打开时刻压缩管驱动气体压力的比值)的内在关系。从图中可以看到,无量纲速度比β越大(1.1~1.4),压力恢复因子也越大(越接近0.7)。在无量纲速度比β相同的情况下,压缩管和激波管之间的连接孔(压缩管和激波管之间的连接段的喉道)直径越大,压力恢复因子也越大。HEK风洞的连接孔直径为50~54 mm,这个值比激波管直径72 mm小,因而致使压力恢复因子小于1。澳大利亚T-ADFA自由活塞激波风洞相关介绍和活塞运动研究参见文献[14]。

表 2.4.1 HEK 风洞的主要部件尺寸[8]

压缩管	长度 16 m，直径 210 mm
激波管	长度 6.5 m，直径 72 mm
活塞	质量 30 kg,主体部分长 240 mm,尾部长 180 mm
喷管	喉道直径 18 mm,出口直径 390 mm
连接孔(压缩管和激波管的连接段喉道)	直径 50~64 mm

表 2.4.2 HEK 风洞若干车次运行参数[8]

车次	d/ m	$P_{\mathrm{A,0}}$/ MPa	$P_{\mathrm{HA,0}}$/ kPa	λ	$\beta_{预期值}$	$\beta_{调谐操作值}$	活塞状态
10	0.05	5.22	108.0	46.2	1.308	1.308	软着陆
11	0.05	5.10	108.9	46.0	1.312	1.312	软着陆
12	0.05	4.26	87.8	52.2	1.151	1.151	软着陆
13	0.05	4.71	98.5	50.2	1.211	1.312	回弹(轻微)
15	0.054	6.24	132.5	40.8	1.223	1.223	软着陆
16	0.052	5.46	113.0	45.6	1.245	1.245	软着陆
17	0.052	4.42	94.5	51.1	1.011	1.011	软着陆
18	0.052	4.89	113.0	45.8	1.096	1.245	回弹(轻微)
20	0.052	3.95	94.5	54.4	0.907	1.011	回弹(轻微)

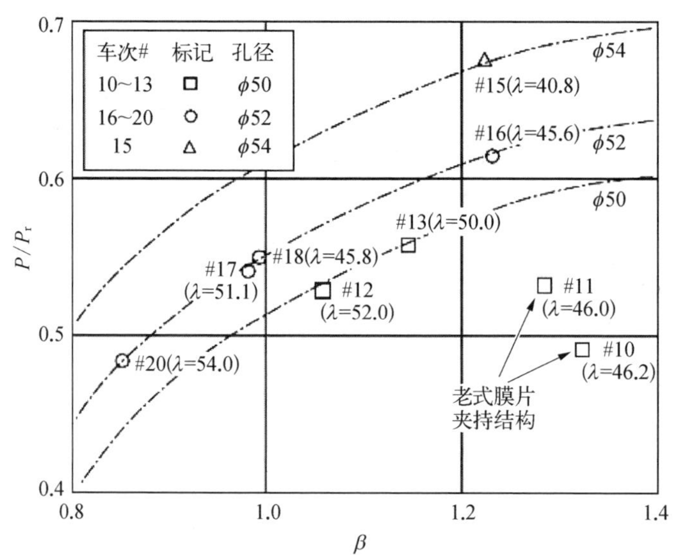

图 2.4.6 无量纲速度比 $\boldsymbol{\beta}$ 和压力恢复因子 P/P_{r} 之间的关系[9]

2.5　膜片逐步打开过程对活塞运动的影响

2.5.1　膜片打开过程中的复杂流动

在激波风洞中,膜片打开是形成激波的先决条件。激波管理论上通常假定膜片的打开是个瞬态过程,这一假定使很多问题得以简化,同时也掩盖了激波形成的复杂过程。事实上,膜片打开过程需要一定的时间。通过可视化技术(如阴影成像、纹影等)膜片打开过程中所形成的流动的各种特征逐渐被认识。Hickman 等观测到打开的膜片存在拟定常的自由射流[15],Outa 等发现斜激波和多尺度膨胀波之间的相互作用[16]。基于实验观测,Henshall 对于膜片打开后激波的形成,进行了如下描述[17]:当弯曲的膜片打开时,一定数量的压缩波传入低压管道。这些压缩波迅速结合形成曲面激波(curved shock),曲面激波在行进中和管壁发生反射,当曲面激波的入射角不再满足发生这种常规反射时,反射结束。此后激波将经历 Mach 反射,Mach 反射形成的两个近壁交点迅速向管道中心移动,直至 Mach 构型的第二分支减弱并消失。最后,平面激波形成并向管道下游传播。图 2.5.1[18]从数值模拟的角度对上述文字进行了重新表述。

一些研究者还通过数值模拟,勾勒出膜片打开过程中的其他流动细节[16,18-21]。例如,Cambier 等数值模拟显示:初始激波在极短的时间内转变为平面激波(大约是在 2 倍膜片直径的距离内),随后,Mach 盘在接触面之后的位置形成,并主导了复杂和非定常流动结构;接触面自身的形状也相当复杂,初始形状和膜片打开时间有关;接触面很难随时间的推进而演化为平面,并始终受到 Rayleigh-Taylor 不稳定性的控制[20]。Vasil'ev 和 Danil'chuk 在数值模拟中发现:① 接触面沿壁面将发生喷射,产生这种现象的原因主要是斜激波系的存在;② 第二道激波将发生破裂,这是由于炽热的非膨胀气体在壁面形成口袋状,改变了激波管的有效截面积[21]。

2.5.2　膜片的打开时间

激波管实验中,膜片打开的具体情况在很大程度上依赖膜片材质的延展性。在高压气体的作用下,初始的缝隙出现在膜片痕道处,并在痕道的交点(膜片的中心)处形成小孔,小孔逐步增大,形成若干膜瓣,最终膜片打开

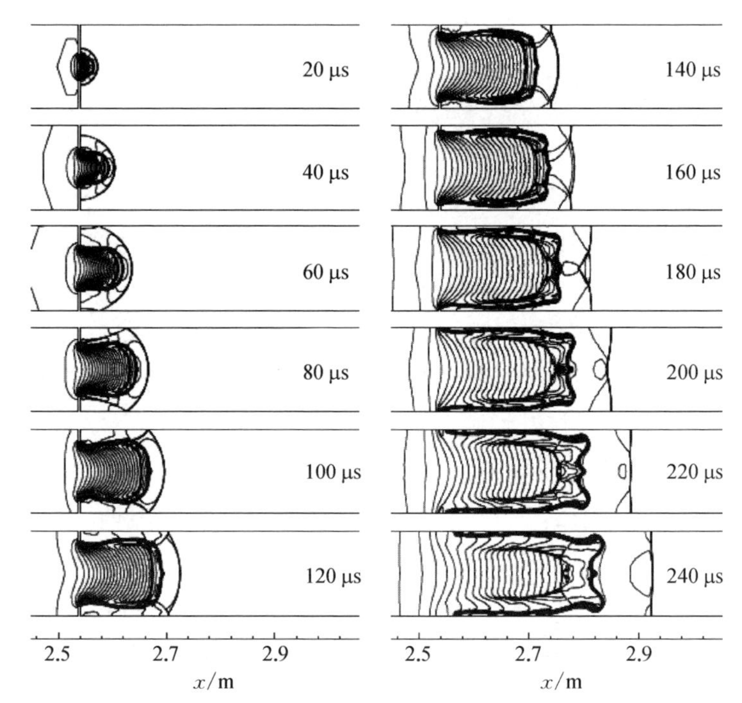

图 2.5.1 膜片逐步打开过程中流动密度周线[18]

初始压力比为 100,打开时间为 200 μs

形状接近球面。膜片痕道的刻画依赖经验,经过多次实践可以获得重复性更强的破膜条件。

Rothkopf 和 Low 通过试验发现:膜片打开的对称性和膜片的延展性有关[22]。一般而言,膜片的延展性越好,膜片的打开越规则。图 2.5.2 展示不同膜片打开的不同阶段,可以看到铝质膜片打开相对规则,而(黄)铜质膜片打开则不够规则。Rothkopf 和 Low 采用图像放大技术研究了裂孔面积的变化,膜片初始打开过程比较缓慢,占据了整个打开时间的 20%左右[22]。此后,孔的(投影)面积是时间的线性函数,见图 2.5.3。此外,他们还观测到,在较小的管道截面积下,圆截面膜片的打开时间要比等截面方形管长。但是,随着截面积的增大,两者几乎相等。

根据文献[23]测量结果,厚度为 0.157~0.447 cm 钢质膜片的打开时间约为 800 μs,此膜片的厚度范围为自由活塞激波风洞所采用(表 1.2.2)。按照这个结果,自由活塞激波风洞常压力驱动时间约是膜片打开时间的数倍,两者属于相同量级,因此有必要研究膜片逐步打开过程对活塞压缩带来的影响。

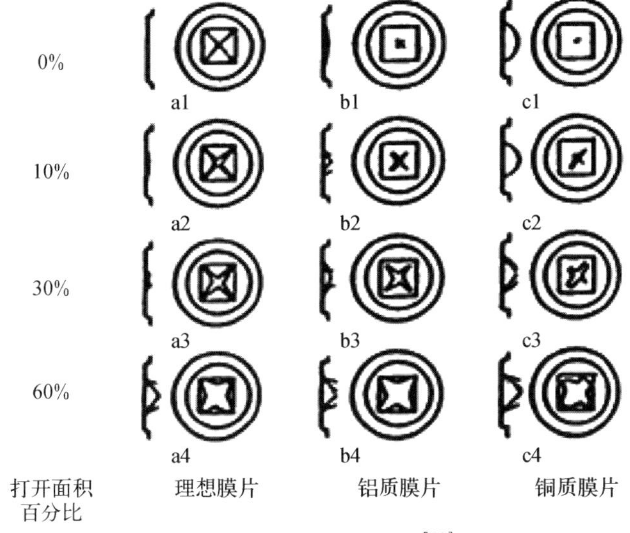

图 2.5.2 膜片打开模式[22]

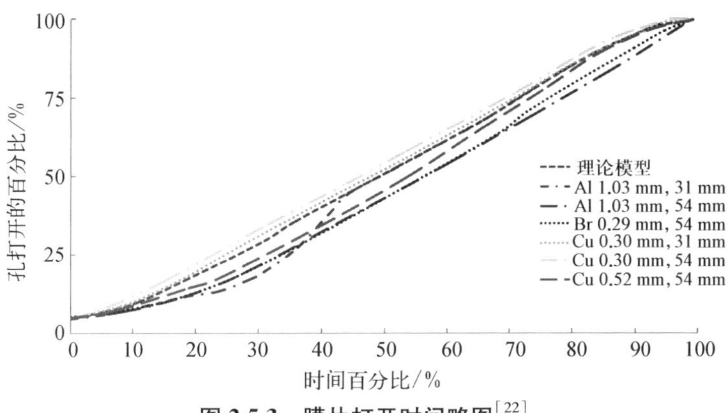

图 2.5.3 膜片打开时间略图[22]

2.5.3 理论模型

膜片的打开过程属于动态的剪切应变过程,并且每个打开的膜瓣的绕流流场十分复杂。为了简化这一过程,进行物理建模时可以采用假设[23]: ① 激波管截面在膜片位置为正方形,面积和实际圆形激波管截面相等,膜片的刻画形式如图 2.5.4 所示;② 膜片打开瞬间无任何先期形变;③ 4 个相同膜瓣在打开时形成;④ 作用在膜瓣的外力是打开面积的线性函数,当膜片全部打开时,作用力为0,在膜片打开过程中,外力的作用是一致的,无论是在膜片的表面还是中心;

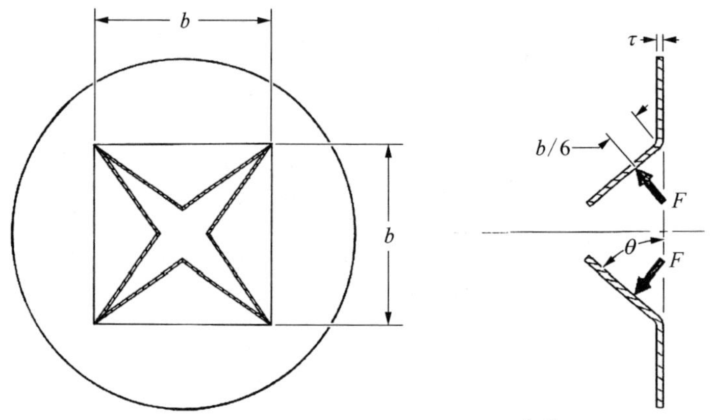

图 2.5.4 膜片的刻画与打开示意图[23]

⑤ 在膜片打开过程中,曲折应力产生的力矩始终保持常数。由此,膜瓣的打开过程可表示为[23]

$$I\frac{\mathrm{d}^2\theta}{\mathrm{d}t^2}=\frac{FB}{6}-M_\sigma \tag{2.5.1}$$

其中,I 为膜瓣关于基线的惯性矩;F 为作用在膜瓣上的外力;B 为膜瓣的宽度;M_σ 为曲折应力产生的力矩。对三角形膜瓣而言,关于基线的惯性矩可以表示为

$$I=\frac{\rho_\mathrm{d}B^4\Omega}{96} \tag{2.5.2}$$

其中,ρ_d 为膜片的密度;Ω 为膜片的厚度,作用在膜瓣上的外力为

$$F=\frac{P_4B^2\cos\theta}{4} \tag{2.5.3}$$

其中,P_4 为激波管的驱动压力(或者说膜片打开时驱动气体具有的压力)。假定膜瓣上的应力分布是一致的,那么

$$M_\sigma=\frac{\sigma B\Omega^2}{4} \tag{2.5.4}$$

其中,σ 为曲折应力。将式(2.5.2)~式(2.5.4)代入式(2.5.1),可以得到

$$\frac{\mathrm{d}^2\theta}{\mathrm{d}t^2}=\frac{4P_4\cos\theta}{\rho_\mathrm{d}b\tau}\left[1-\frac{6}{\cos\theta}\frac{\Omega^2}{B^2}\frac{\sigma}{P_4}\right] \tag{2.5.5}$$

由于$\Omega \ll B$，并且假定$\dfrac{\sigma}{P_4} \sim 1$，所以式(2.5.5)右端方括号中的第二项可以忽略。对上述方程积分两次，可以得到

$$t = 4.73\sqrt{\frac{\rho_{\rm d} B\Omega}{P_4}} \times 10^4 \tag{2.5.6}$$

其中，t单位为μs，这里积分常数利用初值条件获得，即当$t = 0$时，$\theta = 0$，$\dfrac{{\rm d}\theta}{{\rm d}t} = 0$。如果终止值为$\theta = \dfrac{\pi}{3}$，那么膜片打开时间的理论值约为400 μs，接近实际测量值的一半。文献[23]认为，出现这种情况的原因是理论模型相对简单。

2.5.4　活塞受到的影响

现讨论膜片动态打开过程对活塞压缩的影响，借此完善对活塞压缩过程的刻画。不失一般性，认为膜片面积等于激波管截面积，即$S_0 = \dfrac{\pi}{4}d^2$；膜片打开时形成孔的截面积S仅是膜瓣翻转角度θ的函数，即$S = S(\theta)$。类似2.1.2小节中的研究办法，可以得

$$\frac{{\rm d}^2\theta}{{\rm d}t^2} = \frac{4P_{\rm HA}\cos\theta}{\rho_{\rm d} B\Omega} \tag{2.5.7}$$

$$S(\theta) = S_0(1 - \cos\theta)^2 \tag{2.5.8}$$

$$\frac{{\rm d}m_{\rm HA}}{{\rm d}t} = -\rho_{\rm HA}\sqrt{\frac{\gamma_{\rm HA} p_{\rm HA}}{\rho_{\rm HA}}}\left(\frac{2}{\gamma_{\rm HA}+1}\right)^{\gamma_{\rm HA}+\frac{1}{2}(\gamma_{\rm HA}-1)} S(\theta) \tag{2.5.9}$$

$$m_{\rm p}\frac{{\rm d}^2 x}{{\rm d}t^2} = (p_{\rm HA} - p_{\rm A,r})\left(\frac{\pi D^2}{4}\right) - f \tag{2.5.10}$$

其中，f为摩擦力。式(2.5.7)~式(2.5.10)就构成了刻画这一过程所需要的控制方程。其中式(2.5.9)可以改写为

$$\frac{{\rm d}m_{\rm HA}}{{\rm d}t} = -\left(\frac{2}{\gamma_{\rm HA}+1}\right)^{\frac{\gamma_{\rm HA}+1}{2(\gamma_{\rm HA}-1)}}\sqrt{\gamma_{\rm HA}}\,(P_{\rm HA,r}\,\rho_{\rm HA,r})^{1/2}\left(\frac{\mu}{x/x_{\rm r}}\right)^{\frac{\gamma_{\rm HA}+1}{2}} S(\theta)$$

$$\frac{\mathrm{d}\mu}{\mathrm{d}t}=-b_5\left(\frac{\mu}{\xi}\right)^{\frac{\gamma_{\mathrm{HA}}+1}{2}}(1-\cos\theta)^2 \tag{2.5.11}$$

其中，$\mu=\dfrac{m_{\mathrm{HA}}}{m_{\mathrm{HA,\,r}}}$。注意到时间尺度满足$\tau=\dfrac{a_{\mathrm{A,\,0}}t}{D}$，以及膜片打开后的驱动气体压力满足$\dfrac{P_{\mathrm{HA}}}{P_{\mathrm{HA,\,r}}}=\left(\dfrac{\rho}{\rho_{\mathrm{r}}}\right)^{\gamma_{\mathrm{HA}}}=\left(\dfrac{\xi_{\mathrm{r}}\mu}{\xi}\right)^{\gamma_{\mathrm{HA}}}$，那么方程(2.5.7)可改写为

$$\frac{\mathrm{d}^2\theta}{\mathrm{d}t^2}=b_{11}\left(\frac{\mu}{\xi}\right)^{\gamma_{\mathrm{HA}}}\cos\theta \tag{2.5.12}$$

其中，$b_{11}=\dfrac{4P_{\mathrm{HA,\,r}}}{\rho_{\mathrm{d}}B\Omega}\left(\dfrac{D}{a_{\mathrm{A,\,0}}}\right)^2(\xi_{\mathrm{r}})^{\gamma_{\mathrm{HA}}}$。于是，整个无量纲方程组可以变为

$$\begin{cases}\dfrac{\mathrm{d}\phi}{\mathrm{d}t}=b_3-b_4\left(\dfrac{\mu}{\xi}\right)^{\gamma_{\mathrm{HA}}}-f_1\\[2ex]\dfrac{\mathrm{d}\xi}{\mathrm{d}t}=-\phi\\[2ex]\dfrac{\mathrm{d}\mu}{\mathrm{d}t}=-b_5\left(\dfrac{\mu}{\xi}\right)^{\frac{\gamma_{\mathrm{HA}}+1}{2}}(1-\cos\theta)^2\\[2ex]\dfrac{\mathrm{d}^2\theta}{\mathrm{d}t^2}=b_{11}\left(\dfrac{\mu}{\xi}\right)^{\gamma_{\mathrm{HA}}}\cos\theta\end{cases} \tag{2.5.13}$$

其中，无量纲摩擦力f_1的具体形式参见式(2.4.12)。将方程组(2.5.13)和方程组(2.1.14)的解进行比较，可以获得膜片逐步打开过程对活塞运动的影响。图2.5.5显示了膜片逐步打开和膜片瞬间打开中活塞速度和无量纲驱动气体压力两个重要参数的差异。从图中可以看到，在这两种情况下活塞均可以完成充分减速，不过膜片逐步打开过程在一定程度上减小了驱动气体下泄速率，对活塞减速有利代价是驱动气体(无量纲)压力上升更快，常压力驱动时间减小。在该算例中，膜瓣从0°打开到75°用时接近1.2 ms。假如膜片打开速度增加一倍，活塞减速将变缓(但并不明显)，而无量纲压力峰值将明显降低，具体细节参见图2.5.6。

实际运行中，由于膜片材料和刻画的差异，即使在相同的运行状态下，同一

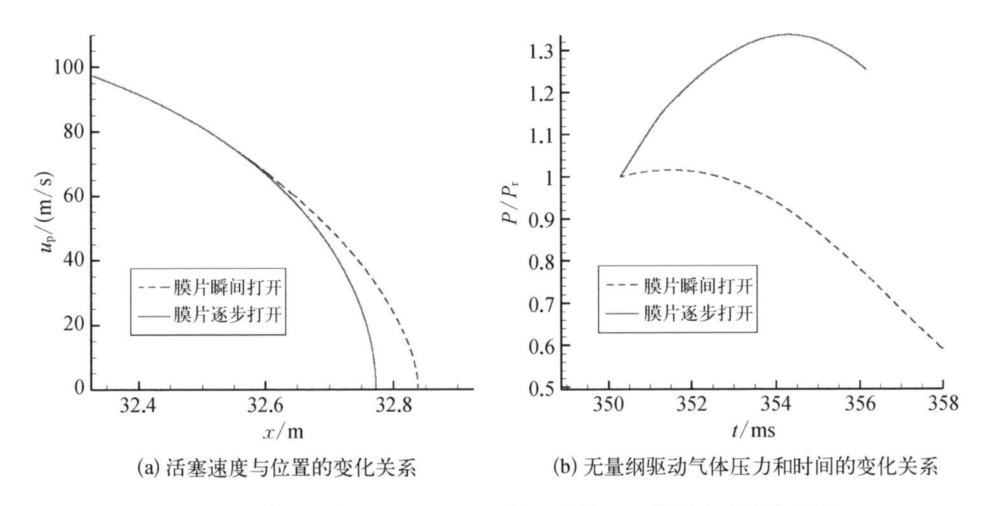

(a) 活塞速度与位置的变化关系　　(b) 无量纲驱动气体压力和时间的变化关系

图 2.5.5　膜片逐步打开/瞬间打开的两种情况下的活塞速度和压力

压缩管长度 33.372 m,直径 0.55 m,激波管直径 0.15 m,活塞质量 200 kg,压缩比 40,膜片材质为不锈钢,厚度 4.0 cm,驱动气体为氦气-氩气混合气体,体积比 7/3,初始压力 19.0 kPa,高压空气压力0.65 MPa

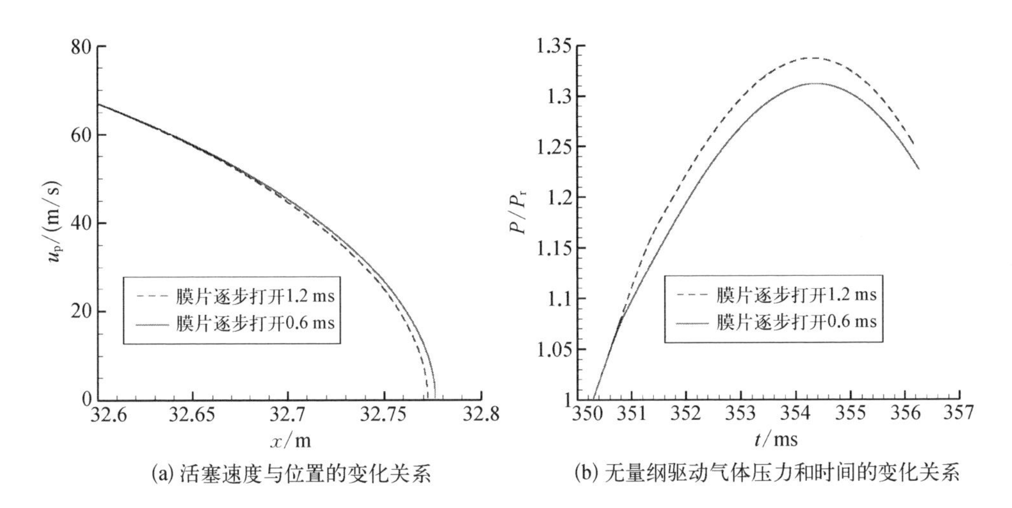

(a) 活塞速度与位置的变化关系　　(b) 无量纲驱动气体压力和时间的变化关系

图 2.5.6　膜片不同打开速度(或时间)下的活塞速度和压力

压缩管长度 33.372 m,直径 0.55 m,激波管直径 0.15 m,活塞质量 200 kg,压缩比 40,膜片材质为不锈钢,厚度 4.0 cm,驱动气体为氦气-氩气混合气体,体积比 7/3,初始压力 19.0 kPa,高压空气压力 0.65 MPa

批次的膜片也未必能够精确地在某个固定的压力下打开。膜片打开的提前或者滞后对驱动气体状态和活塞运动都将产生影响。基于方程组(2.5.13),可以从理论上分析膜片提前或者滞后打开所带来的影响。图 2.5.7 比较了膜片在压缩比为 30 和 40 下打开,活塞速度和驱动压力的变化。相对压缩比 40 而言,膜片在压缩比 30 时打开的情况即可视为提前。从图 2.5.7 中可以看到，当膜片提前打开时，活塞仍然能够完成充分的减速，不过减速距离稍长。膜片提前打开使得驱动气体的压力增长相当明显而且陡峭，这意味着常压力驱动时间缩短。理论计算进一步显示，在压缩比为 30 和 40 下，当膜片刚打开时，驱动气体压力分别为 5.51 MPa 和 8.90 MPa，但是随着活塞的进一步压缩，两种情况下驱动气体的峰值压力相当接近，分别为 11.55 MPa 和 11.82 MPa。联系图 2.5.5，可以看出膜片逐渐打开过程可在一定程度上弱化膜片提前打开所带来的不利影响。文献[24]也就此方面进行了研究。

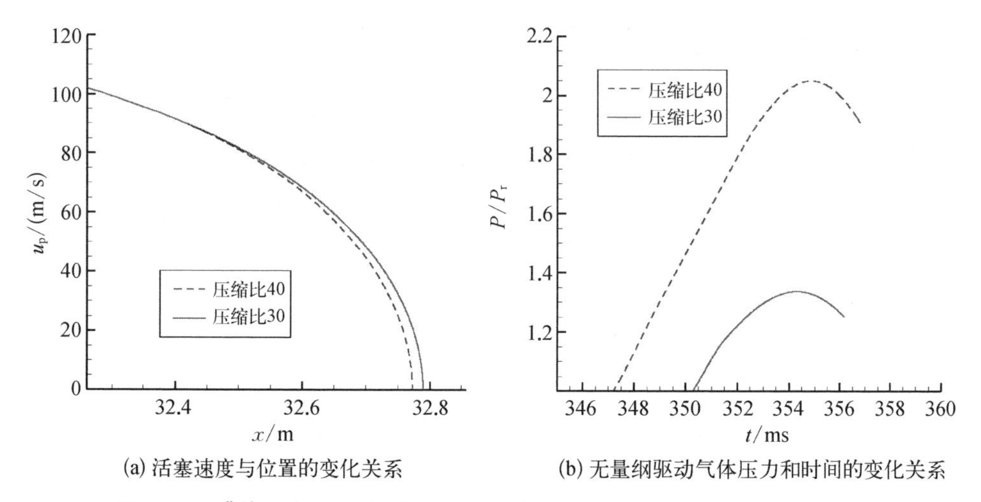

(a) 活塞速度与位置的变化关系

(b) 无量纲驱动气体压力和时间的变化关系

图 2.5.7 膜片正常打开/提前打开两种情况下的活塞速度和驱动气体压力

压缩管长度 33.372 m，直径 0.55 m，激波管直径 0.15 m，活塞质量 200 kg，压缩比 40/30，膜片材质为不锈钢，厚度 4.0 cm，驱动气体为氦气-氩气混合气体，体积比 7/3，初始压力 19.0 kPa，高压空气压力 0.65 MPa

总体而言，膜片打开的快慢或者早晚对活塞末端速度的影响比较微弱，对无量纲驱动气体压力影响较大，这将导致激波形成与演化上的差异，甚至影响激波早期的传播。另外，由于膜片打开的快慢或者早晚对驱动气体的绝对压力影响不大，激波管末端的激波强度不会受到明显的影响。

2.6 几种常见的能量损失

自由活塞在运行过程中，存在各种各样的能量损失，总结起来主要由以下几个部分组成：压力损失、气体泄漏、摩擦损失和热损失。为了使活塞运动学模型能够更加精确地获得活塞运行轨迹和驱动气体状态，这些损失应当予以考虑。

高压空气的压力损失主要取决于高压空气贮室的尺寸、活塞发射装置设计，以及边界层黏性等。可以引入高压空气的压力损失因子，简单地估计其对活塞运动的影响。高压空气的压力损失因子可以定义为高压空气实际作用压力和高压空气理想作用压力的比值，即

$$\alpha_p = \frac{(P_A)_{actual}}{(P_A)_{ideal}} \tag{2.6.1}$$

针对中等尺寸的自由活塞激波风洞 HEK，文献[9]提供的压力损失因子 $\alpha_p = 0.88$。根据文献[13]，T5 风洞边界层导致的高压空气的压力损失占 15%，在高压空气贮室和压缩管之间的连接段通常要造成 5%的压力下降，活塞与压缩管之间的摩擦系数为 0.1。

由于活塞和压缩管管壁之间存在缝隙，驱动气体通常会发生泄漏，这种情况在活塞压缩的后期更为明显，特别是在膜片打开前后。泄漏量和压缩过程所用时间大致成正比。在 T5 风洞中，某些情况大约有 12%的驱动气体发生泄漏；如果采用更高的空气压力和更低的驱动气体压力来加快压缩过程，整个驱动气体泄漏可以控制在 5%上下[13]。驱动气体泄漏产生的直接后果是驱动气体压力降低，活塞速度增加。因此，在膜片打开以后，驱动气体泄漏可以考虑增加下泄面积 A^* 的方式来等效这一过程，以活塞速度为例，表达式如下[9]：

$$(u_p)_{actual} = \frac{A^* + \Delta A}{A^*}(u_p)_{ideal} \tag{2.6.2}$$

其中，ΔA 为等效增加截面积。HEK 风洞的实际操作经验和数值计算表明，假如活塞速度很快，如 β 为 1.2~1.6 时，可以忽略气体的泄漏，活塞密封环和压缩管壁面之间的摩擦对活塞的运动具有主导作用[9]。

在使用重活塞对驱动气体实施压缩的过程中，驱动气体的热损失一直存在，由于膜片打开以后活塞的运行时间远小于活塞全程运行时间，驱动气体的热损失因子定义为膜片打开时刻驱动气体实际温度与理想温度的比值，即

$$\alpha_T = \frac{(T_{HA,r})_{actual}}{(T_{HA,r})_{ideal}} \tag{2.6.3}$$

式(2.6.3)可以看成是对绝热压缩的修正。依据文献[9],HEK 风洞的热损失因子 $\alpha_T=0.9$, 这个经验值通常根据计算/试验结果获得。发生在压缩管和激波管连接段的损耗(主要是压力损失),影响激波管末端喷管滞止压力,也严重地妨碍了激波管的性能。Page 和 Stalker 的研究显示[25]：喷管滞止压力和 $\dfrac{x_r}{d}$ 相关(x_r 是膜片打开时刻活塞前脸到膜片的距离, d 是激波管直径);若选择的 $\dfrac{x_r}{d}$ 大于 5.5,则这一损耗才不会显著。

文献[26]在详细介绍自由活塞激波风洞拟一维模拟程序 L1d 的同时,也给出了 T4 风洞第 2499 车次运行和计算细节。在这一车次中,高压空气为 6.21 MPa,驱动气体采用氦气,压力为 77.0 kPa,试验气体采用空气,压力为 60.0 kPa,活塞质量为 92 kg,压缩比为 60。在膜片打开时刻,自活塞前脸至膜片位置范围内,驱动气体声速从 3 305 m/s 增加到 3 915 m/s,相应的驱动气体温度从 3 155 K 增长到 4 427 K。另外,按照等熵计算获得的结果,在压缩比 60 下(膜片打开时刻),驱动气体温度为 4 543 K,驱动气体压力为 71.2 MPa。在活塞发射后0.165 7 s时,活塞获得的最大速度为 182.2 m/s,此时活塞位移为20.67 m,驱动气体能量和活塞能量分别为 0.369 MJ 和 1.527 MJ。在膜片打开前 10 μs 时,活塞移动至 25.40 m 处,此时速度为 89.6 m/s,驱动气体能量为 1.495 MJ。在最后 4.53 m 的压缩冲程内,活塞后脸的推动压力接近常数,约为 1.165 MPa,大约 0.227 MJ 的功作用于活塞,驱动气体能量增加 1.204 MJ,并存在大约 0.181 MJ 的能量损失,占总能量的 13%左右。

当考虑这些损失时,理论模型同样可以获得令人满意的计算精度。针对 T4 风洞第 2499 车次,采用方程组(2.1.5)和方程组(2.1.14)构成的理论计算模型和数值模拟程序 L1d 进行对比,相关结果如图 2.6.1 所示。在这个图中,理论计算获得的活塞速度与 L1d 程序的结果偏差接近 5.5%。在理论计算模型中,压力损失因子 α_p 选择 0.7。根据计算还可以知道,在 T4 风洞第 2499 车次运行条件下,膜片打开时刻活塞的临界速度 ϕ_{rc} 约为 0.58,对应的速度为 197.2 m/s,为实际活塞速度的 2 倍以上,活塞达不到“过操作”要求。

以下的算例以德国 HELM 风洞的运行为背景,仍然采用方程组(2.1.5)和方程组(2.1.14)构成的理论计算模型与数值模拟程序 L1d 对比,HELM 风洞运行的初始状态见表 2.6.1,相应的计算结果见表 2.6.2,德国 HELM 风洞的相关细节

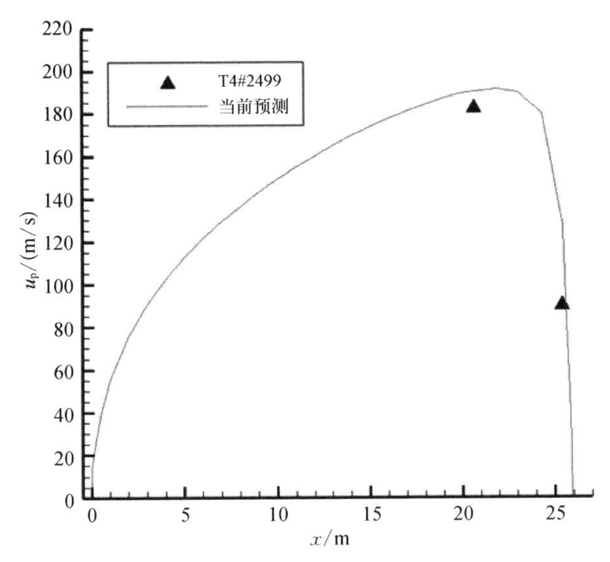

图 2.6.1　T4 风洞第 2499 车次的活塞位移-速度图

见文献[12]。HELM 风洞压缩管长度 $L = 15.5$ m，内径 $D = 0.286$ m，激波管长度 $l = 9.0$ m，内径 $d = 0.095$。需要说明的是，在物理模型中气体泄漏量、活塞密封圈与壁面的接触面积，以及摩擦系数等参数由经验给出，未必和这些风洞实际情况一致，这是导致误差的主要原因之一。

表 2.6.1　HELM 风洞两组运行状态的初始参数（根据文献[12]制表）

车　次	活塞质量/kg	破膜压力/MPa	高压空气压力/MPa	驱动气体质量分数，压力/kPa	激波管气体压力/kPa
HELM_182	51.9	45	10	70%Ar，30%He；120	空气，50
HELM_183	145	45	12	60%Ar，40%He；200	空气，50

表 2.6.2　HELM 风洞两组运行状态下活塞的运动参数（L1d 计算结果取自文献[12]）

车次	程　序	压缩比	活塞峰值速度/(m/s)，对应时间/ms	活塞回弹位置/m，时间/ms	活塞运动类型
HELM_182	L1d	35	269.96；63.75	15.23；79.02	回弹
	理论计算模型	35	284.86；66.45	15.40；81.50	回弹
HELM_183	L1d	26	186.47；89.33	15.29；119.20	回弹
	理论计算模型	26	193.30；93.48	15.46；108.72	回弹

参考文献

[1] Stalker R J. The free piston shock tube[J]. Aeronautical Quarterly, 1966, 17(4): 351-370.

[2] Stalker R J. A study of the free piston shock tunnel[J]. AIAA Journal, 1967, 5(12): 2160-2165.

[3] Hornung H G. The piston motion in a free piston driver for shock tubes and tunnels[R]. Pasadena: California Institute of Technology, GALCIT Report, FM88-1, 1988.

[4] Gai S L. Free piston shock tunnels: Developments and capabilities[J]. Progress in Aerospace Science, 1992, 29(1): 1-41.

[5] Labracherie L, Dumitrescu M P, Burtschell Y, et al. On the compression process in a free piston shock tunnel[J]. Shock Waves, 1993, 3(1): 19-23.

[6] Davis J, Campbell R, Medley J. Hypervelocity scramjet capabilities of T5 free piston tunnel at Caltech [C]. Orlando: AIAA - 92 - 5037, The 4th International Aerospace Planes Conference, 1992.

[7] Marineau E C, Hornung H G. High-enthalpy non-equilibrium nozzle flow of air: Experiments and computations[C]. San Antonio: AIAA-2009-4216, The 39th AIAA Fluid Dynamics Conference and Exhibit, 2009.

[8] Beck W H, Eitelberg G, Mcintyre T J. The high enthalpy shock tunnel in Göttingen (HEG) [C]. The 18th International Symposium on Shock Tubes and Waves, Sendai, 1991: 677-682.

[9] Itoh K, Ueda S, Komuro T, et al. Improvement of a free piston driver for a high enthalpy shock tunnel[J]. Shock Waves, 1998, 8(4): 215-233.

[10] Tanno H, Itoh K, Komuro T, et al. Experimental study on the tuned operation of a free piston driver[J]. Shock Waves, 2000, 10(1): 1-7.

[11] Hornung H G, Belanger J. Role and techniques of ground testing for simulation of flows up to orbital speed[C]. Seattle: AIAA-90-1377, The 16th AIAA Aerodynamic Ground Testing Conference, 1990.

[12] Schemperg K, Mundt C. Study of numerical simulations for optimized operation of free piston shock tunnel HELM [C]. Dayton: AIAA - 2008 - 2653, The 15th AIAA International Aerospace Planes and Hypersonic Systems and Technologies Conference, 2008.

[13] Belanger J, Hornung H. Numerical predictions and actual behavior of the free piston shock tunnel T5 [C]. Colorado Springs: AIAA-94-2527, The 18th AIAA Aerospace Ground Testing Conference, 1994.

[14] Byrne T J. Modeling piston motion in T-ADFA free piston shock tunnel[R/OL]. Sydney: University of New South Wales at the Australian Defence Force Academy, 2008.

[15] Hickman L, Farrar L C, Kyser J B, et al. Behaviour of burst diaphragms in shock tubes[J]. Physics of Fluids, 1975, 18(10): 249-252.

[16] Outa E, Tajima K, Hayakawa K. Shock tube flow influence by diaphragm opening (two dimensional flow near the diaphragm) [C]. The 10th International Symposium on Shock Wave and Shock Tube, Kyoto, 1975: 312-319.

[17] Henshall B D. On some aspects of the use of shock tubes in aerodynamics research[R].

London: Aeronautical Research Council, Technical Report 3044, 1957.

[18] Paul Petrie-Repar B E. Numerical simulation of diaphragm rupture[D]. Brisbane: The University of Queensland, Thesis for the Degree of Ph.D., 1997.

[19] Satofuka N. A numerical study of shock formation in cylindrical and two-dimensional shock tubes[R]. Tokyo: University of Tokyo, Technical Report 451, 1970.

[20] Cambier J L, Tokarcik S, Prabhu D K, et al. Numerical simulations of unsteady flow in a hypersonic shock tunnel facility[C]. Nashville: AIAA-92-4029, The 17th AIAA Aerospace Ground Testing Conference, 1992.

[21] Vasil'ev E I, Danil'chuk E V. Numerical solution of the flow formation problem for a shock tube with transverse diaphragm removal[J]. SSSR. Mekhanika Zhidkosti I Gaza, 1994, 2: 147-154.

[22] Rothkopf E M, Low W. Diaphragm opening process in shock tubes[J]. Physics of Fluids, 1974, 17(6): 1169-1173.

[23] Drewry J E, Walenta Z A. Determination of diaphragm opening-times and use of diaphragm particle traps in a hypersonic shock tube[R]. Toronto: University of Toronto Institute of Aerospace Studies, UTIAS Technical Note NO.90, 1965.

[24] Mizoguchi M, Aso S. Numerical study on diaphragm rupture for performance improvement of a free piston shock tunnel[C]. Canberra: AIAA-2006-8110, The 14th AIAA/AHI International Space Planes and Hypersonics Systems Technologies Conference, 2006.

[25] Page N W, Stalker R J. Pressure losses in free piston driven shock tubes[C]. The 14th International Symposium on Shock Tubes and Waves, Sydney, 1983: 118-125.

[26] Jacobs P A. Quasi one dimensional modeling of a free piston shock tunnel[J]. AIAA Journal, 1994, 32(1): 137-145.

第3章

激波管中的流动

3.1 自由活塞驱动的激波管

3.1.1 入射激波 Mach 数

绝大多数风洞都要借助喷管的膨胀来获得高速的试验气流，这必然要求试验气体具有足够的滞止压力和滞止温度。入射激波通过气体时，其压缩作用使得气体压力、密度和温度等物理量显著增加，反射型激波风洞利用了激波的压缩作用，通过入射激波和反射激波两次压缩，使试验气体获得足够的滞止压力和滞止温度。一般而言，入射激波强度越大，试验气体的压力和温度的增长越显著。

在自由活塞激波风洞中，当重活塞行进到预设位置完成压缩时，压缩管末端的高压驱动气体（4 区气体）撑破主膜片，由于激波管中的试验气体（1 区气体）压力很低，在主膜片处形成一道入射激波，这时激波管将处于工作状态。在激波之后，是一道接触面，它是驱动气体（3 区气体）和试验气体（2 区气体）的交界面。当入射激波到达激波管的末端时，阻隔激波管和喷管入口的第二道膜片打开，喷管处于起动状态。理论上，有用试验时间从入射激波发生反射且喷管起动完成的时刻算起，当反射膨胀波的波头抵达激波管末端时结束。图 3.1.1 形象地描绘了这一运行过程。

值得注意的是，在自由活塞激波风洞中，压缩管末段充当了传统激波管驱动段（高压段）的角色，而风洞激波管仅相当于传统激波管的被驱动段（低压段）。因此，自由活塞激波风洞可以简单地视为一种截面突然收缩的激波管。早在 1950 年，Lukasiewicz 就曾指出，膜片处截面积变化，改变了激波管的工作过程，使得变截面激波管产生的波系和等截面激波管产生的波系有所不同[1]。

高压段截面积大于低压段截面积的激波管所形成的波系，如图 3.1.2 所示。

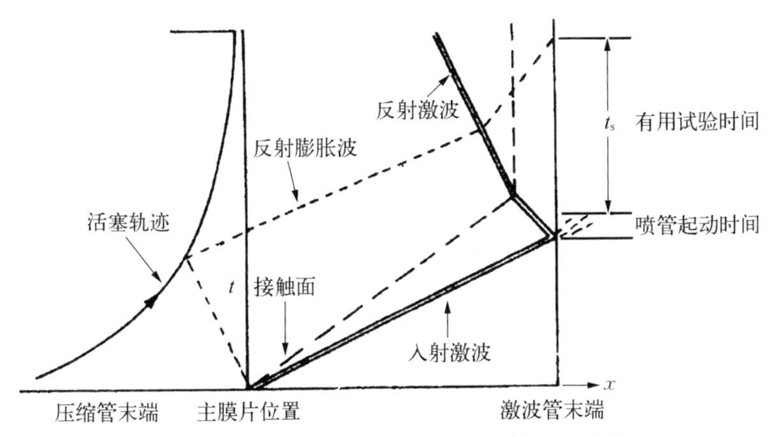

图 3.1.1　自由活塞激波风洞位移时间(x-t)图

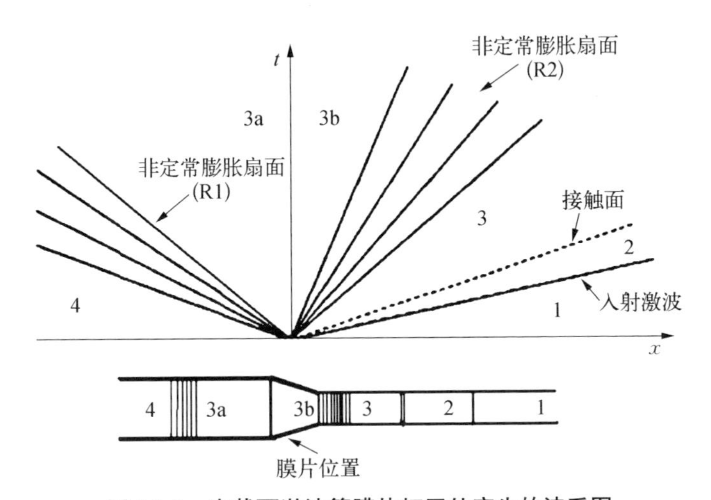

图 3.1.2　变截面激波管膜片打开处产生的波系图

当采用变截面驱动时,高压段和低压段(截面 3a 和截面 3b)之间存在一个定常流动的过渡段,而且这个定常流动的过渡段两侧存在着非定常膨胀。根据一维等熵关系,当气流 Mach 数小于 1 时,定常加速(截面变化)比非定常加速(非定常膨胀波)更为有效[1]。这样更能充分地利用主膜片两侧的压力比,获得更强的入射激波,提升激波管的驱动性能[1]。关于截面积突然收缩的激波管流动的相关研究见文献[2]~[4]。等截面激波管的经典结果参见文献[5]~[7],这里将不再赘述。

在一般情况下,图 3.1.2 中 3 区气流存在亚声速、声速和超声速三种情况。对于 $M_3 > 1$ 的情况,4 区气体通过非定常膨胀波 R1 加速至 3a 区,进而通过定常加速至 3b 区,使得 $M_{3b}=1$, 此时气流不再加速,相当于流动出现壅塞。为了使气流加速至 $M_3>1$, 有两种办法: 第一是采用具有扩散段的喷管;第二是在没有喷管的情况下,通过非定常膨胀波 R2,将气流从 M_{3b} 加速到 $M_3>1$。在 $M_3\leqslant 1$ 情况下,如果 4 区气体通过非定常膨胀波加速至 3a,然后从 3a 定常加速至 3b,并且 $M_{3b}=M_3\leqslant 1$, 在这种情况下,图中的膨胀波 R2 不存在。在自由活塞激波风洞,激波管驱动气体/被驱动气体的压力比值一般特别大,3 区气流多为超声速。因此,以下只讨论 $M_3>1$ 的情况, $M_3\leqslant 1$ 的情况参见文献[2]。

为了求解变截面激波管入射激波 Mach 数,文献[2]的处理思路是,设变截面激波管和等截面激波管均将静止的驱动气体加速至截面 3b 的同一参数值,然后比较这两种激波管所需要的驱动压力 P_4, 从而导出变截面激波管的压力增益,最后借助等截面激波管公式获得入射激波 Mach 数。对于等截面激波管,4 区的气体通过左行膨胀波 R1 加速至 3b 区时,有

$$\frac{2}{\gamma_4-1}a_4=\frac{2}{\gamma_4-1}a_{3b}+u_{3b}$$

$$\frac{a_4}{a_{3b}}=1+\frac{\gamma_4-1}{2}M_{3b}$$

其中, $M_{3b}=\dfrac{u_{3b}}{a_{3b}}$。利用等熵关系,得

$$\frac{P_4}{P_{3b}}=\left(\frac{a_4}{a_{3b}}\right)^{\frac{2\gamma_4}{\gamma_4-1}}$$

于是在等截面激波管条件下有

$$\left(\frac{P_4}{P_{3b}}\right)_{\text{const\_area}}=\left(1+\frac{\gamma_4-1}{2}M_{3b}\right)^{\frac{2\gamma_4}{\gamma_4-1}}$$

另外,对于变截面激波管,驱动气体由 4 区至 3a 阶段为非定常加速,类似上式,有

$$\left(\frac{P_4}{P_{3a}}\right)_{\text{change\_area}}=\left(1+\frac{\gamma_4-1}{2}M_{3a}\right)^{\frac{2\gamma_4}{\gamma_4-1}}$$

再由 3a 至 3b 阶段为定常加速,有

$$\frac{P_{3a}}{P_{3b}}=\left[\left(\frac{1+\frac{\gamma_4-1}{2}M_{3b}^2}{1+\frac{\gamma_4-1}{2}M_{3a}^2}\right)^{1/2}\right]^{\frac{2\gamma_4}{\gamma_4-1}}$$

于是

$$\left(\frac{P_4}{P_{3b}}\right)_{\text{change\_area}}=\left(1+\frac{\gamma_4-1}{2}M_{3a}\right)^{\frac{2\gamma_4}{\gamma_4-1}}\left[\left(\frac{1+\frac{\gamma_4-1}{2}M_{3b}^2}{1+\frac{\gamma_4-1}{2}M_{3a}^2}\right)^{1/2}\right]^{\frac{2\gamma_4}{\gamma_4-1}}$$

定义压力增益系数 G_P 为

$$G_P=\frac{(P_4)_{\text{change\_area}}}{(P_4)_{\text{const\_area}}}$$

这个定义可以理解为达到相同 3b 状态所需要 4 区的压力之比。利用上述几个公式可以获得压力增益系数为

$$G_P=\left[\left(\frac{1+\frac{\gamma_4-1}{2}M_{3b}}{1+\frac{\gamma_4-1}{2}M_{3a}}\right)\left(\frac{1+\frac{\gamma_4-1}{2}M_{3a}^2}{1+\frac{\gamma_4-1}{2}M_{3b}^2}\right)^{1/2}\right]^{\frac{2\gamma_4}{\gamma_4-1}} \tag{3.1.1}$$

相应地,利用等熵关系,可以获得驱动气体声速增益 $G_a=(G_P)^{\frac{\gamma_4-1}{2\gamma_4}}$,截面积和 Mach 数关系为

$$\frac{A_{3a}}{A_{3b}}=\frac{M_{3b}}{M_{3a}}\left(\frac{1+\frac{\gamma_4-1}{2}M_{3a}^2}{1+\frac{\gamma_4-1}{2}M_{3b}^2}\right)^{\frac{\gamma_4}{2(\gamma_4-1)}} \tag{3.1.2}$$

由图 3.1.2 可以知道，$A_{3a}=A_4$ 为高压段截面积，$A_{3b}=A_1$ 为低压段截面积，故有

$$\frac{A_4}{A_1}=\frac{M_{3b}}{M_{3a}}\left(\frac{1+\frac{\gamma_4-1}{2}M_{3a}^2}{1+\frac{\gamma_4-1}{2}M_{3b}^2}\right)^{\frac{\gamma_4}{2(\gamma_4-1)}} \tag{3.1.3}$$

因此，变截面驱动得到的激波 Mach 数相当于定常截面情况下，驱动气体压力 G_P 倍、声速 G_a 倍下获得的激波 Mach 数。

当激波管 3 区气体的速度为超声速，即 $M_3>1$ 时，利用前面的分析，可以知道，$M_{3b}=1$。由此，式(3.1.1)和式(3.1.3)可以简化为

$$(G_P)_{M_3>1}=\left[\left(\frac{\frac{\gamma_4+1}{2}}{1+\frac{\gamma_4-1}{2}M_{3a}}\right)\left(\frac{1+\frac{\gamma_4-1}{2}M_{3a}^2}{\frac{\gamma_4+1}{2}}\right)^{1/2}\right]^{\frac{2\gamma_4}{\gamma_4-1}} \tag{3.1.4}$$

$$\left(\frac{A_4}{A_1}\right)_{M_3>1}=\frac{1}{M_{3a}}\left(\frac{1+\frac{\gamma_4-1}{2}M_{3a}^2}{\frac{\gamma_4+1}{2}}\right)^{\frac{\gamma_4+1}{2(\gamma_4-1)}} \tag{3.1.5}$$

在此种情况之下，压力增益 G_P 仅是截面积之比 $\frac{A_4}{A_1}$ 的函数，和高低压比值 P_{41} 无关。于是激波 Mach 数 M_S 满足

$$G_P P_{41}=\left[\frac{2\gamma_1 M_S^2-(\gamma_1-1)}{\gamma_1+1}\right]\times\left[1-\frac{a_{14}}{G_a}\frac{\gamma_4-1}{\gamma_1+1}\left(M_S-\frac{1}{M_S}\right)\right]^{\frac{-2\gamma_4}{\gamma_4-1}} \tag{3.1.6}$$

这就是变截面激波管满足的激波方程。在其他条件相同的情况下，激波管 3 区气体的 Mach 数 M_3 通常与激波 Mach 数 M_S 正相关而与 4 区的温度 T_4 负相关。当采用氦气作为驱动气体，且压缩比为 40 时，激波 Mach 数 M_S 要达到 9 以上，才能使得 $M_3\geqslant 1$。

利用式(3.1.5),在极限面积比下,即 $\frac{A_4}{A_1} \to \infty$ 时,有 $M_{3a} \to 0$,于是极限压力增益系数可以表示为

$$G_P = \left(\frac{\gamma_4 + 1}{2}\right)^{\frac{\gamma_4}{\gamma_4 - 1}} \tag{3.1.7}$$

由此,若采用空气驱动空气,则极限压力增益系数 $G_P = 1.892$;若采用氦气驱动空气,则压力增益系数 $G_P = 2.055$。事实上,当面积比大于25,压力增益开始接近极限值,因此面积比最经济的范围为2~25。变截面驱动带来的增益仅与截面面积比及驱动气体比热比有关,表3.1.1给出了常见范围内变截面激波管的驱动能力,可以看到当直径比为1~2时,增益显著,当直径比为2~4时,增益相对缓慢。在当前范围内($1 \leqslant D/d \leqslant 4$),对于驱动气体未经加热的情况,假如激波Mach数不大于8,那么变截面激波管的激波Mach数 M_S 和等截面激波管的激波Mach数 M_0 之间存在近似关系:

当驱动气体为氦气,有

$$M_S \approx M_0 + (G_P - 1)$$

当驱动气体为氮气或者空气,有

$$M_S \approx M_0 + 0.5(G_P - 1)$$

表3.1.1　变截面驱动带来的增益与激波Mach数

(a)

D/d	G_P	G_a	M_S[条件(1)]	M_S[条件(2)]
4	1.939	1.142	4.907	5.355
3	1.857	1.132	4.845	5.289
2	1.655	1.106	4.682	5.116
1.5	1.430	1.074	4.482	4.904
1	1.0	1.0	4.028	4.420

条件(1):$P_1 = 1$ atm, $T_1 = 288$, N_2; $P_4 = 180P_1$, $T_4 = T_1$, He

条件(2):$P_1 = 1$ atm, $T_1 = 288$, N_2; $P_4 = 300P_1$, $T_4 = T_1$, He

(b)

D/d	G_P	G_a	M_S[条件(1)]	M_S[条件(2)]
4	1.801	1.088	2.914	3.104
3	1.736	1.082	2.891	3.080
2	1.570	1.066 5	2.830	3.017
1	1.0	1.0	2.574	2.749

条件(1)：$P_1=1$ atm，$T_1=288$，N_2；$P_4=180P_1$，$T_4=T_1$，N_2 或空气
条件(2)：$P_1=1$ atm，$T_1=288$，N_2；$P_4=300P_1$，$T_4=T_1$，N_2 或空气

(c)

D/d	G_P	G_a	M_S[条件(1)]	M_S[条件(2)]	M_S[条件(3)]
4	1.939	1.142	11.025	12.604	14.843
3	1.857	1.132	10.856	12.417	14.634
2	1.655	1.106	10.411	11.925	14.083
1.5	1.430	1.074	9.868	11.326	13.409
1	1.0	1.0	8.647	9.972	11.879

条件(1)：$P_1=0.5$ atm，$T_1=288$，N_2；$P_4=300P_1$，$T_4=13.59T_1$，He，压缩比 50
条件(2)：$P_1=0.5$ atm，$T_1=288$，N_2；$P_4=500P_1$，$T_4=13.59T_1$，He，压缩比 50
条件(3)：$P_1=0.5$ atm，$T_1=288$，N_2；$P_4=1\,000P_1$，$T_4=13.59T_1$，He，压缩比 50

根据等截面激波管的激波方程，入射激波 Mach 数的极限值为 $\frac{a_4}{a_1}\frac{\gamma_1+1}{\gamma_4-1}$。理论上，相同压缩比下，变截面驱动获得的入射激波 Mach 数更加接近极限值。但是在风洞实际运行中，实际情况稍微复杂，由于真实气体效应和截面积缩小引起的压力损失，上述理论预测的激波速度要比相应测量值大[8]。在高焓状况下，变截面激波管的实际驱动效果接近(或者略高于)完全气体假设下等截面激波管理论计算值。图 3.1.3 对 T4 风洞的入射激波速度的理论计算值(考虑真实气体效应、截面积变化)和测量值进行了比较，证实了上述观点[8]。另外，文献[9]、[10]对截面积突然扩张的激波管性能进行了细致的研究。

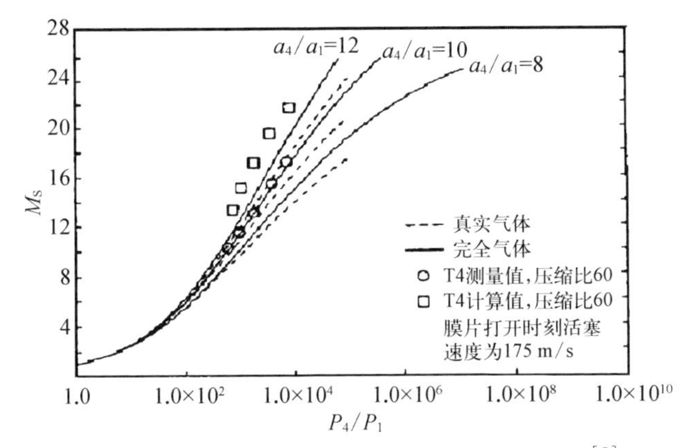

图 3.1.3　激波 Mach 数和压力比值之间的关系[8]

T4 风洞的数据所对应的声速比为 11

3.1.2　波后气体状态

在激波管中,假定初始低压段气体(1 区)保持静止,当入射激波 Mach 数较低(<4)时,假设理想气体是适用的。对变截面激波管,利用等熵膨胀可以得到两个重要公式(详细推导参照文献[5]):

$$M_3=\frac{u_3}{a_3}=\frac{u_2}{a_3}=\left[\frac{a_4}{u_2}G_a-\frac{\gamma_4-1}{2}\right]^{-1}\tag{3.1.8}$$

$$P_{42}=\frac{P_4}{P_2}=\frac{P_4}{P_3}=\frac{1}{G_P}\left[1+\frac{\gamma_4-1}{2}M_3\right]^{\frac{2\gamma_4}{\gamma_4-1}}=\frac{1}{G_P}\left(1-\frac{\gamma_4+1}{2}\frac{u_2}{G_a a_4}\right)^{\frac{2\gamma_4}{\gamma_4-1}}\tag{3.1.9}$$

在理想气体假设下,2 区气流的压力、速度、密度和温度等流动参数可以通过式(3.1.8)和式(3.1.9)导出,并最终表述为入射激波 Mach 数 $M_S=\dfrac{U_S}{a_1}$ 的函数,具体表达式为

$$P_{21}=\frac{P_2}{P_1}=1+\frac{2\gamma_1}{\gamma_1+1}(M_S^2-1)\tag{3.1.10}$$

$$\rho_{21}=\frac{\rho_2}{\rho_1}=\frac{2(\gamma_1+1)M_S^2}{(\gamma_1-1)M_S^2+2}\tag{3.1.11}$$

$$T_{21}=\frac{T_2}{T_1}=\frac{P_{21}}{\rho_{21}} \tag{3.1.12}$$

另外,可导出波后气体的伴随速度 u_2:

$$\frac{u_2}{a_1}=\frac{2}{\gamma_1+1}\left(M_S-\frac{1}{M_S}\right) \tag{3.1.13}$$

可以看到,在完全气体假设下,当空气作为试验气体时,波前/波后之间的密度比存在极大值 $\rho_{21}=\dfrac{2(\gamma_1+1)}{(\gamma_1-1)}=6$。

事实上,当入射激波 Mach 数大于 4 时,波后状态的计算需要考虑真实气体效应。在平衡气体假设下,入射激波波后的气体状态可以通过如下守恒方程迭代计算求得

$$\begin{cases}P_2=P_1+\rho_1U_S^2(1-\varepsilon)\\ h_2=h_1+\dfrac{1}{2}U_S^2(1-\varepsilon^2)\\ \varepsilon=1-\dfrac{u_2}{U_S}\\ \rho_2=\rho(P_2,\ h_2)\end{cases} \tag{3.1.14}$$

其中,$U_S=M_Sa_1$ 为入射激波速度,视为已知量,由式(3.1.6)给出。$\varepsilon=\rho_1/\rho_2$ 为激波前后气体密度比,视为迭代量。需要指出的是,方程组(3.1.14)中的状态方程 $\rho_2=\rho(P_2,\ h_2)$ 的拟合形式存在差异,这导致 $\varepsilon=\rho_1/\rho_2$ 的收敛解也存在一定的差异。不过,密度比的差异对波后压力和焓的影响微弱。入射激波后气体的温度 T_2 通过平衡气体假设下热力学关系 $T_2=T(P_2,\ h_2)$ 获得。文献[11]提供了平衡气体假设下空气的多个热力学参数的拟合公式,温度适用范围高达 25 000 K,精度很高,不过这些拟合函数比较复杂。考虑到试验气体是空气,状态方程 $\rho=\rho(P,\ h)$,可以采用更为简单的 Bade 近似形式来表述[12]:

$$\frac{\rho}{\rho_e}=\frac{P}{P_e}\left(\frac{h}{h_e}\right)^{-x} \tag{3.1.15}$$

其中,$P_e=1.01\times10^5$ Pa,$\rho_e=\dfrac{P_e}{RT_e}=0.160\ 7\ \text{kg/m}^3$,$h_e=\dfrac{P_e}{\rho_e(\gamma-1)}=2.51$ MJ/kg,

$T_e = 288$ K，指数 x 的表达式为（本书对其指数进行了修正）

$$x = \begin{cases} 0.70 + 0.04(\lg P - \lg P_e), & h_e < h \leqslant 15h_e \\ 0.921, & 0.12h_e \leqslant h \leqslant h_e \end{cases} \tag{3.1.16}$$

在平衡气体假设下，波后温度 T_2 除了使用文献[11]的结果以外，还可以有更为简单的拟合形式（焓单位 kJ/kg，压力单位 Pa）：

$$T = \begin{cases} 1.243\,1h^{0.961\,4}, & 167.5 \leqslant h \leqslant 1\,881.1 \\ T = 1\,890[0.353\ln h - 1.705]^b, & 1\,881.1 < h \leqslant 46\,055 \end{cases} \tag{3.1.17}$$

其中，$b = 2.38 + 0.048\ln(P/101\,325)$。式(3.1.17)参考了苏联研究者的拟合形式，原拟合高估了压力对温度的影响，低估了焓对温度的影响，本书对此进行了修正。在大多数情况下，近似表达式(3.1.17)可以将误差控制在 3%以内，表 3.1.2 结合风洞运行情况给出了比较结果。需要说明的是，在强激波下，激波前后的密度比差异（可能由气体热力学参数数据的差异引起）对激波后压力和焓影响微弱，次之为波后气体速度对波后温度影响最大，文献[13]提供了一个例子（表 3.1.3）有助于认识真实气体效应对激波后气体参数的影响。另外，文献[14]和[15]提供了平衡气体假设下空气的热力学性质和输运性质，可供参考。

表 3.1.2　若干风洞滞止温度

风洞名称	序号	P_0/MPa	h_0/(MJ/kg)	T_0/K	T_0/K [式(3.1.17)计算结果]
HIEST	1	24.06	4.45	3 475	3 484
	2	53.51	7.96	5 225	5 268
	3	48.23	14.22	7 626	7 461
	4	45.88	19.62	8 886	8 885
	5	47.44	21.59	9 250	9 351
	6	14.20	3.021	2 518	2 564
	7	15.67	3.371	2 624	2 804
JF-12	8	2.39	3.676	3 313	2 954
HEG	9	35.0	22.0	9 100	9 360
	10	85.0	23.0	9 900	9 828

（续表）

风洞名称	序号	P_0/MPa	h_0/(MJ/kg)	T_0/K	T_0/K [式(3.1.17)计算结果]
HEG	11	44.0	12.0	7 000	6 752
	12	8.0	3.40	2 810	2 809
	13	17.0	3.30	2 740	2 758
	14	70.0	6.0	4 400	4 378
	15	48.3	13.5	7 369	7 244
T5	16	19.9	11.4	6 389	6 436
	17	25.9	20.6	8 787	8 970
	18	59.5	9.54	5 921	5 919
	19	60.8	17.3	8 528	8 368

表 3.1.3　再入飞行器表面正激波波后气体参数[13]

激波后气体参数	完全气体假设	平衡气体假设	附　注
压力比 P_{21}	1 233	1 387	再入飞行器飞行高度 5 km，速度 10 km/s
密度比 ρ_{21}	5.972	15.19	
焓比 h_{21}	206.35	212.8	
温度比 T_{21}	206.35	41.64	

在平衡气体假设下，文献[16]给出了氩气或者氮气的波后参数状态，其中低压段氮气的初始填充压力范围 10^{-5} ~ 1.0 atm，氮气热力学性质参见文献[17]~[24]，激波后氮气的离解过程及非平衡行为参见文献[25]~[27]。文献[28]和[29]分别研究了激波后二氧化碳的离解速率，以及二氧化碳和氮气混合物的热力学性质。另外，美国国家航空航天局 Lewis 研究中心开发的化学平衡应用程序 CEA 可以计算复杂混合物激波后的气体状态、化学生成物的组分，以及其他多种热力学参数，相关细节见文献[30]和[31]。

对空气而言，当入射激波 Mach 数 M_S 为 5~20 时，初始填充压力 P_1 为 0.01~2.0 atm，密度比 ε 为 1/20~1/5。密度比 ε 可以看成是初始填充压力 P_1 和激波速度 U_S 的函数，即

$$\varepsilon = \varepsilon(P_1,\ U_S) \tag{3.1.18}$$

特别地，当 $1.3\ \mathrm{km/s} \leqslant U_S \leqslant 3.5\ \mathrm{km/s}$ 时，初始填充压力 P_1 对密度比 ε 的影响相对微弱，可以粗略地认为，密度比 ε 仅是激波速度 U_S 的函数，因此获得拟合公式（激波速度单位 km/s）：

$$\varepsilon = \begin{cases} \dfrac{1}{3.0\sqrt{U_S} + 1.55}, & 1.3 \leqslant U_S < 2.72 \\ \dfrac{1}{2.0\sqrt{U_S} + 3.30}, & 2.72 \leqslant U_S < 3.5 \end{cases} \tag{3.1.19}$$

上述近似公式使得部分计算得到简化。例如，通过式（3.1.19）可以求得，当激波 Mach 数接近 6.4 时，空气波前/波后之间的密度比突破理论极限值 6。激波前后气体压力比 $P_{21} \equiv P_2/P_1$ 也可以表示为密度比 ε 和入射激波 Mach 数 M_S 的函数，即

$$P_{21} = \gamma_1 M_S^2 \left(1 - \varepsilon + \frac{1}{\gamma_1 M_S^2}\right) \tag{3.1.20}$$

当入射激波 Mach 数 M_S 为 5~20 时，ε 值为 1/20~1/10。因此，根据上述公式可以粗略地估计波后压力状态。

入射激波行至激波管末端遇上固壁（或者膜片）时将发生反射，反射激波 Mach 数可以通过如下关系式求得

$$M_R^2 = \left(\frac{U_R}{a_2}\right)^2 = \frac{P_{21}}{\beta_1(P_{21} + \alpha_1)} = \frac{2\gamma_1 M_S^2 - (\gamma_1 - 1)}{(\gamma_1 - 1)M_S^2 + 2} \tag{3.1.21}$$

其中，$\alpha_1 = \dfrac{\gamma_1 + 1}{\gamma_1 - 1}$，$\beta_1 = \dfrac{\gamma_1 - 1}{2\gamma_1}$。确切地说，$M_S$ 是入射激波在激波管末端的 Mach 数，在不考虑激波衰减的情况下，该值和入射激波的初始速度相当。在完全气体假设下，反射激波波后气体状态（5 区）仿照式（3.1.10）~式（3.1.13）获得。若考虑真实气体效应，波后气体状态（5 区）参数可以表示为

$$\begin{cases} P_5 = P_2 + \rho_2 (U_R + u_2)^2 (1 - \varepsilon_R) \\ h_5 = h_2 + \dfrac{1}{2} \dfrac{P_5 - P_2}{\rho_5} \left(\dfrac{1}{\varepsilon_R} - 1\right) \\ \dfrac{1}{\varepsilon_R} = 1 + \dfrac{u_2}{U_R} \\ \rho_5 = \rho(P_5, h_5) \end{cases} \tag{3.1.22}$$

其中，U_R 为反射激波速度；ε_R 为反射激波波前与波后密度比值，即 $\varepsilon_R=\rho_2/\rho_5$。理论上，5 区气体状态即为反射型激波风洞的滞止状态或贮室状态。在理想气体假设下，反射激波波后与波前压力比值 P_{52} 满足

$$P_{52}=\frac{(3\gamma_1-1)M_S^2-2(\gamma_1-1)}{(\gamma_1-1)M_S^2+2}\to\frac{3\gamma_1-1}{\gamma_1-1},\quad M_S\to\infty$$

若被驱动气体为空气，P_{52} 极限为 8，但是由于真实气体效应，这个极限亦将被突破，如图 3.1.4 所示。

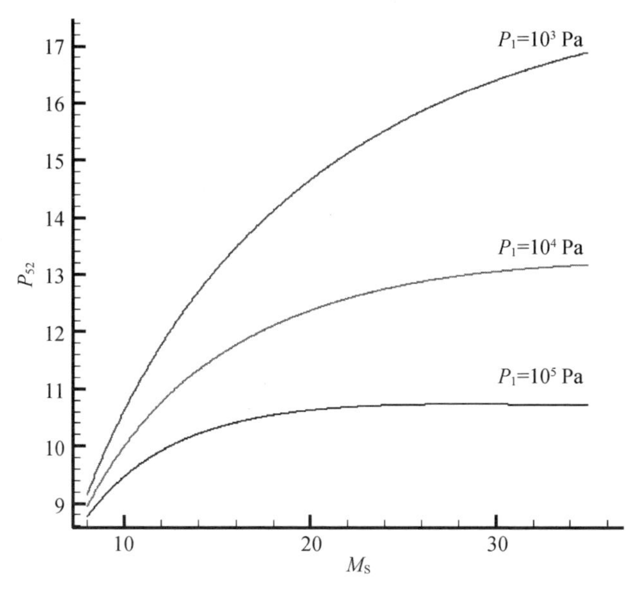

图 3.1.4 真实气体效应下，5 区和 2 区压力比值与入射激波 Mach 数之间的关系

压缩管与激波管直径比 $D/d=10/3$

式(3.1.21)表明，在完全气体假设下，随着入射激波 Mach 数的增加，反射激波 Mach 数也将微弱增加，其极大值约为 2.646。自由活塞激波风洞生成的入射激波大多是强激波，经过固壁反射以后，反射激波 Mach 数比入射激波 Mach 数小了不少。图 3.1.5 给出了几种不同情况下入射激波 Mach 数 M_S 和反射激波 Mach 数 M_R 之间的对比关系[7]，可以看到，在相同压力下，Mach 数比值 M_S/M_R 大小顺序为，加热氦气驱动空气、氢气驱动空气、氦气驱动空气以及空气驱动空气。图 3.1.5 还表明，即使真实气体效应存在，反射激波 Mach 数 M_R 的极限值 2.646 也无法被突破。文献[32]通过试验研

究了空气、氧气、氮气、二氧化碳和乙炔等不同气体经过反射激波时波后压力随时间的演化。

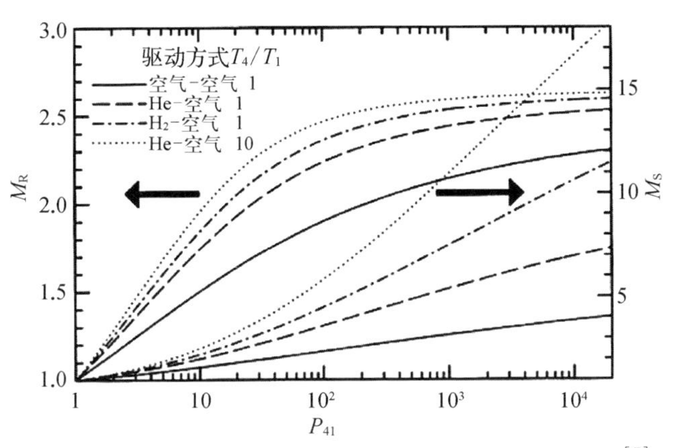

图 3.1.5　反射激波 Mach 数和入射激波 Mach 数的关系[7]

3.1.3　激波的形成与厚度

如前所述,压差导致了激波管主膜片的打开,而膜片的打开是形成激波的先决条件。图 2.5.1 采用 CFD 技术描绘了膜片打开过程中激波的形成和发展细节。针对激波形成,基于纹影技术和压力传感器观测结果,研究者提出了单阶段模型和多阶段模型。单阶段模型中[33],在膜片打开的过程中,从接触面生成的一系列等熵压缩波不断加速增强,并最终会聚到一点形成入射激波,如图 3.1.6(a)所示。多阶段模型中[34,35],将膜片打开过程中形成的压缩波分成几组,每一组压缩波会聚到一点形成一道激波,几道激波再次会聚形成入射激

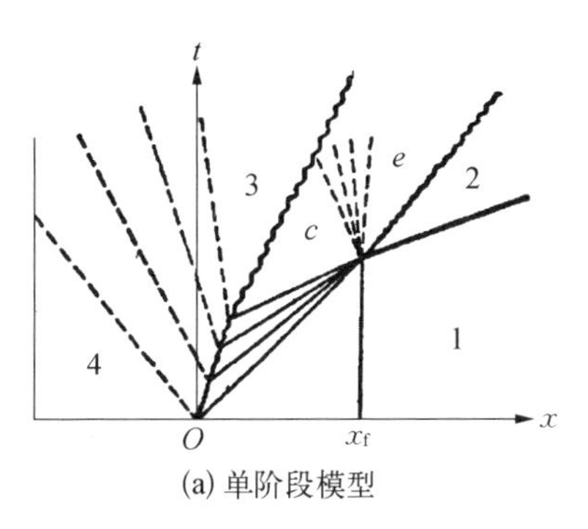

(a) 单阶段模型

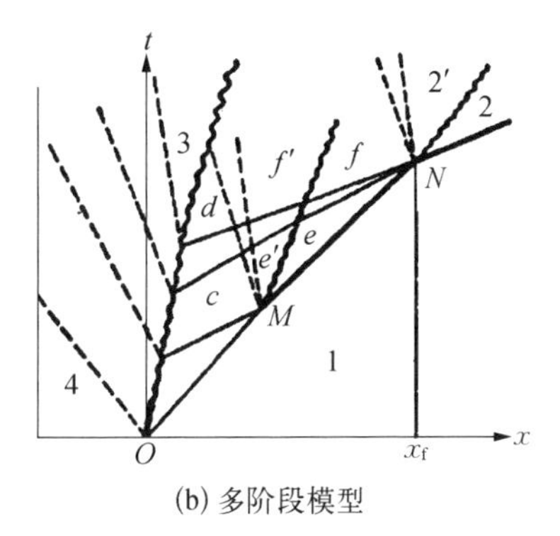

(b) 多阶段模型

图 3.1.6　单阶段模型和多阶段模型(x-t)流动图像[33,35]

波这个过程与真实的流动更加接近,图 3.1.6(b)给出了多阶段模型的流动图像。

如果定义激波形成距离 x_f 为激波速度达到峰值(即平面激波形成)时刻激波面到膜片的距离,那么通常所说的波后状态(2 区)是指平面激波形成并抵达 x_f 位置后的波后状态。激波形成距离 x_f 取决于驱动气体、试验气体、激波峰值速度以及膜片打开时间[33]。通过对氩气、氮气以及二氧化碳三种不同试验气体进行试验研究,Simpson 等得到[36]

$$x_f = kU_S t_{op} \tag{3.1.23}$$

其中, $k = 2.0$, U_S 为激波的峰值速度; t_{op} 为膜片打开时间(数百微秒)。在文献[37]中系数 $k = 1.3$(驱动气体为氦气)。Ikui 和 Matsuo 给出的激波形成距离 x_f 和激波面速度 U_S 的表达式为[34]

$$x_f = t_{op} a_1 f(P_{41}) \tag{3.1.24}$$

$$U_S = k_S a_1 f(P_{41}) \tag{3.1.25}$$

其中, a_1 为 1 区声速, 函数 $f(P_{41})$ 的具体形式需要试验数据加以确定。Shtemenko 在截面为矩形(3.4 cm×7.2 cm)的激波管内,使用氦气-空气混合气体作为驱动气体,空气作为试验气体,得到系数 $k_S = 1.68$[38]。基于激光纹影系统测量结果,Rothkopf 和 Low 得到[39]:激波在初始阶段加速很快,当到达形成距离的一半时,加速度逐渐减小;激波的形成距离与膜片的打开时间成正比,与驱动气体及试验气体的平均声速成反比:

$$x_f = kt_{op} U_S / \bar{a} \tag{3.1.26}$$

其中,平均声速 $\bar{a} = (a_1 + a_4)/2$。

试验表明,无论是弱激波还是强激波,均存在一个特征长度(也称激波形成距离)。在这段特征长度上,激波形成并加速,最后达到最高速度,然后发生衰减。图 3.1.7 描绘了不同压比下激波 Mach 数随距离的变化,它体现了激波管中激波速度先增加后减小的一般规律。总体而言,激波越强,特征距离越长,例如,采用氮气和氢气作为驱动气体时,若激波 Mach 数大于 6,激波的形成距离可达 6 m,是试验激波管直径的 60 倍[35]。在平面激波形成之前,激波后的气体参数(压力、温度等)是不稳定的。另外,膜片的打开面积及几何形状对激波及波后流动存在影响。Houas 等的试验研究结果显示:在膜片两侧的压比 P_{41} 比较低,膜片的厚度比较薄(24~48 μm)的情况下,膜片开孔的几何形状对于激波的形成几乎没有影响,激波的形成距离和膜片的打开面积正相关,打开面积越小,激波强度越弱[40]。

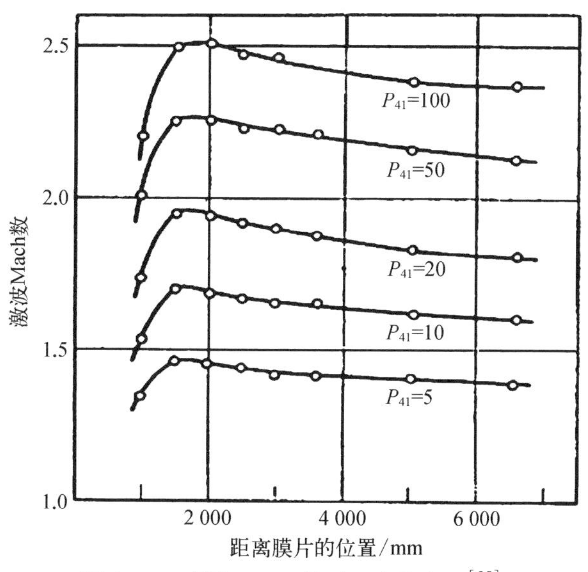

图 3.1.7　激波 Mach 数随距离的变化[35]

激波具有明显的压力阶跃,完成这个阶跃的最小距离可以视为激波的厚度,压力阶跃越大,激波的厚度越小。理论上,作为一种特殊的压缩面,激波的厚度与空气分子平均自由程处于相同量级[13,41],在标准大气压下的空气分子平均自由程为 6.6317×10^{-8} m。由于气体中存在缓慢的弛豫现象(缓慢的化学反应速度以及分子不同自由度之间缓慢的能量迁移),这使得激波厚度明显增加[41]。空气分子振动激发和化学反应均通过原子/分子间的碰撞来完成,具有有限速率。当气体分子穿越一个强激波时,气体分子经历的碰撞次数十分有限,从理论上讲,波后气体处于冻结状态。随着激波向下游传播,运动激波波后气体的性质逐步松弛并趋向于平衡态。在激波波后的松弛区域内,气体的速度也存在明显的梯度。采用非平衡假设(相比平衡假设)获得的波后温度/密度一般要小些。文献[42]通过数值模拟研究了斜激波波后的非平衡松弛行为,发现了非平衡条件下某些特有的局部流动结构。从激波管设计和实际运行的经验来看,当采用空气或者氮气作为试验气体时,激波后的流动参数在非平衡/平衡假设下差别很小,几乎可以忽略[43]。因此,在国外的自由活塞激波风洞中,大多采用平衡气体假设来获得波后参数或滞止参数。

3.1.4 连接段构型及膜片位置对入射激波的影响

自由活塞激波风洞一般采用变截面驱动技术,并在粗大的压缩管和细小的激波管之间设置连接段加以过渡。图 3.1.8 给出了 T5 风洞压缩管和激波管之间连接段的细节以及主膜片所在的位置[44],T5 风洞的主膜片位于连接段偏向激波管一侧,使得膜片打开的有效面积小于激波管截面积。这种设计减少了驱动气体下泄量,有利于活塞减速。连接段的几何构型以及膜片实际位置还可能会对入射激波的形成和强度产生影响,通过数值模拟,可以初步地认识这种影响。通常,连接段构型包含收缩/扩张型、突变型和收缩型三种构型,如图 3.1.9 所示,膜片位置可能位于过渡段入口、出口和喉道处等位置。

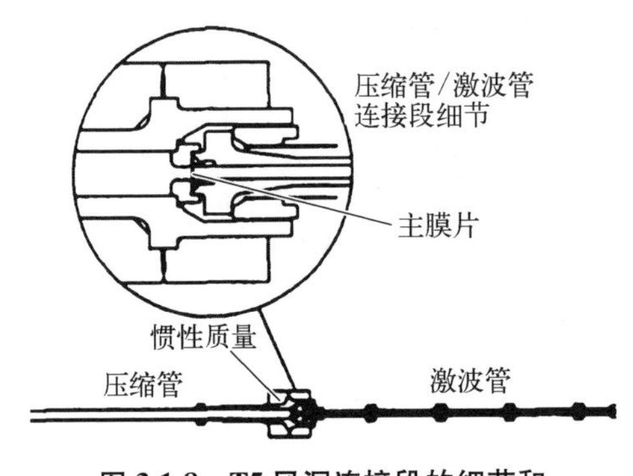

图 3.1.8 T5 风洞连接段的细节和主膜片所在的位置[44]

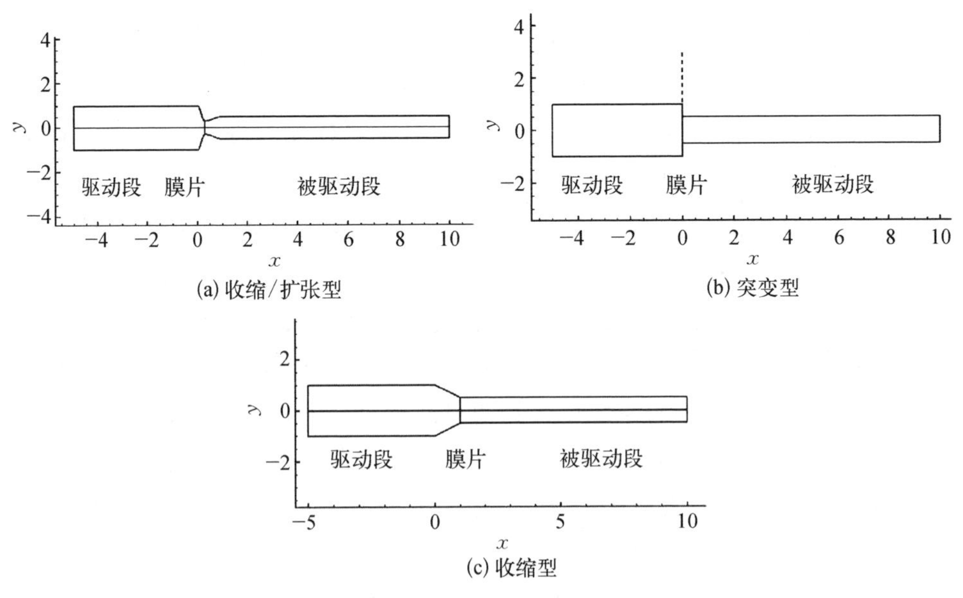

图 3.1.9 三种不同的连接段构型

压缩管与激波管截面积比为 4

根据激波关系式(3.1.6),这三组构型获得的激波速度是相同的,但是数值模拟获得的激波速度(稳定后)通常与理论值相比存在不同程度的偏差。文献[45]的数值研究指出,对于上述三种不同几何形状的连接段,激波速度按膜片位置由连接段入口、出口、喉道依次减小。当膜片位于连接段入口时,数值计算获得的激波速度十分接近理论计算值。当膜片位于喉道时,数值模拟获得的激波速度(稳定后)比理论值低约10%(计算中驱动气体/被驱动气体均为空气,初始压比 $P_{41}=500$、1 000、2 000)。当膜片放置在连接段入口时,流场中的流动和波系(相较其他两种情况)更为复杂,初始激波在激波管中行进较长一段距离后才演化为平面激波。当膜片位于连接段出口时,流场结构最为简单,初始激波很快变为基本平直。另外,当连接段采用收缩/扩张型时,若将膜片放置在收缩段入口位置,收缩/扩张型连接段将能够阻挡一部分反射膨胀波的传播[45]。

数值模拟获得的流动细节或许和真实情况仍然存在差异,但是这些关于流场细节的若干结果,部分回答了理论计算不易触及的问题,这对风洞流场研究和风洞设计是有益的。

3.2 缝合接触面条件

3.2.1 完全气体假设下的缝合接触面条件

激波风洞以反射激波波后(5区)气体作为试验气体,当反射激波和接触面相互作用时,将出现反射的非定常波,若这些波传入5区,就会破坏试验气流的定常性,大大缩短试验时间。为了延长激波管的试验时间,采用缝合接触面条件运行是必要的。缝合接触面操作的目的是,消除试验气体中的非定常反射,保持流动平稳性,延长有用试验时间。通常情况下,反射激波与接触面相遇时,一方面将产生一道透射激波,通过接触面;另一方面将在接触面上或者反射非定常波(激波或者膨胀波),或者不发生任何反射。因此,更宽泛的看法是,当反射激波和接触面发生相互作用时,若反射波是Mach波(可能是膨胀波也可能是压缩波),接触面亦可视为缝合[5]。缝合接触面条件的概念最早见于文献[46]和[47]。

激波在接触面上的反射非定常波的情况依赖入射激波强度、接触面两侧气体(2区和3区气体)的热力学性质,通常可采用2区和3区气体内能比值、温度比值、密度比值和声阻抗比值来表征缝合接触面条件[46-49]。以声阻抗比值为例，声阻抗表示为密度和声速的乘积，即 $(\rho a)=\dfrac{\gamma P}{a}$，声阻抗小的气体相对“稀薄”，而声阻抗大的气体相对“稠密”。激波从“稠密”气体进入“稀薄”气体时，将产生反射膨胀波，透射激波的强度将减弱；激波从“稀薄”气体进入“稠密”气体时，将产生反射激波，透射激波的强度将增强。当接触面两侧气体声阻抗相同，即 $[(\rho a)_{32}]_{\mathrm{T}}=1$ 时，激波在接触面上不发生任何发射，如图 3.2.1 所示。当采用 2 区和 3 区气体内能比值来表征缝合接触面条件时，假如驱动气体/被驱动气体满足完全气体假设，并且 $M_{\mathrm{S}}^2 \gg 1$，那么缝合接触面条件满足[49]

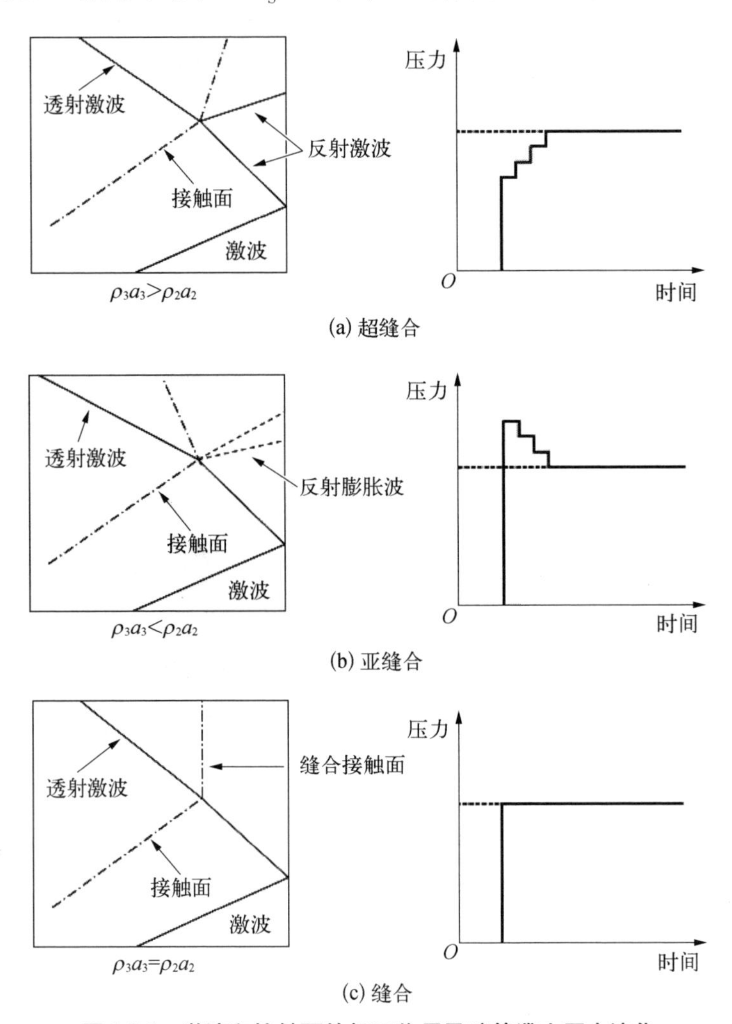

图 3.2.1 激波和接触面的相互作用及喷管滞止压力演化

$$(E_{32})_{\mathrm{T}} \approx \frac{\gamma_4 + 1}{\gamma_4 - 1}\frac{\gamma_1 - 1}{\gamma_1 + 1}$$

事实上,这些不同表征形式的缝合接触面条件是等价的或者接近等价的[50]。在缝合操作条件下,接触面两侧的热力学参数并不同时满足相等。例如,当接触面两侧气体声阻抗相等时,气体温度仍存在差异。

满足缝合接触面条件的入射激波 Mach 数称为缝合 Mach 数。在实际运行中,采用这一概念来实施缝合接触面条件更为方便。如前所述,自由活塞驱动的激波管实质上是变截面激波管,在完全气体假设下,其缝合 Mach 数满足自闭的形式:

$$\begin{cases} G_{\mathrm{P}} P_{41} = \left[\dfrac{2\gamma_1 M_{\mathrm{S}}^2 - (\gamma_1 - 1)}{\gamma_1 + 1}\right]\left[1 - \dfrac{a_{14}}{G_{\mathrm{a}}}\dfrac{\gamma_4 - 1}{\gamma_1 + 1}\left(M_{\mathrm{S}} - \dfrac{1}{M_{\mathrm{S}}}\right)\right]^{\frac{-2\gamma_4}{\gamma_4 - 1}} \\ P_{52} = \dfrac{P_5}{P_2} = \dfrac{(3\gamma_1 - 1)M_{\mathrm{S}}^2 - 2(\gamma_1 - 1)}{(\gamma_1 - 1)M_{\mathrm{S}}^2 + 2} \\ \dfrac{\gamma_1 + 1}{\gamma_4 - 1} a_{41} G_{\mathrm{a}} = \left[\dfrac{2\sqrt{(\alpha_4 + 1)(P_{52}\alpha_4 + 1)}}{(\gamma_4 - 1)(\alpha_4 - 1)(P_{52} - 1)} + 1\right]\left(M_{\mathrm{S}} - \dfrac{1}{M_{\mathrm{S}}}\right) \end{cases} \tag{3.2.1}$$

其中,P、M_{S}、γ 以及下文出现的 ρ、u 分别为压力、激波 Mach 数、比热比、密度和速度,下标数字和图 3.1.3 中各个区域相一致,$a_{41} = \dfrac{a_4}{a_1}$,$\alpha = \dfrac{\gamma + 1}{\gamma - 1}$。在方程组(3.2.1)中,前两个方程是变截面激波管的自然结果,最后一个方程是入射激波满足缝合接触面条件所附加的约束条件。若 $G_{\mathrm{P}} = G_{\mathrm{a}} = 1$,则方程组(3.2.1)对应等截面激波管的缝合 Mach 数。一般而言,在其他条件相同的情况下,缝合 Mach 数是唯一的。值得注意的是,缝合操作延长风洞有用试验时间是有限度的,由于反射膨胀波将追赶上接触面,对试验气体产生干扰,有用试验时间在接触面达到激波管末端之前就将结束,相关结果参阅文献[51]和[52]。

当缝合 Mach 数是强激波,并且 $M_{\mathrm{ST}} > 6$ 时,文献[53]提供了缝合 Mach 数 M_{ST} 的另外一种近似表达形式:

$$M_{\mathrm{ST}} = \frac{a_4}{a_1}\left\{\frac{(\gamma_1 + 1)^2(\gamma_4 - 1) - [2\gamma_4(\gamma_1 - 1)(\gamma_4 + 1)(\gamma_1 + 1)^3]^{1/2}}{(\gamma_4 - 1)^2(\gamma_1 + 1) - 2\gamma_4(\gamma_1 - 1)(\gamma_4 + 1)}\right\}$$

这意味着,在理想气体情况下,缝合 Mach 数仅是声速比和气体组分的函数。通过简单的计算可以知道,采用上述方程获得缝合 Mach 数与方程组(3.2.1)的相应结果存在一定的偏差。

3.2.2 真实气体效应下的缝合接触面条件

1. 真实气体效应的影响

真实气体效应通过气体热力学性质的改变,显著影响缝合接触面条件。当以空气作为试验气体,氦气作为驱动气体时,对于 $T_4 = 8\,000$ K, $P_1 = 0.001$ atm 的初始条件,完全气体假设下的缝合 Mach 数为 19.4,真实气体效应下的缝合 Mach 数为 23.1,增加了约 19%;以氩气作为试验气体,氦气作为驱动气体时,真实气体效应反而使得缝合 Mach 数降低[53]。当激波 Mach 数达到 8 以上,驱动气体的温度超过 1 000 K 时,真实气体效应必须予以考虑,这样才能得到适当的缝合 Mach 数[53]。文献[15]的计算结果表明,当激波 Mach 数大于 4 时,激波后面的真实气体平衡流参数开始和量热完全气体的结果有所偏离,Mach 数越大,偏离越显著。真实气体效应对激波后面 2 区气流的密度、温度、Mach 数和比热比等参数影响尤为严重。自由活塞驱动的激波风洞所采用的驱动气体温度(膜片打开时刻)以及产生入射激波速度都远远超过这个水平,考虑真实气体下的缝合 Mach 数更有价值。在真实气体效应下,缝合 Mach 数 M_{ST} 对于试验气体压力 P_1 是依赖的。

在平衡气体假设下,文献[53]采用方程组(3.1.14)和方程组(3.1.22)通过多次数值迭代获得真实气体效应下的缝合 Mach 数。需要指出的是,文献[53]并未给出真实气体效应下缝合接触面条件的表达式,即缝合 Mach 数满足的约束方程,因此计算步骤冗长,运算量大。为了避免迭代求解的烦琐,获得真实气体效应下的缝合 Mach 数所满足的约束方程是很有必要的。

以下研究工作借鉴 Reddy 无量纲速度分析理论[50,54]。这个理论通过引入无量纲速度表示其他物理量,尽量规避气体热力学参数(特别是比热比)的参与和影响。不过,这个理论仅适用于等截面激波管,因此必须将这个理论拓展以便适应自由活塞驱动的变截面激波管的情形。

2. 真实气体效应下的激波管方程

不失一般性,假定激波管中 3 区气体满足 $M_3 \geqslant 1$。根据式(3.1.8),在变截面激波管中,对于保持完全气体性质的驱动气体(氦气-氩气混合气体),2 区或者 3 区速度满足

$$u_2 = u_3 = \frac{2G_a a_4}{\gamma_4 - 1}\left[1 - \left(\frac{P_{24}}{G_P}\right)^{\beta_4}\right] \tag{3.2.2}$$

其中，$\beta_4 = \dfrac{\gamma_4 - 1}{2\gamma_4}$。引入无量纲速度 $R_n = \dfrac{u_2}{\hat{u}_2} = \dfrac{u_3}{\hat{u}_3}$，密度比 $\varepsilon = \dfrac{\rho_1}{\rho_2}$，其中 $\hat{u}_3 = \dfrac{2G_a a_4}{\gamma_4 - 1}$ 为 $P_{24} \to 0$ 时 2 区或者 3 区的极限速度。文献[54]提供了密度比 ε 和激波 Mach 数 M_S 之间的关系，见图 3.2.2。特别关心的是，当 M_S 为 8~20，P_1 为 0.01~2 atm 时所对应的密度比 ε 的范围。从图中可以粗略地知道，密度比 ε 为 1/20~1/10。式(3.2.2)可以改写为

$$(P_{24})^{\beta_4} \equiv (P_{14}P_{21})^{\beta_4} = G_P^{\beta_4}(1 - R_n) \tag{3.2.3}$$

那么根据质量守恒和动量守恒可以得到

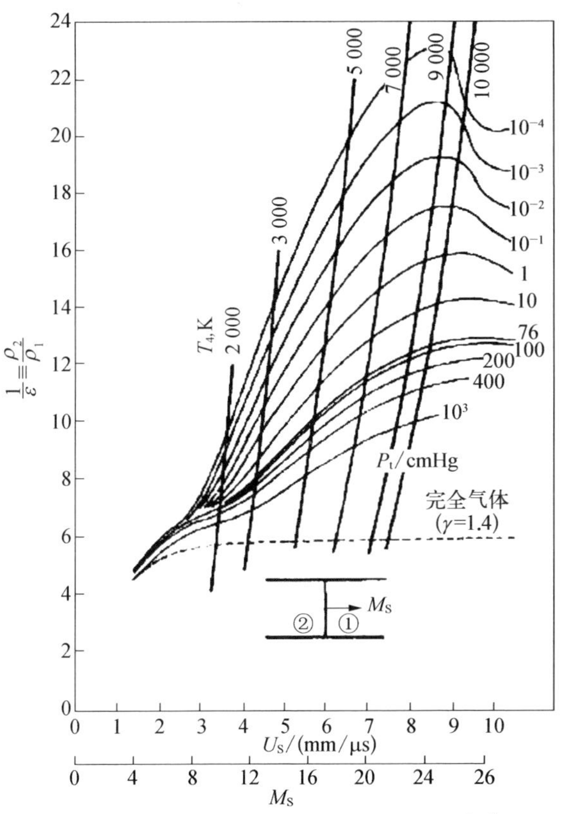

图 3.2.2　密度比与激波 Mach 数的关系[54]

1 cmHg = 1 333 Pa

$$P_2 = P_1[1 + \gamma_1(1 - \varepsilon)M_S^2] \tag{3.2.4}$$

$$u_2 = (1 - \varepsilon)U_S = (1 - \varepsilon)a_1 M_S \tag{3.2.5}$$

其中，U_S、M_S 分别为激波速度和激波 Mach 数。激波两侧压力比值

$$P_{21} = \gamma_1 M_S^2 \left(1 - \varepsilon + \frac{1}{\gamma_1 M_S^2}\right) \tag{3.2.6}$$

利用 R_n 的定义及式(3.2.2)，方程(3.2.5)可以转化为

$$M_S = \frac{2G_a a_{41} R_n}{(1 - \varepsilon)(\gamma_4 - 1)} \tag{3.2.7}$$

将式(3.2.7)代入式(3.2.6)得到

$$P_{21} = \gamma_1 \left[\frac{2G_a a_{41} R_n}{(1 - \varepsilon)(\gamma_4 - 1)}\right]^2 \left(1 - \varepsilon + \frac{1}{\gamma_1 M_S^2}\right) \tag{3.2.8}$$

于是

$$(P_{14}P_{21})^{\beta_4} = \left(\frac{2\gamma_1}{\gamma_4 - 1} \frac{G_a a_{41} R_n}{\sqrt{\gamma_1 P_{41}}}\right)^{2\beta_4} \left[\frac{\left(1 - \varepsilon + \frac{1}{\gamma_1 M_S^2}\right)^{\beta_4}}{(1 - \varepsilon)^{2\beta_4}}\right] \tag{3.2.9}$$

这样，激波管方程(3.2.3)可以改写为

$$\left(\frac{2\gamma_1}{\gamma_4 - 1} \frac{G_a a_{41} R_n}{\sqrt{\gamma_1 P_{41}}}\right)^{2\beta_4} \left[\frac{\left(1 - \varepsilon + \frac{1}{\gamma_1 M_S^2}\right)^{\beta_4}}{(1 - \varepsilon)^{2\beta_4}}\right] + G_P^{B_4}(R_n - 1) = 0 \tag{3.2.10}$$

对式(3.2.10)左端第 2 项进行级数展开，可得

$$\left(\frac{2\gamma_1}{\gamma_4 - 1} \frac{G_a a_{41} R_n}{\sqrt{\gamma_1 P_{41}}}\right)^{2\beta_4} \left(1 + \beta_4\varepsilon + \frac{\beta_4}{\gamma_1 M_S^2} - 2\beta_4^2\varepsilon^2 + \cdots\right) + G_P^{\beta_4}(R_n - 1) = 0 \tag{3.2.11}$$

注意到，在强激波条件下(激波 Mach 数达到 5 以上)有

$$\beta_4\varepsilon = o(1), \quad \frac{\beta_4}{\gamma_1 M_S^2} = o(1) \tag{3.2.12}$$

在强激波条件下,假如驱动气体是氦气等单原子轻质气体,$\beta_4\varepsilon \leqslant \beta_4\varepsilon_{\text{lim}} \leqslant \dfrac{1}{30}$那么,在式(3.2.10)中 $\dfrac{\left(1-\varepsilon+\dfrac{1}{\gamma_1 M_S^2}\right)^{\beta_4}}{(1-\varepsilon)^{2\beta_4}} \approx 1$,式(3.2.10)再次简化为

$$S_n = \frac{(1-R_n)^{\frac{1}{2\beta_4}}}{R_n} \tag{3.2.13}$$

其中,S_n 为激波管数,定义为

$$S_n = \frac{\gamma_1}{\gamma_4\beta_4}\frac{G_a a_{41}}{\sqrt{\gamma_1 G_P P_{41}}} \equiv \frac{1}{\beta_4}\sqrt{\frac{\rho_{14}}{\gamma_4 G_\rho}} \tag{3.2.14}$$

其中,$G_\rho = G_P^{1/\gamma_4}$。式(3.2.14)和 Reddy 的激波管数的定义式相同[50,54]。利用式(3.2.13)和式(3.2.7)计算获得激波 Mach 数的近似值和理论值进行比较,结果表明:当激波 Mach 数大于 4 时,误差在 3%以内[49];误差随着 Mach 数增加而减小,当 Mach 数为 8 和 15 时,误差分别是 0.5%和 0.25%[54]。这个误差对研究真实气体效应下的缝合操作是可以接受的。进一步地,采用式(3.2.13)和式(3.2.7)获得的激波 Mach 数甚至更接近实际值。

上述推导仅要求驱动气体是完全气体,无须对被驱动气体的热动力学状态做出假定。自由活塞驱动的激波管在运行时,驱动气体为氦气或者氦气-氩气混合气体,能够在高温下保持很好的完全气体性质,因此是满足这个限制的。

3. 缝合接触面条件(不考虑激波衰减)

一般而言,反射激波贯穿接触面时,会再次形成一道反射波。在缝合接触面条件下,为了使得这道反射波消失,需要这道反射波两侧(5 区和 6 区)的气体压力保持相等,即 $P_6 = P_5$。为了满足穿过反射激波气体的质量守恒和动量守恒,有

$$(P_5 - P_2) = \rho_2 u_2 (U_R + u_2) \tag{3.2.15}$$

其中,U_R 为反射激波速度。类似地,当 $u_6 = 0$ 时,对于透射激波速度 $U_{R,\,HA}$,则有

$$(P_6 - P_3) = \rho_3 u_3 (U_{R,\,HA} + u_2) \tag{3.2.16}$$

注意到 $P_6 = P_5$,并利用相容性条件 $P_3 = P_2$,$u_3 = u_2$,可以得到缝合接触面条件

需要满足的限制：

$$K = \rho_{23} = \frac{\rho_2}{\rho_3} \tag{3.2.17}$$

其中，$K \equiv \frac{U_{\mathrm{R,\,HA}} + u_2}{U_{\mathrm{R}} + u_2}$。密度比值$\rho_{23}$还可以表示为

$$\rho_{23} = \frac{\rho_2}{\rho_1}\frac{\rho_1}{\rho_4}\frac{\rho_4}{\rho_3} = \left(\frac{1}{\varepsilon}\right)\rho_{14}\rho_{43} \tag{3.2.18}$$

对满足完全气体假设的驱动气体而言，由于

$$\rho_{34} = G_\rho(1 - R_{\mathrm{n}})^{\frac{1-2\beta_4}{\beta_4}} \tag{3.2.19}$$

所以在缝合接触面条件下，方程(3.2.18)可以改写为

$$\left(\frac{1 - R_{\mathrm{n}}}{R_{\mathrm{n}}}\right)^2_{\mathrm{T}} = \frac{K\varepsilon}{\gamma_4\beta_4^2} \tag{3.2.20}$$

其中，下标“T”表示缝合接触面条件。在强激波条件下，速度比K变化幅值很小，可以近似为常数。在真实气体效应下，依据文献[54]，K选择近似值：

$$K = \frac{\gamma_4 + 1}{2} \tag{3.2.21}$$

将式(3.2.21)代入式(3.2.20)可得

$$R_{\mathrm{nT}} = \frac{\beta_4\sqrt{\gamma_4(1 - \varepsilon)}}{\sqrt{K\varepsilon} + \beta_4\sqrt{\gamma_4(1 - \varepsilon)}} \tag{3.2.22}$$

于是，缝合接触面条件下的激波管数满足

$$S_{\mathrm{nT}} = \frac{\left(\frac{\alpha_4\varepsilon}{\beta_4}\right)^{\frac{1}{4\beta_4}}}{\left[1 + \left(\frac{\alpha_4\varepsilon}{\beta_4}\right)^{1/2}\right]^{\frac{1-2\beta_4}{2\beta_4}}} \tag{3.2.23}$$

利用上述两个方程,并考虑到 R_n 和 M_S 之间的关系式(3.2.7),可以获得缝合接触面条件下入射激波 Mach 数应当满足的约束方程:

$$M_{ST} = \frac{2G_a a_{41}}{(1-\varepsilon)(\gamma_4 - 1)} \frac{\beta_4\sqrt{\gamma_4(1-\varepsilon)}}{\sqrt{K\varepsilon} + \beta_4\sqrt{\gamma_4(1-\varepsilon)}} \tag{3.2.24}$$

在真实气体假设下,对于给定的 a_{41},式(3.2.24)中 ε 取决于激波后被驱动气体的组分和离解程度,或者在被驱动气体组分确定时,ε 是激波 Mach 数 M_S 和被驱动气体状态 (P_1, ρ_1, T_1) 的函数,即 $\varepsilon = \varepsilon(M_S, P_1, \rho_1, T_1)$。

当驱动气体和被驱动气体均为完全气体时,可以得到 $K = \dfrac{\gamma_4 + 1}{\gamma_1 + 1}$。对于自由活塞激波风洞,试验气体压力一般为 0.001~0.1 MPa,假如入射激波 Mach 数为 5~20,参数 K 无论是选择近似值 $\dfrac{\gamma_4 + 1}{2}$ 还是 $\dfrac{\gamma_4 + 1}{\gamma_1 + 1}$,都不会对 R_{nT} 的大小产生明显影响。密度比 ρ_{23} 通常随着激波 Mach 数的增加而降低(表 3.2.1),缝合条件 $\rho_{23} = K$ 在较低激波 Mach 数下即可获得,随着驱动气体温度的增加,缝合条件 $\rho_{23} = K$ 所对应的激波 Mach 数也增加。

表 3.2.1　激波 Mach 数与密度比的关系

P_{41}	50	100	200	300	400	500	1 000	2 000
M_S	3.09	3.615	4.154	4.471	4.696	4.869	5.398	5.906
ρ_{23}	1.274	0.853	0.565	0.443	0.372	0.325	0.214	0.147

注:室温,驱动空气为氦气(完全气体假设),$P_1 = 1.0$ atm。

3.2.3　具体算法与一般规律

现讨论自由活塞激波风洞缝合 Mach 数的求解办法。在计算过程中,被驱动气体为空气,其压力密度和温度分别为 P_1、ρ_1、T_1,驱动气体组分和初始温度 $T_{HA,0}$ 事先给定。其中,被驱动气体压力 P_1 范围为 0.001~0.1 MPa,温度 T_1 和 $T_{HA,0}$ 为室温,即 $T_1 = T_{HA,0} = 288$ K。驱动气体是经过活塞等熵压缩获得的,膜片打开时刻驱动气体的状态(4 区)满足

$$P_4 = \lambda^{\gamma_4} P_{HA,0}, \quad \rho_4 = \lambda \rho_{HA,0}, \quad T_4 = \lambda^{\gamma_4 - 1} T_{HA,0} \tag{3.2.25}$$

其中,λ 为活塞压缩器压缩比,变化范围为 40~60。驱动气体声速 a_4 为

$$a_4 = \sqrt{\frac{\gamma_4 P_4}{\rho_4}} = \lambda^{\frac{\gamma_4 - 1}{2}} a_{HA,0} \tag{3.2.26}$$

可以得到

$$a_{41} = \lambda^{\frac{\gamma_4 - 1}{2}} \frac{a_{HA,0}}{a_1} \tag{3.2.27}$$

式(3.2.27)表明,给定驱动气体组分和初始温度,声速比 $a_{41} = a_{41}(\lambda)$ 仅是压缩比的函数。在实际计算中,激波 Mach 数 M_S 由式(3.1.6)决定。密度比 ε 通过守恒方程组(3.1.14)迭代求解获得,然后利用约束方程(3.2.24)对激波 Mach 数 M_S 进行判断。变更压缩比 λ,即可获得固定的被驱动气体参数下,缝合 Mach 数 M_{ST} 与压缩比 λ 的关系,或者 M_{ST} 与 T_4 的关系。图 3.2.3 显示了氦气作为驱动气体,缝合 Mach 数 M_{ST} 与驱动温度 T_4 之间的关系,从图中可以看到真实气体效应使得缝合 Mach 数 M_{ST} 较完全气体情况有了显著增加。图 3.2.4 给出了缝合 Mach 数和压力比值 P_{41} 之间的关系。该结果和 Loubsky 和 Reller 的结果[53]差别很小,有关计算精度分析参阅文献[50]和[54]。

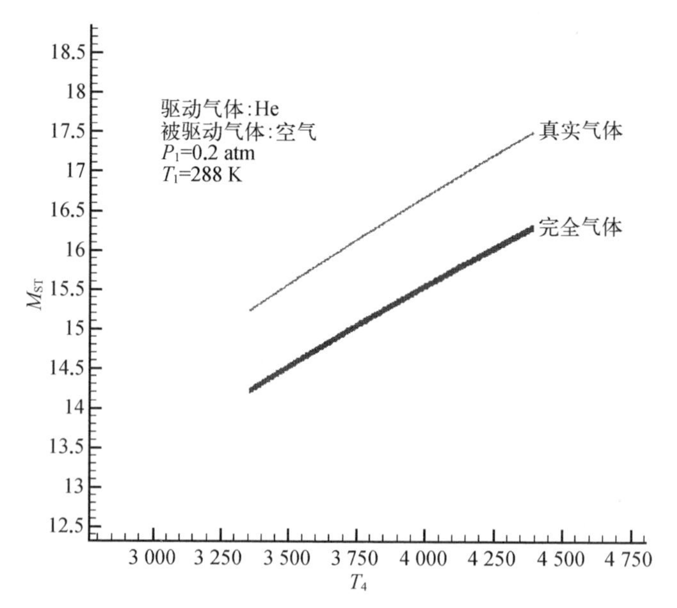

图 3.2.3 缝合 Mach 数和驱动温度的关系图

压缩管与激波管直径比 $D/d = 10/3$

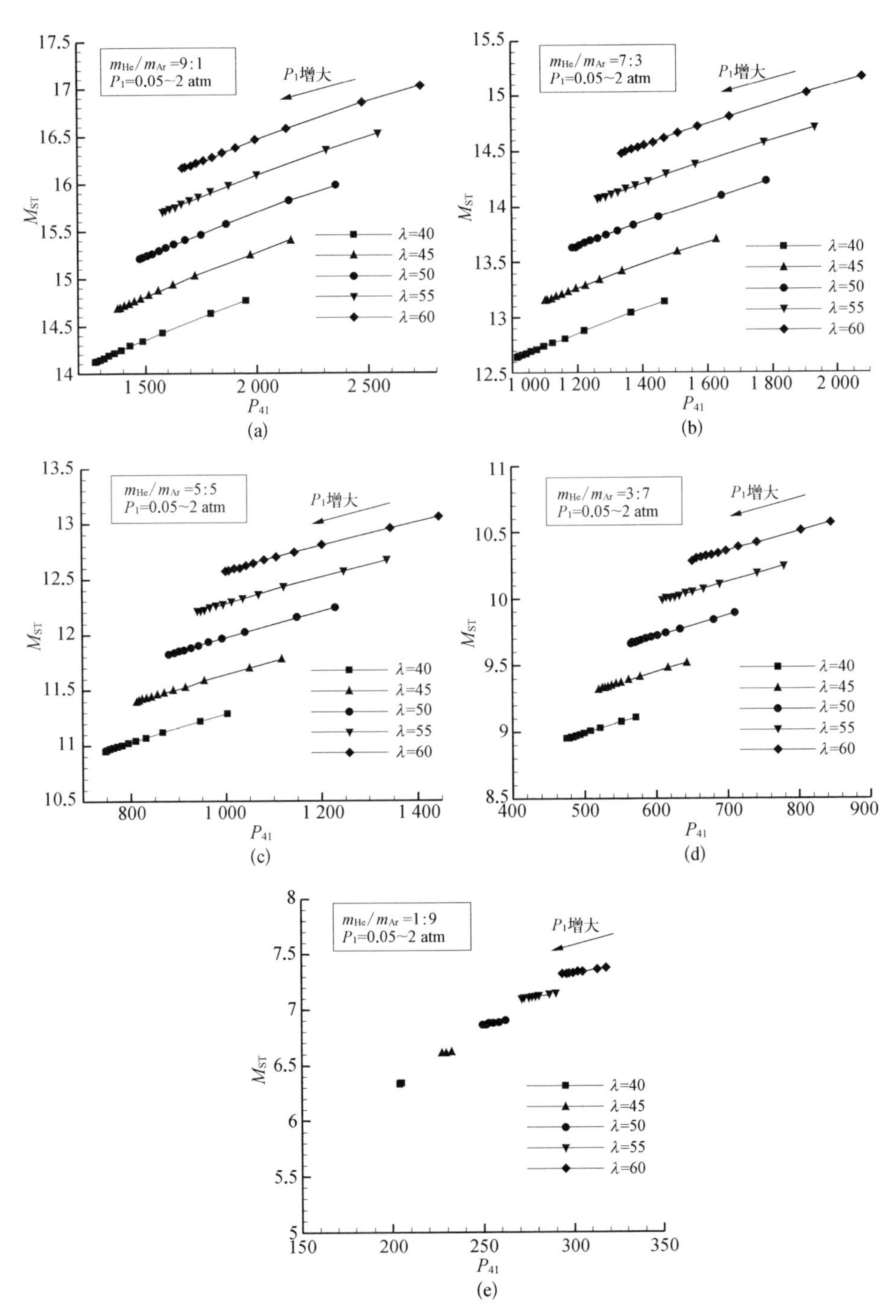

图 3.2.4　缝合 Mach 数 M_{ST} 和压力比值 P_{41} 之间的关系

压缩管与激波管直径比 $D/d=10/3$，氦气-氩气混合气体按照质量比进行混合通过数值计算,可以获得如下规律:① 固定压缩比下,缝合 Mach 数下限随着驱动气体中氩气比重的增加而降低;② 固定驱动气体组分和质量百分比,压缩比越大,缝合 Mach 数下限越高。简言之,在驱动气体中注入一定质量的氩气,有助于缝合操作的实现。表 3.2.2 列举了三种不同质量分数条件下的缝合 Mach 数下限,可供参考。

表 3.2.2 驱动气体质量百分比和缝合 Mach 数下限的关系

驱动气体氦气-氩气质量分数	缝合 Mach 数下限(压缩比 40)	缝合 Mach 数下限(压缩比 60)
100%, 0	约 12.50	约 14.50
80%, 20%	约 11.30	约 12.95
30%, 70%	约 7.60	约 8.70

3.3 有用试验时间与波系之间的相互作用

3.3.1 反射膨胀波波头的运动

激波管有用试验时间是衡量激波管性能的重要指标之一。理论上,激波在激波管末端壁面发生反射至膨胀波抵达激波管末端壁面,此两个事件之间的时间间隔构成风洞的有用试验时间,参见图 3.1.1。本节主要讨论自由活塞驱动的激波管有用试验时间的计算。

为了解决这个问题,先要获得反射膨胀波波头的传播规律。自由活塞激波风洞的激波管实际上是一种变截面激波管,在截面突然变化的位置流动相对复杂,等截面激波管的计算结果不能直接应用。以下将仔细讨论变截面激波管的膨胀波波头和反射膨胀波波头的运动。利用图 3.3.1,膨胀波波头经过壁面(活塞前脸,由于活塞相对于驱动气体声速很小,可以认为是静止的)反射后,将经历三个区域(或者称三个阶段),首先经过第一扇面的中心膨胀波区域,其次经过等熵膨胀区域,最后经过第二扇面的中心膨胀波区域,抵达 3 区。

1. 第一阶段

反射膨胀波是右行波(左行波或者右行波的称谓由波和运动气体之间的相对运动确定,对右行波来说,气流质点一定是从右侧进入波面),其迹线方程为

$$\frac{\mathrm{d}x}{\mathrm{d}t} = u + a \tag{3.3.1}$$

其中，u 和 a 为中心膨胀波区域内任意一点的流动速度和声速。在第一阶段，入射中心膨胀波是左行波，作为第一扇面，其迹线方程和相容关系（Riemann 不变量）为

$$\frac{x}{t}=u-a \tag{3.3.2}$$

$$u+\frac{2}{\gamma_4-1}a=\frac{2}{\gamma_4-1}a_4 \tag{3.3.3}$$

利用式（3.3.2）和式（3.3.3）可以知道，在中心膨胀波区域，流动速度和声速仅是 $\frac{x}{t}$ 的函数，满足

$$u=\frac{2}{\gamma_4+1}a_4+\frac{2}{\gamma_4-1}\frac{x}{t} \tag{3.3.4}$$

$$a=\frac{2}{\gamma_4+1}a_4-\frac{\gamma_4-1}{\gamma_4+1}\frac{x}{t} \tag{3.3.5}$$

将式（3.3.4）和式（3.3.5）代入式（3.3.1），可以得到反射膨胀波波头满足的方程：

$$\frac{\mathrm{d}x}{\mathrm{d}t}=\frac{3-\gamma_4}{\gamma_4+1}\frac{x}{t}+\frac{4a_4}{\gamma_4+1} \tag{3.3.6}$$

采用常数变易法解出反射膨胀波波头的迹线：

$$\frac{x}{L_\lambda}=-\frac{\gamma_4+1}{\gamma_4-1}\frac{a_4t}{L_\lambda}\left[\left(\frac{a_4t}{L_\lambda}\right)^{-\frac{2(\gamma_4-1)}{\gamma_4+1}}-\frac{2}{\gamma_4+1}\right] \tag{3.3.7}$$

其中，$L_\lambda=\frac{L}{\lambda}$ 为主膜片到压缩管末端的距离，为已知量。利用式（3.3.7）可以得到反射膨胀波波头到达压缩管末端的时间，以及在 3a 位置处的气流速度。同时，在 3a 位置处的气流速度可以通过截面比的代数方程求得（见 3.1 节相关计算）。3a 位置处的 Mach 数满足

$$\left(\frac{A_4}{A_1}\right)_{M_3>1}=\frac{1}{M_{3a}}\left(\frac{1+\frac{\gamma_4-1}{2}M_{3a}^2}{\frac{\gamma_4+1}{2}}\right)^{\frac{\gamma_4+1}{2(\gamma_4-1)}}$$

这意味着

$$M_{3a}=\frac{u}{a}=\frac{\dfrac{2}{\gamma_4+1}a_4-\dfrac{2}{\gamma_4+1}\dfrac{x}{t}}{\dfrac{2}{\gamma_4+1}a_4-\dfrac{\gamma_4-1}{\gamma_4+1}\dfrac{x}{t}} \tag{3.3.8}$$

化简可得

$$\frac{x}{t}=-\frac{2a_4(1-M_{3a})}{2+(\gamma_4-1)M_{3a}} \tag{3.3.9}$$

将式(3.3.9)代入反射膨胀波波头的迹线方程(3.3.7),可以求得到达3a处的时间和3a处的位置。

2. 第三阶段

第三阶段的情形和第一阶段很类似,故提前加以叙述。考虑到3b位置处流动刚好是临界状态($M_{3b}=u_{3b}/a_{3b}=1$),于是作为左行波的第二扇面的中心膨胀波满足两个方程:

$$\frac{x}{t}=u-a \tag{3.3.10}$$

$$u+\frac{2}{\gamma_4-1}a=u_{3b}+\frac{2}{\gamma_4-1}a_{3b}=\frac{\gamma_4+1}{\gamma_4-1}a_{3b} \tag{3.3.11}$$

由等熵关系可得

$$\frac{a_{3b}}{a_4}=\left(\frac{2}{\gamma_4+1}\right)^{1/2}$$

将上式代入式(3.3.10)和式(3.3.11),求解第二中心膨胀波区域的流动速度和声速,得

$$u=\frac{2}{\gamma_4+1}\frac{x}{t}+a_{3b}=\frac{2}{\gamma_4+1}\frac{x}{t}+\left(\frac{2}{\gamma_4+1}\right)^{1/2}a_4 \tag{3.3.12}$$

$$a=-\frac{\gamma_4-1}{\gamma_4+1}\frac{x}{t}+a_{3b}=-\frac{\gamma_4-1}{\gamma_4+1}\frac{x}{t}+\left(\frac{2}{\gamma_4+1}\right)^{1/2}a_4 \tag{3.3.13}$$

然后将式(3.3.12)和式(3.3.13)代入反射膨胀波迹线方程(3.1.6),可得

$$\frac{dx}{dt} = \frac{3 - \gamma_4}{\gamma_4 + 1}\frac{x}{t} + 2\left(\frac{2}{\gamma_4 + 1}\right)^{1/2} a_4 \tag{3.3.14}$$

求解即可。

可以看到,第一阶段和第三阶段的反射膨胀波波头的方程(3.3.6)和方程(3.3.14)类似,如果将这两个方程改写成:

$$\frac{dx}{dt} = \frac{3 - \gamma_4}{\gamma_4 + 1}\frac{x}{t} + B \tag{3.3.15}$$

其中, B 为常数,那么可得

$$x = Ct^{\frac{3-\gamma_4}{1+\gamma_4}} + \frac{\gamma_4 + 1}{2(\gamma_4 - 1)}Bt \tag{3.3.16}$$

其中, C 为积分常数。在第一阶段,常数 C 利用条件 $\frac{L_\lambda}{t_4} = a_4$ 加以确定;在第三阶段,常数 C 利用条件 $\frac{L_3}{t_3} = u_3 - a_3$ 加以确定。在数值求解过程中,需要保证时间的连贯性。

3. 第二阶段

反射膨胀波波头在第二区域中的运动从 3a 位置(气流在此处的速度不为 0)开始,到 3b 位置结束。在这一区域,激波管的截面积突然产生收缩,用函数 $A(x)$ 表示这一区域的截面积的变化,它仅是横坐标 x 的函数。在该段行程中,气流经历定常膨胀,反射膨胀波波头继续被加速,在 3b 位置,气流的 Mach 数 $M_{3b} = \frac{u_{3b}}{a_{3b}} = 1$。对于这个区域的定常流动,注意到流动气体的静焓 h 满足 $h = \gamma e = \frac{\gamma}{\gamma - 1}\frac{P}{\rho} = \frac{a^2}{\gamma - 1}$,利用能量守恒可以得到气体滞止焓 h_0 满足

$$h_0 = \frac{1}{2}u^2 + h = \frac{1}{2}u^2 + \frac{1}{\gamma4 - 1}a^2 = \frac{\gamma_4 + 1}{2(\gamma_4 - 1)}a_{3b}^2 = \text{const} \tag{3.3.17}$$

还存在关系:

$$\left.\frac{u}{a}\right|_{A(x)} = M = M(A(x)) \tag{3.3.18}$$

$$\frac{A(x)}{A_{3b}} = \frac{1}{M}\left[\frac{2}{\gamma_4 + 1}\left(1 + \frac{\gamma_4 - 1}{2}M^2\right)\right]^{\frac{\gamma_4+1}{2(\gamma_4-1)}} \tag{3.3.19}$$

其中，M 为当地 Mach 数，它可以表达为 x 的函数。一旦 $A(x)$ 的形式给出，该区域内任意位置处的当地 Mach 数分布就可以得到，整个流场的速度和声速也可以获得。将式(3.3.17)~式(3.3.19)和反射膨胀波波头的迹线方程(3.3.1)联立，可获得第二阶段反射膨胀波波头的迹线。

反射膨胀波过早地追赶上接触面或者过早地抵达激波管的末端，都将干扰流动的平稳性，缩短有用试验时间。要说明的是，为了尽可能延长有用试验时间，通过选择位于压缩管和激波管之间的过渡段的型线可以使得反射膨胀波波头在通过这段区域时，用时尽可能长。这对延长有用试验时间是有利的。因此，考虑三种收缩型线，对应的截面积满足

$$A_1(x) \geqslant A_2(x) \geqslant A_3(x), \quad 0 \leqslant x \leqslant L$$

其中，$A_1(x)$、$A_2(x)$、$A_3(x)$ 均单调变化，始点与终点的面积相同，$A_2(x)$ 以平方律收缩(即过渡段内径以线性递减)，L 为压缩管和激波管之间过渡段的长度，压缩管和激波管内径已知。利用反射膨胀波波头的迹线方程可以得

$$\frac{\mathrm{d}t}{\mathrm{d}x} = \frac{1}{u(x) + a(x)}$$

有用试验时间的最优化问题可以表述为

$$\max_{i=1,2,3}\int_0^L [u(x) + a(x)]^{-1}\mathrm{d}x \tag{3.3.20}$$

$$\text{s.t.} \quad \frac{1}{2}u^2 + \frac{1}{\gamma_4 - 1}a^2 = \text{const}$$

利用定常流动的关系：

$$a = \left(\frac{\gamma_4 + 1}{M^2\gamma_4 + 2}\right)^{1/2} a_{3b} \tag{3.3.21}$$

$$u = M\left(\frac{\gamma_4 + 1}{M^2\gamma_4 + 2}\right)^{1/2} a_{3b} \tag{3.3.22}$$

最优化问题(3.3.20)可以改写为

$$\begin{aligned}&\max_{i=1,2,3} \frac{1}{a_{3b}}(\gamma_4 + 1)^{1/2}\int_0^L f(M(A(x)))\,dx \\ &\text{s.t.}\quad H(A, M) = 0\end{aligned} \tag{3.3.23}$$

其中

$$f(M) = \frac{(M^2\gamma_4 + 2)^{1/2}}{M + 1} \tag{3.3.24}$$

$$H(A, M) = \frac{1}{M}\left[\frac{2}{\gamma_4 + 1}\left(1 + \frac{\gamma_4 - 1}{2}M^2\right)\right]^{\frac{\gamma_4+1}{2(\gamma_4-1)}} - \frac{A(x)}{A_{3b}} \tag{3.3.25}$$

对于 $H(A, M)$，研究 Mach 数 M 和截面积 A 的关系可以得到，M 关于 A 是减函数，即 A 越大，M 越小。因此，在某个固定点 x 处，三种型线所对应的 Mach 数 M 满足

$$M|_{A_1(x)} \leqslant M|_{A_2(x)} \leqslant M|_{A_3(x)}$$

简单的计算可以看出 $f(M)$ 是减函数，于是 $f(M(A))$ 关于截面积 A 为增函数，从而定积分式值的大小顺序为

$$t|_{A_1(x)} \geqslant t|_{A_2(x)} \geqslant t|_{A_3(x)}$$

截面积分布 $A_1(x)$ 减小得越缓慢，反射膨胀波波头通过过渡段所用时间就越长，理论上这对延长有用试验时间是有益的。在风洞的具体设计中，HEK 自由活塞激波风洞压缩管和激波管之间的过渡段采用先收缩后扩张的 Laval 喷管构型[51]，如图 3.3.1 所示。过渡段喉道(图 3.3.1 中 b′位置)内径小于激波管内径，这将降低驱动气体下泄量，有利于活塞的减速，并获得更长的常压力驱动时间。同时，过渡段扩张部分的存在将在一定程度上降低反射膨胀波的速度。

3.3.2　若干参数的计算

在理想情况下，可以通过波系图研究激波管的有用试验时间和最优长度等

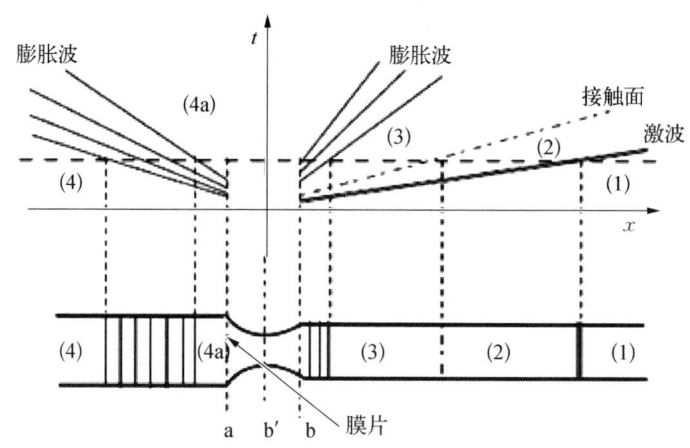

图 3.3.1　HEK 自由活塞激波风洞压缩管与激波管连接处的构型与波系[51]

问题。图 3.3.2 描绘了变截面激波风洞在缝合条件下复杂的波系，不同波之间的相遇距离和时间满足(相关标号定义见图 3.3.2)：

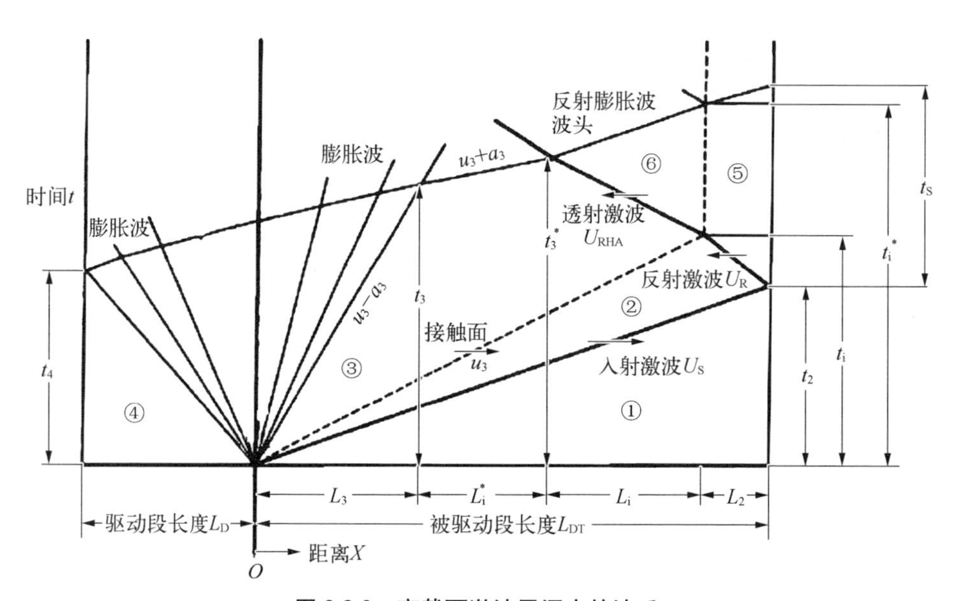

图 3.3.2　变截面激波风洞中的波系

$$L_{DT} = L_3 + L_i^* + L_i + L_2 \tag{3.3.26}$$

$$L_i = U_{RHA}(t_3^* - t_i) \tag{3.3.27}$$

$$L_3 = (u_3 - a_3)t_3 \tag{3.3.28}$$

$$L_i^* = (u_3 + a_3)(t_3^* - t_3) \tag{3.3.29}$$

$$L_2 = U_R(t_i - t_2) = a_5\left(t_S + \frac{L_{DT}}{U_S} - t_i^*\right) \tag{3.3.30}$$

$$t_2 = \frac{L_{DT}}{U_S}$$

$$L_3 + L_i^* + L_i = u_3 t_i \tag{3.3.31}$$

在式(3.3.26)~式(3.3.31)中，L_3 和 t_3 作为已知量直接给出。当激波管驱动段/被驱动段尺寸固定时，不同波系之间的相遇时间可以表示为(详细推导过程见文献[53])

$$t_3 = \frac{L_3}{u_3 - a_3}$$

$$t_i = L_{DT}\left(\frac{1 + \frac{U_R}{U_S}}{u_3 + U_R}\right) \tag{3.3.32}$$

$$t_3^* = \frac{L_{DT} - L_3 + (u_3 + a_3)t_3 + (U_{RHA} - U_R)(t_i - t_2)}{U_{RHe} + (u_3 + a_3)} \tag{3.3.33}$$

$$t_i^* = \left(1 + \frac{U_{RHA}}{a_6}\right)t_3^* - \frac{U_{RHA}}{a_6}t_i \tag{3.3.34}$$

$$t_S = \frac{U_R}{a_5}t_i + t_i^* + \left(\frac{1 + \frac{U_R}{a_5}}{U_{RHA}}\right)L_{DT} \tag{3.3.35}$$

式(3.3.35)是理想情况下有用试验时间(喷管贮室中试验空气定常态的稳定时间)的表达式。由此式可以知道，风洞的有用试验时间和激波管的长度成正比。从图 3.3.2 中和图 3.3.3 可以看

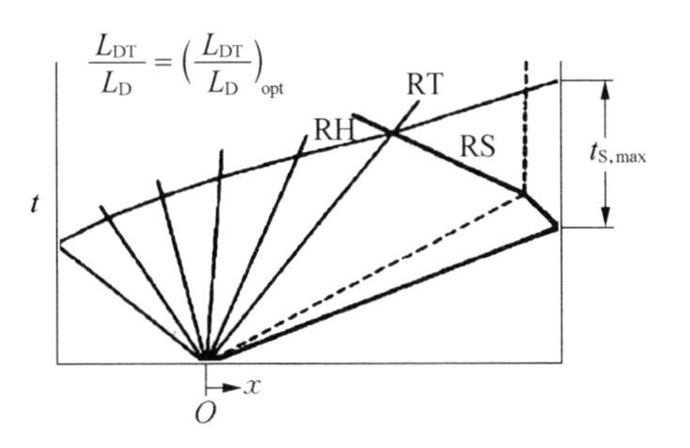

图 3.3.3 获得最优有效试验时间的激波管中的波系[53]

RH：反射膨胀波波头；RS：反射激波；RT：膨胀波波尾

出，当反射膨胀波波头、膨胀波波尾以及反射激波能够相交于一点时，可以获得最优有用试验时间[53]。实际上，这个条件暗含 $t_3^* = t_3$（或者 $L_i^* = 0$）。注意到

$$U_R(t_i - t_2) + U_{RHA}(t_3 - t_i) = L_{DT} - L_3 \tag{3.3.36}$$

假定驱动段的长度是固定的（即认为 t_3 是已知的），那么被驱动段最优长度可以表示为

$$(L_{DT})_{opt} = t_i \frac{u_3 + U_R}{1 + \dfrac{U_R}{U_S}} = \frac{[U_{RHA} + (u_3 - a_3)]}{U_{RHA} + u_3} \frac{u_3 + U_R}{1 + \dfrac{U_R}{U_S}} t_3 \tag{3.3.37}$$

在被驱动段最优长度下，最优有用试验时间为

$$t_S = \left[\frac{U_R}{a_5} - \frac{U_{RHA}}{a_6} + \left(\frac{1 + \dfrac{U_R}{a_5}}{U_{RHA}}\right) \frac{u_3 + U_R}{1 + \dfrac{U_R}{U_{ST}}}\right] \frac{U_{RHA} + (u_3 - a_3)}{U_{RHA} + u_3} t_3 + \left(1 + \frac{U_{RHA}}{a_6}\right) t_3 \tag{3.3.38}$$

根据式(3.3.37)和式(3.3.38)可以知道，对于给定驱动状态（驱动气体/被驱动气体压力、温度及组分），存在最佳激波管尺寸（激波管驱动段/被驱动段内径和长度）。在实际运行中，激波管尺寸往往不易更改，这意味着很多驱动状态并不能达到上述所谓的“最佳”。

当激波管驱动段/被驱动段的长度比值发生变化时，激波管中的波系也将不同。激波管中的波系可分为 3 类：① $t_i^* \leq t_2$；② $t_i > t_i^* > t_2$；③ $t_i^* > t_i > t_2$。仅在第三种情况下，才可能实施缝合操作。

在自由活塞激波风洞中，传统意义上的激波管驱动段的长度等于膜片打开时刻活塞前脸距离压缩管末端的距离，即 $L_D = L_\lambda = \dfrac{L}{\lambda}$，被驱动段长度则等于自由活塞激波风洞激波管的长度，即 $L_{DT} = l$。自由活塞激波风洞中的波系和图 3.3.2存在两处较大不同。其一是，膨胀波形成两道膨胀扇面；其二是，反射膨胀波波头可能率先追赶上接触面，在此之后反射激波才和接触面相遇。原因在于，自由活塞激波风洞的驱动段比传统激波风洞更短，驱动气体中反射膨胀波传播速度极快。这种情况不仅可能导致激波强度的损失，而且增加了缝合接触面操

作的难度。在研究中,需要根据初始驱动状态,判断这种情况是否发生。

假定反射膨胀波波头和接触面在位于主膜片右侧 x 处相遇。对接触面有

$$x = u_3 t_i^* \tag{3.3.39}$$

反射膨胀波波头的位移方程满足

$$x = (u_3 + a_3)(t_i^* - t_3) + L_3 \tag{3.3.40}$$

联立式(3.3.39)和式(3.3.40),可得

$$a_3 t_i^* = (u_3 + a_3) t_3 - L_3 \tag{3.3.41}$$

通过式(3.3.41)可以求出 t_i^*,只有 $t_i^* > t_3$ 才有实际意义的。如果 $t_i^* < 0$,意味着反射膨胀波波头和接触面不可能发生相互作用;如果 $t_i^* < t_3$,表明反射膨胀波波头在到达 L_3 位置之前已经和接触面发生相互作用。

假如在反射膨胀波波头和接触面发生相互作用的时刻,入射激波已经发生反射,但尚未和接触面发生相互作用,那么有

$$U_R(t_3^* - t_2) + (u_2 + a_2)(t_3^* - t_i^*) = L_{DT} - L_3 \tag{3.3.42}$$

其中,t_i^* 为已知量,而 t_3^* 待求。对式(3.3.42)经过一番化简可得

$$(U_R + u_2 + a_2) t_3^* = L_{DT} - L_3 + U_R t_2 + (u_2 + a_2) t_i^* \tag{3.3.43}$$

即

$$t_3^* = \frac{L_{DT} - L_3 + U_R t_2 + (u_2 + a_2) t_i^*}{U_R + u_2 + a_2} \tag{3.3.44}$$

在这种情况下,反射膨胀波波头和反射激波发生相互作用以后,将在静止的 5 区气体中传播,有用试验时间可以表示为

$$t_S = (t_3^* - t_2)\left(1 + \frac{U_R}{a_5}\right) \tag{3.3.45}$$

如果不考虑激波管中的能量损失,风洞有用试验时间一般和激波管的长度(或者试验气体长度)成正比。在风洞的实际运行中,影响风洞有用试验时间的因素很多,如激波管直径、试验气体长度、喷管起动时间、试验气体下泄速率、缝合条件、激波衰减、驱动气体对试验气体的污染等。例如,文献[55]指出,在自由活塞激波风洞中,激波衰减将限制激波管长径比(长度与直径的比值)的选

择,激波管长径比通常为 90 左右。在进行激波管设计过程中,这个经验性的结论需要和其他因素综合权衡。

3.3.3 波系间的相互作用

在自由活塞激波风洞中,波系间可能会发生三种相互作用:一是膨胀波和接触面之间的相互作用;二是激波和膨胀波之间的相互作用;三是激波和接触面之间的相互作用。

1. 膨胀波和接触面之间的相互作用

膨胀波与接触面相遇时,将出现透射和反射,透射波一般为膨胀波,反射波可能是膨胀波,也可能是压缩波(最终汇聚为激波),这个过程可以采用图 3.3.4 加以刻画。当反射波是膨胀波(Er)时,透射膨胀波(Et)比入射膨胀波(Ei)更强,波后的绝对压力更低。这种情况可能会对激波强度带来不利的影响。依据文献[5]和[6],如果接触面两侧的声速比满足

$$a_{23} \leqslant \kappa \tag{3.3.46}$$

那么反射波为膨胀波(取"="意味着膨胀波极其微弱或不发生反射),否则为压缩波,这里 $\kappa = \dfrac{\gamma_2 - 1}{\gamma_3 - 1}\dfrac{P_{43}^{\beta_3} - 1}{P_{43}^{\beta_2} - 1}$, $\beta = \dfrac{\gamma - 1}{2\gamma}$。根据等熵关系可以得到 $P_{43}^{\beta_3} = a_{43}$,于是 $P_{43}^{\beta_2} = a_{43}^{\beta_2/\beta_3}$。根据激波管相关理论($\gamma_1 = 7/5$, $\gamma_4 = 5/3$),可以得

$$\frac{1}{M_3} = \left[\frac{(\gamma_1 + 1)a_{41}}{2}\frac{M_S}{M_S^2 - 1} - \frac{\gamma_4 - 1}{2}\right] \approx 0.7a_{41}\frac{1}{M_S} - 0.33 \tag{3.3.47}$$

$$a_{43} = 1 + \frac{\gamma_4 - 1}{2}M_3 \approx 1 + \frac{1}{\dfrac{2.1a_{41}}{M_S} - 1} \tag{3.3.48}$$

参数 κ 可以表述为激波管入射激波 Mach 数 M_S 和初始声速比 a_{41} 的函数,即

$$\kappa \approx 1.5(\gamma_2 - 1)\frac{\dfrac{M_S}{2.1a_{41} - M_S}}{\left(\dfrac{2.1a_{41}}{2.1a_{41} - M_S}\right)^{5\beta_2} - 1} \tag{3.3.49}$$

理论计算显示,对固定的被驱动气体(如空气)而言,κ 变化缓慢,几乎接近常数。例如,在常见的压缩比(40~60)和驱动段压力比(200~1 000)范围内,采用纯氦气作为驱动气体时,参数 κ 约为 0.81,而且式(3.3.46)成立。因此,如果膨胀波与接触面能够相遇,那么反射波为膨胀波。在相同的压缩比和驱动段压力比条件下,驱动气体为纯氩气时,参数 κ 约为 0.91,式(3.3.46)一般不成立。因此,如果膨胀波与接触面相遇时,反射波为压缩波。表 3.3.1 给出了不同驱动情况下若干参数值,可供参考。这个表同时暗示:当采用氦气作为驱动气体时,使得 $M_3 > 1$ 的压力比值 P_{41} 的下限随着压缩比 λ 的增加而增加,当压缩比 λ 为 40~60 时,P_{41} 的下限为 130~250;当采用氩气作为驱动气体时,无论压缩比为多少,压力比值 P_{41} 只要大于 100,总能使 $M_3 > 1$。

表 3.3.1　不同驱动情况下若干参数值(平衡气体假设)

压缩比	驱动气体	被驱动气体(室温, 0.1 atm)	P_{41}, T_{41}, a_{41}	M_S	M_3	a_{43}, a_{23}, κ	P_2/MPa, T_2/K, γ_2
1	He	空气	100, 1.0, 2.935	4.373	2.022	1.674, 1.161, 0.892	0.227, 1 257, 1.370
40	He	空气	100, 11.70, 10.04	7.622	0.834	1.278, 0.385, 0.818	0.708, 2 888, 1.290
40	He	空气	200, 11.70, 10.04	9.389	1.123	1.375, 0.479, 0.814	1.088, 3 778, 1.259
40	He	空气	500, 11.70, 10.04	11.97	1.631	1.544, 0.644, 0.824	1.786, 5 150, 1.225
50	He	空气	100, 13.57, 10.81	7.822	0.786	1.262, 0.360, 0.814	0.747, 2 992, 1.312
50	He	空气	200, 13.57, 10.81	9.681	1.062	1.242, 0.447, 0.814	1.158, 3 925, 1.278

（续表）

压缩比	驱动气体	被驱动气体（室温，0.1 atm）	P_{41}，T_{41}，a_{41}	M_S	M_3	a_{43}，a_{23}，κ	P_2/MPa，T_2/K，γ_2
50	He	空气	500，13.57，10.81	12.42	1.544	1.515，0.604，0.817	1.925，5 404，1.222
60	He	空气	150，15.33，11.49	9.088	0.896	1.299，0.386，0.805	1.018，3 680，1.253
60	He	空气	300，15.33，11.49	11.15	1.200	1.400，0.483，0.804	1.546，4 697，1.229
60	He	空气	500，15.33，11.49	12.79	1.476	1.492，0.573，0.811	2.044，5 616，1.220
60	He	空气	1 500，15.33，11.49	16.54	2.261	1.754，0.829，0.845	3.438，7 621，1.192
40	Ar	空气	100，11.70，3.19	4.573	1.912	1.637，1.079，0.888	0.248，1 344，1.368
40	Ar	空气	200，11.70，3.19	5.240	2.481	1.827，1.332，0.905	0.328，1 657，1.358
50	Ar	空气	500，13.57，3.44	6.423	3.315	2.105，1.660，0.931	0.497，2 274，1.332
60	Ar	空气	1 500，15.33，3.65	7.855	4.846	2.615，2.214，0.981	0.754，3 009，1.311

注：压缩管内径等于激波管内径 3 倍，$G_P = 1.859$，$G_a = 1.132$。

在自由活塞驱动的激波管中，驱动段十分短促，并且采用氦气或氦气-氩气混合气体作为驱动气体，因此反射膨胀波追赶上接触面的概率大大增加。假定反射膨胀波与接触面相互作用时，再次发生反射的波是膨胀波，如图 3.3.4 所示。如果将接触面视为静止，反射膨胀波以声速 a_3 追赶接触面。根据图 3.3.4 中的标记，发生相互作用以后，左行反射膨胀波 Er 两侧满足

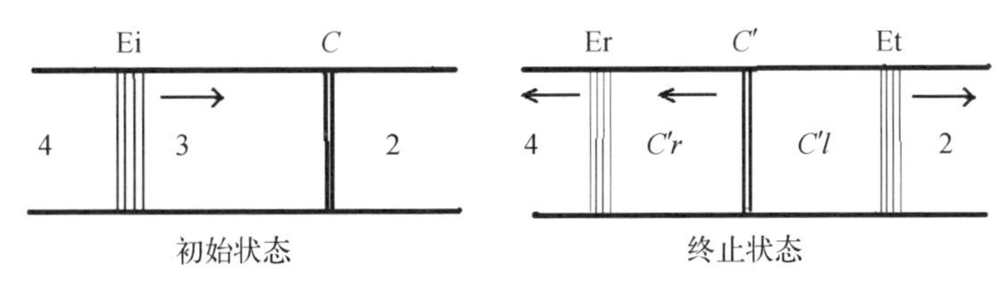

图 3.3.4　膨胀波和接触面的相互作用

$$\frac{u_{C'r}}{a_4} = -\frac{1}{\gamma_4\beta_4}\left[\left(\frac{P_{C'r}}{P_2}\right)^{\beta_4} - 1\right] \tag{3.3.50}$$

新的接触面 C'满足

$$\frac{u_{C'r}}{a_3} = -\frac{1}{\gamma_4\beta_4}(P_{41}^{\beta_4} - 1) - \frac{1}{\gamma_4\beta_4}\left[\left(\frac{P_{C'l}}{P_4}\right)^{\beta_4} - 1\right]\left(\frac{P_{C'l}}{P_4}\right)^{\beta_4} \tag{3.3.51}$$

透射膨胀波 Er 两侧存在关系：

$$\frac{u_{C'r}}{a_1} = -\frac{1}{\gamma_2\beta_2}\left[\left(\frac{P_{C'r}}{P_2}\right)^{\beta_4} - 1\right] \tag{3.3.52}$$

利用接触面 C'的相容性条件 $u_{C'r} = u_{C'l}$，可以得到代数方程：

$$a_{23} = \frac{\gamma_2\beta_2}{\gamma_3\beta_3}\,\frac{(P_{C'r}/P_3)^{\beta_4} - 2P_{43}^{\beta_4} + 1}{1 - (P_{C'r}/P_2)^{\beta_4}} \tag{3.3.53}$$

其中，$\frac{P_{C'r}}{P_3} = \frac{P_{C'r}}{P_2}$。因此，可以求得透射膨胀波两侧压力比值 $\frac{P_{C'r}}{P_3}$。以上推导仅要求驱动气体满足完全气体假设。

2. 激波和膨胀波之间的相互作用

激波与膨胀波的碰撞可以通过图 3.3.5 加以刻画，在图中的标识下，3 区和 4

区的气体速度比 5 区大了很多。可以发现,这个渐行渐远的激波前后压力比增加了,这是一道更强的激波,但是激波后的绝对压力却是降低的,即 $P_3 < P_5$。类似地,膨胀波两侧的压力比也增加了,这意味着膨胀波变弱,但是正在进入一个压力更高的区域,即 5 区 ($P_5 > P_3$)。应当指出的是,当激波贯穿膨胀波时,随着激波强度(压力比)的增加,激波速度及激波后的熵也连续增加,在这两道渐行渐远的波之间将出现接触面区域,接触面两侧的区域满足相容性关系。给定 1 区、2 区和 5 区状态(激波强度 P_{51} 和膨胀波强度 P_{12} 已知),在相互作用之后,激波强度 P_{32} 可以满足[5]

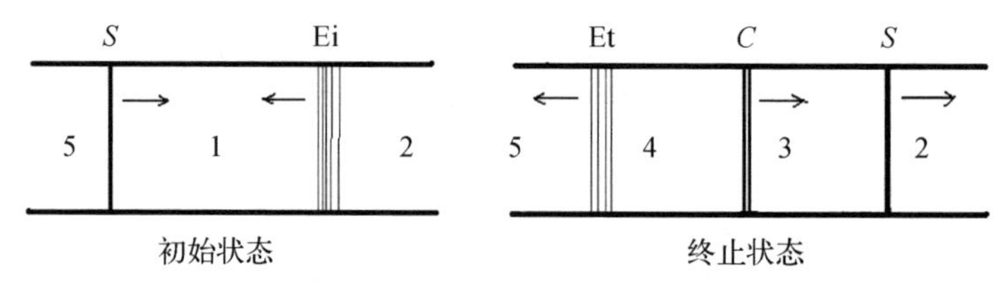

图 3.3.5　激波和膨胀波的相互作用

$$P_{32} = 1 + \sqrt{1 + \alpha_1 P_{32}}\{D - E[(P_{32}P_{15})^{\frac{1}{\alpha_1+1}} - (P_{12})^{\frac{1}{\alpha_1+1}}]\} \tag{3.3.54}$$

其中

$$D = (P_{12})^{\frac{1}{\alpha_1+1}} \frac{P_{51} - 1}{\sqrt{1 + \alpha_1 P_{51}}} + \sqrt{\alpha_1 + 1}[1 - (P_{12})^{\frac{1}{\alpha_1+1}}]$$

$$E = \sqrt{\alpha_1 + 1}\sqrt{P_{51}\left(\frac{\alpha_1 + P_{51}}{1 + \alpha_1 P_{51}}\right)}$$

膨胀波的强度 P_{45} 满足

$$P_{45} = P_{32}P_{21}P_{15} \tag{3.3.55}$$

激波两侧的压力比 P_{32} 满足

$$\frac{u_3}{c_2} = \frac{\delta_2(P_{32} - 1)}{(\alpha_1 P_{32} - 1)} \tag{3.3.56}$$

其中

$$\delta_2 = \sqrt{\frac{2}{\gamma_2(\gamma_2 - 1)}}$$

相应的激波速度则可以通过上述关系并结合激波关系式获得。

3. 激波和接触面之间的相互作用

一般而言,激波和接触面发生相互作用时,假如激波在接触面上反射一道中心膨胀波,那么透射激波的强度和速度将比入射激波有所减弱;假如在接触面上反射一道激波,那么透射激波的强度和速度将进一步增强。激波和接触面之间的折射可以借助图 3.3.6 进行研究。对于进入驱动气体的透射激波(St),如果驱动气体满足完全气体假设(适合氦气-氩气混合气体作为驱动气体的激波管),那么透射激波 St 满足的激波方程可以表示为[53]

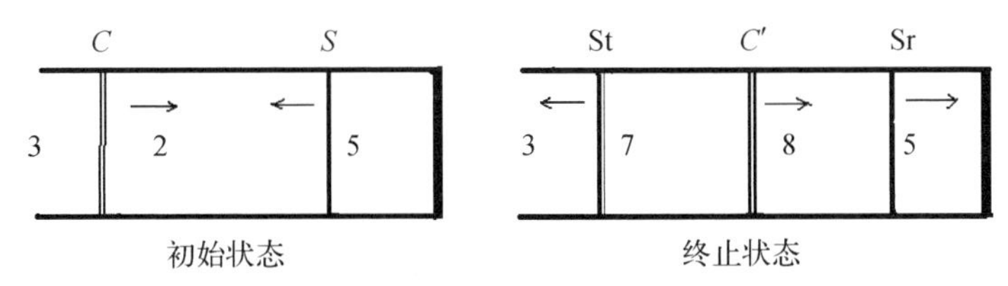

图 3.3.6　激波和接触面之间的相互作用

$$P_7 = P_3 + \rho_3(u_3 + U_{St})^2\left(1 - \frac{\rho_3}{\rho_7}\right) \tag{3.3.57}$$

$$\frac{\rho_7}{\rho_3} = \frac{u_3 + U_{St}}{u_7 + U_{St}} \tag{3.3.58}$$

$$\frac{P_7}{P_3} = \frac{\dfrac{\gamma_4 + 1}{\gamma_4 - 1}\dfrac{\rho_7}{\rho_3} - 1}{\dfrac{\gamma_4 + 1}{\gamma_4 - 1} - \dfrac{\rho_7}{\rho_3}} \tag{3.3.59}$$

其中, U_{St} 为驱动气体中的透射激波的速度,通过等式 $\frac{u_3}{a_3} = \frac{2}{\gamma_4 + 1}\left(\frac{U_{St}}{a_3} - \frac{a_3}{U_{St}}\right)$ 求得。

接触面产生的反射波可以是激波、Mach 波或者膨胀波,这依赖激波管中试

验气体的初始状态。当反射波是激波时，控制方程为

$$
\begin{cases}
P_8 = P_5 + \rho_5 U_{Sr}^2\left(1 - \dfrac{\rho_5}{\rho_8}\right) \\
h_8 = h_5 + \dfrac{U_{Sr}^2}{2}\left[1 - \left(\dfrac{\rho_5}{\rho_8}\right)^2\right] \\
\dfrac{\rho_5}{\rho_8} = 1 - \dfrac{u_8}{U_{Sr}} \\
\rho_8 = \rho_8(P_8,\ h_8)
\end{cases}
\tag{3.3.60}
$$

其中，U_{Sr} 为反射激波(Sr)的速度。当 $u_7 = u_8 > 0$ 时，从接触面反射回来的波是激波，边界条件为 $P_7 = P_8$，$u_7 = u_8$，$P_8 > P_5$，可以联立式(3.3.57)~式(3.3.60)求解。文献[53]提供了求解过程：① 取 $u_8 = 0$ 作为初始值；② 假定 $\dfrac{\rho_7}{\rho_3} = 1$，根据式(3.3.59)计算 $\dfrac{P_7}{P_3}$；③ 根据式(3.3.57)计算 U_{St}；④ 根据式(3.3.58)重新获得 $\dfrac{\rho_7}{\rho_3}$，重复②~④，直至 $\dfrac{\rho_7}{\rho_3}$ 收敛稳定；⑤ 如果初始压力 P_1 很小，则 $P_7 > P_5$，给 u_8 一个初始值，通过方程组(3.3.60)比较 P_7 和 P_8。如果 $P_7 \neq P_8$，则重新给 u_8 一个初始值；⑥ 使用 u_8 这个新的初始值，重复步骤②~⑤，直至获得一个收敛稳定的 u_8，由此决定 7 区和 8 区条件。假如 7 区气体接近静止，即 $u_7 \approx 0$，透射激波速度 U_{St} 可以通过等式 $\dfrac{u_3}{a_3} = \dfrac{2}{\gamma_4 + 1}\left(\dfrac{U_{St}}{a_3} - \dfrac{a_3}{U_{St}}\right)$ 近似求得。

3.4 激波的衰减

3.4.1 非定常边界层的厚度

按照理想情况，在激波管流动中，激波和接触面以恒定速度前进，2 区和 3 区均为定常和均匀状态。但是，大量实验研究发现，在真实的激波管流动中，随着离开膜片距离的增加，激波的速度发生衰减，接触面将加速，激波后面的气流

出现非均匀性,激波管的有用试验时间将比理论计算值要小些。导致上述现象的主要原因之一是边界层的存在。激波管中的边界层剖面如图 3.4.1 所示,这是一种具有非定常性质的边界层。在激波之前,边界层厚度为 0,随后逐渐增厚,在接触面处附近边界层的厚度达到最大值,之后逐渐变薄。

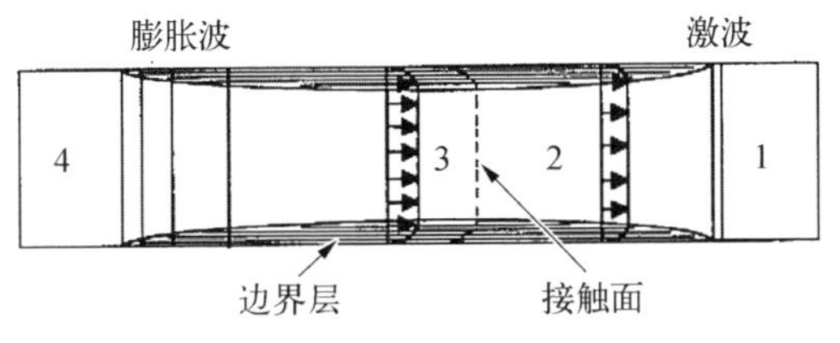

图 3.4.1　激波管的边界层

在自由活塞激波风洞中,2 区气体的 Reynolds 数很大,一般可以认为边界层处于湍流流态。Mirels 采用半无限平板的边界层数据,通过求解激波管中湍流边界层方程,对速度边界层的厚度做出估计[56,57]。在该研究中,坐标原点建立在移动的激波上(x 为激波行进方向,y 为法向方向),称为固定激波坐标系,激波速度为 U_S,而原本静止的壁面则是移动的。Mirels 获得的速度边界层厚度 δ 的表达式为[56]

$$\delta = 0.057\,4\left(\phi\,\frac{1-u_w/u_e}{\theta/\delta}\right)^{4/5}\left|1-\frac{u_w}{u_e}\right|^{3/5}\left(\frac{\mu_e}{\rho_e u_e x}\right)^{1/5}x \tag{3.4.1}$$

其中,壁面速度 u_w 满足 $u_w = U_S$;θ 为动量边界层厚度;外流速度 u_e 满足 $u_e = U_S - u_2$;ρ_e 和 μ_e 分别为外流密度与黏性系数,参数 ϕ 满足

$$\phi = \left(\frac{\mu_m}{\mu_e}\right)^{1/4}\left(\frac{T_e}{T_m}\right)^{3/4} \tag{3.4.2}$$

其中,μ_m 为平均黏性系数;T_e 为外流温度;T_m 为平均温度(或称参考温度),其表达式为

$$T_m = 0.5(T_w + T_e) + 0.22(T_r - T_e) \tag{3.4.3}$$

其中,T_w 为壁面温度;T_r 为恢复温度。动量边界层厚度与速度边界层厚度之间的比值 θ/δ 不依赖 x,仅是 T_w/T_e 和 u_e/u_w 的函数,即

$$\frac{\theta}{\delta} = f_1\left(\frac{T_w}{T_e},\ \frac{u_e}{u_w}\right) \tag{3.4.4}$$

具体形式参见文献[56]。在式(3.4.1)的求解过程中,Mirels 假定平均速度满足 1/7 指数律(基于半无限平板的湍流边界层导出),在固定激波坐标系下,其具体形式为

$$\left|\frac{u-u_w}{u_e-u_w}\right|=\zeta^{1/7},\quad 0\leqslant\zeta\leqslant 1 \tag{3.4.5}$$

其中,$\zeta=\dfrac{y}{\delta}$。Mirels 后来改用 1/5 指数律,认为这样得到的结果更为精确[57]。为了获得壁面剪切应力 τ_w 和边界层厚度之间的联系,推导中采用了 Blasius 关系(基于半无限平板上的不可压缩湍流):

$$\frac{\tau_w}{\rho_e u_e^2}=0.022\,5\left(\frac{v_e}{u_e\delta}\right)^{1/4} \tag{3.4.6}$$

其中,$v_e=\dfrac{\mu_e}{\rho_e}$ 为外流运动黏性系数。

参考有关平板湍流边界层的结果[58],平均温度 T_m 还可以选择表达形式:

$$\frac{T_m}{T_e}=0.5\left(1+\frac{T_w}{T_e}\right)+0.16(Pr)^{1/3}\frac{\gamma_2-1}{2}M_e^2 \tag{3.4.7}$$

其中,Pr 为 Prandtl 数;M_e 为外流 Mach 数。比值 $\dfrac{\theta}{\delta}$ 可采用的近似形式为[58]

$$\frac{\theta}{\delta}\approx 0.2 \tag{3.4.8}$$

参考自由活塞激波风洞的运行状态,边界层位移厚度 δ^* 可以采用估计式[59]:

$$\delta^*=0.45x/Re_x^{1/5} \tag{3.4.9}$$

其中,$Re_x=\dfrac{\rho_e u_e x}{\mu_e}$。注意到比值 $\dfrac{\delta^*}{\delta}$ 通常仅是 $\dfrac{T_w}{T_e}$ 和 $\dfrac{u_e}{u_w}$ 的函数[56],即

$$\frac{\delta^*}{\delta}=f_2\left(\frac{T_w}{T_e},\frac{u_e}{u_w}\right) \tag{3.4.10}$$

根据文献[58],对于平板层流边界层,边界层厚度比值 $\frac{\delta^*}{\delta}$ 满足

$$\frac{\delta^*}{\delta} \approx 0.34 \tag{3.4.11}$$

借用这一结果,可以得到速度边界层厚度的另外一种近似形式:

$$\delta \approx \frac{1.324x}{Re_x^{1/5}} \tag{3.4.12}$$

假定激波管初始填充空气压力为 10.0 kPa,入射激波 Mach 数为 9.389,波后气体条件满足: $P_2 = 1.088\ \mathrm{MPa}$, $T_2 = 3\,778\ \mathrm{K}$, $\rho_2 = 0.939\ \mathrm{kg/m^3}$, $\gamma_2 = 1.259$, $\varepsilon = \rho_{12} = 0.145\,5$, 那么得到外流速度为

$$u_e = U_S - u_2 = \rho_{12} U_S = 0.145\,5 \times 9.389 \times 340 = 464.47\ (\mathrm{m/s})$$

利用式(3.4.7),可以得到

$$\begin{aligned}\frac{T_m}{T_e} &= 0.5\left(1 + \frac{T_w}{T_e}\right) + 0.16(Pr)^{1/3}\frac{\gamma_2 - 1}{2}M_e^2 \\ &= 0.5 \times \left(1 + \frac{290}{3\,778}\right) + 0.16 \times 0.892 \times 0.129\,5 \times 9.389 \times 9.389 \\ &= 0.538\,4 + 1.629\,3 = 2.167\,7\end{aligned}$$

于是 $T_m = 628.633\ \mathrm{K}$。 采用 Sutherland 公式对参数 ϕ 进行近似估计可得

$$\begin{aligned}\phi &= \left(\frac{\mu_m}{\mu_e}\right)^{1/4}\left(\frac{T_e}{T_m}\right)^{3/4} = \left[\left(\frac{T_m}{T_e}\right)^{3/2}\frac{T_e + 110}{T_m + 110}\right]^{1/4}\left(\frac{T_e}{T_m}\right)^{3/4} = \left(\frac{T_e + 110}{T_m + 110}\right)^{1/4}\left(\frac{T_e}{T_m}\right)^{3/8} \\ &= \left(\frac{738.633}{3\,888}\right)^{1/4} \times \left(\frac{628.633}{3\,778}\right)^{3/8} = 0.660\,2 \times 0.510\,4 \approx 0.337\end{aligned}$$

严格意义上,Sutherland 公式不适合在此高温下使用,不过指数 1/4 的存在显著减小了计算误差,使得上述近似借用,仍然可以获得较为满意的结果。注意到 $\left|1 - \frac{u_w}{u_e}\right| = \frac{1}{\varepsilon} - 1 = 5.833\,4$, 以及 $\left(\frac{\mu_e}{\rho_e u_e}\right)^{1/5} = \left(\frac{8.524 \times 10^{-5}}{0.989 \times 464.47}\right)^{1/5} \approx 0.045$, 将上述结果代入边界层厚度表达式(3.4.1)可得

$$\delta = 0.0574 \times \left(0.337 \times \frac{5.8334}{0.2}\right)^{4/5} \times 5.8334^{3/5} \times \left(\frac{\mu_e}{\rho_e u_e x}\right)^{1/5} x$$

进一步化简得

$$\delta = 1.03\left(\frac{\mu_e}{\rho_e u_e x}\right)^{1/5} x$$

利用上式，注意到 $\left(\frac{\mu_e}{\rho_e u_e}\right)^{1/5} \approx 0.045$，可得激波后 0.5 m 处的边界层厚度为

$$\delta = 1.03 \times 0.045 \times 0.5^{0.8} \approx 0.027(\mathrm{m})$$

对于式(3.4.12)，采用 2 区速度，也可得到 $\delta \approx 0.025$ m，两者十分接近。这个例子中，激波后 0.5 m 处恰好是激波行进 1 ms 时接触面所在的位置。在内径 0.10 m的激波管中，这个厚度超过其内径的 1/4，边界层的厚度相当显著。随着激波行进时间的增加，接触面与激波之间的距离逐步增大，接触面附近的边界层厚度进一步增加。另外，随着激波强度的增加，边界层厚度也将增加。

需要说明的是，接触面两侧的气体在密度、温度、黏性等参数上的差异，使得 Mirels 理论方程(3.4.1)获得的边界层厚度在接触面处是不连续的。Anderson 通过匹配接触面处两侧条件，确定驱动气体和被驱动气体的边界层特征，解决了 Mirels 理论中接触面位置边界层厚度不连续的问题，具体细节参见文献[60]。基于数值模拟结果，文献[59]指出，边界层对入射激波强度影响不明显，但对试验气体长度影响明显。数值模拟中采用的局部阻力系数 C_f 满足

$$C_f = \frac{\tau_w}{\frac{1}{2}\rho_2 u_2^2} = \frac{0.125}{Re_x^{1/5}} \tag{3.4.13}$$

3.4.2 激波的衰减

在传统的激波管中，除去主膜片打开的非理想行为和流动的多维效应以外，激波的衰减主要由边界层效应导致。激波管边界层厚度剖面如图 3.4.1 所示，边界层厚度在接触面位置达到最大值，接触面两侧的边界层则逐渐减小，直至为 0。因此，可以说边界层厚度实际上减小了激波管的有效截面积。从效果上看，这种情况等价于在边界层外边沿存在一个法向速度，使得边界层和外流之间存

在质量交换，如果不考虑摩擦和热传导的影响，在 3 区，该法向速度为正（指向激波管的中心轴线），在 2 区该值为负。如果选取激波管的中心轴线作为观察点，那么 3 区的壁面存在质量源分布，向外不断传输质量，压缩外流；在 2 区壁面上，则存在汇的分布，不断吸收质量，稀疏外流。这意味着，3 区的壁面不断地发出压缩波，而 2 区的壁面不断地发出膨胀波，总效果是激波减速而接触面加速。当然，由于摩擦和热传导影响着法向速度的分布，所以也影响着衰减的实际进程。

在湍流边界层情况下，利用 Mirles[56,57] 和 Trimpi[61] 的结果，Emrich 得到定性结论：激波的衰减和激波管直径成反比，由于激波管直径减小，边界层与激波管直径的比值将增大，边界层对外流的影响增大[62]。Emrich 还提供了激波强度 P_{21} 衰减的近似表达式[62]：

$$\Delta P_{21} = (P_{21})_{i} - (P_{21})_{x} = (P_{21} - 1)_{i} \cdot B\left(\frac{v_1}{a_1 d}\right)^{1/5}\left(\frac{x}{d}\right)^{4/5} \tag{3.4.14}$$

其中，x 为激波通过的距离；$v_1 = \mu_1/\rho_1$ 为激波前运动黏性系数；a_1 为激波前声速；B 为常系数，趋近 0.07（空气驱动空气）。计及真实气体效应，Spence 等给出了激波速度的衰减公式[63]：

$$\frac{U_S(t)}{U_{S,0}} = 1 - C(R_{ed})^{1/5}\left(\frac{U_{S,0}t}{d}\right)^{4/5} \tag{3.4.15}$$

其中，$U_S(t)$ 为 t 时刻的激波速度；$U_{S,0}$ 为初始激波速度；C 为常系数；R_{ed} 为基于激波管直径的波后 Reynolds 数，定义为 $R_{ed} = \dfrac{\rho_2 u_2 d}{\mu_2}$，这里 d 为激波管直径。常系数 C 为 0.05~0.09，在激波管壁面光滑程度相同的情况下，该值依赖高低压段气体初始状态。另外，文献[44]计算了 T5 风洞激波管黏性引起的动量损失，表达式为

$$(P_2 + \rho_2 u_2^2)_{\text{real}} = (P_2 + \rho_2 u_2^2)_{\text{ideal}} - \frac{2L}{d}C_f^*(\rho_2^* u_2^2)_{\text{ideal}} \tag{3.4.16}$$

其中，下标“2”为激波管中 2 区气体；$C_f^* \approx 1.7 \times 10^{-3}$ 为参考温度下的平均摩擦阻力系数；ρ_2^* 为参考温度下 2 区气体密度。图 3.4.2 给出参考温度下 Reynolds 数 Re^* 和平均摩擦阻力系数 C_f^* 的关系[44]，随着 Reynolds 数 Re^* 的增加，平均摩

擦阻力系数 C_f^* 微弱减小,联系式(3.4.13),出现这种趋势是很自然的;同时,T5和 HEG 风洞的平均摩擦阻力系数 C_f^* 彼此接近。

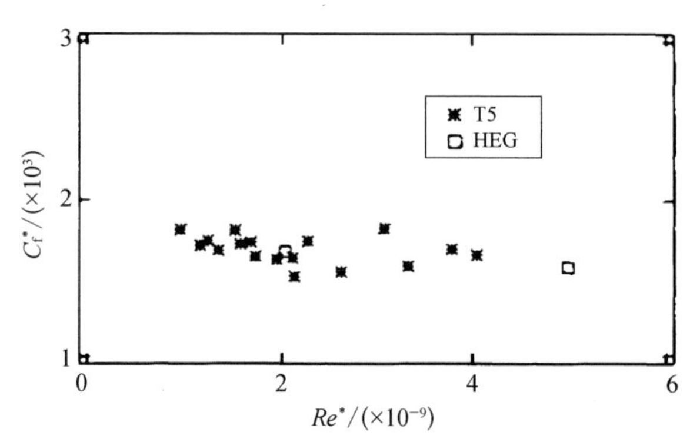

图 3.4.2 参考温度下 Reynolds 数和平均摩擦阻力系数的关系[44]

激波风洞的测量数据显示,当来流滞止压力和激波管内径乘积小于16.9 Pa·m时,边界层的流态为层流;当这个乘积大于 169 Pa·m 时,边界层的流态为湍流;当这个乘积为 16.9~169 Pa·m 时,可以认为边界层处于转捩区[64]。根据该分类,具有高滞止压力的流动在激波管壁面形成湍流边界层几乎是必然的。Anderson 和 Murthy 也曾采用小扰动理论,获得了由边界层引起的激波衰减的相关结果[60]。有关激波衰减的精细化研究,需要 CFD 技术的支持。另外,边界层对极限试验时间的影响参见文献[65],流动不稳定性研究参见文献[66]。

图 3.1.8 显示自由活塞激波风洞一个重要的结构特点:主膜片紧靠压缩管与激波管之间的连接段。实际运行中,当主膜片打开时,活塞前脸和主膜片之间的距离十分短促,这段距离相当于普通激波管的驱动段。事实上,普通激波管驱动段与被驱动段长度比值约为 1/2,自由活塞激波风洞驱动段与被驱动段长度比值远小于这个值。另外,在膜片打开以后,活塞仍然以一定速度前进并继续挤压驱动气体,在改变驱动段长度的同时,也影响着驱动段中驱动气体压力的演化。相比传统的激波风洞,自由活塞激波风洞的这两个特点会对激波形成及行进带来一定的差异。

针对文献[67]提供的 T4 风洞第 2499 车次的运行细节和结果,表 3.4.1 比较了不同 CFD 程序、Spence 衰减公式和测量值之间的差别,表中计算程序 L1d 和 ST2d 的相关细节见文献[67]和[68]。表 3.4.1 的对比结果显示,ST2d 和 L1d 程序获得的激波末端速度约为初始值的 69%,采用 Spence 近似公式获得的边界层黏性使激波末端速度减少为初始值的 89%,即使选择了特别大的黏性系数

(非其实的),激波末端速度也不小于初始值的 84%。因此,除了边界层黏性以外,还存在其他因素导致激波出现严重的衰减,该因素甚至强于边界层黏性。图 3.4.3 给出了激波和激波后气体参数的衰减过程,在计算中,驱动段长度为 0.416 m,以主膜片位置作为坐标原点,主膜片(原点)下游 3 m 处激波接近稳定状态。图 3.4.3 显示,激波衰减速率与 2 区气体速度(2 区与 3 区气体速度始终相等)/温度衰减速率,以及 3 区温度衰减速率十分接近;波后压力的衰减最快,其次为温度,密度衰减最为缓慢。这些结果并不局限于上述算例,具有一定的普遍性。

表 3.4.1　激波速度计算值与实验值对比

激波管位置/m	实验测量/(km/s)	ST2d/(km/s)	L1d/(km/s)	Spence 近似公式的结果/(km/s)	
				$C=0.07$	$C=0.098$
0	—	5.46	5.45	5.45	5.45
3	—	4.74	—	5.33	5.28
5	4.36	4.28	4.35	5.10	4.96
7	4.03	3.90	4.08	4.98	4.80
9	3.79	3.80	4.00	4.93	4.72
10	—	3.77(69%)	3.75(68.8%)	4.84(89%)	4.58(84%)

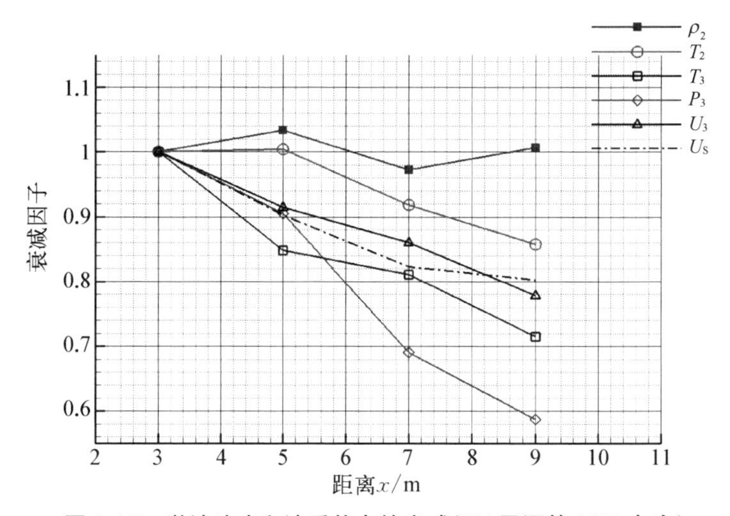

图 3.4.3　激波速度和波后状态的衰减(T4 风洞第 2499 车次)

在 T4 风洞第 2499 车次中,在膜片打开前 10 μs,活塞移动到 25.40 m 处,此时速度为 89.6 m/s,这个速度可以近似地视为膜片打开时刻的活塞速度[67]。另外,已知 T4 风洞压缩管/激波管的几何尺寸所对应的无量纲活塞临界(Mach

数)速度 ϕ_{rc} 为 0.58,相当于 197.2 m/s,这个值约是该车次中活塞速度的 2 倍。很明显,活塞速度达不到“过操作”要求,驱动段中驱动气体压力将一直下降,这个过程和反射膨胀波的传播几乎是同步的。

图 3.4.4 展示不同驱动段长度对驱动气体压力、接触面速度和激波速度的影响,为了便于比较和校验,在数值计算中被驱动段的直径和长度保持不变,且采用同一种运行参数,细节和结果参见表 3.4.2。图 3.4.4 展示了四种计算条件下激波管中轴线上的压力分布,以及接触面/激波速度随位移的变化。特别地,在算例 1-1 中,反射膨胀波在激波管下游 2 m 附近,追赶上接触面与之发生作用,此后接触面/激波几乎一直处于减速状态。在算例 1-3 中,由于被驱动段长度的增加,反射膨胀波在激波管下游约 4 m 附近,追赶上接触面。在算例 1-2 和算例 1-4 情况下,反射膨胀波未曾追赶上接触面,接触面保持缓慢加速,激波在黏性作用下缓慢减速,这一趋势和试验观察一致[69]。相比算例 1-3 和算例 1-4,算例 1-1 的驱动段很短,变截面技术带来激波速度的增加,有时不足以抵消反射膨胀波引起的激波衰减,以致激波的最终速度仍然低于等截面驱动算例 1-3 和算例 1-4。对自由活塞激波风洞而言,算例 1-1 也可以用来刻画活塞以缓慢的速度(膜片打开时刻)实现软着陆时,激波发生的衰减。

表 3.4.2 不同驱动段长度下的激波衰减

算例	驱动段尺寸 长度,直径/m	被驱动段尺寸 长度,直径/m	激波初始速度 U_0/(km/s)	激波末端速度 U_f /(km/s)	比值 U_f/U_0
1-1	0.40, 0.229	10.0, 0.075	4.03	2.812	0.698
1-2	5.0, 0.229	10.0, 0.075	4.04	3.96	0.98
1-3	1.30, 0.075	10.0, 0.075	3.50	3.006	0.752
1-4	3.934, 0.075	10.0, 0.075	3.50	3.41	0.975

注:驱动气体为 He,P_4 = 57 MPa,T_4 = 4 543 K;被驱动气体为空气,P_1 = 100 kPa,T_1 = 296 K。

综合图 3.4.4 和表 3.4.2 的对比结果,可以得到结论:① 短促的驱动段长度导致驱动气体压力的快速衰减,这种压力衰减以反射膨胀波的形式迅速传播,并很快追赶上接触面甚至激波,使得接触面速度和激波速度发生明显衰减,驱动段越短,反射膨胀波引起的衰减也就越突出;② 激波的衰减由边界层黏性和反射膨胀波共同引起,后者的影响更为严重。这些结论适用于“静态”情况,即在膜片打开时活塞速度已经很低,以致活塞的运动对驱动气体的压力无明显影响。根据文献[70],在电弧加热驱动的激波风洞中也存在同样严重的衰减,某些情

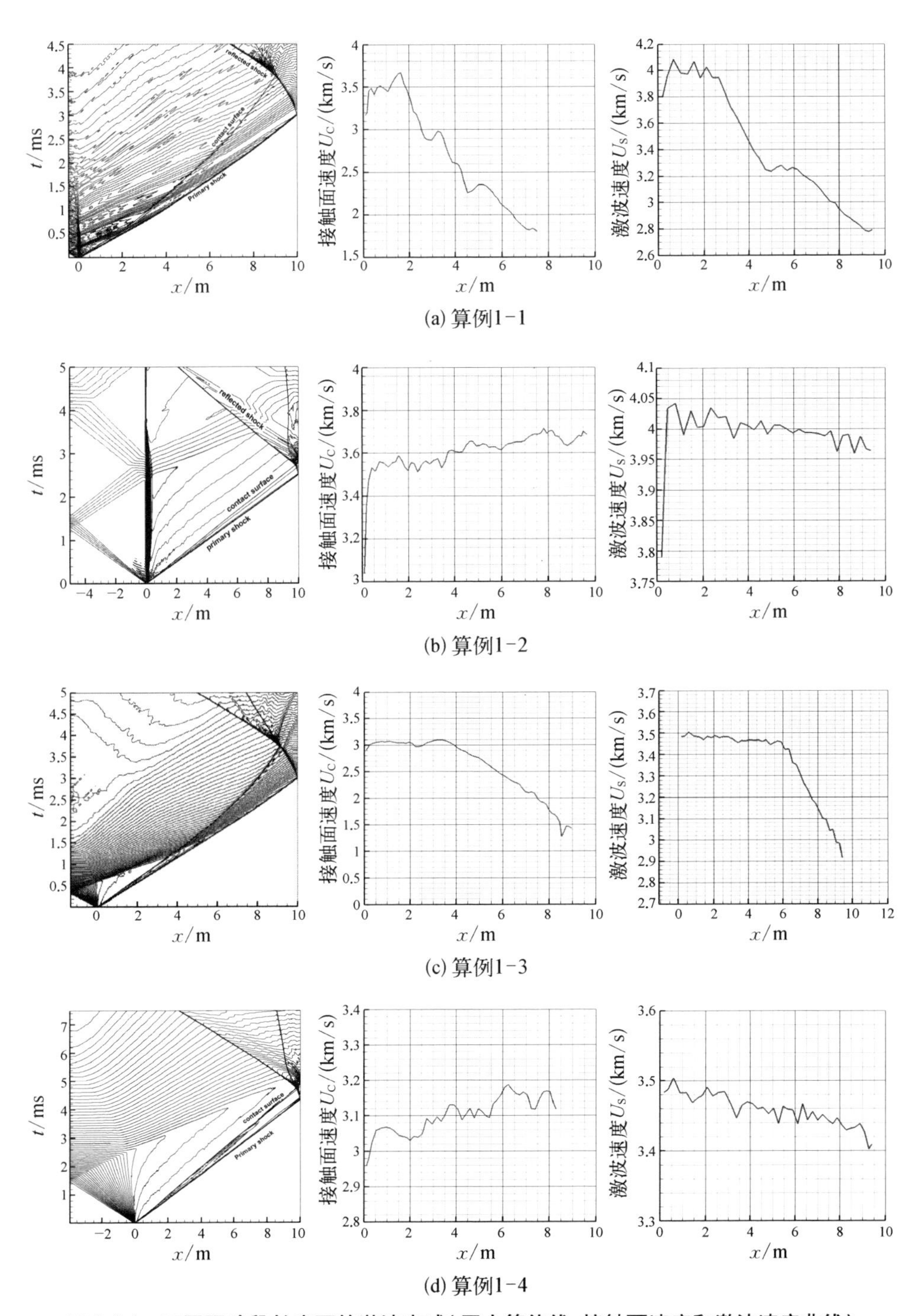

(a) 算例1-1

(b) 算例1-2

(c) 算例1-3

(d) 算例1-4

图 3.4.4　不同驱动段长度下的激波衰减(压力等值线、接触面速度和激波速度曲线)

况下激波速度衰减可达 35%。这个电弧加热驱动的激波风洞的驱动段长度为 0.75 m,被驱动段长度为 12 m,采用热的氦气作为驱动气体。

为了获得更强的驱动效果,自由活塞激波风洞采用轻质气体驱动(氦气或者氦气-氩气混合气体),在经过重活塞压缩以后,驱动气体的声速非常可观,使得膜片破裂时形成的膨胀波具有相当高的传播速度。这两种因素促使膨胀波迅速抵达活塞前脸位置发生反射,并很快地追赶上接触面乃至激波。对于传统的反射型激波风洞,驱动段长度约是被驱动段长度的 1/2,这种结构使得膨胀波反射和追赶行为大大延迟。也就是说,反射膨胀波所导致的激波衰减一般不易在这种传统结构中出现。

进一步地,在一个等截面的激波管内,假定激波管驱动段长度为 X_{dr}(视为固定值),被驱动段长度足够长以致激波反射不会发生在反射膨胀波赶上接触面之前,反射膨胀波追赶上接触面的位置为 X_c(以主膜片位置为零点),整个过程忽略黏性影响。那么,在满足反射膨胀波不引起激波衰减的前提下,X_c 几乎可以视为被驱动段的长度上限。通常,X_c 可以表述为 3 区气体 Mach 数的函数,即

$$\frac{X_c}{X_{dr}} = 2M_3\left(1 + \frac{\gamma_4 - 1}{2}M_3\right)^{\frac{3-\gamma_4}{2(\gamma_4-1)}}$$

类似式(3.1.8),3 区气体 Mach 数 M_3 可以通过入射激波 Mach 数 M_S 给出:

$$M_3 = \left[\frac{a_{41}(\gamma_1 + 1)M_S}{2(M_S^2 - 1)} - \frac{\gamma_4 - 1}{2}\right]^{-1}$$

图 3.4.5 给出了不同声速比 a_{41} 下,无量纲长度 X_c/X_{dr} 和激波 Mach 数 M_S 的关系。可以看到,在较大的声速比下,反射膨胀波在更短的距离内赶上接触面(激波 Mach 数固定)。

总之,在自由活塞激波风洞中,激波管实际驱动段长度很短,反射膨胀波引起的激波衰减频繁发生,除非对活塞采用“过驱动操作”技术。从能量的角度看,短促的驱动气体长度具有的能量有限,不足以维持激波速度。这一情况也暗示了活塞“过驱动操作”的价值:在膜片打开以后,“过驱动操作”能够继续为驱动气体注入足够能量,使得激波管驱动气体压力和温度得到保持或者升高,反射膨胀波的影响被有效遏制,入射激波的衰减被弱化。例如,HEG 风洞的早期校

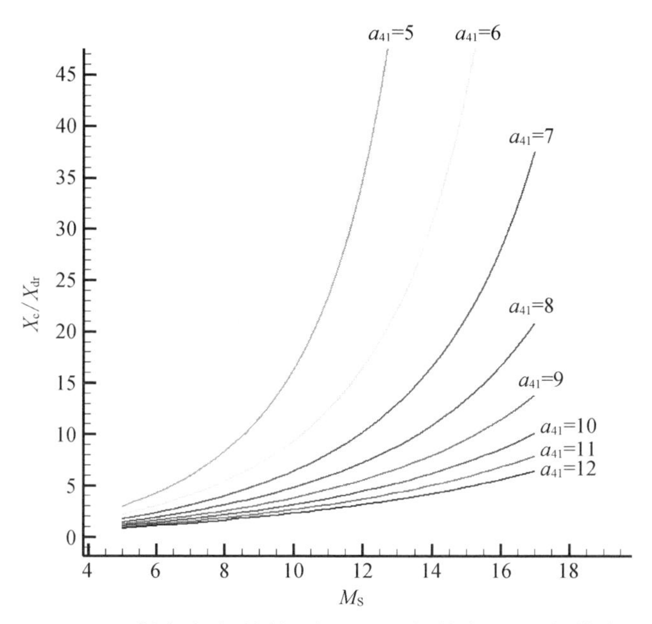

图 3.4.5　反射膨胀波/接触面相遇位置与激波 Mach 数的关系

测结果显示，由于运行状态不同，激波在行进过程中，其速度有的发生明显衰减，有的却接近常值[71]。图 3.4.6 是 T5 风洞某两次试验的激波衰减与激波管无量纲长度之间的关系，通过数值计算（无黏条件）获得激波初始速度 $U_{S,0}$，可以看到激波末端速度约为初始值的 78%。T5 风洞的激波管无量纲长度和 T4 风洞相同，黏性导致的衰减不会太显著，原因可能是，风洞运行中活塞未采用“过驱动操作”技术，但仍然保持较高速度，以致反射膨胀波的影响被限制。在“过驱动操作”情况下，激波可维持的速度小于激波管实际驱动条件下的激波速度，因此

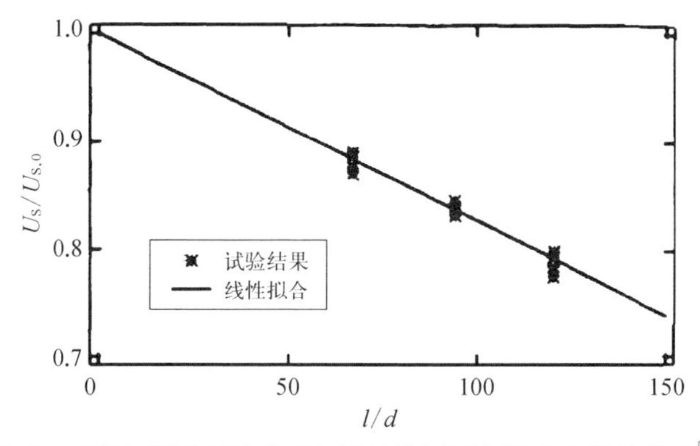

图 3.4.6　T5 风洞的激波衰减与激波管无量纲长度之间的关系[44]

激波仍然可以视为衰减的，只不过近似恒定的速度掩盖了这种衰减。从实际的角度看，应慎重布置主膜片的位置，以便获得较佳的驱动段长度，有利于提高驱动效果。相同条件下，氩气声速比氦气声速小，在驱动气体中掺入氩气可以推迟反射膨胀波和接触面/激波的相互作用时间，从而在一定程度上缓解反射膨胀波的影响。

3.4.3 激波衰减对滞止参数的影响

一般而言，激波越强，衰减越大。在激波速度发生衰减的同时，波后状态（压力、密度和温度等）也将同步发生变化。结合图 3.4.3 可以知道，激波衰减对喷管滞止压力影响最大，对温度影响次之，对密度影响较小。在 T5 风洞中，激波衰减导致的能量损失约为理想值的 40%以上[44]。在实际运行中，喷管滞止压力测量值和数值模拟的计算值之间存在较大差异。例如，在文献[44]中，数值模拟的计算值比测量值高出 10%以上。理论上，激波风洞的反射激波波后条件即为滞止条件或贮室条件，但是在实际运行中，反射激波波后条件和滞止条件并不相同，除非激波管达到缝合操作[72, 73]，这里假定活塞满足“过驱动操作”要求。

可以引入滞止压力恢复系数来衡量激波衰减导致的影响。压力恢复系数的定义为激波管末端反射激波波后形成的稳定平台压力（plateau pressure）与膜片打开时压缩管中驱动气体压力的比值。在 T5 风洞中，滞止压力恢复系数的范围为 0.6~0.8（图 3.4.7），滞止压力恢复系数与膜片打开时刻活塞的无量纲速度正相关[44]。图 3.4.7 中，$u_{p,r}$ 表示膜片打开时刻的活塞速度，$u_{p,t}$ 表示驱动压力衰减到最小可用压力时的活塞速度。可以看出，为了补偿衰减并达到较高滞止焓（h_0 > 12.5 MJ/kg），活塞必须采用“过驱动操作”；当滞止焓较低时（h_0 ≤

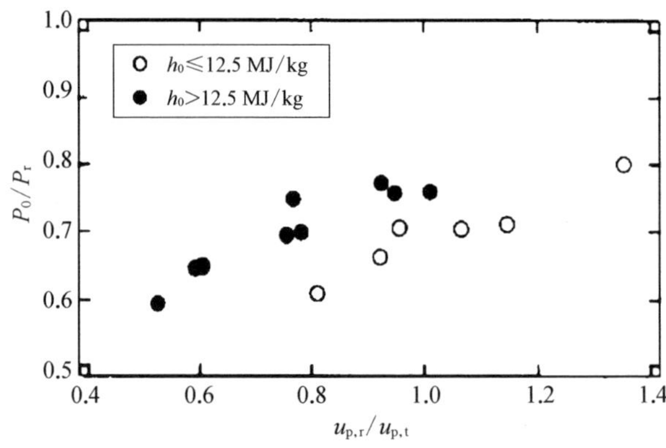

图 3.4.7 T5 风洞的滞止压力恢复系数与膜片打开时刻的活塞无量纲速度之间的关系[44]

12.5 MJ/kg)，可以在一定范围内放宽这一限制。文献[74]指出，在 HIEST 风洞的实际运行中，激波经过衰减后，激波管末端的滞止压力恢复系数为 0.9~1.15，如图 3.4.8 所示。HEG 风洞的校测结果显示，这个恢复系数为0.8~1.0[75]。一般地，风洞尺寸越大，越容易获得相对大的压力恢复系数。

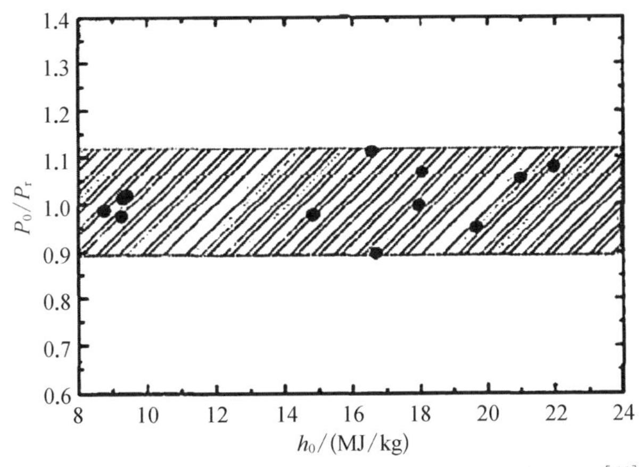

图 3.4.8　HIEST 风洞的压力恢复系数与滞止焓的关系[44]

3.4.4　激波衰减对缝合操作的影响

由于各种原因，自由活塞激波风洞在实际运行中并不总能达到活塞“过驱动操作”要求，在这种情况下，激波衰减将比较严重，影响缝合操作。文献[44]给出了缝合条件下，驱动气体和试验气体声速比与滞止焓之间的关系，如图 3.4.9 所示。注意试验气体滞止焓与激波速度之间满足 $h_0 \approx U_S^2$，故这个图可以等价地看成是驱动气体和试验气体声速比与缝合时激波速度之间的关系。该

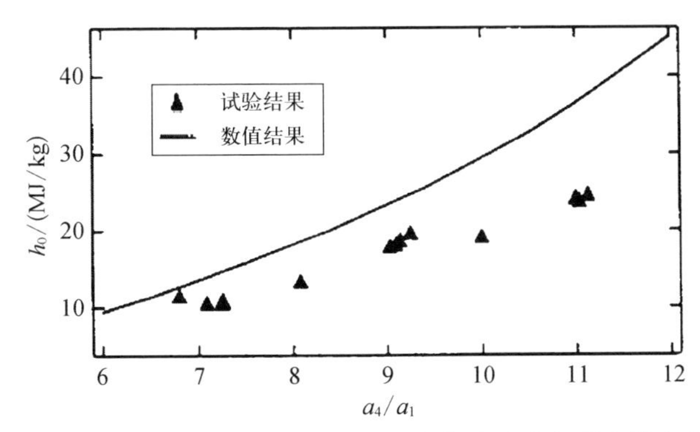

图 3.4.9　T5 风洞缝合条件下驱动气体和试验气体声速比与滞止焓之间的关系[44]

图也暗示,缝合 Mach 数的理论值高于实际测量值。文献[76]也提供了 T5 风洞缝合操作的相关细节。令人遗憾的是,导致实际运行中激波管末端的缝合 Mach 数低于理论计算值的本质原因并未得到揭示。直观上看,激波速度的衰减伴随着波后气体状态的改变,这将使得缝合操作受到一定的影响。本节的主要目的是,在激波衰减条件下,获得满足缝合操作的入射激波 Mach 数的约束方程,并试图揭示实际运行中激波管末端的缝合 Mach 数低于理论计算值的本质原因。这个工作是对 3.2.2 小节中相关结果的一个补充。另外,反射膨胀波对压力的影响具有间歇性;穿过接触面的透射波与膨胀波发生的相互作用也会抑制、延迟膨胀波的影响。这些情况使得缝合操作仍然具有应用可能和实际价值。

引入如下变量:x 为激波行进的距离(以主膜片位置为零点),激波管长度为 l,内径为 d。激波速度仅与位置有关,即激波的速度可表示为 $U_S = U_S(x)$。引入变量 $\varepsilon(x) = \dfrac{\rho_1}{\rho_2(x)}$,表示在衰减过程中,激波到达 x 位置激波波前与波后气体密度之比。特别地,激波速度满足衰减形式:

$$U_S(x) = f_{U_S}(x) U_S(0) \tag{3.4.17}$$

其中,$f_{U_S}(x)$ 为衰减因子。在激波衰减过程中,3 区气体声速可以表示为 $a_3 = \sqrt{\gamma_4 R T_3}$,于是等效的 4 区状态满足条件:

$$G_a a_4(x) = a_3(x) + \frac{\gamma_4 - 1}{2} u_3(x) \tag{3.4.18}$$

$$G_P P_{43}(x) = [a_{43}(x)]^{\beta_4} \tag{3.4.19}$$

这样,可以得到 2 区气体的极限速度:

$$\hat{u}_2(x) = \frac{2G_a a_4(x)}{\gamma_4 - 1} = \frac{2\left[a_3(x) + \dfrac{\gamma_4 - 1}{2} u_3(x)\right]}{\gamma_4 - 1} = \frac{2a_3(x)}{\gamma_4 - 1} + u_2(x) \tag{3.4.20}$$

假定近似认为 3 区温度的衰减率和激波衰减率相同,即 $\dfrac{T_3(x)}{T_3(0)} \approx f_{U_S}(x)$,那么 3 区气体声速可以近似写成等式 $a_3(x) = \sqrt{f_{U_S}(x)}\, a_3(0)$。注意到 $u_3(x) = u_2(x) =$

$U_S(x)[1-\varepsilon(x)]$，于是无量纲速度 $R_n(x)$ 可以表述为

$$R_n(x) \equiv \frac{u_2(x)}{\hat{u}_2(x)} = \frac{u_2(x)}{\dfrac{2a_3(x)}{\gamma_4 - 1} + u_2(x)} = \frac{f_{U_S}(x)U_S(0)[1-\varepsilon(x)]}{\dfrac{2\sqrt{f_{U_S}(x)}a_3(0)}{\gamma_4 - 1} + f_{U_S}(x)U_S(0)[1-\varepsilon(x)]} \tag{3.4.21}$$

这意味着在入射激波衰减过程中，式(3.4.21)所定义的无量纲速度随之发生衰减，假定其衰减形式满足 $\omega(x) \equiv \dfrac{R_n(x)}{R_n(0)}$，注意到 $\gamma_4 = \dfrac{5}{3}$ 和 $M_3(x) = \dfrac{U_S(x)[1-\varepsilon(x)]}{a_3(x)}$，经过简单计算，可以得

$$\omega(x) = \sqrt{f_{U_S}(x)}\,\frac{3 + M_3(0)}{3 + \sqrt{f_{U_S}(x)}M_3(0)} \tag{3.4.22}$$

在自由活塞激波风洞常见的运行范围内，3 区气体 Mach 数范围为 1～5(图 3.4.10)。3 区气体的 Mach 数和驱动气体中氩气的浓度成正比，和激波强度

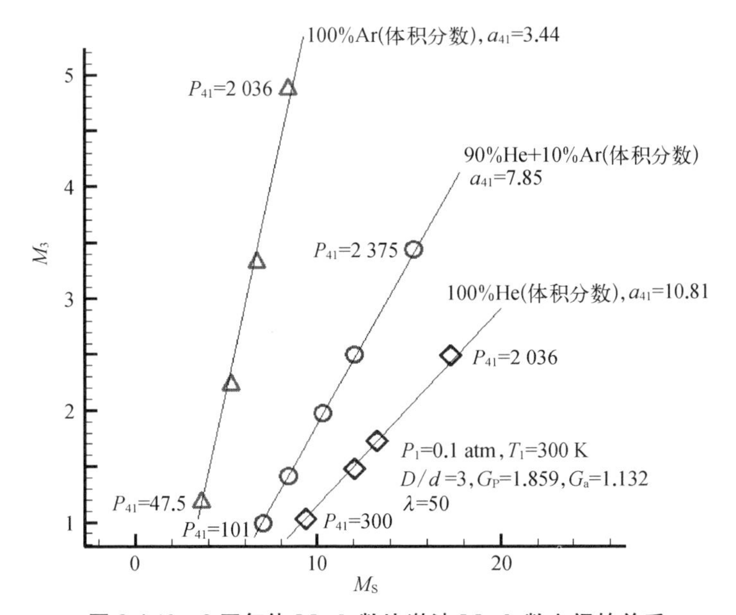

图 3.4.10　3 区气体 Mach 数比激波 Mach 数之间的关系

也成正比。这样,当激波管驱动段长度固定时,3 区气体的 Mach 数 $M_3(x)$ 和激波速度变化率 $f_{U_S}(x)$ 成反比。因此,式(3.4.22)右端第二项 $\dfrac{3+M_3(0)}{3+\sqrt{\omega_{U_S}(x)}M_3(0)}$ 几乎被限制在 1.00~1.08 这个狭小的范围内,甚至可以选择估计式:

$$\omega(l) \approx 1.04\sqrt{f_{U_S}(l)} \tag{3.4.23}$$

根据缝合操作的匹配条件,即式(3.2.22),可以得到激波管末端 l 处满足缝合操作的附加约束条件是

$$R_{nT}(l)=\frac{\beta_4\sqrt{\gamma_4[1-\varepsilon(l)]}}{\sqrt{K\varepsilon(l)}+\beta_4\sqrt{\gamma_4[1-\varepsilon(l)]}} \tag{3.4.24}$$

由于 $R_n(0)=\dfrac{R_n(x)}{\omega(x)}$,此时对应的入射激波初始 Mach 数可以表示为

$$M_{ST}(0)=\frac{2G_a a_{41}(0)}{\gamma_4-1}\frac{R_{nT}(l)}{\omega(l)[1-\varepsilon(0)]} \tag{3.4.25}$$

假如 $\varepsilon(x)\approx\varepsilon(0)$,满足末端缝合操作的入射激波初始 Mach 数可以进一步化简为

$$M_{ST}(0)=\frac{1}{\omega(l)}\frac{2G_a a_{41}(0)}{(\gamma_4-1)[1-\varepsilon(0)]}\frac{\beta_4\sqrt{\gamma_4}}{\sqrt{\dfrac{K\varepsilon(0)}{1-\varepsilon(0)}}+\beta_4\sqrt{\gamma_4}} \tag{3.4.26}$$

这就是激波衰减条件下达到缝合操作的入射激波初始 Mach 数需要满足的约束方程。为了进一步减小计算误差,速度比 K 采用近似形式 $K=\dfrac{2}{3}\dfrac{\gamma_4+1}{\gamma_1+1}+\dfrac{1}{3}\dfrac{\gamma_4+1}{2}=1.185$,同时注意到 $\gamma_4=\dfrac{5}{3}$ 和 $\gamma_1=\dfrac{7}{5}$,方程(3.4.26)可以转化为简单形式:

$$M_{ST}(0)\approx\frac{1}{\omega(l)}\frac{3G_a a_{41}(0)}{1+4.216\sqrt{\varepsilon(0)}} \tag{3.4.27}$$

其中,无量纲速度比值 $\omega(l)$ 满足 $\sqrt{f_{U_S}(l)} \leqslant \omega(l) \leqslant 1$, 比激波速度的衰减率要慢。于是,激波将在更低的 Mach 数下实现缝合操作。在其他条件相同的情况下,驱动气体温度越低,其对应的激波缝合 Mach 数也就越低(图 3.2.4),随着激波强度及速度的增加,激波衰减更加严重,驱动气体所对应的等效温度(声速)更低,相应的激波缝合 Mach 数也更低,就出现了图 3.4.9 的情况。另外,2 区和 3 区气体之间的声抗比值 $(\rho a)_{23}$ 随着激波速度的衰减而缓慢增加。这一现象也暗示,激波将在更低的 Mach 数下实现缝合操作。

图 3.4.11 显示的是以氦气-氩气混合气体(体积分数为 90%和 10%)作为驱动气体,空气作为被驱动气体(0.35 atm),缝合操作下滞止焓 h_0 与膜片打开时刻声速比 a_{41} 之间的关系 ($h_0 \approx U_S^2$)。在这个算例中,压缩管与激波管直径比 $\frac{D}{d} = \frac{10}{3}$, 激波管长度与直径的比值 $\frac{l}{d} = 133$, 激波管直径 $d = 0.076$ m, 这一尺寸和 T4 自由活塞激波风洞的尺寸几近相同[67],活塞压缩器压缩比 λ 为 30~60。如前所述,激波衰减主要由边界层黏性和反射膨胀波引起。在计算中,反射膨胀波引起的激波衰减速度通过人为调高式(3.4.15)的系数 C 的值来等效。计算中系数 C 的具体形式为

$$C = 0.017\frac{U_S(0)}{1\,000} + 0.035\frac{P_1}{10\,300} - 0.03$$

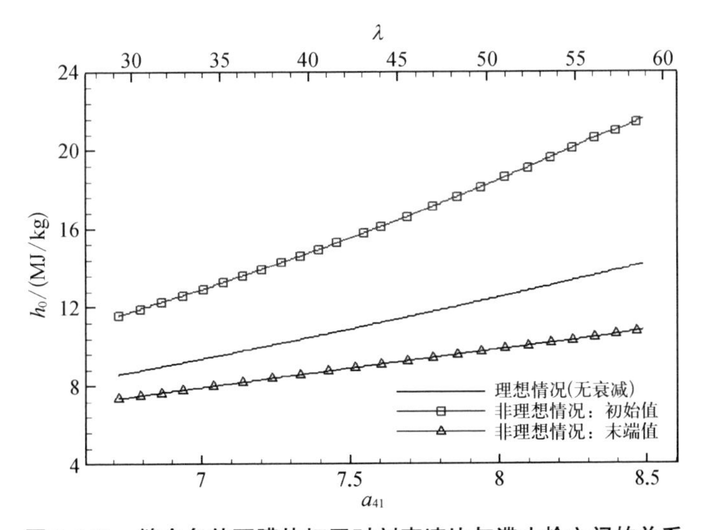

图 3.4.11　缝合条件下膜片打开时刻声速比与滞止焓之间的关系

上式的初始激波速度 $U_S(0)$ 单位是 m/s,大小为 2 800~6 300 km/s,激波管试验气体初始填充压力 P_1 的单位是 Pa,大小为 10~120 kPa。当然,这个办法只是权宜之计。

图 3.4.11 中最上方曲线表示满足末端缝合条件的初始激波所具有的能量,最下方曲线表示激波抵达激波管末端所剩余的能量,中间曲线表示理想情况下满足缝合操作的激波能量。通过分析,可以获得几个结论:① 在真实气体效应下,满足缝合条件的入射激波焓 h_T(或者 Mach 数)对试验气体的初始压力 P_1 具有依赖性。② 入射激波的能量有相当一部分在行进中耗散,入射激波越强,激波速度衰减越严重,这意味着能量越高,实现末端缝合越不容易。例如,为了在激波管末端获得 17.2 MJ/kg 的焓,并且实现末端缝合,那么初始时刻激波的能量不得低于 43.1 MJ/kg,这个值是理想情况下相应值的 2 倍以上。③ 随着初始声速比 a_{41}(即压缩比)的增加,激波速度的衰减因子 ω_{U_S} 由 0.73 减小至 0.64,无量纲速度的衰减因子 ω_{R_u} 由 0.83 减小至 0.78。

T5 风洞的试验测量表明[44],在声速比 a_{41} 为 9.06 和 9.27 时,满足末端缝合条件的激波剩余焓分别为 18 MJ/kg 和 19.5 MJ/kg,相应条件下的理想值约为 23.3 MJ/kg 和 24.8 MJ/kg;在相同的声速比下,本书算例获得的估计值为 15.76 MJ/kg 和 16.24 MJ/kg,理想值为 22.3 MJ/kg 和 23.3 MJ/kg。这意味着缝合条件下激波速度计算值与测量值误差约为 4%和 9%,而理论计算之间的误差不足 2%。前者的误差可能和设备尺寸、驱动气体组分以及衰减速率等因素有关,由于文献[44]提供的数据信息不够全面,很难深入分析误差产生的原因。图 3.4.11 和图 3.4.9 体现了很好的一致性。表 3.4.3 给出了若干自由活塞激波风洞的缝合或者接近缝合操作的结果,并与采用式(3.4.26)获得的理论预测值进行了对比。基于 T4 风洞尺寸结构,表 3.4.4 特别给出了几种不同衰减率下的缝合 Mach 数。总体而言,约束方程(3.4.26)或者方程(3.4.27)的预测效果是令人满意的。

表 3.4.3　几种自由活塞激波风洞的缝合操作结果和本书计算结果的对比

(近)缝合操作	被驱动气体	驱动气体(体积分数)	$M_{ST}(0)$ 试验值	$M_{ST}(0)$ 和 P_{41} 本书计算值	f_{U_S}	误差
T4,车次 1820[67] $\lambda = 60$	空气, $P_1 = 35.0\times10^3$ Pa	He(90%), Ar(10%), $P_4 = 57.0\times10^6$ Pa $P_{41} = 1\,628$	13.68 (4.65 km/s)	13.52 (4.58 km/s) $P_{41} = 1\,577$	0.72	1.2%

（续表）

（近）缝合操作	被驱动气体	驱动气体（体积分数）	$M_{ST}(0)$ 试验值	$M_{ST}(0)$ 和 P_{41} 本书计算值	f_{U_S}	误差
T5，车次#[77] $\lambda=60$	空气，$P_1=0.20\times10^5$ Pa	He(99%)，Ar(1%) $P_4=580\times10^5$ Pa $P_{41}=2\,900$	18.21 (6.19 km/s)	17.86 (6.071 km/s) $P_{41}=2\,537$	0.74	1.5%
HEG，车次 13[78] $\lambda=58$	N_2，$P_1=0.33\times10^5$ Pa	He(99%)，Ar(1%) $P_4=495\times10^5$ Pa $P_{41}=1\,500$	16.30* (5.41 km/s)	17.01 (5.67 km/s) $P_{41}=1\,781$	0.81	4.4%
AEDC-G-Range[79] $\lambda=29.8$	空气，$P_1=0.395\times10^5$ Pa	He(98%)，Ar(2%) $P_4=690\times10^5$ Pa $P_{41}=1\,734$	13.81 (4.696 km/s)	13.40 (4.56 km/s) $P_{41}=1\,504$	0.75	2.9%

* 在 HEG 风洞的第 13 次运行中，激波末端速度为 4.4 km/s。

表 3.4.4 几种不同激波衰减速率下的缝合 Mach 数结果

$\omega=\dfrac{U_S(l)}{U_S(0)}$	0.68	0.70	0.72	0.74	0.76
$\omega=\dfrac{R_u(l)}{R_u(0)}$	0.803	0.815	0.826	0.838	0.850
$M_{ST}(0)$	13.92	13.72	13.52	13.32	13.11
$M_{ST}(l)$	9.47	9.61	9.73	9.85	9.96

下面从另外一个途径来审视缝合条件(3.2.17)和(3.2.21)，并试图去理解激波行进过程中的衰减对缝合条件的影响。通常当 2 区和 3 区气体之间的声抗比满足 $(\rho a)_{23}=1$，便可以获得缝合条件。驱动气体采用氦气-氩气混合气体，可以很好地保持完全气体性质，而激波后的 2 区气体为空气，在强激波条件下将伴随明显的真实气体效应。于是，可以得到

$$1=\rho_{23}a_{23}=\rho_{23}\sqrt{\frac{\gamma_2R_2T_2}{\gamma_3R_3T_3}}=\sqrt{\frac{\gamma_2R_2}{\gamma_3R_3}}\rho_{23}\sqrt{T_{23}} \tag{3.4.28}$$

利用接触面两侧的相容性条件 $P_2 = P_3$ 得到

$$Z_2\rho_2 R_2 T_2 = \rho_3 R_3 T_3 \tag{3.4.29}$$

其中，Z_2 为 2 区气体的压缩因子；R_2 和 R_3 分别为 2 区气体和 3 区气体的气体常数。压缩因子 Z 通常定义为 $Z = \dfrac{PM_w}{\rho R_s T}$，$M_w$ 为标准条件下的气体分子量，R_s 为普适气体常数。将式(3.4.29)代入式(3.4.28)，可以导出缝合条件下的气体密度比 ρ_{23} 满足

$$\rho_{23} = \frac{Z_2\gamma_3}{\gamma_2} \tag{3.4.30}$$

压缩因子是温度和压力的函数，当压力固定时，压缩因子随温度的增加而增加。忽略电离因素，压缩因子 Z 和离解度 α（已离解气体质量与气体总质量之比）是相对应的。特别地，对双原子分子气体而言，压缩因子 Z 满足 $Z = 1 + \alpha$。图 3.4.12 给出了平衡气体假设下空气压缩因子随温度的变化情况，随着空气压力的增加，空气中氧气的离解在更高温度水平下才能完成，因此在更广泛的温度范围内，压缩因子被局限在 1.0~1.22。另外，当激波速度小于 5.5 km/s 时，激波后 2 区气体(空气)温度不高于 7 500 K，在较高的压力水平下，空气的离解主要以氧气离解为主。注意到 3 区气体为完全气体且 $\gamma_3 = \gamma_4$，因此在强激波环境下末端缝合条件(3.4.30)略低于 $\rho_{23} = K = \dfrac{\gamma_4 + 1}{2}$。当激波在行进过程中发生衰减时，2 区气体温度也随之下降，式(3.4.30)右端的值 $\dfrac{Z_2\gamma_3}{\gamma_2}$ 减小，故而选择 $K = 1.185$

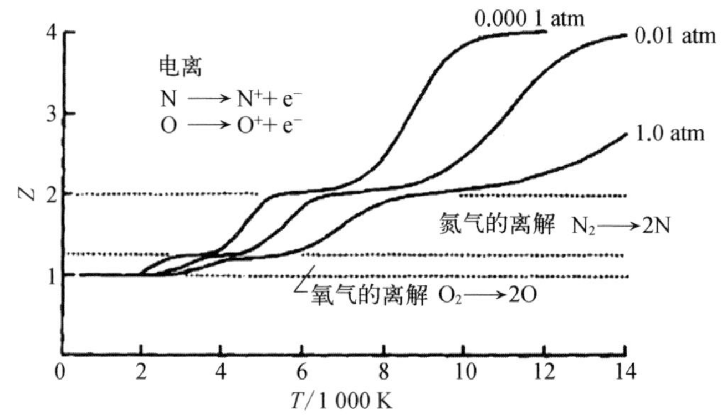

图 3.4.12 平衡气体假设下空气的压缩因子与温度的关系[14]

来减小误差。在平衡气体假设下,声速的精确表述为[14]

$$a^2 \equiv \left(\frac{\partial P}{\partial \rho}\right)_S = \gamma RT \frac{1 + \left(\frac{\partial \ln Z}{\partial \ln T}\right)_\rho}{1 + \left(\frac{\partial \ln Z}{\partial \ln T}\right)_P} \tag{3.4.31}$$

假如空气中主要发生的是氧气的离解,那么压缩因子可以表述为[6]

$$Z = 1 + \alpha = 1 + \left(1 + \frac{P}{R\rho_d}\frac{e^{\theta_d/T}}{T}\right)^{-1/2} \tag{3.4.32}$$

其中,θ_d = 59 500 K 为氧气离解的特征温度;ρ_d = 150 kg/m^3 为氧气离解的特征密度。联系式(3.4.31)和式(3.4.32),进行量阶分析和简单的计算,可以得到 $\left(\frac{\partial \ln Z}{\partial \ln T}\right)_\rho = o(1)$ 和 $\left(\frac{\partial \ln Z}{\partial \ln T}\right)_P = o(1)$。由此,在高温高压情况下,采用 $a^2 = \gamma RT$ 计算声速已经足够精确。

参考文献

[1] Lukasiewicz J. Experiment methods of hypersonic[C]. New York: Marcel Dekker, Inc., 1973.

[2] Alpher R A, White D R. Flow in shock tubes with area change at the diaphragm section[J]. Journal of Fluid Mechanics, 1958, 3(5): 457-470.

[3] Russell D A. Studies of the effects of cross-sectional area change and boundary-layer growth on shock motion[D]. Pasadena: California Institute of Technology, Series for Degree of Ph.D., 1961.

[4] Salas M. Shock wave interaction with an abrupt area change[R]. NASA Technical Paper 3113, Washington D. C., 1991.

[5] Glass I I, Hall J G. Shock tubes handbook of supersonic aerodynamic section18[R]. NAVORD Report 1488 (Vol.6), Naval Ordnance, Washington D.C., 1959.

[6] 陈强. 激波管流动:理论和试验技术[M]. 合肥:中国科学技术大学, 1979.

[7] Lamanna G. Shock tube brief introduction on its theory and applications[R]. University Stuttgart, Department of Physics Report, Stuttgart, 2010.

[8] Hornung H G, Belanger J. Role and techniques of ground testing for simulation of flows up to orbital speed[C]. Seattle: AIAA-90-1377, The 16th AIAA Aerodynamic Ground Testing Conference, 1990.

[9] Laderman A J. Optimum shock tube with divergence at the diaphragm section[J]. AIAA Journal, 1967, 5(11): 2089-2091.

[10] Laderman A J. Shock tube performance with area divergence at the diaphragm section[J]. AIAA Journal, 1967, 5(10): 1904-1906.

[11] Srinivasan S, Tannehill J C, Weilmuenster K J. Simplified curve fits for the thermodynamic properties of equilibrium air [R]. Washington D. C.: NASA Reference Publication 1181, 1987.

[12] Bade W L. Simple analytical approximation to the equation of state of dissociated air[J]. ARS Journal, 1957, 29 (4): 298-304.

[13] Rathakrishnan E G. High Enthalpy Gas Dynamics[M]. Singapore: Wiley Press, 2015.

[14] Hansen C F. Thermodynamic and transport properties of high temperature air[R]. Brussels: NATO-Report-323, 1959.

[15] Hansen C F. Approximations for thermodynamic and transport properties of high temperature air[R]. Washington D. C.: NASA TR R-50, 1959.

[16] Grier N T. Equilibrium hydrodynamic variables behind the primary and reflected shock waves in Argon and Nitrogen [R]. Washington D. C.: NASA-TN-D-2905, 1965.

[17] Treanor C E, Logan J O. Thermodynamic properties of nitrogen from 2000 degrees K to 8000 degrees K[R]. Buffalo: Cornell Aeronautical Laboratory, No. Rep-1007-A-5, 1957.

[18] Properties of nitrogen in chemical equilibrium including second viral corrections from 2000°K to 15, 000°K[R]. Arnold Air Force Base: Arnold Engineering Development Center TDR-63-162, 1964.

[19] Lewis C H, Neel C A. Specific heat and speed of sound data for imperfect nitrogen I. T = 2000 to 15, 000°K [R]. Arnold Air Force Base: Arnold Engineering Development Center TDR-64-113, 1964.

[20] Lewis C H, Neel C A. Specific heat and speed of sound data for imperfect nitrogen II. T = 100 to 2200°K[R]. Arnold Air Force Base: Arnold Engineering Development Center TDR-64-114, 1964.

[21] Smith C E. Thermodynamic properties of nitrogen[R]. Bethesda: Lockheed Missiles and Space Co., Rept. 6-90-62-111, 1962.

[22] Smith C E. Intermolecular-force effects on the thermodynamic properties of nitrogen[J]. AIAA Journal,1964, 2(1): 183-184.

[23] Ahtye W F, Peng T C. Approximations for the thermodynamic and transport properties of high temperature nitrogen with shock tube applications[R]. Washington D. C.: NASA TN D-1303, 1962.

[24] Hilsenrath J, Klein M. Tables of thermodynamic properties of nitrogen in chemical equilibrium including second virial corrections from 2000 K to 15000 K[R]. Arnold Air Force Base: Arnold Engineering Development Center AEDC-TDR-63-162, 1964.

[25] Campbell C H, Candler G V. Detailed simulation of nitrogen dissociation in shock waves[C]. Norfork: AIAA-99-3633, The 33rd AIAA Thermophysics Conference, 1999.

[26] Brano D, Capitelli M, Esposito F, et al. Simulation of nitrogen dissociation in a strong shock wave[C]. Anaheim: AIAA-2001-2761, The 35th AIAA Thermophysics Conference, 2001.

[27] Kim J G, Iain D, Boyd I D. Modeling of strong non-equilibrium in nitrogen shock waves[C].

San Diego: AIAA-2013-3150, The 44th AIAA Thermophysics Conference,2013.

[28] Steinberg M. Carbon dioxide dissociation rates behind shock waves[R]. Washington D. C.: NASA-CR-166, 1965.

[29] Woodward H T. Thermodynamic properties of carbon-dioxide and nitrogen mixtures behind a normal shock wave[R]. Washington D. C.: NASA TN D-5553, 1963.

[30] Gordon S, McBride B J. Computer program for calculation of complex chemical equilibrium compositions and applications analysis[R]. Washington D. C.: NASA Reference Publication 1311, 1994.

[31] Gordon S, McBride B J. Computer program for calculation of complex chemical equilibrium compositions and applications II: Users' manual and program description[R]. Washington D. C.: NASA Reference Publication 1311, 1996.

[32] Davies L, Edward D H. An experimental investigation of the reflected shock pressure time profiles for air, oxygen, nitrogen, argon, carbon dioxide and acetylene[R]. London: Her Majesty's Stationery Office, Reports & Memoranda, No.3446, 1964.

[33] White D R. Influence of diaphragm opening time on shock tube flows[J]. Journal of Fluid Mechanics, 1958, 4(11): 585-599.

[34] Ikui T, Matsuo K. Investigations of the aerodynamic characteristics of the shock tubes, part I, the effects of tube diameter on the tube performance[J]. Bulletin of the Society of Mechanical Engineers, 1969, 2(52): 774-782.

[35] Ikui T, Matsuo K, Nagai N. Investigations of the aerodynamic characteristics of the shock tubes, part 2, on the formation of shock waves[J]. Bulletin of Journal of the Society of Mechanical Engineers, 1969,12(52): 783-792.

[36] Simpson C J S M, Chandler T R D, Bridgman K B. Effect on shock trajectory of the opening time of diaphragms in a shock tube[J]. Physics of Fluids, 1967, 10(9): 1894-1896.

[37] Curzon F L, Phillip M G R. Low attenuation shock tube: Driving mechanism and diaphragm Characteristics[J]. Canadian Journal of Physics, 1971, 49(15): 1982-1993.

[38] Shtemenko L S. Gas flow near a digphragm in a shock tube[J]. Vestnik Moskovskogo Universiteta, Fiz. Astron., 1967, 58(1): 128-133.

[39] Rothkopf E M, Low W. Diaphragm opening process in shock tubes[J]. Physics of Fluids, 1974, 17 (6): 1169-1173.

[40] Houas L, Biamino L, Mariani C, et al. The effects that changes in the diaphragm aperture have on the resulting shock tube flow[J]. Shock Waves, 2012, 22(4): 287-293.

[41] Landau L D, Lifshitz E M. Course of Theoretical Physics Vol.6: Fluid Mechanics[M]. 2nd ed. Oxford: Pergamon Press, 1999.

[42] Glaz H M, Colella P, Collins S, et al. Non-equilibrium effects in oblique shock wave reflection[J]. AIAA Journal, 1987, 26(6): 698-705.

[43] Presley L L, Hanson R K. Exact solution of reflected normal shock wave flow fields with non-equilibrium chemical reactions[C]. Los Angeles: AIAA-68-732, Fluid and Plasma Dynamics Conference, 1968.

[44] Belanger J, Hornung H. Numerical predictions and actual behavior of the free piston shock

tunnel T5 [C]. Colorado: AIAA - 94 - 2527, The 18th AIAA Aerospace Gound Testing Conference, 1994.

[45] Jiang H N, Zhu H, Zhang B B. Study on incident shock wave in shock tubes with different area contracted conditions at the diaphragm section [R]. Beijing: China Academy of Aerospace Aerodynamics, CAAA-Report-0204-14-23, 2014.

[46] Ford C A, Glass I I. An experiment study of shock wave refraction[R]. Toronto: University of Toronto, UTIA Rep.29, 1954.

[47] Witiliff C E, Wilson M R, Hertzberg A. The tailor interface shock tunnel[J]. Journal of the Aerospace Sciences, 1959, 26(1): 219-228.

[48] Flagg R F. Detailed analysis of shock tube tailored condition[R]. Wilmington: Research and Advanced Development Division, RAD-TM-63-64, 1963.

[49] Reller J O, Reddy N M. Analysis of the flow in a 1-MJ electric-arc shock tunnel [R]. Washington D. C.: NASA TN-D-6865, 1972.

[50] Reddy N M. Shock tube flow analysis with a dimensionless velocity number[R]. Washington D. C.: NASA TN-D-5518, 1969.

[51] Mizoguchi M, Aso S, Futae S, et al. A study on increase of a free piston shock tunnel [C]. Reno: AIAA - 2004 - 1294, The 42nd AIAA Aerospace Science Meeting and Exhibit, 2004.

[52] Hong Z K, Davidson, Hanson R K. Contact surface tailoring condition for shock tube with different driver and driven section diameters[J]. Shock Waves, 2009, 19(4): 331-336.

[53] Loubsky W J, Reller J O. Analysis of tailored interface operation of shock tubes with Helium driven planetary gases[R]. Washington D. C.: NASA TN-D-3405, 1966.

[54] Reddy N M. An analysis method for real gas tailoring in a shock tube[J]. AIAA Journal, 1971, 9(12): 2458-2460.

[55] Hornung H G. Ground testing for hypervelocity flow, capabilities and limitations [R]. Brusseles: NATO, RTO-EN-AVT-186, 2010.

[56] Mirels H. Boundary layer behind shock or thin expansion wave moving into stationary fluid [R]. Washington D. C.: NACA TN-3712, 1956.

[57] Mirles H. Attenuation in a shock tube due to unsteady boundary layer action[R]. Washington D. C.: NASA Report No.1333, 1956.

[58] Anderson J D. Fundamentals of Aerodynamics [M]. 4th ed. New York: McGraw-Hill Press, 2005.

[59] Tani K, Itoh K, Tkahashi M, et al. Numerical study of free piston shock tunnel performance [J]. Shock Waves, 1994, 3(4): 313-319.

[60] Anderson G F, Murthy V S. Attenuation of the shock in a shock tube due to effect of wall boundary layer [C]. New York: AIAA - 68 - 0053, The 6th AIAA Aerospace Sciences Meeting, 1968.

[61] Trimpi R L. Nonlinear theory for predicting the effects of unsteady laminar, turbulent, transitional boundary layers on the attenuation of shock wave in a shock tube[R]. Washington D. C.: NASA TN-4347, 1958.

[62] Emrich R J. Wall effect in shock tube[J]. Physics of Fluids, 1958, 1(1): 14-23.

[63] Spence D A, Woods D A. Boundary layer and combustion effects in shock tube flows[C]. Proceedings of the 11th Symposium of the Colston Research Society, Colston, 1959.

[64] Muylaert J, Voiron J, Sagnier P, et al. Review of the European hypersonic wind tunnel performances and simulation requirements [C]. The Proceedings of the First European Symposium on Aerothermodynamics for Space Vehicles, 1991: 559-574.

[65] Mirles H. Shock tube test time limitation due to turbulent wall boundary layer[J]. AIAA Journal, 1963, 2(1): 84-93.

[66] Amir A F, Yusoff M Z, Yusaf T, et al. Flow instability in shock tube due to shock wave boundary layer contact surface interactions, a numerical study [J]. European Journal of Scientific Research, 2009, 30(1): 164-176.

[67] Jacobs P A. Quasi-one-dimensional modeling of free piston shock tunnel[J]. AIAA Journal, 1994, 32(1): 137-145.

[68] 朱浩，江海南，张冰冰. 自由活塞激波风洞的入射激波衰减[J]. 航空学报，2017，38(12)：39-47.

[69] Doolan C J. Modeling mass entrainment in a quasi-one-dimensional shock tube code[J]. AIAA Journal, 1996, 34(6): 1291-1293.

[70] Menard W A. A higher performance electric arc driven shock tube[J]. AIAA Journal, 1971, 9(10): 2096-2098.

[71] Eitelberg G. Calibration of the HEG and its use for verification of real gas effects in high enthalpy flow [C]. Munich: AIAA-93-5170, AIAA/DGLR 15th International Aerospace Planes and Hypersonics Technologies Conference, 1993.

[72] Brabbs T A, Belles F E. Contact surface tailoring in real shock tubes[R]. Washington D. C.: NASA TN-D-3043, 1965.

[73] Marineau E C, Hornung H G. High-enthalpy non-equilibrium nozzle flow of air: Experiments and computations[C]. San Antonio: AIAA-2009-4216, The 39th AIAA Fluid Dynamics Conference, 2009.

[74] Itoh K, Shuichi U, Tomoyuki K, et al. Hypervelocity aero-thermodynamic and propulsion research using high enthalpy shock tunnel HIEST[C]. Norfolk: AIAA-99-4960, The 9th AIAA International Space Planes and Hypersonic Systems and Technologies Conference, 1999.

[75] Eitellberg G. First results of calibration and use of HEG[C]. Colorado Springs: AIAA-94-2525, The 18th AIAA Aerospace Ground Testing Conference, 1994.

[76] Davis J, Campbell R, Medley J, et al. Hypervelocity scramjet capabilities of the T5 free piston tunnel at Caltech [C]. Orlando: AIAA-92-5037, The 4th AIAA International Aerospace Planes Conference, 1992.

[77] Hornung H G. Performance data of the new free-piston shock tunnel at GALCIT[C]. Nashville: AIAA-92-3943, The 17th AIAA Aerospace Ground Testing Conference, 1992.

[78] Eitellberg G, McIntyre T J. Beck W H, et al. The high enthalpy shock tunnel in Gottingen

[C]. Nashville: AIAA - 92 - 3942, The 17th AIAA Aerospace Ground Testing Conference, 1992.
[79] Blanks J R. Initial calibration of the AEDC impulse tunnel[R]. Arnold Air Force Base: Arnold Engineering Development Center, AEDC-TR-95-36, 1996.

第 4 章

高焓喷管流动

4.1　非平衡喷管流动的一般理论

4.1.1　非平衡喷管流动的基本方程

喷管是产生高超声速或者超高速流场的重要部件。在自由活塞激波风洞中，入射激波发生反射以后，喷管贮室中的高焓试验气体（空气）依然接近平衡态。当喷管喉道之前的第二道膜片破裂时，高焓试验气体快速膨胀通过喷管，时常伴随着明显的热/化学非平衡现象。这是因为，在膨胀过程中试验气体速度太快，试验气体的密度和温度也急剧下降，气体分子很难在短时间内通过足够碰撞，达到热/化学平衡态（在不考虑辐射的情况下，气体达到平衡态主要通过分子碰撞来实现）。另外，在较高的温度下，氧/氮一类的双原子气体分子通常会离解成原子，而内部联系较弱的多原子分子如 CO_2，将在更低的温度下开始离解。离解过程需要吸收很大的能量，与之相反的复合过程，则要释放一定的能量，这两类化学反应对气体的热力学性质都有较大的影响。为了获得准确的流场数据，理论上需要建立热/化学耦合模型对高焓喷管流动进行刻画。

假定喷管截面面积 A 满足 $A=A(x)$，其中 x 为喷管的轴向长度（以喉道为原点）。那么，空气的拟一维喷管流动仍然可以采用如下质量守恒方程、动量守恒方程和能量守恒方程加以表述（忽略黏性耗散、扩散以及热传导）。

连续方程：
$$A\frac{\partial\rho}{\partial t}=-\frac{\partial\rho}{\partial x}(\rho uA) \tag{4.1.1}$$

动量方程：
$$\rho\frac{\partial u}{\partial t}=-\rho u\frac{\partial u}{\partial x}-\frac{\partial P}{\partial x} \tag{4.1.2}$$

能量方程：
$$\rho \frac{\partial h}{\partial t}=-\rho u \frac{\partial h}{\partial x}+\frac{\partial P}{\partial t}+u \frac{\partial P}{\partial x} \tag{4.1.3}$$

其中，t 为时间，ρ、u、P、h 分别为试验气体的密度、速度、压力和焓。高焓试验气体通常以混合物形式存在，假如 ρ_i 表示单位体积中第 i 个化学组分的质量，那么试验气体密度 ρ 满足

$$\rho=\sum_i \rho_i \tag{4.1.4}$$

根据 Dalton 定律，（完全气体）试验气体的状态方程满足

$$P=\rho R T=\sum_i P_i=\sum_i \rho_i R_i T \tag{4.1.5}$$

其中，R 为试验气体的气体常数。如果 c_i 表示第 i 个化学组分的质量分数，即 $c_i=\rho_i/\rho$，那么 $R=\sum_i c_i R_i$。特别地，试验气体焓 h 则满足

$$h=\sum_i c_i h_i=\sum_i c_i\left[\int\left(C_p\right)_i \mathrm{d} T+h_{0, i}\right] \tag{4.1.6}$$

其中，$(C_p)_i$ 和 $h_{0,i}$ 分别表示第 i 个化学组分的比定压热容和零点焓。第 i 个化学组分的质量分数 c_i 取决于喷管流中的化学反应过程，可以采用如下方程进行刻画：

$$\frac{1}{W_i} \frac{\mathrm{d} c_i}{\mathrm{d} t}=\frac{1}{W_i}\left(\frac{\partial c_i}{\partial t}+u \frac{\partial c_i}{\partial x}\right)=\frac{1}{\rho} \dot{w}_i \tag{4.1.7}$$

其中，W_i 为第 i 个化学组分的摩尔质量；$\dot{w}_i$ 为单位时间和单位体积内生成（或消亡）的第 i 个化学组分的摩尔数，或者称为第 i 个化学组分的净生成速率。每一个化学反应的正/逆向反应速率系数通常是温度 T 的函数。因此，从整个化学反应系统上看，下一个时刻的第 i 个化学组分的净生成速率 $\dot{w}_i$ 仅是系统当前温度 T 以及和第 i 个化学组分生成（或消亡）的其他组分浓度 $\omega_j(j \neq i)$ 的函数，即 $\dot{w}_i=g_i(T, \omega_j)$。反应速率系数是实验和人为经验共同的产物，在不同计算中，可能差别很大。试验气体焓 h 包含了不同组分的零点焓，当 h 表示显焓时，化学反应引起的能量变化就自动考虑在内。相关基础性讨论和研究参见文献[1]和[2]。

式(4.1.1)~式(4.1.7)构成了化学非平衡喷管流的数学刻画。如果试验气体始终保持振动平衡态，那么每个化学组分的 $(C_p)_i$ 和 h_i 都可以表述为（平动）

温度 T 的多项式函数。如果试验气体处于振动非平衡态,那么还需引入振动速率方程详细刻画振动能的变化。在式(4.1.6)中,第 i 个化学组分的焓 h_i 还可以表示为:

$$h_i = (E_{\text{trans}} + E_{\text{rot}} + E_{\text{vib}} + E_{\text{e}})_i + R_i T + H_{\text{ch},\, i} \tag{4.1.8}$$

其中,E_{trans} 为平动能;E_{rot} 为转动能;E_{vib} 为振动能;E_{e} 为电子内能(仅在特别高的温度下才予以考虑);R_i 为气体常数;$H_{\text{ch},\, i}$ 为化学反应热。化学反应热 $H_{\text{ch},\, i}$ 的计算参见文献[3]。对双原子分子气体而言,$E_{\text{trans}} = \dfrac{3}{2}RT$ 为平动能,$E_{\text{rot}} = RT$ 为转动能。振动能 E_{vib} 可以通过引入局部振动温度 T_{V} 加以表示:

$$E_{\text{vib}} = \frac{\theta / T_{\text{V}}}{\mathrm{e}^{\theta / T_{\text{V}}} - 1} R T_{\text{V}} \tag{4.1.9}$$

其中,θ 为振动的特征温度。局部振动温度 T_{V} 体现了粒子的振动能水平,局部振动温度越高,粒子的振动能越高。在平衡假设条件下,局部振动温度 T_{V} 等于平动温度 T,即 $T_{\text{V}} = T$。平动-振动松弛过程通常可以采用 Landau-Teller 模型加以刻画,该模型近似地认为,振动能 E_{vib} 趋向平衡值 $E_{\text{vib}}^{\text{eq}}$ 的速率与其偏移平衡态的大小呈正比[2,4],即

$$\frac{\mathrm{d}E_{\text{vib}}}{\mathrm{d}t} = \frac{\partial E_{\text{vib}}}{\partial t} - u \frac{\partial E_{\text{vib}}}{\partial x} = \frac{1}{\tau}(E_{\text{vib}}^{\text{eq}} - E_{\text{vib}}) \tag{4.1.10}$$

其中,τ 为振动松弛时间,由实验测量获得。在很多情况下,振动松弛时间 τ 可以表示成 Millikan-White 形式[5,6]:

$$\ln(\tau P) = A(T^{-1/3} - 0.015 w^{1/4}) - 18.42 \tag{4.1.11}$$

其中,A 为常数;w 为双原子分子的原子量;τ 的单位是 s;P 的单位是 atm。以氮气为例,$A = 220$,$w = 14$,假定气体温度 $T = 6\,000$ K,那么,振动松弛时间和压力乘积满足 $\tau P \approx \mathrm{e}^{-12.7}$。式(4.1.11)表明,在固定温度下,气体压力越大,松弛时间越短;在给定压力下,振动松弛时间 τ 随着温度 T 的增加而减小。式(4.1.11)只是 τP 一种经验表述,不同的经验表述可能存在较大差别。

一般而言,包含 11 个组分的化学反应模型涵盖了空气可能发生的绝大多数反应,文献[7]和[8]提供与 11 个组分的化学反应模型相关的反应速率系数、热力学参数、输运性质以及平衡常数(逆向与正向反应速率的比值)的计算。对双

原子气体甚或空气而言，有时可以引入离解度的概念，以求形式和计算上的简化，相关细节参见文献[9]。式(4.1.1)~式(4.1.11)对数值求解方法具有较高要求，相关的数值计算细节参见文献[10]~[15]，这里不再赘述。

气体分子的平动和转动的松弛过程相当迅速，每个气体分子需要1~10次的碰撞就可以达到平衡态，振动松弛需要10^3~10^8次碰撞才能达到平衡态[16]。平动和转动的非平衡态仅可能在极低密度的流动中发生，比如推进器喷出的羽流在真空中的膨胀[17]。在自由活塞激波风洞工作的范围内，振动能E_{vib}对内能的贡献一般不可忽略，除非气体温度相当低。以氮气为例，在温度为1 700 K时，振动能占内能的比重约为10%；在温度3 000 K时，振动能比重升至15%，而平动能和转动能比重分别为61%和24%[17]。对氧气、氮气和氯气这类双原子分子气体的振动松弛时间，文献[18]给出了另外一种表述：

$$\log_{10}\left(\frac{\tau}{\tau_\theta}\right) = 3.211 \times (T^{-1/3} - 1) \tag{4.1.12}$$

其中，τ_θ为振动特征温度下的松弛时间。相比双原子分子，CO_2的振动松弛过程相当复杂，它具有3种不同的振动模式，不过这3种振动模式以相同速率松弛，因此其振动松弛时间满足[19]

$$\ln(\tau P) = 36.5T^{-1/3} - 17.71$$

文献[20]详细讨论了速度为5 km/s的强激波后氮气的振动-离解的耦合过程，在其研究状态下，广泛使用的Millikan-White振动模型不再适用，这主要是因为激波后钝体头部的滞止区域的质量扩散导致了激波层内出现非Boltzmann振动能分布，平动-振动能量交换的主导地位被打破。于是，研究者采用包含振动-振动能量交换的受迫调和振荡模型(forced harmonic oscillator)和Schwartz-Slawsky-Herzfeld振动松弛模型来刻画振动能交换机理。

化学反应也是通过气体原子或分子的碰撞来实现的，内在机制相当复杂。不过从宏观上看，气体较高的平动、转动和振动水平无疑会增加分子间碰撞概率，进而对化学反应速率产生影响。为了进一步量化微粒振动对化学反应速率的影响，Park引入一个几何平均温度$T_a = \sqrt{TT_V}$作为反应的特征温度，来表述化学反应速率[21]。如果局部非平衡振动能高于局部平衡态值(即$T_V > T$)，则有$T_a > T$，此时化学反应将更快地进行。在一些例子中，Park也曾采用平均温度$T_a = T_V^\alpha T^{1-\alpha}$，$\alpha$为0.3~0.5。在文献[21]中，这些具体的反应速率常数一般由平

均温度 T_a、平动温度 T 或者电子温度 T_e 加以经验拟合而成。另外,氮气的振动-离解非平衡流动的详细讨论参见文献[22]和[23],激波后 CO_2 的离解速率,以及相关热/化学非平衡计算参见文献[24]~[26]。

值得注意的是,在数值计算中,振动松弛模型、化学反应速率模型和湍流模型的选择使得喷管出口流场参数的计算产生不同结果,这些计算结果的合理性需要通过试验加以确认。

4.1.2　非平衡喷管流动与平衡喷管流动的简单比较

一般说来,当喷管滞止温度高于 4 000 K 时,空气中氧原子比重不可忽略,在空气高速膨胀时,有限速率的化学反应过程(主要是复合反应)变得十分重要。如果化学反应速率过程不够快,那么氧原子等组分在膨胀过程中容易"冻结"而使空气成分发生非平衡现象。假如"冻结"部分包含较大能量,那么这种现象将严重地影响膨胀空气的热力学和气体动力学状态。当滞止压力为 10~100 MPa,滞止温度为 4 000~8 000 K 时,主要的能量衰减由氧的离解和氮的振动引起,且前者是主要的。特别地,当滞止压力和滞止温度分别为 10 MPa 和 6 000 K 时,这两者的总和大约占滞止焓的 33%,而在更高的滞止温度或者更低的滞止压力下,氮的离解将占据主要地位。氧原子和氮原子之类的化学冻结,致使可转化为气体动能的滞止焓减少,气流的平动温度、压力和速度也比平衡流动的相应值要小些。在自由活塞激波风洞通常工作的贮室条件下,包含在电离作用中的能量比离解和振动中的能量少得多,所以,相比化学非平衡的影响而言,电离非平衡对喷管流动中气体的热力学和动力学参数影响很小。这就使得在处理喷管非平衡流动时,可以把化学非平衡视为主要因素。

对振动/化学平衡流(具有无穷大反应速率)而言,任何截面上的流动参数仅由喷管贮室条件和当地面积比确定;而对化学非平衡流(具有有限反应速率)而言,上游的流动过程也将明显地影响下游的流动参数。冻结流具有零反应速率,因此试验气体的离解度始终保持不变。平衡流的离解水平随着气流的膨胀而迅速减小,这意味着在喷管流动中复合反应占据优势。在开始时刻,非平衡流和平衡流几乎一致,随后气流的离解水平逐渐偏离平衡流值,并很快接近一个常数。当离解度达到某一值时,气流将发生冻结,平动温度从(非)平衡值下降很快,并达到这个冻结值,在冻结点附近以及下游,化学反应以复合反应为主,复合反应是放热反应,所以放出的热量将传递给气流,使得气流保持较高的温度。较之平衡态的相应结果,热/化学非平衡效应对密度和速度影响十分有限,对气流的静压、静温以及 Mach 数影响很大[27]。在高超声速激波风洞中,试验气体(空气)中氧的冻结离解度随着滞止压力的增加而减小,这意味增加滞止压力,可以减弱试验气体中非平衡效应的影响。而在滞止压力一定时,增加滞止温度,氧的冻结离解度也将增加,此时非平衡效应将更加明显[28,29]。

图 4.1.1~图 4.1.4 取自文献[30],展示了不同化学反应速率下双曲型喷管的轴线流动参数与面积膨胀比之间的关系,这将有助于对非平衡喷管流动建立一个粗略的但是形象的认识。在喷管贮室与喉道之间的亚声速区域,流动是非平衡的,但是非常接近平衡态,然后流动逐步偏离平衡,并在喉道下游某一点接近冻结流。依据这一状况,可以建立一个近似模型,将喷管流依次划分为平衡流和冻结流两个阶段[31]。文献[29]认为,滞止温度为 4 000~6 000 K,滞止压力为 100~1 000 atm 的空气,经过喷管喉道以后将迅速冻结,冻结处的面积膨胀比一般不超过 25。在固定的喷管型面下,冻结现象会因为滞止压力和滞止温度的增加而推后。另外,当滞止压力和滞止温度固定时,喷管的膨胀参数(喉道半径与喷管半锥角正切值之比,该值越大则喷管的膨胀角越小)越大,冻结越靠后。表 4.1.1 给出了一个锥形喷管[膨胀比为 900,喷管截面积膨胀比 $A/A^* = 1 + (x/r^*)^2$,喉道半径 $r^* = 1$ cm]的非平衡流动与平衡流动自由流参数比值的详细比较[28]。

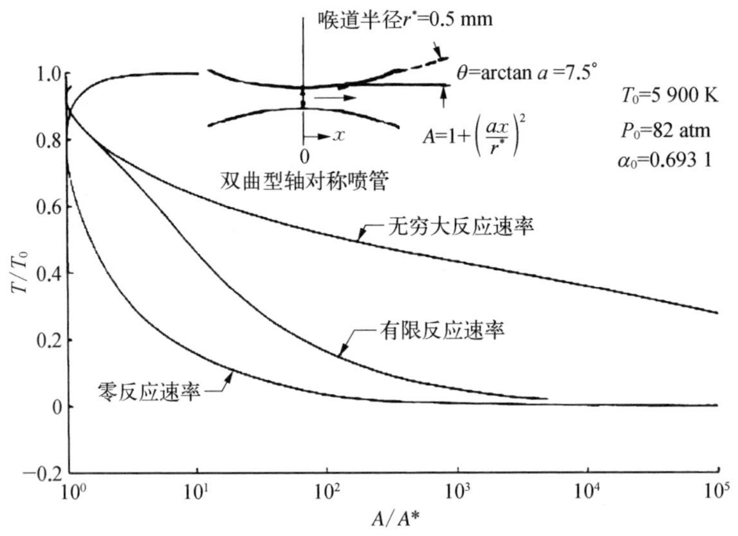

图 4.1.1 试验气流(部分离解的氧气)的平动温度与面积膨胀比之间的关系[30]

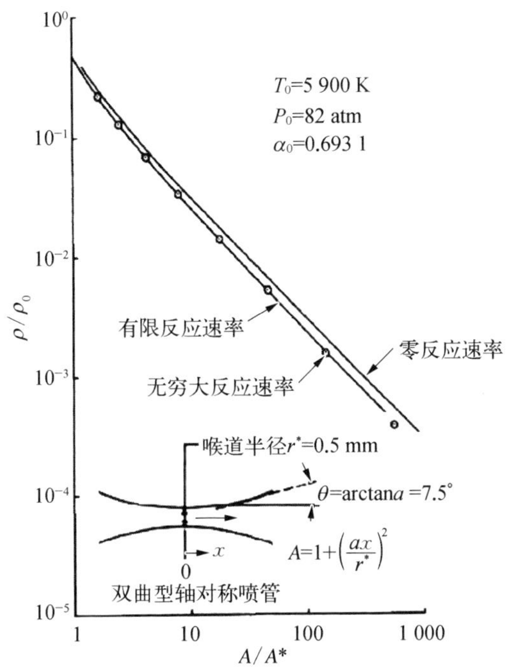

图 4.1.2　试验气流(部分离解的氧气)的密度与面积膨胀比之间的关系[30]

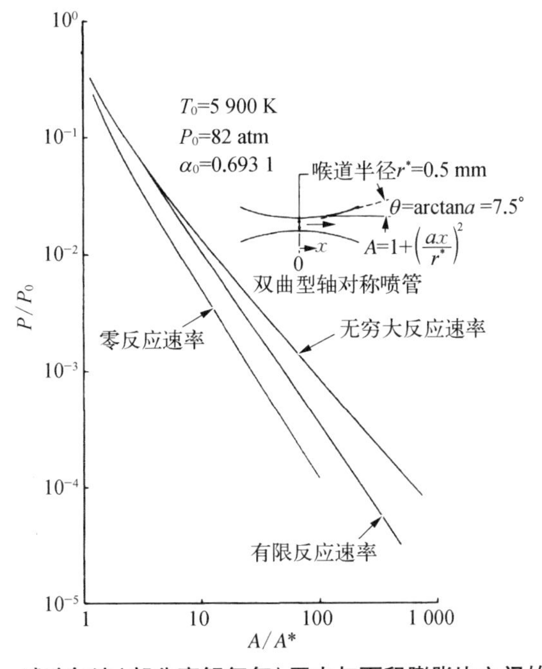

图 4.1.3　试验气流(部分离解氧气)压力与面积膨胀比之间的关系[30]

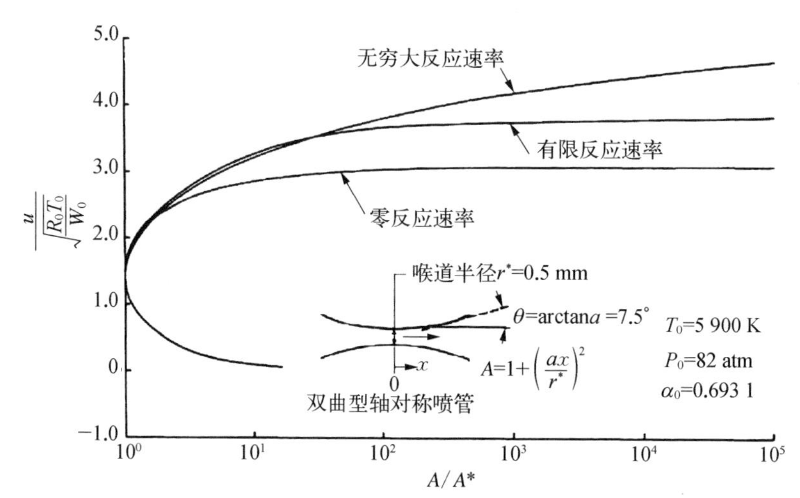

图 4.1.4 试验气流(部分离解氧气)速度与面积膨胀比之间的关系[30]

表 4.1.1 非平衡流动与平衡流动自由流参数比值[28]

滞止温度 T_0/K	6 000		8 000	
滞止压力 P_0/atm	100	1 000	100	1 000
压力比值(非平衡/平衡,下同)	0.425	0.875	0.159	0.544
温度比值	0.359	0.855	0.121	0.497
密度比值	1.095	1.014	1.110	1.045
速度比值	0.913	0.987	0.901	0.957
Mach 数比值	1.455	1.06	2.30	1.305
Reynolds 数比值	2.79	1.17	8.25	2.01
冻结质量分数(O)/%	9.5	1.12	22.5	6.20
冻结质量分数(N)/%	0	0	0.120	0
冻结质量分数(NO)/%	6.75	9.36	0.771	7.29
冻结焓比重/%	15.5	4.80	19.4	8.13

需要说明的是,振动松弛和化学反应是一个熵增过程,但是这个熵增过程带来的影响很小,是可以忽略的。因此,在许多喷管流的计算中,等熵条件仍然可以使用。

4.1.3　非平衡流动的计算与试验

T4 风洞的流场参数由试验测量数据，以及数值计算程序 ESTC 和 NENZF 共同获得，ESTC 是基于平衡气体假设开发的激波管流动计算程序，NENZF 是包含化学非平衡反应的拟一维喷管流计算程序，文献[32]详细研究了 T4 风洞流场参数的不确定性。该文指出，采用 ESTC 程序获得的喷管滞止温度的不确定度小于±6%，在此基础上采用 NENZF 程序计算，自由流静温的不确定度小于±12%，静压小于±15%，密度小于±13%，速度小于±5%，Mach 数小于±5%。这个结果仅局限在 T4 风洞，但至少说明了高焓流动的地面模拟以及计算模拟仍然有不尽完善之处。NENZF 程序由 Lordi 和 Mates 于 1966 年开发完成[33]，为了进一步提高计算的预测能力，后来考虑了振动松弛的影响[34]。

事实上，数值预测和试验观察是获得正确可靠的自由流条件必不可少的两个途径。文献[35]和[36]提供的信息表明，T5 风洞曾采用 DPLR 程序模拟喷管流动，这个程序以 Park 和 Lee 的双温度模型为基础，忽略电离现象，采用 5 组分 5 反应的有限速率化学模型，振动松弛采用 Landau-Teller 模型；在组分、速度和密度等参数的计算上，DPLR 和 NENZF 程序（振动平衡）的结果相差 5%左右[36]。在滞止压力 60 MPa 和滞止焓 17 MJ/kg 下，针对 T5 风洞 7°半锥角的锥形喷管，在截面积比为 100 处，化学非平衡/平衡计算的静压相差 15%，这个差值随着喷管截面积比的增加而增加，在截面积比为 600 处，计算结果相差 30%，Pitot 压力不具有如此的区别能力[35]。由于静压的敏感性，研究者可以通过比较静压的测量值和计算值，来评估数值计算中化学反应模型的优劣，进而增进对高焓喷管流的理解[35]。在文献[35]所提供的几个状态下，对静温而言，非平衡的计算值通常高于测量值 10%~17%；将原子氧的复合反应速率调低时，静温的计算值将降低。这一结果暗示复合反应速率被高估。DPLR 程序采用 Park-Lee 化学反应速率模型，该模型与电弧风洞试验测量具有很好的一致性[21]。需要注意的是，由于电弧风洞的滞止压力明显低于自由活塞激波风洞，按照常理，电弧风洞对应的反应速率应当更慢。

在 HIEST 自由活塞激波风洞中，基于自由流静压的比较结果，研究者认为，当采用空气作为试验气体时，流动接近热力学平衡态，而当采用氮气作为试验气体时，热力学非平衡效应才变得十分明显[37]。图 4.1.5 提供了不同计算模型获得 HEG 风洞第 1 运行状态（参见表 1.1.2）下的喷管中轴位置自由流静温的比较。HEG 风洞所使用的计算程序 DLR-TAU 的相关细节见文献[38]。该例显示，采用热/化学平衡模型，几乎得不到恰当的流动静温（平动温度），偏差最大，采用化学非平衡/热平衡模型求解次之,而采用化学非平衡/热非平衡模型求解最接近真实情况。即便如此,由于选用的化学速率模型的差异,化学非平衡/热非平衡模型获得的静温仍然存在一定程度的偏差[38]。不同的计算模型获得 Pitot 压力的偏差相对较小,静压和静温的偏差较大且比较接近[38]。

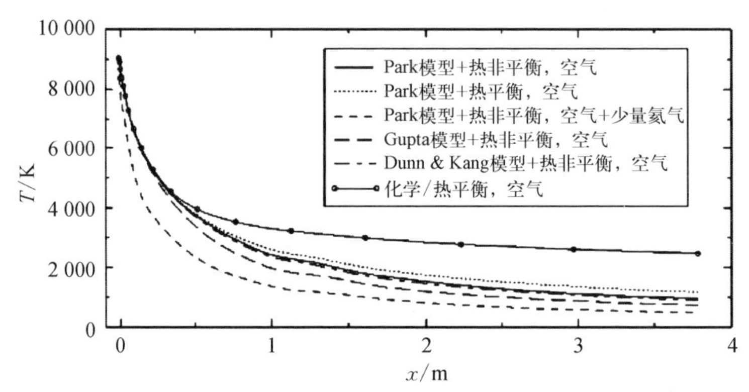

图 4.1.5 HEG 风洞第 1 运行状态不同计算模型获得的静温[38]

本章不过多地讨论热/化学非平衡 CFD 计算技术,而是希望从已知的理论、试验和数值模拟结果中,归纳出若干规律,对高焓喷管流形成一个较为全面的理解。

4.2 高焓喷管流动的特征

4.2.1 喷管流的冻结效应

为了获得超高速流动,自由活塞激波风洞的喷管贮室将保持相当高的温度,足以使试验气体(一般为空气或者氮气)分子发生离解,气体分子的一部分或者全部变为原子。经过喷管膨胀,气体密度显著降低,不足以维持粒子之间的三体碰撞频度,因此某些原子无法在膨胀中发生复合反应。这就意味着,在试验段中,某些离解组分是“冻结”的,自由流的滞止焓包括了这部分离解能。“冻结”只是一种近似的观点,在真实飞行中,大气空气几乎没有这类发生“冻结”的分子,这是地面模拟和真实飞行环境之间存在的差异。

在文献[39]中,Bray 提出了突然冻结模型,并基于 Mollier 图(又称熵-焓图)获得了冻结膨胀的一个关联性结果,这个结果暗示冻结焓与滞止熵之间存在某种关系。基于锥形喷管(喉道直径与半锥角正切的商为 1 cm),Lordi

和 Mates 给出空气(化学)冻结焓与滞止熵之间的相关性(图 4.2.1),鉴于喷管膨胀过程中的化学非平衡复杂性,该关联带来的误差在 10%左右[40]。研究结果还表明,在熵值为 2.6 cal/(g·K)(约 10.886 kJ/(kg·K),对应图 4.2.1 拐点位置),氮原子开始对冻结焓产生显著影响。在更高的熵值上,氧原子浓度是完全离解值,冻结焓对应试验气流中冻结氮原子的最终浓度。在熵值 2.6 cal/(g·K)以下,如果滞止温度大于 8 000 K,试验气流中冻结氧原子浓度可以利用冻结焓获得;如果滞止温度不低于 8 000 K,那么一氧化氮(NO)对冻结焓将产生明显的影响[40]。

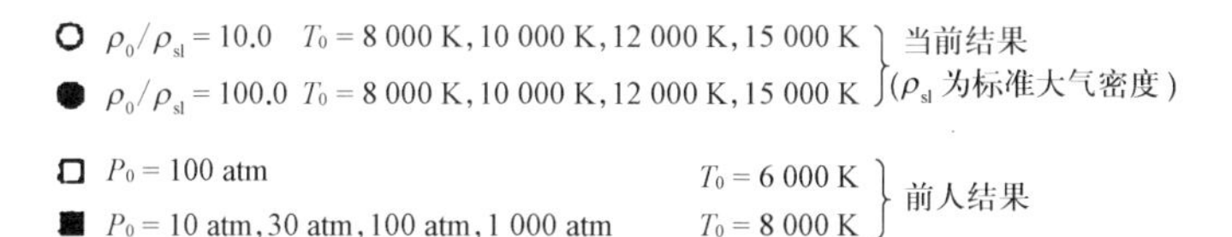

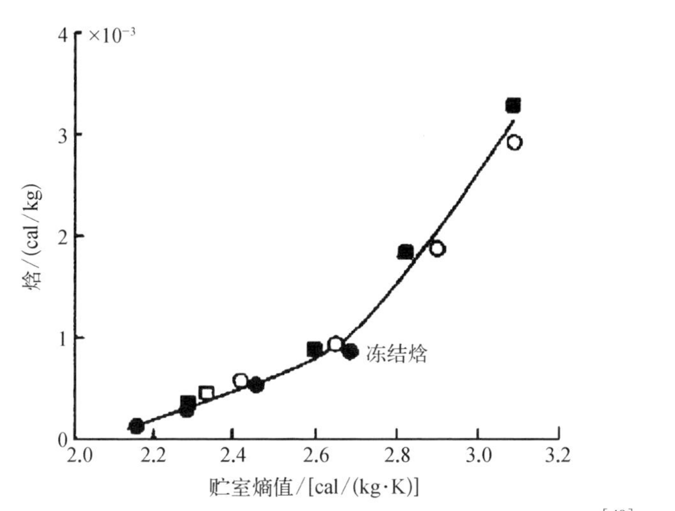

图 4.2.1　喷管流的冻结焓与贮室熵值的相关性[40]

文献[41]以 T5 风洞的一个典型运行状态为例,通过 Mollier 图刻画了试验气体的变化过程,如图 4.2.2 所示。在此例中,激波管中试验气体在初始状态满足 s/R = 24, 入射激波速度接近 4 km/s,经过激波压缩,波后试验气体的焓接近 8 MJ/kg,对应 h/R = 28 000 K, 这里 s 为熵, R 为室温下气体常数。图 4.2.2 中,点(24, 1 000)是初始状态(1 区状态),点(30, 28 000)代表 2 区状态,此时的压力和温度分别为 18 MPa 和 4 000 K,在这种情况下,一部分氧气已经发生离解,一氧化氮开始形成。随后,反射激波使得 2 区气体的熵和焓继续增加,速度减为 0,图中点(33.5, 60 000)对应 5 区状态,即滞止状态,此时滞止压力和滞止温度分别为 100 MPa 和 8 000 K。然后,试验气体经历喷管的定常膨胀,在这一过程中,熵可以视为不变,而焓减小,图中虚线的终点即为 T5 风洞喷管出口所对应的状态[41]。需要说明的是,采用 Mollier 图刻画平衡态的气体是恰当的,但对处于热力学/化学非平衡状态的高焓值的喷管流而言,采用 Mollier 图并不严格,只是带有一定偏差的近似。

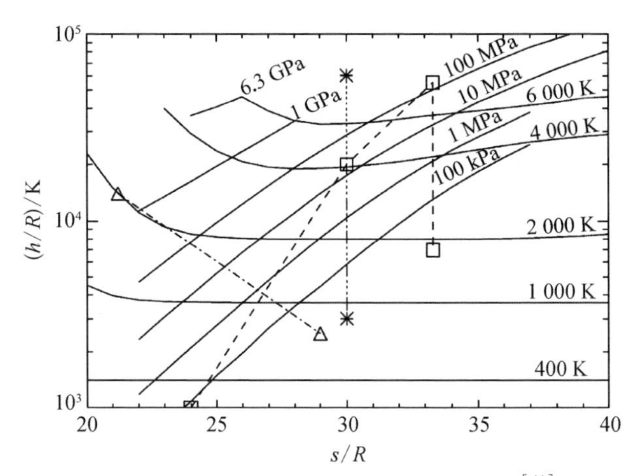

图 4.2.2　一个典型运行状态的 Mollier 图[41]

在试验气体膨胀过程中,复合反应的冻结一般出现在喉道之后某个邻近位置,之后试验气体的组分将保持恒定。假如复合反应冻结位置处的面积膨胀比为 A_f/A^*, A_f 表示冻结位置处喷管的截面积, A^* 表示喉道面积。那么,面积膨胀比 A_f/A^* 和喷管滞止压力、滞止温度以及喷管几何形状均有关系。概括而言,在喷管几何形状确定的情况下,若滞止压力保持不变,那么滞止温度越高,冻结位置处 A_f/A^* 也就越大,滞止压力与 A_f/A^* 之间也存在上述关系[29]。Harris 和 Warren 则认为,对于给定的喷管,流动发生冻结以后,冻结组分仅依赖试验气体的滞止熵,而与滞止焓和压力无关[42]。

文献[41]给出了 T5 风洞中滞止熵和喷管出口试验气流组分之间的关系,如图 4.2.3 所示。图 4.2.3(a)显示,流动中氧原子的质量摩尔浓度随着熵 s_0/R 的增加而增加,直到氧分子和氧原子的质量摩尔浓度相同,此时 $s_0/R = 34$, 并且流动中出现相当高浓度的一氧化氮也是不可避免的。图 4.2.3(b)刻画了喷管滞止状态随着熵值的变化(图中滞止焓被折算成自由流速度),也显示出自由流组分和滞止压力的关系。为了获得 6 km/s 的自由流速度,当滞止压力为 1 GPa 时,对应熵 $s_0/R = 31.6$, 此时氧原子的质量摩尔浓度更低(相比滞止压力为

100 MPa 的情况)。这一事实表明,增大滞止压力可以减小喷管出口试验气体的离解度,不过太大的滞止压力增加了工程应用的难度。当 s_0/R 减小时,一氧化氮的质量摩尔浓度几乎保持不变,这一现象在高焓激波风洞中几乎是不可避免的[41]。

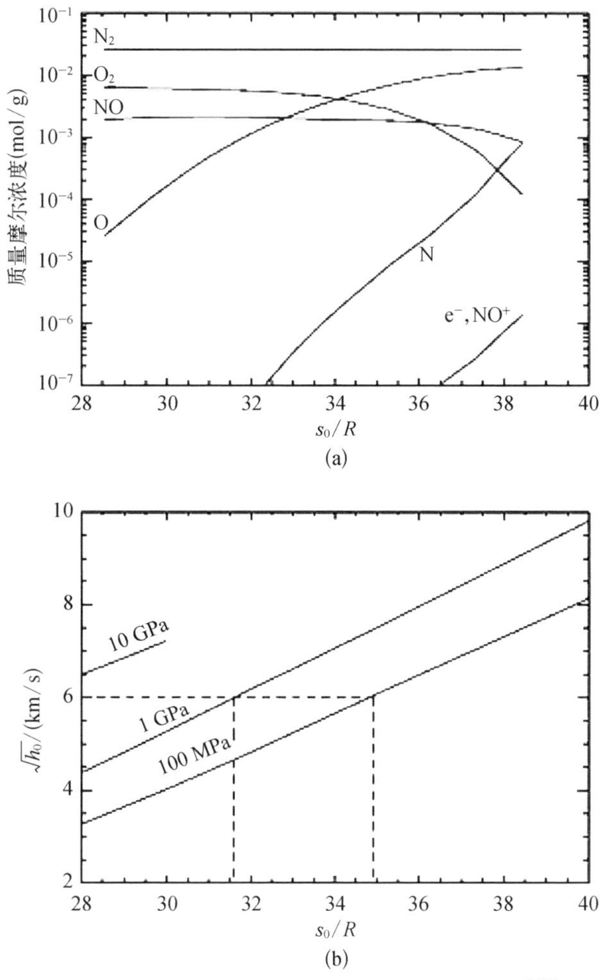

图 4.2.3　滞止熵与试验气体组分及速度的关系[41]

对给定的喷管而言,为了得到较高水平的复合反应,降低自由流的冻结水平,喷管贮室中试验气体应当保持较低的熵值。如果希望试验气体中氧气的离解率不低于10%,那么无量纲化熵值 s_0/R 必须维持在34.9以下[43]。图4.2.3(b)还表明,在固定的自由流冻结水平下,贮室中试验气体的焓和压力之间存在依赖关系,不能自由选择。在高焓条件下,为了使自由流保持较低的冻结水平,必须大幅增加贮室中试验气体的压力。例如,如果希望氧气的离解率不超过10%,在焓为 18 MJ/kg 时,压力为 100 MPa,在焓为 25 MJ/kg 时,压力为800 MPa,这种增长是惊人的[43]。出于这个原因,人们不得不寻求其他方式去获得低离解度的自由流,膨胀管风洞就是其中之一。膨胀管风洞在获得低离解度自由流的同时,付出的代价是更短的试验时间和更小的试验段尺寸。

T5 风洞喷管流动的计算、试验结果表明,喷管出口的试验气体组分受反应速率的影响很小,甚至比不上某些不确定的因素[41],此前 Crane 和 Stalker 的质量谱测量试验也支持这一结果[44]。通过焓和熵之间的关系,可以找到喷管滞止焓值和冻结离解能(冻结焓)的函数关系[42,45],这是就 Harris 相关性所要传递的信息(图 4.2.4)。按照这个相关性,单个冻结组分的浓度,也和滞止焓与压力之间存在关联。图 4.2.4 显示,冻结焓所占比例持续增加并形成一个平台区,此处氧分子的离解"冻结"刚好完成,氮分子的离解"冻结"开始,随后冻结焓的比例继续增加。当 P_0 = 10 MPa 时,在高的滞止焓下,冻结焓能约占滞止焓的 30%;当 P_0 = 100 MPa 时,冻结焓所占比例将下降大约一半。文献[42]还指出,喷管尺寸的改变不会对离解冻结产生太大影响。为了减少可冻结的离解能,采用高的滞止压力比选择大的喷管尺寸更有效[45,46]。但是,这一结论和双尺度参数的模拟要求恰好是相反的。另外,文献[47]~[50]分别讨论了二氧化碳、氢/空气燃烧产物的冻结行为,以及冻结行为对喷管性能的影响,可供参考。

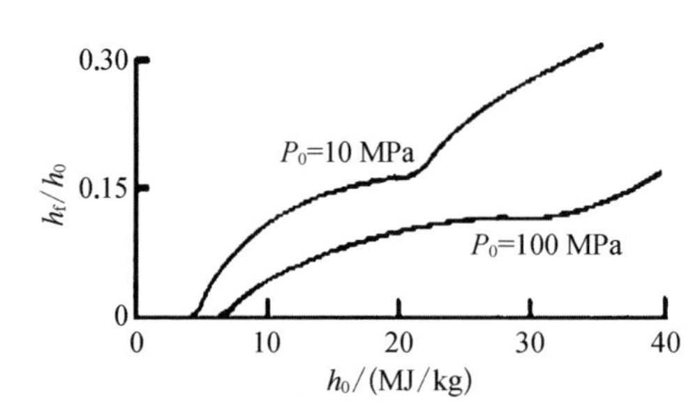

图 4.2.4 试验气体冻结焓所占比例与滞止焓之间的关系[45]

4.2.2 喷管的起动

喷管的起动过程从第二道膜片打开时刻开始,到喷管出口(接近)定常流场建立时刻结束,在这个过程中流动一直处于非定常状态。喷管的起动过程和激波管膜片打开以后的流动类似。根据文献[51],如果以喷管喉道后某一位置作为固定观察点,那么在该点可以依次观测到如下流动状态的演化(图 4.2.5):① 膜片打开时,形成的正激波通过该处;② 接触面通过该处;③ 上游面激波(upstream facing shock wave)通过该处;④ 左行膨胀波区通过该处,气流密度逐渐增加;⑤ 接近定常态的流动通过该处。喷管起动时间,是指(接近)定常流动形成所需要的时间,这个时间区间以喷管处膜片的打开时刻作为起点,以左行膨胀波离开喷管出口为终点。上游面激波的强度弱于第一道激波,它一般出现在左行膨胀波波尾位置。当其通过喷管扩张段时,这道激波的强度逐步得到增强。

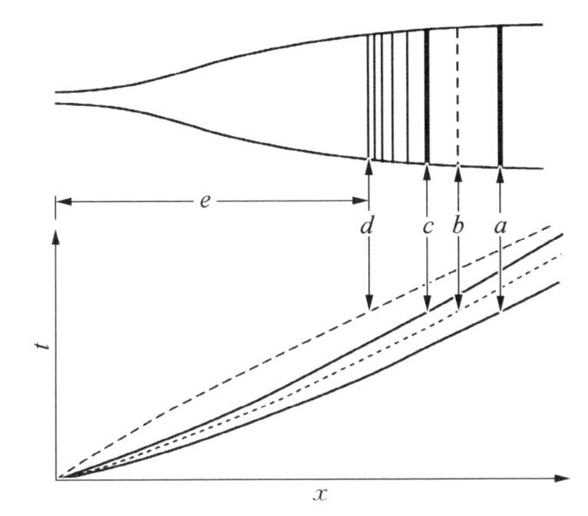

图 4.2.5　喷管的起动过程 *a* 正激波 *b* 接触面 *c* 上游面激波 *d* 左行膨胀波波尾 *e* 定常流动区域[51]

Amann[52] 和 Smith[53] 先后对喷管的起动过程进行了深入的研究,这些结果加深了人们对这一现象的认识。轻质膜片打开形成的初始激波向喷管下游运动,使得喷管中具有极低压力的气体加速。随后,初始激波由于喷管壁面的扩张而减速。另外,试验气体加速通过喷管喉道,在膨胀达到较高的 Mach 数后,追赶上前面速度较慢的初始激波,这时试验气体突然减速,上游面激波因此形成,并且以后掠形式通过喷管。在上游面激波和定常膨胀波之间,形成非定常膨胀波,这个非定常膨胀波形成的区域在喉道附近,非定常膨胀波的上游波头也具有后掠形式,速度为 $u-a$,u 为当地流速,a 为当地声速。当最后的扰动波(非定常膨胀波)发生消退以后,喷管将出现近似定常的膨胀流动。对于具有较高的初始压力的喷管来说,上游面激波的运动时间决定了喷管的起动时间。两道激波之间的流动持续时间非常短促,约为膨胀波通过所需要时间的 1/6[51]。

高超声速喷管的起动所产生的非定常流动现象,减少了反射型激波风洞的有用试验时间。在反射型激波风洞中,喷管的起动时间往往和有用试验时间具有相同量级,因此设法降低喷管的起动时间,对保证有用试验时间是有利的。对于直通型激波风洞,Glass 和 Hall 认为,为了达到喷管在最短时间内起动的目的,应当使得反向传播的非定常波充分减弱,以便使其迅速通过扩张段,可采用的有效措施是尽量降低喷管试验段的初始压力,他们甚至提议采用 100 Pa 以下的初始压力[54]。Smith 等后来发现,在反射型激波风洞中,尽管喷管(锥形和楔形喷管)中初始压力比 100 Pa 大了不少,喷管仍然可以迅速起动,起动时间也并没有延长多少。一般看法是,降低喷管的初始压力,有助于降低喷管的起动时间。对于给定 Mach 数的喷管,增加膨胀角或者减小喉道直径,可以缩短喷管的起动时间,这一点随后将加以说明。

按照文献[55]的观点,在反射型激波风洞,左行膨胀波具有更快的速度,即便喷管中的初始压力偏高,仍然能很快达到喷管出口。反射型激波风洞中锥形喷管的起动时间为左行膨胀波到达喷管出口位置的时间,这个值大约为

$$t = \int_0^x \frac{\mathrm{d}x}{u + a} = \int_0^x \frac{\mathrm{d}x}{a(M + 1)}$$

其中,x 为喉道位置与喷管出口的距离;u、a 和 M 分别为自由流速度、声速与 Mach 数。在喷管流场参数的空间分布已知的情况下,通过上式可以估计出喷管起动时间。对锥形喷管而言,给定喷管喉道尺寸和气流 Mach 数,喷管半锥角越大,或者贮室气体的声速越大,其起动时间也就越短。换一个角度来看,采用短化处理的喷管,理论上具有更短的起动时间。

Jacobs[56] 和 Craddock[51] 等先后对高超声速喷管瞬态流进行了数值模拟研究。例如,在文献[56]中,Jacobs 针对若干典型试验条件,采用拟一维模型对喷管的起动过程进行了刻画,近似地展示起动过程是如何消耗试验气体的。经过和二维(或者三维)的数值模拟的对比,作者进一步指出,由于多维效应的存在,喷管的实际起动过程比拟一维模型获得的起动时间要长一些。另外,文献[57]通过数值模拟展示了 JF-12 风洞起动过程中复杂的激波结构和演化,可供参考。

4.2.3 热载荷问题

在高焓流动中,我们关心的参数主要包括速度、密度、尺寸、组分和有用试验时间 5 个物理量。传统的电弧加热风洞可以获得 10 MJ/kg 以上的滞止焓,但相应的试验气体的密度很低。滞止温度在 4 000 K 以上,电弧室的材料对试验气体的污染逐渐严重,且伴随着巨大的热量损失[58]。喷管贮室内的低密度试验气体在喷管膨胀过程中几乎没有复合反应发生,而且正激波之后的化学反应速率很慢[58]。反射型激波风洞可以弥补上述缺陷,但是随之而来的热载荷问题却让人颇为头疼。严酷的热载荷影响着流场质量、试验效率甚至设备安全。一旦试验时间稍长,激波管末端壁面、喷管贮室壁面容易发生融化,喷管喉道位置发生烧蚀,因此必须采用严格热防护措施[58,59]。喷管喉道的烧蚀问题是制约风洞模拟能力的重要因素之一。

火箭、导弹以及航天飞机等高超声速飞行器的喷管都进行了不同的热防护处理,如潘兴导弹(第一级)、民兵导弹(第一级)大量采用多晶石墨作为喷管喉衬,其思路和方法可以供风洞喷管热防护借鉴。暂冲型高超声速风洞一般采用

水冷方式对喷管喉道冷却，兼用强度和热传导率都很好的铍-青铜为喉道内衬材料，这一类型喷管喉道设计细节见文献[58]。Clark 和 Ellison 提出采用钨锆钼合金作为喉道内衬抵御严重的热载荷[60]，Ames 中心 42 英寸下吹式风洞则采用氦气膜进行喉道冷却[61]。对激波风洞而言，喷管喉道在短时间内将经历极高的加热率，一般要采用传导冷却法进行冷却。即使采用这种办法，喉道的表面温度仍然可能达到融化温度，若以空气为试验气体，还会发生严重的氧化反应，两者均会引起喉道的烧蚀、外形的改变，以及喉道面积的增加，结果是污染试验气流，并加剧试验段气流的非均匀性与不稳定性。Bird 等开展了钨、钼和钢三种材质的喉道烧蚀实验，给出了详细的试验数据和计算数据，结论是钨的综合性能最好[62]。Vassallo 等对更多的金属材料进行了比较研究，发现钨的氧化燃烧（钨在空气中的燃点约为 1 500 K）比单独增加热载荷更难以处理，从氧化温度的角度考虑，钨不如铜，更多细节见文献[58]、[63]、[64]。

在 T5 自由活塞激波风洞初始设计中，为了抵御喉道位置极端高的热载荷，采用铍-青铜内衬，内衬从喉道处开始布置，到面积膨胀比为 2 处结束。在试运行期间，随着压力的提升，喷管喉道前后的某些临界位置出现了严重的烧蚀[59]。当采用氮气作为试验气体时，激波管末端壁面的不锈钢发生了融化；当采用空气作为试验气体，不锈钢发生燃烧。在风洞运行时，这些液态的金属或者金属氧化物流入喉道，对喉道产生严重的损伤[59]。针对 T5 风洞的热载荷问题，研究者进行了细致研究，重点考察青铜、钼、钨和钢等不同材质作为喉道内衬所带来的结果。从理论上看，不同材质在短时间内所能承受的热载荷为 $T_m\sqrt{\rho ck}$，其中 T_m 为材质的熔点，ρ 为材质密度，c 为比热，k 为热传导系数。这个公式表明，在相对高的热载荷情况下，青铜和钼是最好的材质，而钢则最差。一般而言，钨要比青铜好，但是，钨在此情况下将发生剧烈的燃烧，以致每一车次喷管喉道直径都增加 0.3 mm。当喷管滞止压力很高时，固态的青铜将变得相当柔软并发生融化，使得该处纵向平面的曲率变小。在目前操作中，钼是最合适和常用的材质，可以抵御 2 GW/m^{2}的热载荷而不发生融化[59]。不过，在 100 MPa 的滞止压力下，钼的表面也出现明显的发线型裂纹，随后每一车次，裂纹的宽度都有所增加，以致喉道处的钼材质内衬不得不在 5 或者 6 个车次以后就更换[59,65]。

在喉道以外的其他区域，根据不同的热载荷，采用不同的处理办法是恰当的。在喷管喉道下游，以喷管面积膨胀比为 3 的位置为例，钢质喷管也受到严重的烧蚀，此处的温度是滞止温度的 4/5，密度为滞止密度的 1/5，热流仍然足以使得钢在 2 ms 内发生融化。喷管喉道下的第二段的内衬也需要采用不同的材质，最优的材质是钼,即使是在最高滞止压力下,钼的表面也不会出现开裂,因此也无须更换[59],其次可以选用一类复合材质,这类材质以不锈钢作为背衬材料,其上电镀 0.3 mm 厚的青铜。这种复合材质,兼具钢的拉伸性以及青铜的导热性,在 2~3 ms 的运行时间内,热流仅可穿透 0.2 mm 厚度,根据 Enkenhus 和 Maher 计算喉道热传导速率的相关工作[66],这种办法可使得热流减少到 1 GW/m^2。激波管末端和喷管贮室内壁所经受的热载荷巨大,也必须采用青铜内衬加以保护,才能防止其融化和燃烧。特别地,从激波管末端算起,激波管需要铺设内衬的长度大约是直径的 8 倍。内衬也由不锈钢和青铜组成,其中,10 mm 厚度的不锈钢作为背衬,0.3 mm 厚度的青铜作为内衬。环绕喉道四周的末端壁面也采用这种方式。所有这些内衬都需要针对真空和高压进行密封,因此使用了 6 道“O”形密封圈[59]。在 T5 风洞第二道膜片的下游,激波管直径以台阶形式减小,用以阻挡被激波压弯并打开的膜瓣,这个台阶也阻止了钢屑进入流动。在试运行期间,这个位置也会发生明显的燃烧,可采用青铜材质的台阶加以消除烧蚀[59]。

文献[65]也提供了激波管末端(大约 8 个激波管直径的长度)以及喷管所使用热防护材质的细节,喉道部位采用 TZM(tungsten-zirconium-molybdenum alloy,钨锆钼合金)或者纯钼,其他部位采用青铜或者 NARloy-Z(zirconium-copper-silver alloy,锆-青铜-银合金,用于航天飞机的主发动机或者火箭发动机)。在日本 HIEST 自由活塞激波风洞中,Itoh 等考察了传统的 Cr-Zr-Cu(CZC)合金和钼作为喉道材料时,喷管出口的 Pitot 压力[67],由于喉道位置的青铜材质发生烧蚀,Pitot 压力波动很大,说明喷管出口的流场品质逐渐恶化,以致无法满足试验要求;当采用钼材质时,Pitot 压力波动很小(在较高的自由流速度下 Pitot 压力略小于 $\rho_\infty u_\infty^2$),喷管出口的流场具有较好的可重复性。在 AEDC 的自由活塞激波风洞校测中,Blanks 和 de Witt 对喉道的热载荷问题也进行了详细研究,他们认为钽-钨合金(tantalum-tungsten alloy, Fansteel-60R)也是一种非常适合作为喉道材料的材质[68]。关于 AEDC 的自由活塞激波风洞的若干细节参阅文献[68]和[69]。近来,针对氮气工质,日本 HIEST 风洞尝试采用石墨作为喉道材料,其和传统的 CZC 合金的喉道相比具有一定优势,兼顾流场品质和经济性[70]。

4.2.4 自由流模拟中的几个困难

由于试验气体温度很高,喷管出口试验气体的 Mach 数低于真实飞行 Mach 数,除非喷管的面积膨胀比特别巨大,否则无法实现对 Mach 数的模拟。对于具有较高的滞止焓的试验气体,在定常的喷管膨胀过程中,当试验气体温度和声速减小时,气体的复合反应速率也在减小。相比完全气体假设下的双原子气体,试验气体(在相应面积比下的)Mach 数的增加变得更加缓慢。例如,在某个状态下,当滞止焓为 22 MJ/kg 时,扩张比 100 处的 Mach 数约为 5.2,对应的流动速度为 5.7 km/s,但是,扩张比 1 000 处的 Mach 数仅为 8.5。在模拟中,试验气流的密度(或双尺度参数)通常需要优先满足。要实现 Mach 数模拟,喷管贮室必须能够承受十分惊人的高压(滞止压力是 Mach 数的指数函数,极端情况下达到吉帕量级,图 4.2.6),即便这样的压力可以实现,但其对应的热载荷也将是巨大的挑战,如图 4.2.7 所示,相关讨论见文献[45]、[71]、[72]。因此,希望反射型激波风洞完全复现真实飞行环境不甚现实。

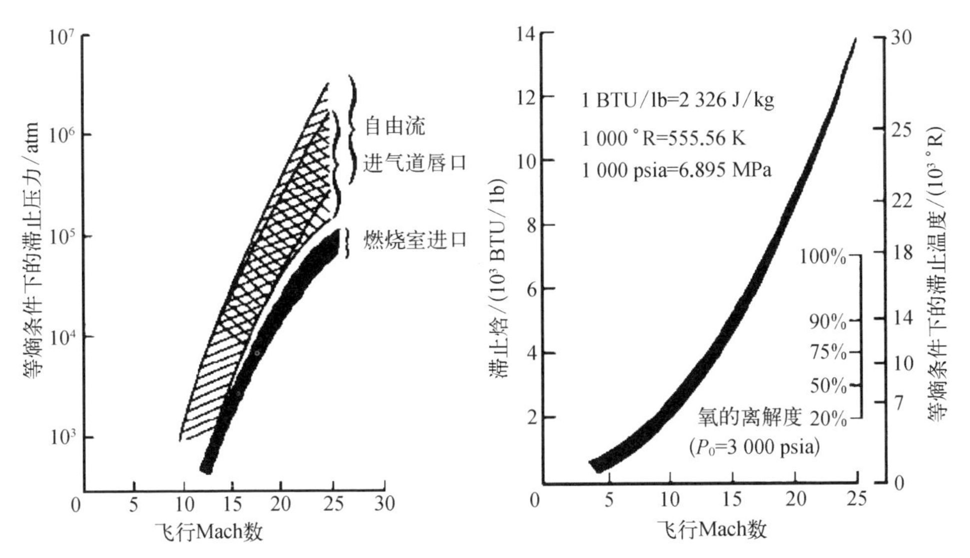

图 4.2.6 超燃推进试验中自由来流 Mach 数与滞止压力的关系[71]

图 4.2.7 超燃推进试验中自由来流 Mach 数与滞止焓的关系[71]

推进试验希望风洞能够模拟真实的高 Mach 数飞行下进气道来流环境,这是极端困难的。随着 Mach 数的增长,风洞所需要的滞止压力则以指数增长(图 4.2.6)。在目前的技术条件下,无法完成此环境的模拟,但就某些局部流动而言,可以获得逼真的模拟。例如,超燃冲压发动机燃烧室中的流动,由于各种损失的存在,其内部的流动速度(或者 Mach 数)远低于自由流速度(或者 Mach 数),如此一来,自由活塞激波风洞配合适当膨胀比的喷管,就有可能获得逼真的燃烧室入口环境,这一观点在不少推进实验中得到证实[45,47,73]。在 T5 风洞中,面积膨胀比 100 的喷管出口位置所获得的自由流条件和燃烧室入口处的流动条件十分接近。这样,对燃烧室流动试验则可以直接在喷管流动中完成,而不必另外模拟产生入口条件的气动环境[73]。需要注意的是,随着模型尺寸的增加,针对部件问题的双尺度参数也将增加。简言之,对超燃冲压发动机的燃烧试验而言,自由活塞激波风洞配合低 Mach 数喷管特别有用。另外一个可以获得的逼真局部流动的例子是模拟钝头或者前缘位置流动细节,在这个例子中,流动 Mach 数的模拟并不重要,而流动的离解行为需要优先考虑[45]。总之,采用自由活塞激波风洞可以深入而广泛地研究这些局部区域的流场。

在激波风洞中,如果流动速度、温度的模拟是正确的,那么流动的反应速度仅依赖密度。二体反应(如离解)的速率和密度呈线性关系,三体反应(如复合)的速率则和密度的四次方呈正比。这样,除非采用完全相同尺寸,否则不足以正确地模拟出所有的化学反应。不过,幸运的是,在不少情况下,三体反应并不很重要,风洞试验仅需要对其组分测试和诊断[45]。因此,激波风洞更加倾向通过双尺度参数 ρL 的模拟来获得相同或者接近的自由流离解速率。

喷管面积膨胀比越大,喷管出口自由流所对应的双尺度参数 ρL 越小。如果喉道面积保持常数,那么双尺度参数 ρL 和面积膨胀比的平方根成反比。以 T5 风洞为例,为了将出口 Mach 数增加到 10,喷管面积比需要由 100 增加到 3 000 时,而双尺度参数将为原来的 3/11[43]。图 4.2.8 显示了 T5 风洞双尺度参数模拟能力,同时表明:双尺度参数随着自由流速度的增加而减小。在该图中,风洞的双尺度参数 ρL 满足 $\rho L = \rho d/2$, 这里 d 为风洞喷管出口直径,另外氮气的特征振动能 $E_{V,N_2} = 0.992$ MJ/kg, 氧气的特征离解能 $D_{O_2} = 15.5$ MJ/kg, 氮气的特征离

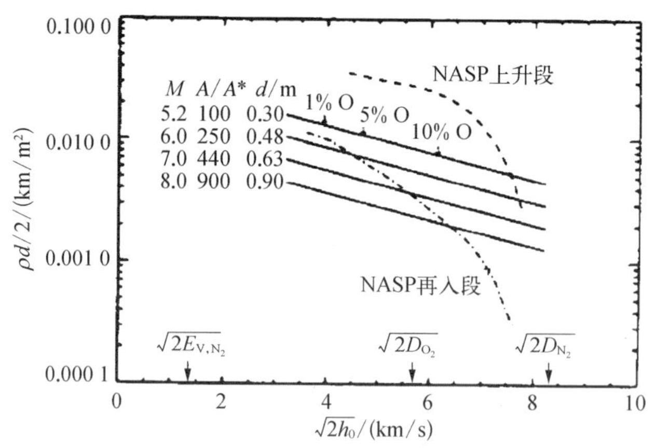

图 4.2.8 T5 风洞的自由来流速度(滞止焓)与双尺度参数的关系[59]

解能 D_{N_2} = 33.6 MJ/kg[59]。根据图 4.2.8，当自由流中氧原子达到气体质量的 10%时，若滞止压力 P_0 为 100 MPa，则喷管出口试验气流对应的最高速度为 5.8 km/s。

如果喉道面积保持常数，随着喷管面积膨胀比的增加，喷管的尺寸也将增加，致使有用试验时间减小。从理论上说，风洞有用试验时间从入射激波发生反射开始，以接触面达到激波管末端结束。但是，真实的有用试验时间并不能简单地通过一维流动计算获得，因为接触面是一个具有一定延展性的区域，且反射激波和接触面之间存在复杂的相互作用，致使驱动气体达到喷管贮室的时间显著提前。因此，文献[73]指出，风洞有用试验时间应由驱动气体污染的程度确定，而不是简单取决于滞止压力无变化的时间。按照通常的习惯，滞止压力下降 10%，即意味着驱动气体污染的到来[59]。

文献[43]表明，在 T4 风洞中，当滞止焓为 8 MJ/kg 时，喷管出口自由流速度为 3.5 km/s，Pitot 压力计显示的流动定常时间为 1.3 ms，通过质量谱测量获得无污染的定常时间仅为 0.5 ms。当滞止焓增加时，有用试验时间进一步缩短，一般认为这个时间长度和滞止焓的平方根成反比，而且这种反比关系是线性的。有用试验时间的大小通常和滞止压力无关。当滞止焓超过 20 MJ/kg 时，有用试验时间将大大缩短[43]。文献[59]给出了 T5 风洞滞止焓和有用试验时间的关系，见图 4.2.9，图中的估计值完成于风洞运行初期，相比图 1.4.5，不免有些保守。对驱动气体污染的测量和分析，可以使用质量频谱仪（mass spectrometer）以及激波分离探针（shock detachment probe）等，相关研究见文献[74]~[76]。

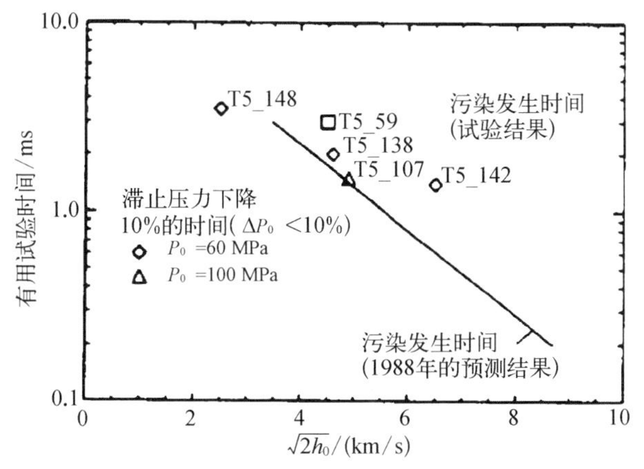

图 4.2.9　T5 风洞的自由来流速度(滞止焓)与有用试验时间关系[59]

激波风洞喷管产生的试验气体是受到“污染”的,其组分和真实飞行中的大气有差异,这种差异对超声速燃烧存在影响。激波风洞自由流中一般包含氧原子和一氧化氮(NO)两种主要污染物,文献[33]指出,在滞止焓 7 MJ/kg 以下,两者的质量摩尔浓度不大于自由流中氧分子质量摩尔浓度的 2%和 10%。在液氢的点火试验中,氧原子在燃烧的初始阶段为系统提供了大量的活化能(activation energy),从而缩短了点火延迟时间;而反应时间和平衡温度不会受到明显的影响[34,77]。特别是在较低的静温下,自由流中氧原子的存在将显著增强氢气-空气混合气体的点火速率[71]。图 4.2.10 揭示氧离解水平对氢气-空气混合气体点火延迟时间和反应时间的影响,更多细节亦见文献[72]。除氧离解水平高于真

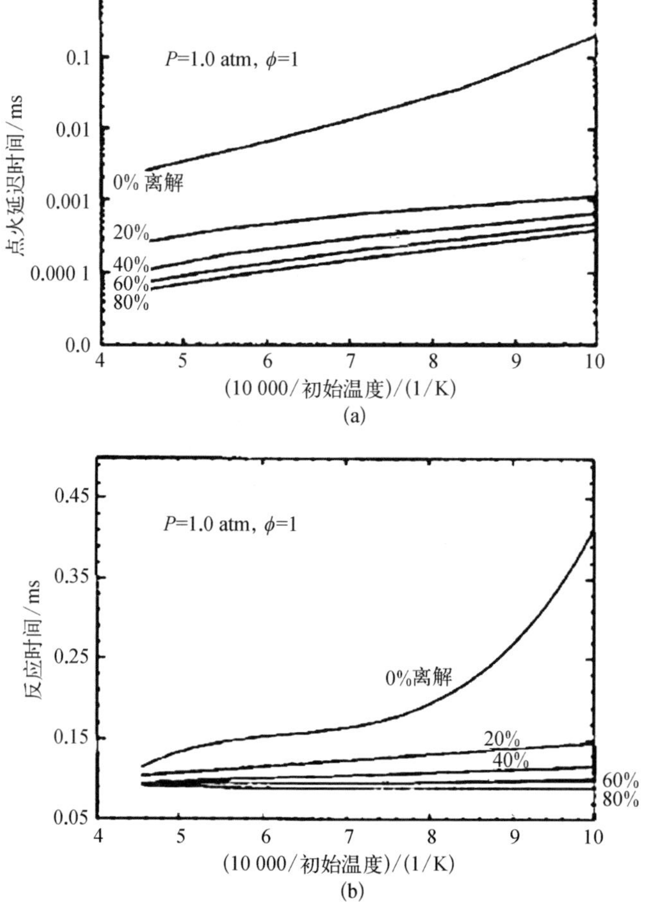

图 4.2.10　氧离解水平对氢气-空气混合气体点火延迟时间和反应时间的影响[71]

P 表示(燃烧)环境压力;ϕ 表示当量比

实飞行环境以外,风洞实验气流中 NO 的质量摩尔浓度也显著高于真实飞行环境。事实上,试验气体在整个膨胀过程中 NO 的质量摩尔浓度下降十分缓慢。由于 NO 和氮气/氧气的分子量及比热十分接近,NO 对气动力试验几乎无影响。但是从燃烧/推进的角度看,NO 对点火具有催化作用,可以增加燃烧的有效释热[71,72]。增加贮室压力可以降低氧的离解水平,但 NO 的质量摩尔浓度却因此增加[72]。文献[77]结合 NASA-Langley 中心的电弧加热设备的相关试验数据,采用数值模拟方法研究了有关 NO 污染物对氢气-空气混合气体燃烧和推进性能的影响。其数值研究表明,在模拟飞行 Mach 数 6~8 的条件下,喷管出口自由流中 NO 的质量摩尔浓度不高于 3.0%,使得推力增加不超过 4%,这种轻微的增加是可以忽略的。但是,在模拟飞行 Mach 数 10~14 的试验条件下,这些污染物的存在将显著影响燃烧过程[72]。高超声速流动中氢气-空气混合气体有效燃烧的计算研究参见文献[78]。值得注意的是,文献[79]提供的冲压发动机的试验结果显示,当试验气体(空气)中氧原子的质量摩尔浓度增加时,虽然可以缩短点火时间,但是燃烧室的压力和喷管出口的推力并没有明显增强,关于超高速冲压发动机地面模拟设备的评估亦可参见该文。对于碳氢燃料,“污染”带来的影响依然存在,由于化学反应复杂了许多,就点火延迟这一问题而言很难给出一般性的结论。

4.3　喷管流的冻结模型

4.3.1　突然冻结模型

高焓喷管流中出现的冻结现象具有一定的普遍性,虽然冻结现象在真实飞行环境中很少发生。本小节主要探讨如何采用突然冻结模型(sudden freeze model, SFM)去刻画非平衡喷管流动。工程经验表明,在喉道上游的亚声速区域内,流动非常接近平衡流,随着气流通过喉道,非平衡效应开始增强,在距离喉道不远的位置,流动迅速发生冻结。20 世纪 60 年代初,Bray 提出突然冻结模型(或者称平衡-冻结模型)来刻画火箭喷管中化学反应流动[31,39]。突然冻结模型将喷管流动分为平衡流和冻结流两个部分,从喷管中轴线上某一点开始,平衡流突然变化为冻结流。这个模型简化了非平衡条件下的喷管流动方程,适应了工程应用与快速计算的需要。经过拓展,这个模型也可用来研究具有多种反应参与的高焓空气,使用范围可以涵盖滞止压力和滞止温度分别为 1 000 atm 与 8 000 K 的情况[80]。

以氧气(O_2)的离解为例加以说明。首先引入离解度的概念。离解度定义为离解的氧原子质量与气体总质量的比值,即

$$\alpha = \frac{[O]_m}{[O_2 + O]_m} \tag{4.3.1}$$

其中,$[\cdot]_m$ 表示质量。对于双原子分子,离解度 α 满足状态方程:

$$P = (1 + \alpha)R\rho T \tag{4.3.2}$$

按照 Lighthill 的平衡理论,离解度和密度存在关系[80]:

$$\frac{\alpha^2}{1 - \alpha} = \frac{\rho_d}{\rho} e^{\frac{\theta_d}{T}} \tag{4.3.3}$$

其中,ρ_d 和 θ_d 分别为氧气离解的特征密度和特征温度。将式(4.3.3)代入式(4.3.2),对于给定的压力和温度,能够估计氧气的离解度为

$$\alpha = \left(1 + \frac{P}{R\rho_d} \frac{e^{\frac{\theta_d}{T}}}{T}\right)^{-1/2} \tag{4.3.4}$$

在定常情况下气体的离解反应速度为

$$\frac{d\alpha}{dt} = u\frac{d\alpha}{dx} \equiv D - \mathscr{R} \tag{4.3.5}$$

其中,$D = C(1 - \alpha)T^{-\eta}e^{\frac{\theta_d}{T}}$ 为离解速率,$\mathscr{R} = \frac{CT^{-\eta}}{\rho_d}\rho^2\alpha^2$ 为复合速率。根据文献[81],参数 C 和 η 分别满足 $C = 2.7 \times 10.0^{21}\ m^3/(kg \cdot s \cdot K^{2.5})$,$\eta =- 2.5$。进一步地,上述方程可以改写为

$$\omega = u\frac{d\alpha}{dx} = CT^{\eta}\left[(1 - \alpha)e^{-\frac{\theta_d}{T}} - \frac{\rho}{\rho_d}\alpha^2\right] \tag{4.3.6}$$

对于平衡流,离解度 α 随着气流的迅速膨胀而减小。Freeman 指出,常数 C 和 η,本质上由非平衡条件决定,同时也决定着离解过程的长度尺度[9]。根据文献[31],在冻结发生的位置 x_f,离解速率和复合速率满足 $(D - \mathscr{R})_{x_f} = \kappa\mathscr{R}_e$ 或者 $(D - \mathscr{R})_{x_f} = \kappa D_e$,这里 $\kappa = O(1)$,下标“e”表示平衡态。于是,方程(4.3.6)可改写为

$$\omega = u\frac{d\alpha}{dx} \approx \kappa\mathscr{R}_e \tag{4.3.7}$$

或者写为

$$\left[\frac{-u\dfrac{\mathrm{d}\alpha}{\mathrm{d}x}}{CT^{\eta}\dfrac{\rho^{2}}{\rho_{\mathrm{d}}}\alpha^{2}}\right]_{x_{\mathrm{f}}}=O(1) \tag{4.3.8}$$

一般而言,当离解化学反应开始时,离解速率 D、复合速率 $\mathscr{R}$ 要比离解度的时间变化率 $\dfrac{\mathrm{d}\alpha}{\mathrm{d}t}$ 高若干个量级,经过喷管膨胀以后,到达冻结位置,其量级则达到一致[82],参见图 4.3.1。同时,该图形象地给出了如何利用 Bray 的突然冻结判据[即方程(4.3.7)]来获得冻结位置 x_{f}。在 Bray 化学反应冻结判据的基础上,Lordi 认为基于有限速率假设的冻结判据甚至可以采用平衡假设予以近似[83],即冻结点位置满足约束:

$$\frac{\mathrm{d}\alpha_{\mathrm{e}}}{\mathrm{d}x}=\frac{\alpha_{\mathrm{e}}}{l_{\mathrm{e}}} \tag{4.3.9}$$

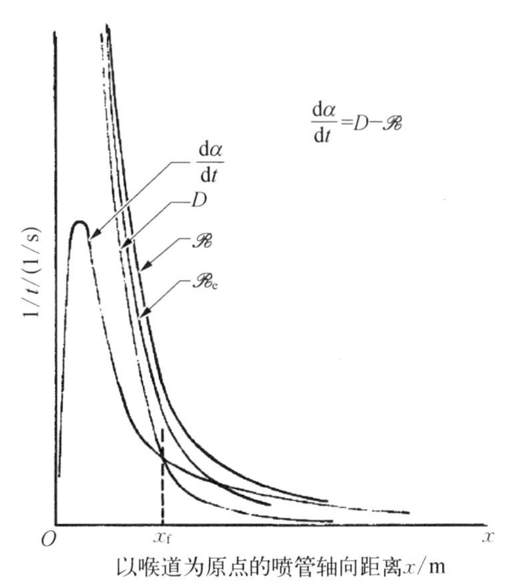

图 4.3.1　喷管轴线上的冻结位置[82]

其中,l_{e} 为平衡态下的松弛距离。换句话说,仅仅需要平衡态的解就可以近似地获得(有限速率化学反应条件下的)冻结点。

由于空气的组分复杂,不同组分冻结位置是不一致的,在实际计算空气的冻结位置时,可以根据滞止条件,采用氧气或者氮气的冻结位置加以近似。表 4.3.1 提供了氧气、氮气和一氧化氮的若干特征参数。图 4.3.2 显示了不同的速度和高度环境下的氧气和氮气的离解行为。总体而言,飞行高度越高,大气密度(或者压力)越低,氧气和氮气的离解行为越早[72]。当自由来流速度大于 4.5 km/s(对应滞止焓约为 10 MJ/kg)时,相比振动非平衡态中所包含的能量,离解作用中包含的能量更为主要;当自由流速度接近 9 km/s(滞止焓约为 40 MJ/kg)时,电离现象发生,此时包含在电离作用中的能量比离解和振动中的能量少得多,是可以忽略的[29,30]。需要特别注意的是,高焓喷管流的(静)温度对振动非平衡也比较敏感,有时仅采用化学非平衡模型很难获得准确的流动温度。根据T4风洞的相关经验,为了获得合适的流动温度,在经典化学非平衡喷管流代码NENZF加入有限速率的振动松弛模型[76]。

表4.3.1 氧气、氮气和一氧化氮的若干参数[4,21,55]

气体	振动特征温度 θ_d/K	离解特征温度 θ_d/K	离解特征密度 ρ_d/(kg/m^3)
O_2	2 270	59 500	1.5×10^5
N_2	3 390	113 000	1.3×10^5
NO	2 740	755 000	1.4×10^5

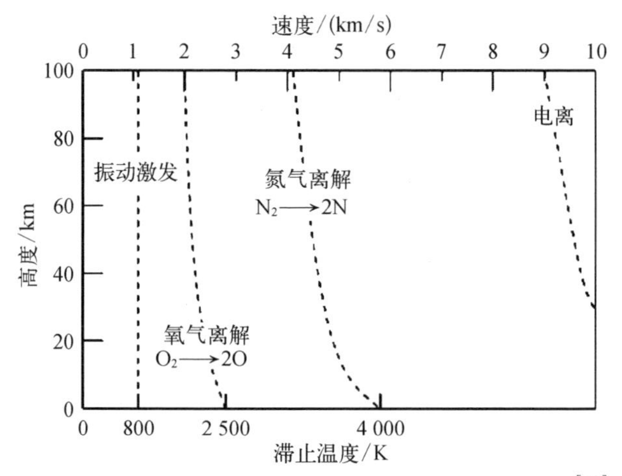

图4.3.2 不同的速度和高度环境下的热力学化学状态[72]

化学能和振动能的冻结先后顺序和其达到平衡态的特征时间成反比。平动能、转动能、振动能以及化学反应达到平衡态的特征时间关系为 $\tau_{trans} < \tau_{rot} = \tau_{vib} < \tau_{chem}$,当气流通过喷管时,化学反应的冻结要优先发生,此后才是振动的冻结[84]。鉴于空气的多组分特征,气流的实际冻结点将以带状形式加以呈现。以振动的冻结为例,由于不同组分的振动松弛特征存在差别,氮气的松弛行为要比氧气和一氧化氮缓慢,将率先冻结。在文献[29]中,处理空气问题的一个近似办法是,认为氧气的离解是主要的,氮气、氮原子和一氧化氮则是冻结的。这个办法使得一些问题得到简化。

采用离解速率方程导出冻结判据是自然的。大量的数值计算显示,滞止状态(压力和温度)与喷管几何外形及冻结位置之间存在关联[2,29,30,85-87],这些结果表明,冻结点判据可以通过滞止状态和喷管几何外形等参数共同加以确定。鉴于高焓下高超声速喷管设计方法的特殊性(喉道之后一般连接一个锥段),假定冻结点上游的喷管型线为锥形是可行的。这样一来,喷管几何型线仅使用 1~2 个参数就可以刻画。例如文献[29],引入喷管的几何特征参数 l, 它是喷管喉道半径(单位 cm)和半锥角正切之间的比值,即

$$l = \frac{d^*/2}{\tan\theta} \tag{4.3.10}$$

其中, d^* 为喉道直径; θ 为喷管半锥角。很明显,几何特征参数 l 越大,意味着膨胀角越小。一般而言,高超声速喷管的膨胀角(半锥角) θ 为 6°~15°(有些特殊设计的喷管半锥角可小至 6°左右),锥段结束位置 x_c 处的直径与喉道直径之比 $\left(\frac{d_{x_c}}{d^*}\right)$ 为 2~10。这种设计使得绝大多数的化学冻结位置出现在锥段结束之前。图 4.3.3 取自文献[29],给出了两种不同几何形状的喷管的冻结位置与滞止压

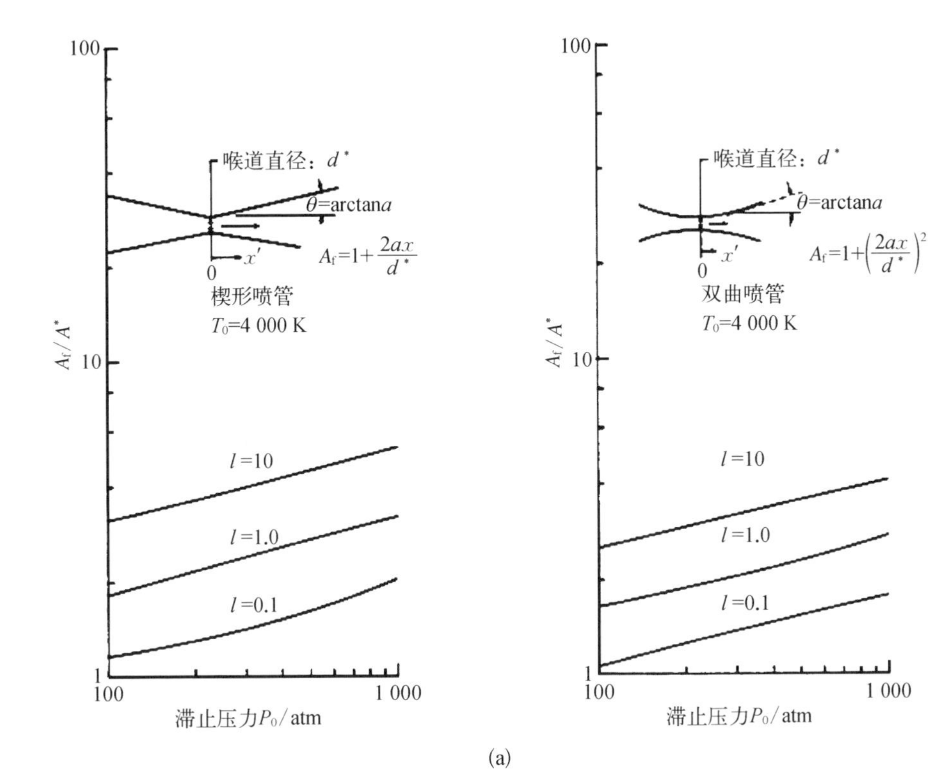

(a)

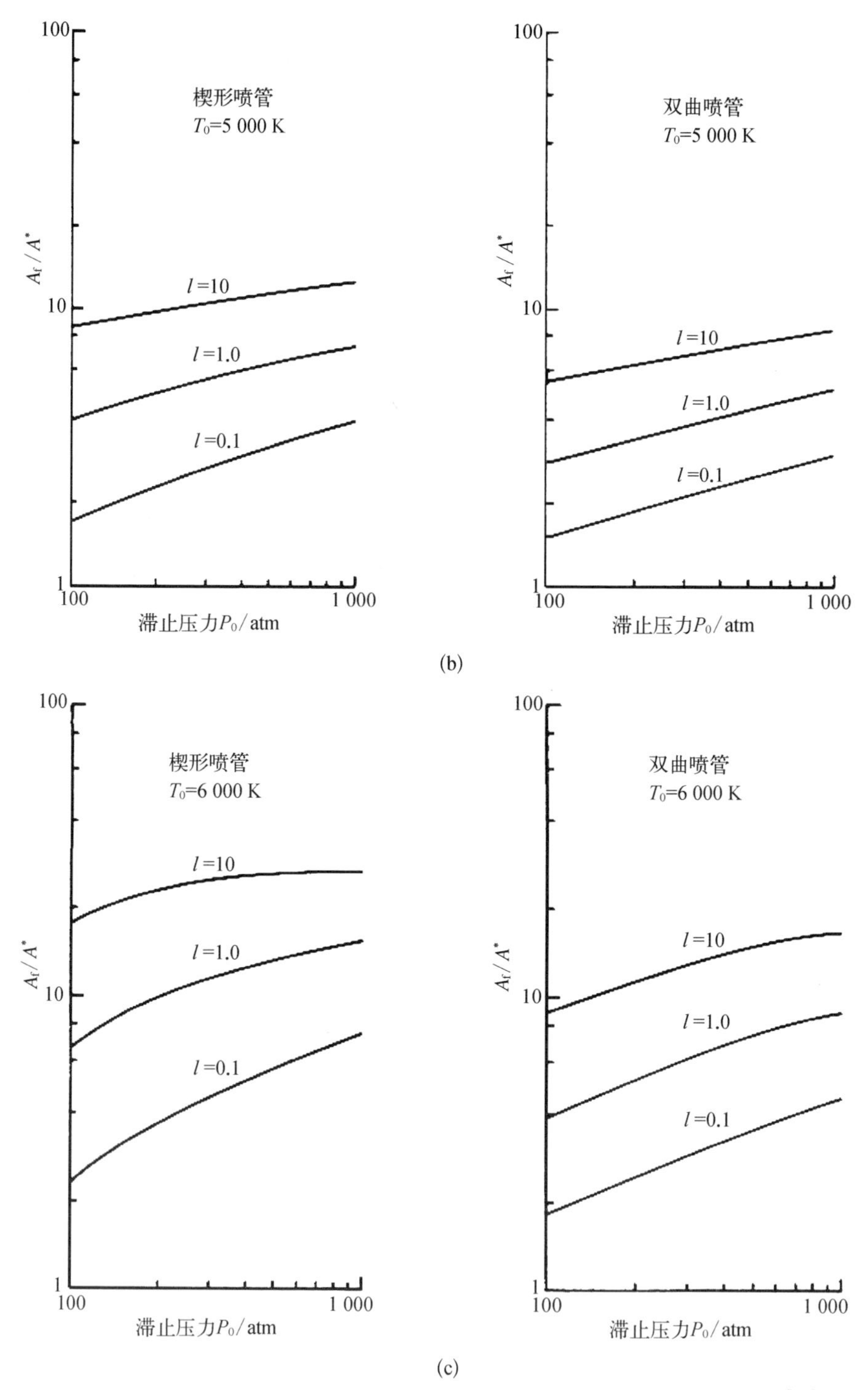

图 4.3.3 不同几何形状喷管的空气冻结位置和滞止压力及滞止温度的关系[29]

力/滞止温度的关系，由此可见，滞止压力越大，化学冻结位置 A_f 越靠后，流动参数与平衡流结果越接近，滞止温度的影响则刚好相反。根据文献[55]、[88]和[89]，表 4.3.2 归纳了 T4 风洞 Mach 数 4、Mach 数 8 和 Mach 数 10 喷管的设计参数和细节。化学反应流动增加了喷管设计的难度，同时喷管设计的基本要求又影响化学反应的进程。另外，冻结判据(4.3.7)中参数 κ 的选择较为任意，这一差异使得相应的热力学参数和组分的计算有不同程度的偏差[85,90,91]。

表 4.3.2　T4 风洞 Mach 数 4、Mach 数 8 和 Mach 数 10 喷管的设计参数[55,88,89]

喷管	喉道直径，出口直径/m	半锥角/(°)	特征参数	锥段长度/m	锥段出口直径/m	锥段面积，喷管出口面积膨胀比	锥段出口 Mach 数	锥段出口等效比热比
Mach 数 4	0. 025，0.135	12	5.881	0.098 4	0.066 8	7.146，29.16	2.804	1.334
Mach 数 8	0. 015，0.388	14	3.056	0.168	0.099	42.21，669.084	4.245	1.38
Mach 数 10	0. 006，0.287	15	2.239	0.047	0.031 9	27.02，2 288.028	3.69	1.41
设计点处滞止状态	Mach 数 4 或 Mach 数 8：$P_0 = 30.4$ MPa，$T_0 = 8\ 000$ K，$h_0 = 16.2$ MJ/kg Mach 数 10：$P_0 = 30.0$ MPa，$T_0 = 11\ 000$ K，$h_0 = 35$ MJ/kg							

注：Mach 数 4 喷管锥段出口设置的声速为 1 380 m/s；
Mach 数 8 喷管锥段出口设置的声速未知；
当滞止条件为 $P_0 = 50$ MPa，$T_0 = 6\ 010$ K，$h_0 = 10$ MJ/kg，采用 NENZF 代码计算获得的喉道条件是：$P^* = 27.94$ MPa，$T^* = 5\ 448$ K，$\rho^* = 17.79$ kg/m^3，$e^* = 5.242$ MJ/kg，$u^* = 1\ 450$ m/s，喉道速度是滞止声速的1.05倍；
Mach 数 10 喷管锥段出口设置的声速未知。

4.3.2　振动冻结

1963 年，为了满足热射风洞研究需要，Erickson 基于拟一维流动假设以氮气为试验气体研究了滞止温度为 1 000～5 000 K 情况下振动非平衡喷管流的情况。该风洞计划采用电弧或者电阻加热，滞止温度约为 3 000 K，滞止压力约为 1 000 atm，出口试验气流 Mach 数在 20 左右[92]。针对锥形喷管，Erickson 导出的自由流静温方程和振动能方程为[92]

$$\frac{\mathrm{d}T}{\mathrm{d}x} = \frac{\dfrac{2x}{L^2 + x^2} + \left[1 - \dfrac{RT}{2(h_0 - C_p T - \sigma)}\right] \dfrac{\rho^* u^* (\sigma_e - \sigma)}{2\tau p (h_0 - C_p T - \sigma)(1 + x^2/L^2)}}{\dfrac{C_p}{2(h_0 - C_p T - \sigma)} - \dfrac{C_p - R}{RT}} \tag{4.3.11}$$

$$\frac{d\sigma}{dx}=\frac{\rho^* u^*(\sigma_e-\sigma)RT}{2\tau P(h_0-C_pT-\sigma)(1+x^2/L^2)} \tag{4.3.12}$$

其中，x 为锥形喷管的轴向距离（以喉道为原点）；L 为喷管长度；C_p 为氮气的比定压热容，振动能 σ 表示 $\sigma(T_V)=\dfrac{\theta R}{e^{\theta/T_V}-1}$；$\sigma_e$ 为平衡条件下的振动能；τ 为振动松弛时间。这两个复杂的方程可以通过推导获得。根据连续方程和锥形喷管条件，自由流速度 u 满足

$$u=\frac{\rho^* u^* A^*}{\rho A} \tag{4.3.13}$$

其中，$\dfrac{A}{A^*}=1+\left(\dfrac{\tan\theta}{r^*}\right)^2 x^2=1+\dfrac{x^2}{L^2}$。对应的能量方程

$$u^2=2(h_0-C_pT-\sigma) \tag{4.3.14}$$

及状态方程

$$P=\rho RT \tag{4.3.15}$$

式(4.3.13)~式(4.3.15)三式联立，即可导出振动速率方程(4.3.2)。以下略述静温方程(4.3.1)的推导。注意

$$\frac{1}{T}\frac{dT}{dx}=\frac{1}{RT}\frac{dh}{dx}+\frac{1}{u}\frac{du}{dx}+\frac{1}{A}\frac{dA}{dx}$$

也就是

$$\left(\frac{1}{T}-\frac{C_p}{RT}+\frac{C_p}{u^2}\right)\frac{dT}{dx}=\left(\frac{1}{RT}-\frac{1}{u^2}\right)\frac{\sigma_e-\sigma}{u\tau}+\frac{1}{A}\frac{dA}{dx}$$

于是有

$$\frac{dT}{dx}=\frac{\left(\dfrac{1}{RT}-\dfrac{1}{u^2}\right)\dfrac{\sigma_e-\sigma}{u\tau}+\dfrac{1}{A}\dfrac{dA}{dx}}{\left(\dfrac{1}{T}-\dfrac{C_p}{RT}+\dfrac{C_p}{u^2}\right)}$$

进一步,可以得到

$$\frac{\mathrm{d}T}{\mathrm{d}x}=\frac{\left[\frac{1}{RT}-\frac{1}{2(h_0-C_pT-\sigma)}\right]\frac{\sigma_e-\sigma}{u\tau}+\frac{2x}{x^2+L^2}}{\left[\frac{1}{T}-\frac{C_p}{RT}+\frac{C_p}{2(h_0-C_pT-\sigma)}\right]}$$

于是

$$\frac{\mathrm{d}T}{\mathrm{d}x}=\frac{\frac{2x}{x^2+L^2}+\left[1-\frac{RT}{2(h_0-C_pT-\sigma)}\right]\frac{\rho u(\sigma_e-\sigma)}{P\tau u^2}}{\frac{C_p}{2(h_0-C_pT-\sigma)}-\frac{C_p-R}{RT}} \tag{4.3.16}$$

将式(4.3.13)代入方程(4.3.16)并稍加整理,即可得到静温方程(4.3.1)。

现基于方程(4.3.12),研究氮气的振动冻结行为,为了便于分析,将氮气总温限制在 6 000 K 以下。注意到

$$\frac{(\sigma_e-\sigma)}{(h_0-C_pT-\sigma)}\leqslant\frac{\sigma_f}{u^2/2}=\frac{1}{\frac{h_0}{\sigma_f}-1} \tag{4.3.17}$$

其中,σ_f 为冻结振动能,具体形式 $\sigma_f(T_{V,f})=\dfrac{\theta R}{e^{\theta/T_{V,f}}-1}$, $T_{V,f}$ 为冻结的振动温度。另外,$\rho^*u^*=k_1\rho_0\sqrt{RT_0}$, k_1 为比热比的函数,接近常数,可以近似认为[93], $k_1\approx0.689-6.3\times10^{-6}T_0$。$\sqrt{RT_0}$ 一般在 1 000 量级,例如,当 $T_0=6\,000$ K 时, $\sqrt{RT_0}\approx1\,312$。根据 $\ln(\tau p)=1.16\times10^{-3}\times\mu^{1/2}\times\theta^{4/3}\times(T^{-1/3}-0.015)$, 对氮气而言,有 $\tau p=e^{220.8\times(T^{-1/3}-0.015)}$。当 $T=6\,000$ K 时, $\tau p\approx e^{8.84}$; 当 $T=3\,000$ K 时, $\tau p\approx e^{12.00}$; 当 $T=2\,000$ K 时, $\tau p\approx e^{14.22}$。当试验气体通过喉道以后,自由流温度下降很快, τp 将以指数量级迅速增加。在滞止状态下(如 6 000 K), τp 和 $\rho^*u^*(\sigma_e-\sigma)$ 几乎处于相同量级。由此,方程(4.3.12)右侧满足

$$\frac{\rho^*u^*(\sigma_e-\sigma)}{2\tau p(h_0-C_pT-\sigma)}\leqslant\frac{k_1\rho_0\sqrt{RT_0}}{e^{220.8\times(T^{-1/3}-0.015)}}\frac{1}{\frac{h_0}{\sigma_f(T)}-1} \tag{4.3.18}$$

不等式(4.3.18)右侧第 1 项是关于静温的急减函数,在喉道之后不久,就趋于 0,这是形成振动冻结的原因。上述简单的分析也暗含了喷管几何因素的影响,总体而言,喷管膨胀比 A/A^* 增长越快,冻结越早。由于风洞喷管在设计上所受到的限制,喉道以后膨胀比 A/A^* 的变化速度相对平缓,几何因素的影响可能并不显著。

当采用空气作为试验气体时,振动冻结现象异常复杂。除了需要考虑化学反应以外,一般还需要对氮气、氧气和一氧化氮等组分的振动能(或者振动温度)分别加以考虑,再加上空气的平动温度,就构成了数值计算中常用的四温度(4T)模型。研究显示,N_2-O, O_2-O, NO-NO 等三组碰撞的平动-振动(T-V)松弛时间对精确计算特别重要,松弛过程仍然采用 Landau-Teller 模型进行表述,松弛时间则利用 Millikan-White 公式计算,但是 Millikan-White 公式的参数需要通过测量获得[13]。对于 4T 模型,有时还需要采用 Park-Lee 公式(基于试验数据拟合)对不同分子之间的振动-振动(V-V)能交换行为进行刻画。振动温度很难直接测量,这在一定程度上影响了对模型的评估和完善。针对 HIEST 风洞膨胀比为 256 的型面喷管,研究人员对自由流静压的测量结果和数值结果进行比较后发现,具有高度理论性的 4T 模型(或者 2T 模型)获得的静温反而不如 1T 模型(振动温度等于平动温度)接近测量值,但是随着滞止焓的增加,4T 模型(或者 2T 模型)与 1T 模型的静温差异也会变得越来越小[37],参见图 4.3.4。特别地,图 4.3.4(b)暗示在高焓条件下(如 15 MJ/kg)振动非平衡对喷管流静温和静压的影响相当微弱,这主要是因为喷管出口试验气流保持了相当高的温度,以致振动松弛速率仍然很大[37]。

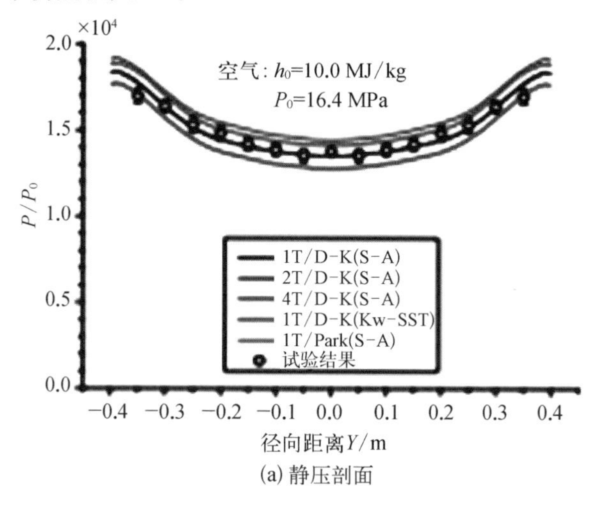

(a) 静压剖面

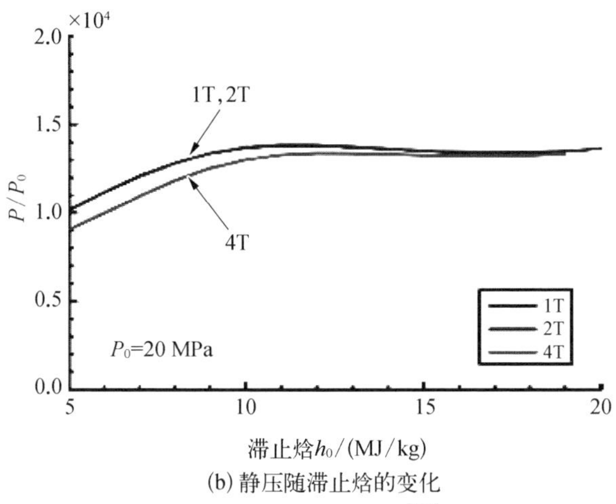

(b) 静压随滞止焓的变化

图 4.3.4 不同模型的自由流静压[37](后附彩图)

图 4.3.5 给出了沿喷管轴线自由流静温和不同组分振动温度的变化,这个算例源于 HIEST 风洞的一个运行状态,其滞止条件为 h_0 = 3.81 MJ/kg, P_0 = 12.17 MPa,喷管为型面喷管[37]。从图中可以看到,空气中的氮气最先发生冻结,次之是氧气和一氧化氮。类似地,文献[94]也采用 4T 模型对 T2 风洞的非平衡喷管流进行了细致的研究。另外,激波风洞喷管流的振动松弛速率比激波后快,以空气为例,约 3 倍以上,氮气约 1.5 倍,由于污染组分的存在,电弧风洞喷管流的振动松弛速率和激波后的几乎相同[95]。

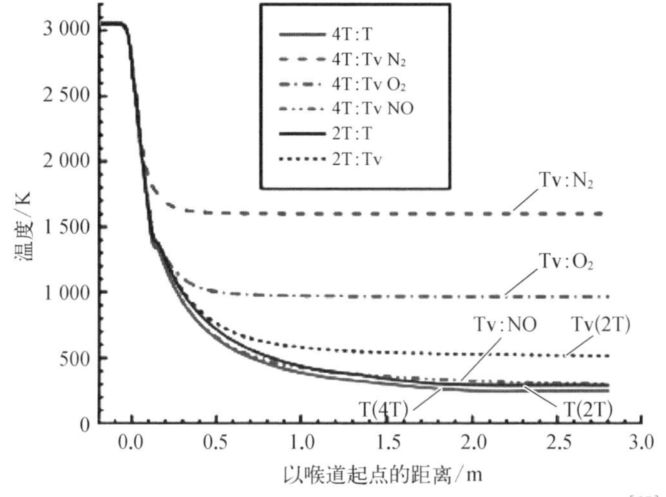

图 4.3.5 自由流静温和不同组分振动温度沿喷管轴线的变化[37]

在化学反应冻结模型的启发下，Phinney 提出一个振动冻结模型，该模型采用平衡态解近似获得振动冻结点[96]。对固定的锥形喷管而言，该模型认为：在给定的滞止压力和滞止温度下，冻结振动能仅是自由流温度的函数；并且可以采用一个双尺度参数 P_0r^* 来估计喷管流动对平衡态的偏离，参数 P_0r^* 越大，流动中冻结振动能偏离平衡态程度越小[96]。这也暗示在较高的滞止焓下进行喷管设计时，喷管的几何尺寸/型线的选择应当和滞止条件相匹配，才能有效抑制振动冻结。

在上述几种模型中，为了获得冻结振动能（或者冻结振动温度），需要求解复杂的方程组，这个方程组大都包含流动方程、振动速率方程和化学反应方程，因此计算量大，缺少物理直观性。针对氮气，本书给出一个简单直观的代数模型。这个模型基于平衡气体假设，认为冻结振动温度 $T_{V,f}$ 是滞止压力 P_0、滞止温度 T_0 和喷管半锥角 θ 的函数，即 $T_{V,f}=f(P_0, T_0, \theta)$。当喷管为型面喷管时，喷管半锥角 θ 等效为喉道后锥段部分与喷管轴线的夹角。在这个简单的估计模型中，双尺度参数 P_0r^* 的作用被忽略。这一观点是该模型具有简单形式的根本原因，其可行性将通过随后的对比结果得到证实。

这个代数模型认为：① 滞止温度对冻结振动温度的影响最为主要，次之是滞止压力和喷管几何因素；② 喷管半锥角越大，越容易发生振动冻结，其影响是独立的；③ 滞止压力越大，越不利于振动冻结，其对应的冻结振动温度越低，但是随着滞止温度的减小，其影响作用也随之减弱。模型的具体构造如下。当 $1\,000\ \text{K} \leqslant T_0 \leqslant 3\,800\ \text{K}$, $4.5\ \text{MPa} \leqslant P_0$ 时，冻结振动温度比值满足

$$\frac{T_{V,f}}{T_0} = \left[\frac{T_{V,f}}{T_0}\right]_{(P_0,\, T_0,\, \theta)} y_P + y_{PT} + y_T + y_\theta + C \tag{4.3.19}$$

其中，$C = 1.18$，另外

$$y_P = -0.15(\log_{10}P_0 - 6.0)$$

$$y_{PT} = -0.015(\log_{10}P_0 - 6.0)(T_0/1\,000)$$

$$y_T = 0.03(T_0/1\,000)^2 - 0.23(T_0/1\,000)$$

$$y_\theta = 0.44\tan\theta$$

其中，P_0 的单位为 Pa，T_0 的单位为 K。当 $3\,800\ \text{K} \leqslant T_0 \leqslant 11\,000\ \text{K}$，$4.5\ \text{MPa} \leqslant P_0$ 时，冻结振动温度比值满足

$$\frac{T_{\mathrm{V,f}}}{T_0} = (1 - 0.25\alpha)\left[\frac{T_{\mathrm{V,f}}}{T_0}\right]_{(P_0,\ 3\,800,\ \theta)} \tag{4.3.20}$$

其中，$\alpha = \dfrac{\ln T_0 - \ln 3\,800}{\ln 12\,000 - \ln T_0}$。图 4.3.6 给出该模型得到的氮气冻结振动温度比值与滞止温度的关系。表 4.3.3 显示该模型与文献[37]、[95]、[97]～[100]的比较结果，可以看出其具有良好的计算精度，可以满足快速计算的需要，而且在当前的双尺度参数 $P_0 r^*$ 的变化范围内，模型具有良好的稳定性。另外表 4.3.3 中部分滞止温度采用 CEA 程序获得，CEA 程序相关细节参见文献[101]。

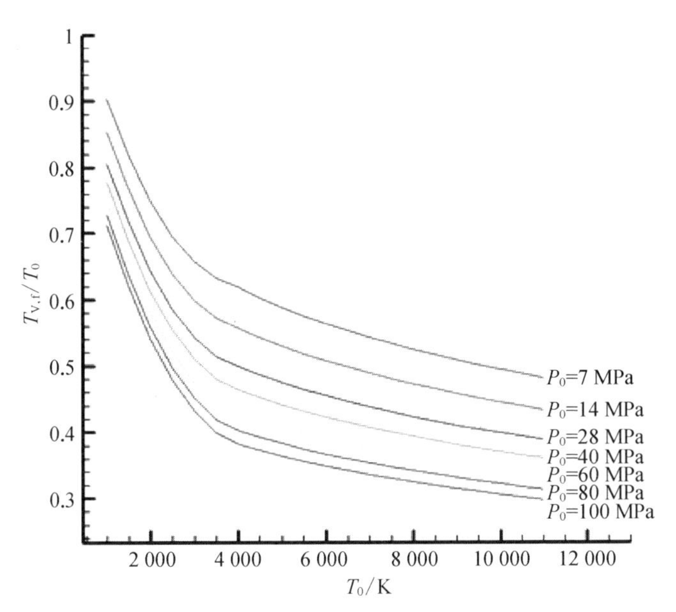

图 4.3.6　氮气冻结振动温度比值与滞止温度的关系（θ=8°）

表 4.3.3　不同高超声速风洞的冻结振动温度对比（试验气体为氮气）

算　例	P_0/MPa	h_0/(MJ/kg)	T_0/K	$T_{\mathrm{V,f}}$(K) 计算结果	$T_{\mathrm{V,f}}$(K) 本书模型	本书模型 $T_{\mathrm{V,f}}/T_0$	$\dfrac{y_\theta}{T_{\mathrm{V,f}}/T_0}$
Park 和 Lee[95] θ=7.5°	5.07	—	4 500	2 741.9	2 828	0.628	—
	1.73	14.7	7 200	4 571.2	4 640	0.644	0.090
Munafò 等[97] θ=10°	9.87	—	5 600	3 261	3 133	0.559	0.139

（续表）

算　例	P_0/MPa	h_0/(MJ/kg)	T_0/K	$T_{V,f}$(K) 计算结果	本书模型	本书模型 $T_{V,f}/T_0$	$\frac{y_\theta}{T_{V,f}/T_0}$
HIEST[37] θ=7.5°, d^*=50 mm	48.996	14.276	8 411.9	3 169.2	3 112	0.370	—
	—55.530	8.845	6 709.9	2 581.9	2 564	0.382	—
	43.941	21.232	9 515.7	3 563.4	3 481	0.366	0.158
	48.230	15.112	8 581.2	3 231.9	3 168	0.369	—
	57.726	9.140	6 840.3	2 606.8	2 581	0.377	—
HIEST[98] θ=7.5°, d^*=50 mm	18.0	7.99	6 000	2 710	2 924	0.487	0.119
T5[99] θ=7°, d^*=22 mm	35.9	6.7	5 463.0	2 444	2 372	0.434	—
	53.0	9.1	6 822.9	2 613	2 598	0.381	—
	66.1	10.4	7 399.0	2 666	2 635	0.356	—
	45.9	11.3	7 621.4	2 860	2 906	0.381	—
	19.8	14.1	8 035.3	3 421	3 531	0.439	0.123
	20.2	15.3	8 262.5	3 502	3 592	0.435	—
	22.1	16.0	8 418.4	3 521	3 585	0.426	—
	35.5	16.0	8 620.8	3 371	3 347	0.388	—
	60.2	16.0	8 849.4	3 206	3 069	0.347	—
	57.8	18.3	9 237.4	3 414	3 194	0.346	0.156
	23.7	19.4	8 954.6	3 703	3 706	0.414	—
	25.4	20.5	9 134.0	3 757	3 714	0.407	—
	54.5	21.3	9 654.4	3 688	3 339	0.346	—
	59.1	22.3	9 836.5	3 768	3 328	0.338	—
Backx[100] θ=6°	295.1	—	2 125	900	874	0.424	0.109
	485.4	—	2 350	819	831	0.353	0.131

本书给出的代数模型是针对氮气构造的,但在一定范围内也可以粗略地估计空气的冻结振动温度,这个冻结振动温度应当理解为平均意义下的结果,类似于 2T 模型中的冻结振动温度。表 4.3.4 给出本书的代数模型与 Phinney 模型[96]、Stollery-Smith 模型[102]的对比结果,可供参考。利用冻结振动温度,除了能够计算冻结点动能以外,还能够粗略地估计冻结点的位置。参照完全气体条件下的等熵关系,冻结点处的静温 T 和喷管截面积 A_f 满足

$$\frac{T_0}{T}=\frac{T_0}{T_{V,f}}=1+\frac{\gamma_0-1}{2}M^2 \tag{4.3.21}$$

$$\frac{A_f}{A^*}=\frac{1}{M}\left[\left(\frac{2}{\gamma_0+1}\right)\left(1+\frac{\gamma_0-1}{2}M^2\right)\right]^{\frac{\gamma_0+1}{2(\gamma_0-1)}} \tag{4.3.22}$$

两式联立,消去 Mach 数 M 可以得到冻结点的面积比(这相当于定义了一个分叉点,这和文献[102]中 Stollery 定义的冻结点存在差别,文献中冻结点的定义为与出口振动温度相差 1%的位置):

$$\frac{A_f}{A^*}=\frac{1}{\sqrt{\left(\frac{T_0}{T_{V,f}}-1\right)\frac{2}{\gamma_0-1}}}\left[\left(\frac{2}{\gamma_0+1}\right)\frac{T_0}{T_{V,f}}\right]^{\frac{\gamma_0+1}{2(\gamma_0-1)}} \tag{4.3.23}$$

由于采用滞止条件下的比热比进行计算,式(4.3.23)预测的冻结位置比平动温度和振动温度的分叉点更靠后,也更接近真实的振动冻结位置。

表 4.3.4　冻结振动温度对比(试验气体为空气)

T_0/K	θ/(°)	P_0/MPa	$T_{V,f}$[96]	$T_{V,f}$[102]	$T_{V,f}$(本书模型)	附　注
3 000	5	6.894	1 820	1 908	1 904	滞止位置比热比为 1.290,喉道处气流静温为 2 603 K
	5	13.788	1 690	1 752	1 729	
	5	27.576	1 560	1 612	1 553	
	15	6.894	2 205	2 140	2 143	
	15	13.788	1 900	1 995	1 967	
	15	27.576	1 775	1 853	1 791	

（续表）

T_0/K	θ/(°)	P_0/MPa	$T_{V,f}$[96]	$T_{V,f}$[102]	$T_{V,f}$(本书模型)	附　注
2 000	5	6.894	1 410	1 515	1 455	滞止位置比热比为1.314，喉道处气流静温为1 712 K
	5	13.788	1 310	1 380	1 347	
	5	27.576	1 210	1 272	1 238	
	15	6.894	1 565	1 712	1 614	
	15	13.788	1 465	1 577	1 506	
	15	27.576	1 370	1 450	1 397	

以表4.3.4中第3个状态作为算例，$\gamma_0 = 1.290$，$\dfrac{T_0}{T_{V,f}} = \dfrac{3\ 000}{1\ 553} = 1.932$，可以得到大约在 $M = 2.472$ 时发生振动冻结，面积比满足 $\dfrac{A_f}{A^*} = 2.850$。如果 $\gamma_0 = 1.40$，可得 $M = 2.159$，$\dfrac{A_f}{A^*} = 1.933$。真实的冻结位置处的面积比值应当更接近2.850。若以T2自由活塞激波风洞的一个运行状态为例，该风洞采用空气作为试验气体，滞止压力 P_0 为27.9 MPa，滞止焓 h_0 为5.29 MJ/kg，滞止温度 T_0 为4 219 K，比热比为1.273。风洞采用锥形喷管，喉道直径为0.635 cm，出口直径为7.36 cm，半锥角为7.5°[94]。我们得到冻结温度 $T_{V,f} = 1\ 996$ K，接近几种不同组分的冻结温度的平均值。

4.3.3　离解能与冻结焓

不同温度和压力范围下，空气的离解程度不同，很难给出一个简单的显式表述。1989年，Neuenschwander选择压缩因子 $Z = \dfrac{P}{\rho RT}$ 作为自变量，获得了平衡假设下空气处于分子或者离解状态下的热力学参数的显式形式[103]。该文重点关注空气的离解能 h_D 和可转换为动能的能量 h_K，适用的温度为360～25 000 °R（200～13 889 K），压力为 10^{-5}～10 atm。可转换为动能的能量 h_K 表述为

$$h_K = h - (h_D + h_I) \tag{4.3.24}$$

其中，h 为静焓；h_I 为电离能。在非平衡条件下，h_D 将更大，转化为动能的能量 h_K 更小。图 4.3.7 取自文献[103]，揭示了热力学参数(压力-焓)和离解水平的内在关系。根据 Hansen 的结果[104]，离解能 h_D 和电离能 h_I 满足

$$\begin{cases} h_D = 7\,280(Z - 1.0), & 1 < Z \leqslant 1.21 \\ h_D = 7\,280[0.21 + 1.906(Z - 1.21)], & 1.21 < Z \leqslant 2.0 \\ h_D + h_I = 12\,490 + 20\,160(Z - 2.0), & 2.0 < Z \end{cases} \tag{4.3.25}$$

其中，离解焓 h_D 的单位为 BTU/lbm(1 BTU/lbm 约为 2 305.56 J/kg)。根据可转化为动能的能量 h_K 的定义，气体温度可以表示为

$$T = \frac{h_K}{C_{p,\,K}} = \frac{1}{C_{p,\,K}}[h - (h_D + h_I)] = \frac{1}{C_{p,\,K}}\left(h - \sum_i x_i h_i\right) \tag{4.3.26}$$

其中，x_i 为不同组分的质量分数；h_i 为第 i 个组分的化学反应能；$C_{p,\,K}$ 为动能比热(kinetic specific heat)，表达式为

$$C_{p,\,K} = \sum_i x_i K_i \tag{4.3.27}$$

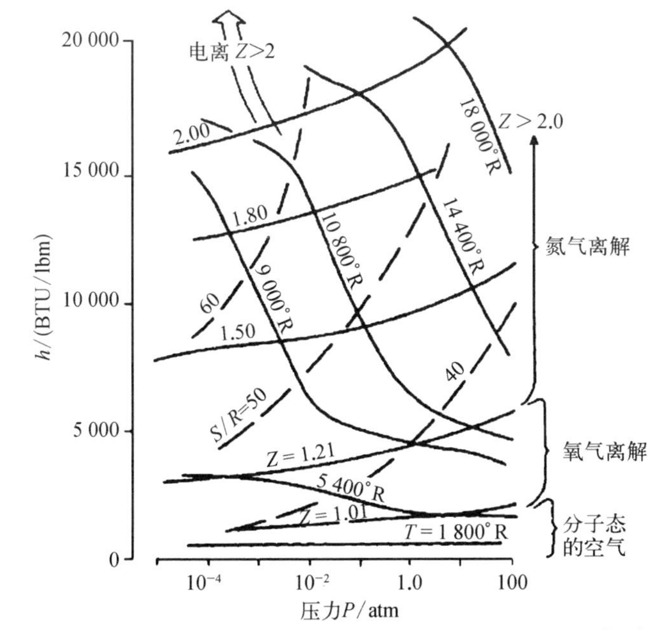

图 4.3.7　热力学参数(压力-焓)和离解水平的内在关系[103]

其中，K_i 为第 i 个组分的能量常数，是平动能、旋转能和振动能之和，即

$$K_i = (K_{rot} + K_{vib} + K_{trans})_i \tag{4.3.28}$$

空气的气体组分 i 包含 O_2、N_2、O、N 和 $a+$，分别对应氧、氮、氧原子、氮原子，以及电离的氧/氮。在压缩因子三个不同变化范围内，表 4.3.5 给出了 O_2、N_2、O、N 和 $a+$ 等五个组分的质量分数，表中 β 为常数，依据经验给出（下同）。气体的动能比热 $C_{p,K}$ 也可以在这三个范围进行计算。在氧气发生反应区域 $(1 < Z \leqslant 1.21)$，动能比热 $C_{p,K}$ 表示为

$$\begin{aligned} C_{p,K} &= x_{O_2}K_{O_2} + x_{N_2}K_{N_2} + x_O K_O \\ &= K_{O_2}[(Z - 1.21) + 1.1837 + 1.7183(Z - 1.0)c_O \\ &\quad + 3.012(Z - 1)(1.19 - Z)] \end{aligned} \tag{4.3.29}$$

其中

$$K_{O_2} = \begin{cases} 0.1950 + 0.001763 \times [4 + \log_{10}(P/P_{st})]^{1.252}, & P/P_{st} < 1.0 \\ 0.2020 + 0.003020 \times [1 + \log_{10}(P/P_{st})]^{1.530}, & P/P_{st} \leqslant 10.0 \end{cases}$$

参数 $c_O = \dfrac{K_O}{K_{O_2}}$，$P_{st}$ 为标准大气压。在氮气发生反应区域 $(1.21 < Z \leqslant 2.0)$，动能比热 $C_{p,K}$ 为

$$\begin{aligned} C_{p,K} &= x_{N_2}K_{N_2} + x_O K_O + x_N K_N \\ &= K_{O_2}[1.4983(2.0 - Z) + 0.3608 + 1.9361(Z - 1.21)] \end{aligned} \tag{4.3.30}$$

在电离区域 $(2.0 < Z)$，动能比热 $C_{p,K}$ 表示为

$$\begin{aligned} C_{p,K} &= x_O K_O + x_N K_N + x_{a+} K_{a+} \\ &= K_{O_2}[0.21(\beta - Z)c_O + 0.79(\beta - Z)c_N + (Z - 2.0)c_{a+}] \end{aligned} \tag{4.3.31}$$

其中，$c_N = \dfrac{K_N}{K_{O_2}}$ 和 $c_{a+} = \dfrac{K_{a+}}{K_{O_2}}$。当 $h < 1300 + 200\left(\log_{10}\dfrac{P}{P_{st}}\right)^{0.5842}$ 时，认为 $Z = 1$，此时熵的表述为

$$\frac{s}{R} = 5.55 + 8.584\log_{10}h - 2.25\log_{10}\frac{P}{P_{st}} \tag{4.3.32}$$

当 $h \geqslant 1\,300 + 200[\log_{10}(P/P_{st})]^{0.584\,2}$ 时，认为 $Z > 1$，此时熵的表述为

$$\frac{s}{R} = 19.84 + 0.106\,8[\log_{10}h]^{3.78} - (2.12 + 1.54 \times 10^{-4}h)[\log_{10}(P/P_{st}) - 2.0] \tag{4.3.33}$$

这里离解焓 h_D 的量纲为 BTU/lbm。

表 4.3.5　压缩因子与质量分数[104]

范　围	x_{O_2}	x_{N_2}	x_O	x_N	x_{a+}
$1 < Z \leqslant 1.21$	$1.21 - Z$	0.79	$Z - 1$	0	0
$1.21 < Z \leqslant 2$	0	$2.0 - Z$	0.21	$Z - 1.21$	0
$2 < Z$	0	0	$0.21(\beta - Z)$	$0.79(\beta - Z)$	$Z - 2$

由此，只要知道压缩因子 Z、焓 h 和压力 P，就可以获得动能比热 $C_{p,\,K}$，进而可获得气体温度、密度和熵。压缩因子 Z 可以表示为焓 h 和压力 P 的样条函数，即 $Z = f(h, P)$，其详细表达形式参见文献[103]。文献[105]也提供了压缩因子 Z 的拟合公式，适用于更为广泛的范围，其他热力学和输运性质亦可在文献[105]中获得。文献[103]没有考虑一氧化氮的形成，置换反应一般对气体热力学性质无明显影响，按照 Hansen 的观点，一氧化氮的形成需要的能量几乎是氧气和氮气之和的平均值，因此一氧化氮的出现不会明显地改变空气中原子和分子间的平衡，空气的热力学函数不会因为一氧化氮的形成而受到显著影响[106]。

如前所述，在研究非平衡喷管流动时，文献[40]指出，冻结焓和滞止熵之间存在相当好的数据关联性，见图 4.2.1。这一结果为简化冻结焓的计算提供了不少方便。可以近似认为冻结焓是滞止熵的(分段)线性函数，即

$$h_f = \begin{cases} 1.555\,7s_0 - 3.231\,2, & s_0 < 2.667 \\ 4.563s_0 - 10.822, & s_0 \geqslant 2.667 \end{cases} \tag{4.3.34}$$

其中，滞止熵单位为 cal/g(约为 4 185.852 J/kg)。在平衡假设下熵 $s = f(P, h)$，由于有限速率喷管流动十分接近等熵过程，所以可以认为，冻结焓仅依赖滞止压

力 P_0 和滞止焓 h_0。为了适应滞止压力范围,滞止熵可以表示为[107]

$$s_0=\begin{cases}3.073\,11-0.287\,11\ln(P_0/P_{st})+1.004\,79\ln(h_0/h_{st}), & 167.5<h_0\leqslant 1\,161.8\\ [5.987\,96-0.195\,649\ln(P_0/P_{st})]\exp[(h_0/418.68)^{0.275}/3.548], & 1\,161.8<h_0\leqslant 62\,383.8\end{cases}$$

(4.3.35)

其中,$h_{st}=4.186\,8$,焓 h_0 的单位 kJ/kg。式(4.3.35)形式简单,但误差稍大,约为 10%。

冻结焓所占比例与喷管滞止焓和滞止压力之间也存在类似关系,文献[45]的结果表明,在相同的焓下,滞止压力和冻结焓成正比,例如,滞止压力为 10 MPa 时的冻结焓比例约为滞止压力为 100 MPa 时的 2 倍。冻结焓一般会在氮气离解出现前后,形成一个相对平坦区。当滞止焓在 40 MJ/kg 以下时,文献[27]指出,最大冻结焓发生在 10 000~250 000 ft 高度的空域,冻结焓比例上限为 25%,此时氧原子和一氧化氮的质量分数分别为 5.3%和 7.5%。甚至,可以粗略地认为,冻结焓与滞止焓的比值主要依赖滞止焓,而与滞止温度、滞止压力的依赖关系微弱。冻结焓在滞止焓中的比例,随着滞止焓的增加而增加。在滞止压力为 20~100 MPa,参照 Stalker 等的相关结果[45],忽略压力影响,有工程估算的公式(焓值单位 MJ/kg):

$$\frac{h_f}{h_0}=\begin{cases}0.67\sqrt{h_0}-0.142\,6, & 3.0\leqslant h_0\leqslant 20\\ 0.037\sqrt{h_0}-0.018, & 20\leqslant h_0\leqslant 35\end{cases} \tag{4.3.36}$$

经过计算对比,以上几种估计冻结焓比例的办法偏差不大。依据经验,在实际喷管流动中,(空气)冻结焓比值对流场状态参数的影响并不如数值计算显著。

4.4 喷管流的计算

4.4.1 喉道处的状态

自 20 世纪 50 年代,出于各类高超声速飞行的需要,美国在高温气体动力学领域进行了巨大而持久的努力,这些努力的成果一直推动着高超声速工程实践。真实气体效应使得定常膨胀的经典结果产生偏离,人们发展了多种办法消除这种偏差。最重要的一种思路是,在平衡流假设下,获得定常膨胀的表达形式。在自由活塞激波风洞的理论设计阶段,这种简单处理有时是必要的。文献[108]~[112]给出了平衡流假设下喷管流动的计算图表,但适用范围存在差异。例如,在文献[108]中,试验气体为空气,滞止温度为2 790~4 590 °R(1 550~2 550 K,该范围下氧气离解可以忽略),压力为40~1 000 atm。

试验和计算表明,当采用空气作为试验气体时,在喉道之前的膨胀过程中,流动十分接近热力学平衡态(二氧化碳则不然),流动可以近似地视为等熵过程,且在喉道处 ρu 达到最大值。Mollier 图解的办法或者平衡流的守恒关系式[55,113],求解喉道位置的流动状态看似简单,但实际执行起来并不容易和便捷。

在真实气体假设下(平衡/非平衡),当滞止压力较高时(如1 MPa以上),喉道处的质量流临界因子与滞止压力几乎是无关的,这个值仅微弱地依赖滞止温度,喉道位置的密度和滞止密度的比值也是如此。这个关系可以通过线性方程表示[93]:

$$\rho^* u^* = k_1(P_0 \rho_0)^{1/2} \tag{4.4.1}$$

$$\rho^* = \rho_0 k_2 \tag{4.4.2}$$

其中, $k_1 = 0.689 - 6.3 \times 10^{-6} T_0$, $k_2 = 0.634 - 2.33 \times 10^{-6} T_0$, T_0 表示滞止温度。上述两个近似公式是 Reddy 和 Daum 在研究振动非平衡喷管流中使用的,其试验气体为氮气,有效范围为2 000~8 000 K。参数 k_1 称为临界因子,在理想情况下,氮气($\gamma = 1.4$)的临界因子为0.684 8,氦气($\gamma = 5/3$)的临界因子为0.726 2。对空气而言,通过对参数 k_1 和 k_2 的微调,可以将其适用范围扩大到11 000 K左右。利用式(4.4.1)和式(4.4.2)可以得到,喉道处的声速满足等式 $u^* = \frac{k_1}{k_2}\left(\frac{P_0}{\rho_0}\right)^{1/2}$。依照此例,在以空气作为试验气体的计算中,可依据经验,获得喉道位置的压力拟合公式 $P^* = P_0 k_P$,这里 $k_P = 0.548 + 1.376\,1 \times 10^{-6} T_0$。一些研究者认为,喉道位置的密度与滞止密度存在与完全气体几乎相同的关系[51,55,114],即

$$\frac{\rho^*}{\rho_0} = \left(\frac{2}{\gamma_0 + 1}\right)^{\frac{1}{\gamma_0 - 1}} \tag{4.4.3}$$

依据这个假设,还可以导出喉道位置的压力和温度满足

$$\left(\frac{P^*}{P_0}\right) = \left(\frac{2}{\gamma_0 + 1}\right)^{\frac{\gamma_0}{\gamma_0 - 1}} \tag{4.4.4}$$

$$\frac{T^*}{T_0} = \left(\frac{P^*}{P_0}\right)^{\frac{\gamma_0 - 1}{\gamma_0}} = \frac{2}{\gamma_0 + 1} \tag{4.4.5}$$

另外,仿照完全气体的情况,喉道位置的声速满足

$$a^* = \left(\frac{2}{\gamma_0 + 1}\right)^{\frac{1}{2}} a_0 = \left(\frac{2}{\gamma_0 + 1}\right)^{\frac{1}{2}} \sqrt{\gamma_0 R T_0} \tag{4.4.6}$$

在平衡气体假设下,采用式(4.4.1)和式(4.4.6)计算喉道声速存在微小差异,采用式(4.4.6)稍微好些。进一步地,可以得到

$$\rho^* a^* = \rho_0 \left(\frac{2}{\gamma_0 + 1}\right)^{\frac{1}{\gamma_0 - 1}} \left(\frac{2}{\gamma_0 + 1}\right)^{\frac{1}{2}} \sqrt{\gamma_0 \frac{P_0}{\rho_0}} \tag{4.4.7}$$

这意味着

$$k_1 = (\gamma_0)^{\frac{1}{2}} \left(\frac{2}{\gamma_0 + 1}\right)^{\frac{\gamma_0 + 1}{2(\gamma_0 - 1)}} \tag{4.4.8}$$

$$k_2 = \left(\frac{2}{\gamma_0 + 1}\right)^{\frac{1}{\gamma_0 - 1}} \tag{4.4.9}$$

通过与式(4.4.1)和式(4.4.2)比较,可以知道两种近似计算的偏差很小。文献[114]给出的氮气和氦气的临界因子 k_1 的表达式与式(4.4.8)相同。依照式(4.4.8),当 $\gamma_0 = 1.15$ 时,计算获得的临界因子为0.638 6。事实上,这个近似计算方法具有很好的计算效果。例如,在文献[55]中,在滞止状态 $P_0 = 50.0$ MPa, $T_0 = 6\,010$ K, $h_0 = 10.0$ MJ/kg (对应的比热比约 $\gamma_0 = 1.283$) 下,Mach 数 8 喷管(滞止点选择 $P_0 = 30.4$ MPa, $T_0 = 8\,000$ K, $h_0 = 16.2$ MJ/kg, 喉道 $d^* = 15.24$ mm, 膨胀比 $A/A^* = 667$) 的喉道参数为: 压力 $P^* = 27.94$ MPa, 温度 $T^* = 5\,448$ K, 密度 $\rho^* = 17.79$ kg/m^3, 速度 $u^* = 1\,450$ m/s, 内能 $e^* = 5.24$ MJ/kg。喉道处的压力和相应的滞止压力的比值 $P^*/P_0 = 0.559$。又如,在计算航天飞机主发动机的喷管流动时,采用冻结流假设,喉道处的状态参数值和滞止参数之间的

比值为[115]：$P^*/P_0 = 0.565$，$T^*/T_0 = 0.905$，滞止参数分别为 $P_0 = 210$ atm，$T_0 = 3\ 640$ K。上述计算几乎都是采用式(4.4.3)～式(4.4.6)。

在反射型激波风洞中，当第二道膜片打开以后，滞止压力、滞止密度、滞止温度等参数都将不同程度地发生衰减，喉道位置处的这些参数也相应随之衰减，一般而言，滞止压力和滞止密度衰减相对剧烈，滞止温度衰减相对缓慢，喉道位置的压力、密度和温度也是如此，特别地，喉道位置的流动速度变化最缓慢，见图 4.4.1。还需要说明的是，在完全气体流动中，气流通过喷管的膨胀，其声速线呈抛物型，位于靠近几何喉道稍前位置（两者可能相交）；对于非平衡气体，其声速线亦为抛物型，多在几何喉道之后。关于非平衡假设下的声速线的相关研究参

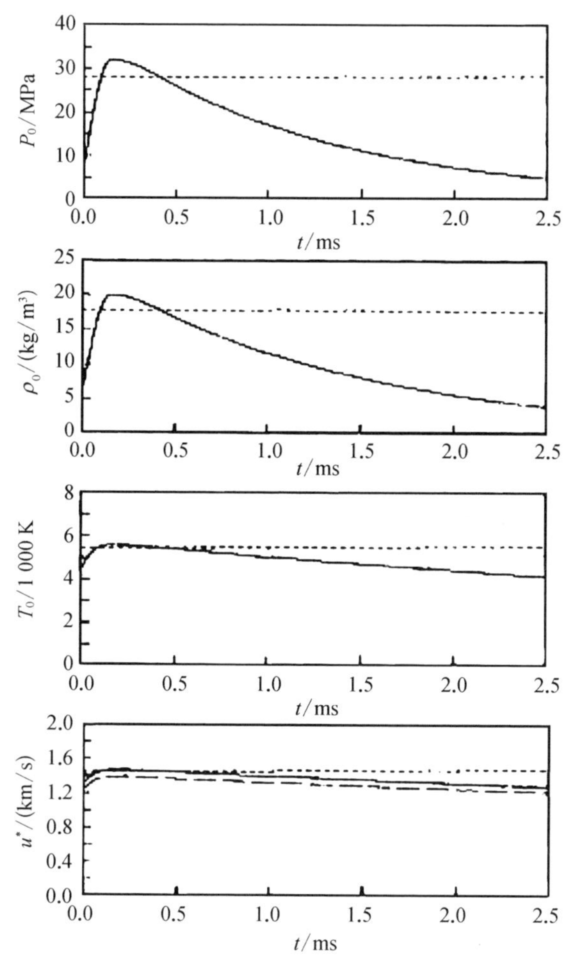

图 4.4.1　T4 风洞 Mach 数 8 喷管在设计状态下喉道位置处的流动参数的演化[55]

见文献[116]。

4.4.2 滞止压力历史

经由反射激波的再次压缩,试验气体将聚集在激波管末端狭小区域接近滞止状态,这一区域通常称为激波风洞的喷管贮室(或者广义贮室)。例如,T4 风洞贮室区域长度为 0.25~0.5 m,为 3.3~6.7 个激波管直径[55]。风洞研究者常使用贮室压力、贮室温度等术语代替滞止压力、滞止温度。事实上,贮室状态和滞止状态之间存在微妙的差别,例如,处于贮室状态下的试验气体可能存在一定的速度而非绝对的滞止状态。理论上,滞止压力和激波速度具有较好的一致性,与反射激波波后 5 区气体压力接近。具体地,3 区与 2 区的声抗比值 $(\rho a)_{32}$ 与贮室和 5 区的压力比值 P_0/P_5 正相关,当 $1.0 \leqslant (\rho a)_{32}$ 时,处于超缝合状态,此时滞止压力 $1 \leqslant P_0/P_5$;当 $(\rho a)_{32} < 1.0$ 时,处于亚缝合状态,此时滞止压力 $P_0/P_5 < 1$。所以在激波风洞的实际运行中,喷管贮室的气体状态和激波管 5 区气体状态有一定差别,除非风洞达到很好的缝合状态[35]。另外,数值计算通常很难精确地获得风洞的滞止压力,和实际测量值偏差较大。激波和边界层的相互作用以及分岔激波的存在,使得边界层的滞止压力为激波管 5 区压力的 80%~95%[117]。根据经验,喷管滞止压力更加接近边界层的滞止压力。在激波管程序 ESTC 中,为了获得贮室中试验气体的实际温度,认为反射激波波后气体状态和滞止状态之间是等熵[35],即

$$\frac{T_0}{T_5} = \left(\frac{P_5}{P_0}\right)^{\frac{1-\gamma_5}{\gamma_5}}$$

其中,P_0 为滞止压力实际测量值;T_0 为待解的滞止温度;P_5、T_5 和 γ_5 分别为反射激波波后气体压力、温度和比热比的计算值。

在 HEG 风洞的校测试验中,一旦达到缝合条件,风洞滞止压力将维持在准常数水平,这段时间最高可以达到整个下泄时间的一半[81],见图 4.4.2。结果表明,在试验气体下泄一半的时间之后,驱动气体对试验气体发生污染。在缝合条件下,假定滞止状态一直保持恒定,利用式(4.4.3)和式(4.4.6),可以获得试验气体下泄时间的粗略估计[81]:

$$t = \frac{m}{\rho^* A^* u^*} = \frac{4m}{A^*} \frac{1}{\rho_0 a_0} \left(\frac{2}{\gamma_0 + 1}\right)^{\frac{\gamma_0+1}{2(\gamma_0-1)}} \tag{4.4.10}$$

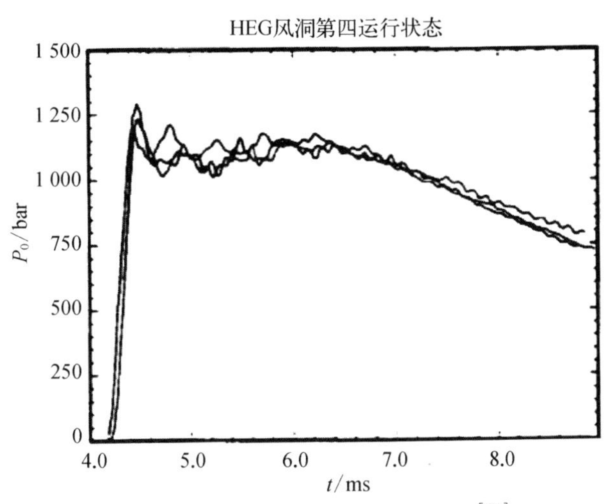

图 4.4.2　HEG 风洞的滞止压力历史[81]

其中，m 为试验气体质量。

如前所述，自由活塞可以为激波管提供接近常值的驱动压力，但是在压缩管尺寸和活塞软着陆要求的限制下，滞止压力变化略有迟滞，并且非缝合条件下的滞止压力在出现最大值以后发生持续衰减。例如，采用纯氦气作为驱动气体，在 0.5 ms 的试验时间中，压力的衰减高达 25%～30%[56,88]。图 4.4.3 给出了 T4 风洞的 Mach 数 8 喷管滞止压力历史及其对应的四个阶段[56]，该图显示风洞处于超缝合运行状态，图中滞止压力曲线由压力传感器在激波管末端获得，压力传感器的位置在末端上游 8 cm 处。由于传感器位置和响应时间的原因，反射激波波后压力的峰值并无记录[51]。在一个完整的运行周期内，Mach 数 8 喷管的滞止压力历史经历了四个不同的阶段，文献[56]选择四个临界时刻（t_a，t_b，t_c，t_d），以及该时刻对应的滞止压力（P_a，P_b，P_c，P_d）作为控制点，拟合得到图 4.4.3。

在非缝合条件下，当入射激波发生反射时，第二道膜片即可打开，这个下泄过程相当迅速，几乎是绝热的。于是，可以采用状态方程来获得滞止压力的演化。对于平衡态假设的真实气体效应而言，仍然有公式：

$$P = \rho e(\gamma - 1) = \rho h \frac{\gamma - 1}{\gamma} \tag{4.4.11}$$

其中，e 为内能。两边同时对时间 t 求导，可得

$$\frac{\mathrm{d}P}{\mathrm{d}t} = \frac{\mathrm{d}\rho}{\mathrm{d}t}h\frac{\gamma - 1}{\gamma} + \rho\frac{\mathrm{d}h}{\mathrm{d}t}\frac{\gamma - 1}{\gamma} + \rho h\frac{1}{\gamma^2}\frac{\mathrm{d}\gamma}{\mathrm{d}t} \tag{4.4.12}$$

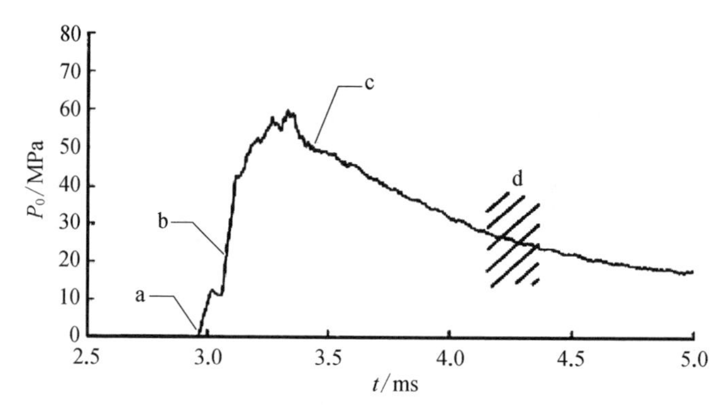

图 4.4.3　未经滤波处理的 Mach 数 8 喷管滞止压力历史及其对应的四个阶段[56]

a -入射激波到达；b -反射激波；c -平衡压力建立；d -驱动气体污染

注意到，单位时间的密度变化率 $\frac{d\rho}{dt}$ 可以通过喉道下泄的质量流加以表示，即

$$\frac{d\rho}{dt} = -\frac{\dot{m}}{V} = \frac{-\rho^* a^* A^*}{V} \tag{4.4.13}$$

其中，V 为贮室体积，由试验气体质量和反射激波波后密度决定，即 $V = \frac{m}{\rho}$，该值一旦确定可认为是不变的。另外，由状态方程(4.4.11)可得

$$P_h = \rho\frac{\gamma - 1}{\gamma},\ P_\rho = h\frac{\gamma - 1}{\gamma},\ P_\gamma = \rho h\frac{1}{\gamma^2} \tag{4.4.14}$$

方程组(4.4.14)中，第一式除以第二式，第三式除以第二式得到

$$dh = \frac{\rho}{h}d\rho,\quad d\gamma = \frac{\rho d\rho}{\gamma(\gamma - 1)} \tag{4.4.15}$$

将式(4.4.15)代入式(4.4.12)，可以得到

$$\frac{dP}{dt} = \left[\frac{\gamma - 1}{\gamma}h + \frac{\gamma - 1}{\gamma}\frac{\rho^2}{h} + \frac{\rho^2 h}{\gamma^3(\gamma - 1)}\right]\frac{d\rho}{dt}$$

进一步化简得

$$\frac{dP}{dt} = -\frac{P}{\rho}\left\{1 + \left[\frac{(\gamma - 1)\rho^2}{P\gamma}\right]^2 + \frac{\rho^2}{\gamma^2(\gamma - 1)^2}\right\}\frac{\dot{m}}{V}$$

对上式右端进行量级分析，可知大括号内的第 2 项相比其他两项是高阶小量，可以略去，因此得到

$$\frac{\mathrm{d}P}{\mathrm{d}t} \approx -\frac{P}{\rho}\left[1+\frac{\rho^{2}}{\gamma^{2}(\gamma-1)^{2}}\right]\frac{\dot{m}}{V} \tag{4.4.16}$$

在实际的数值计算过程中，滞止密度 ρ、比热比 γ 和质量流 $\dot{m}$ 仅在每一时间步长 Δt 内认为是恒定的，下一个时间步长中的值由平衡气体状态方程重新得到。这个模型没有考虑 3 区气体的涌入对滞止压力的补偿作用。

4.4.3　自由流速度和密度

现讨论自由流速度和密度的计算。先从喷管的最大速度 u_{max} 开始。简单而言，喷管的最大速度 u_{max} 仅是滞止焓 h_0 的函数，表达形式为

$$u_{max} = \sqrt{2h_0} = \sqrt{\frac{2\gamma_0}{\gamma_0-1}RT_0} = \sqrt{\frac{2}{\gamma_0-1}}a_0 \tag{4.4.17}$$

由于振动/化学冻结的原因，喷管的最大速度比这个极限值要低些。Phinney 认为[18]，在一个相当大的范围内，喷管出口速度和其极限值相差很小，相比压力、密度和温度而言（这些量变化很大，无渐近值）。当试验段 Mach 数大于 17 时，出口速度和极限值相差 1%；当试验段 Mach 数等于 8 时，出口速度和极限值相差 5%以内[18]。以空气为例，无论是在冻结还是平衡假设下，自由流速度依赖双原子分子内能的贡献，内能包括平动能 $\frac{5}{2}RT$，转动能 RT 和振动能 E_V，那么喷管出口速度可以表示为[18,118]

$$\frac{u}{\sqrt{2RT_0}} = \left[\frac{7}{2}\left(1-\frac{T}{T_0}\right)+\frac{E_0-E}{RT_0}\right]^{1/2} \tag{4.4.18}$$

其中，E 为振动能，表达式为 $E=\frac{R\theta}{\mathrm{e}^{\theta/T}-1}$，$\theta = 2\,230$ K 为氧气的振动特征温度。喷管出口的其他参数可以表示为

$$\frac{\rho}{\rho_0} = \left(\frac{T}{T_0}\right)^{5/2}\frac{\exp J}{\exp J_0} \tag{4.4.19}$$

$$\frac{P}{P_0}=\left(\frac{T}{T_0}\right)^{7/2}\frac{\exp J}{\exp J_0} \tag{4.4.20}$$

其中，

$$\exp J=\frac{E}{R\theta}\exp\left(\frac{\theta+E/R}{T}\right)=\frac{1}{e^{\theta/T}-1}e^{\frac{\theta\left(1+\frac{1}{e^{\theta/T}-1}\right)}{T}}$$

R 为气体常数。但是式(4.4.18)对特征温度不敏感,特征温度取值越小,速度越大,最大增幅不足 1%。式(4.4.18)显示振动能对速度的贡献是小量,这也意味着,振动非平衡效应影响速度是微弱的。式(4.4.18)~式(4.4.20)的应用通常会受到限制,这主要是因为自由流静温 T 不易获得。受文献[18]和[118]的启发,作者采用如下形式计算喷管出口自由流速度:

$$u=\alpha_H\beta_N\sqrt{2RT_0}\left[\frac{7}{2}\left(1-\frac{T_{pre}}{T_0}\right)+\frac{E_0}{RT_0}\right]^{1/2} \tag{4.4.21}$$

其中, E_0 为滞止条件下的振动能,表达式为 $E_0=\dfrac{R\theta}{e^{\theta/T_0}-1}$, $\theta=3\,055$ K。在忽略喷管几何因素的影响下,系数 α_H 表示焓值修正,具体形式为

$$\alpha_H=\begin{cases}1.00, & 2.5\leqslant h_0<3.8\\ 0.013h_0+0.957\,24, & 3.8\leqslant h_0<25.0\end{cases}$$

系数 β_N 为喷管几何因素带来的影响(主要是试验气流行程),具体形式为

$$\beta_N=1.039\,56-\frac{0.222\,22}{[\log_{10}(A/A^*)]^2}$$

在式(4.4.21)中, T_{pre} 为完全气体假设下自由流静温,对于给定的喷管膨胀比 $r_A=A/A^*$ (范围 50~2 500),静温 T_{pre} 通过两个公式获得

$$\frac{A}{A^*}=\frac{1}{M_{pre}}\left[\left(\frac{2}{\gamma+1}\right)\left(1+\frac{\gamma-1}{2}M_{pre}^2\right)\right]^{\frac{\gamma+1}{2(\gamma-1)}} \tag{4.4.22}$$

$$\frac{T_0}{T_{pre}}=1+\frac{\gamma-1}{2}M_{pre}^2 \tag{4.4.23}$$

其中，M_{pre} 为来流 Mach 数，比热比 $\gamma = 1.4$。与相关的数值模拟程序或者试验结果相比较，式(4.4.21)的计算偏差一般接近 1%或者更小，极个别算例的偏差不超过 3%。进一步地，根据连续方程，可以得到喷管出口自由流密度的表达式：

$$\rho = \frac{\rho^* A^* u^*}{Au} \tag{4.4.24}$$

由于质量守恒，非平衡效应对密度的影响也是微弱的。对相同的喷管截面积比，比热比 γ 越大，式(4.4.22)和式(4.4.23)获得的自由流 Mach 数越大，T_{pre} 越小，利用式(4.4.21)获得的自由流速度也就越大。

当采用氮气作为试验气体时，只需要将式(4.4.21)获得的(空气)结果减去 0.16 km/s 即可，式(4.4.21)中气体常数 R 仍然采用空气气体常数。

4.4.4　自由流的静温和静压

不像速度和密度这两个参数，高焓条件下自由流的静温和静压很难通过显式形式加以表达。本小节试图通过构造快速平衡-冻结(fast equilibrium-freeze，FEF)模型来获得喷管出口的自由流静温和静压。

从风洞试验的角度看，为了得到合乎要求的流场品质，风洞喷管型线在设计上受到不少限制，在一定程度上削弱了几何因素对自由流静温和静压的影响。对空气而言，不同组分气体分子之间的振动/化学反应速率不同，如果喷管型线的几何差异不大，这些热/化学过程的综合作用将导致自由流流场参数接近一个稳定状态，这些稳定状态的流场参数可以采用 FEF 模型逼近。FEF 模型是上述想法的一个简单尝试，旨在寻求良好的物理直观和便捷的计算过程，模型不考虑黏性作用、热损失以及壁面催化作用。

FEF 模型认为喷管的几何因素对化学反应影响有限，振动及化学反应冻结在型面喷管喉道后的锥段区域发生，因此型面喷管可以采用等效的锥形喷管加以模型化。化学冻结先于振动冻结发生，化学反应冻结之前流动接近平衡态。振动冻结温度和化学反应无关，仅依赖滞止条件和喷管几何因素，但化学反应和振动温度有关。FEF 模型重点关注温度分岔点(化学反应冻结点)、振动温度冻结点和出口三个重要位置(图 4.4.4)的自由流速度、密度、振动温度、(平动)温度及其他物理量。

以下给出 FEF 模型的算法步骤。

步骤 1：输入滞止焓、滞止压力(或者滞止压力和滞止温度)、喷管喉道直

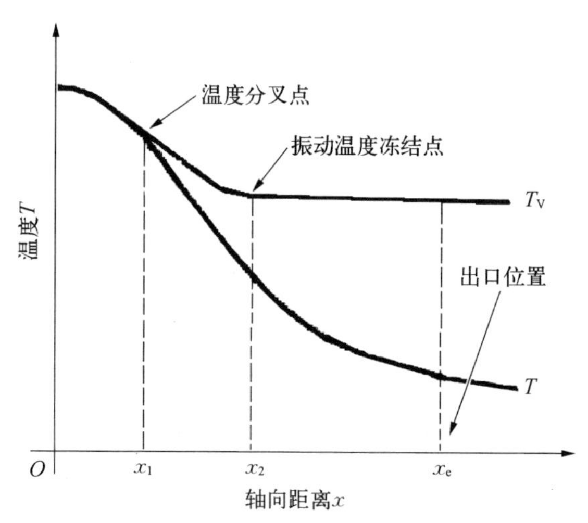

图 4.4.4　FEF 模型在轴向距离-温度坐标系上三个主要的计算位置

径、(等效)半锥角、喷管截面积比等 5 个物理量。

步骤 2：根据式(4.4.3)~式(4.4.6)获得喷管喉道参数。利用式(4.3.11)计算获得冻结振动温度 T_{V,x_2}。

步骤 3：在分岔点 x_1 位置，根据式(4.3.21)和式(4.3.22)获得分岔点的面积比 A_{x_1}/A^*，在计算中，采用等效比热比，并且认为 $(T_{x_1}/T_0)=1.2(T_{V,x_2}/T_0)$。利用式(4.4.21)获得速度 u_{x_1}，再由式(4.4.24)获得密度 ρ_{x_1}。采用平衡态下热力学关系式 $T=T(h,\rho)$ 获得静温 T_{x_1}，$T=T(h,\rho)$ 的具体形式参见式(4.4.25)，其中 $h=h_0-\frac{1}{2}u_{x_1}^2$。根据文献[105]，生成函数 $Z=Z(T,P)$，计算压缩比 Z_{x_1}，再利用 4.3.3 小节提供的办法，通过压缩比 Z_{x_1} 获得离解能 E_{D,x_1}，结合喉道位置的离解能 $E_{D,th}$，按一定权重平均得到冻结化学焓 h_{CF,x_1}（当滞止焓在 4.4 MJ/kg 以下时，冻结化学焓影响可以忽略）。

步骤 4：选择温度分岔点 x_1 处的喷管截面积的 2.5 倍作为振动温度冻结点 x_2，即 $A_{x_2}=2.5A_{x_1}$。在考虑振动冻结和化学冻结的前提下，获得振动温度冻结点 x_2 处的自由流速度 u_{x_2}、自由流密度 ρ_{x_2} 和静温 T_{x_2}，求解办法同步骤 2，并在平衡假设下获得比热比 γ_{x_2} 以及 C_{p,x_2}。

步骤 5：喷管出口 x_e 处的自由流速度 u_{x_e} 采用式(4.4.21)获得。自由流温度

由 $2\bar{\omega}C_{p,x_2}(T_{x_2}-T_{x_e})=u_{x_e}^2-u_{x_2}^2$ 求解获得，这里 $\bar{\omega}$ 是一个修正函数。静压通过 $P_{x_e}=\rho_{x_e}RT_{x_e}$ 得到，不做修正。为了获得流场出口 Mach 数，出口声速以相同静温的平衡态空气的声速 $a=\sqrt{\gamma RT}$ 进行计算。

步骤 6：由化学冻结位置的热力学信息，利用修正的浓度公式 $c=c(\rho,\ T)$ 获得化学冻结位置 x_2 处的组分浓度参数，并以此作为出口 x_e 处的自由流组分浓度，具体细节将在后继章节中给出。

FEF 模型中使用的热力学函数 $T=T(\rho,\ h)$ 的构造如下（密度单位 kg/m^3，焓单位 J/kg）：

$$T=T(h,\ \rho)$$
$$=\begin{cases}1.243\,1[(h')^{0.961\,4}], & h'\leqslant 1\,881.1\\ 1\,748.0[0.314\,69\log_{10}(h'/4.186\,8)-0.922\,1]^{b_c}, & 1\,881.1<h'\leqslant 35\,026.0\end{cases}\tag{4.4.25}$$

其中，$h'=h/1\,000.0$，$\rho'=\rho/1.29$，$b_c=2.41+0.000\,88P'$，以及

$$P'=\exp\left(\frac{\log_{10}\left(\dfrac{\rho}{0.213\,883}\right)+a_c\log_{10}\left(\dfrac{h'}{1\,755.52}\right)}{1.0-0.013\,897\,4\log_{10}\left(\dfrac{h'}{1\,755.52}\right)}\right)$$

其中，

$$a_c=\begin{cases}0.972, & h'\leqslant 1\,755.52\\ 0.715+0.013\,894\,74\log_{10}(\rho'), & 1\,755.52<h'\leqslant 35\,026.0\end{cases}$$

该式获得的自由流静温略低于平衡假设条件的温度，但偏差一般不超过 8%。

可以看到，FEF 模型仍然基于平衡-冻结假设，和通常冻结模型之间的主要差别是，FEF 模型同时考虑振动温度和平动温度，使得 FEF 模型更加贴近真实热/化学非平衡过程。表 4.4.1 提供了 FEF 模型计算结果与风洞试验/数值计算结果比对，在绝大多数情况下，自由流速度最大偏差不足 2.5%。对喷管出口自由流静温而言，FEF 模型和数值计算结果之间偏差较大。在 FEF 模型中，喷管出口自由流静温对自由流速度的微小扰动特别敏感。例如，对于表 4.4.1 中 T5 风洞 $h_0=20.17$ 的算例，喷管出口自由流速度增加 1%，可导致静温下降 20% 以上。由于这个原因，在 $2\bar{\omega}C_{p,x_2}(T_{x_2}-T_{x_e})=u_{x_e}^2-u_{x_2}^2$ 中可以引入修正函数 $\bar{\omega}$ 减少

表 4.4.1　FEF 模型计算结果与风洞试验/数值计算结果比较

风　洞	h_0/(MJ/kg)	P_0/MPa	T_0/K	ρ/(kg/m^3)	u/(m/s)	T, T_V/K	P/kPa	附　注
T5[35] 2399	9.54	59.5	5 921	0.071	3 907	1 429	—	喷管膨胀比 100，半锥角 7°，喉道直径 30 mm，出口直径 300 mm，NENZF 计算程序
	—	—	—	0.071 7	3 939.2	1 493.5 2 278.9	30.75	$G_0=1.27$
2400	9.52	50.92	5 968.5	0.055 72	3 957.9	1 369.4	—	—
	—	—	—	0.061 7	3 954.8	1 399.0 2 368.0	24.77	$G_0=1.269$
2398	11.4	19.6	6 410	0.019 2	4 190	1 590	—	—
	—	—	—	0.020 7	4 147	1 649.0 2 986.8	9.837	$G_0=1.264$
2401	17.3	60.8	8 528	0.040 5	5 083	2 530	—	—
	—	—	—	0.041 4	5 148	2 409 2 980	28.65	$G_0=1.249$
2403	18.1	59.1	8 716	0.037 9	5 190	2 530	—	—
	—	—	—	0.038 5	5 253.4	2 468.1 3 046.5	27.28	$G_0=1.248$

（续表）

风　洞	h_0/（MJ/kg）	P_0/MPa	T_0/K	ρ/（kg/m^3）	u/（m/s）	T，T_V/K	P/kPa	附　注
2396	20.0	27.3	8 702	0.016 0	5 377	2 471	—	—
	—	—	—	0.020 5	5 376.2	2 389.2 3 538	14.06	$G_0 = 1.247$
T5[119]	15.3	37.5	7 860	0.028	4 785	2 125	18.3	—
	—	—	—	0.029 3	4 826.4	2 080.5 3 093	17.53	$G_0 = 1.255$
	15.4	85.0	8 100	0.063	4 805	2 340	43.9	$G_0 = 1.252$
	—	—	—	0.064 4	4 904	2 320 2 665	42.92	—
T5[120]	3.41	40.0	2 826	0.128	2 230	300	—	—
	—	—	—	0.126	2 428.9	442.1 1 456.6	15.942	$G_0 = 1.32$
	3.76	10.0	3 044	0.028	2 360	323	—	—
	—	—	—	0.029 0	2 530.1	537.8 1 875.8	4.500	$G_0 = 1.294$
	5.80	15.0	4 134	0.03	2 750	437	—	—
	—	—	—	0.029 3	3 101.7	840.0 2 231	7.080	$G_0 = 1.28$

（续表）

风洞	h_0/(MJ/kg)	P_0/MPa	T_0/K	ρ/(kg/m^3)	u/(m/s)	T, T_V/K	P/kPa	附注
T5[120]	10.13	55.0	6 150	0.058 4	4 020	1 668	—	—
	—	—	—	0.063 5	3 997.7	1 711 2 384	31.179	$G_0=1.264$
	11.50	23.0	6 471	0.022	4 200	1 750	—	—
	—	—	—	0.024 09	4 173.2	1 705 2 926	11.790	$G_0=1.263$
	12.8	85.0	7 329	0.072 8	4 470	2 208	—	—
	—	—	—	0.077 4	4 522.5	1 994.4 2 474	44.30	$G_0=1.258$
	20.17	59.0	9 112	0.034 6	5 430	3 156	—	—
	—	—	—	0.042 8	5 472	2 815.7 3 148.5	34.736	$G_0=1.245$
T2[94]	5.29	27.9	4 219	0.036 5	3 108	450	4.818	锥形喷管膨胀比134.34，喉道直径6.35 mm，出口直径73.6 mm，半锥角7.5°
	—	—	3 956	0.043 2	3 043.4	578.6 1 952.0	7.172	$G_0=1.283$，程序自动生成滞止温度

（续表）

风　洞	h_0/(MJ/kg)	P_0/MPa	T_0/K	ρ/(kg/m^3)	u/(m/s)	T, T_V/K	P/kPa	附　注
HEG[121]	3.371	15.67	2 624	0.024 57	2 370	258	1.829	3号喷管膨胀比218，半锥角8°（估计），喉道直径40 mm，出口直径590 mm
	—	—	2 804	0.022 4	2 484.6	280.5 1 691.7	1.805	$G_0=1.33$，程序自动生成滞止温度
	3.34	6.3	2 640	0.010	2 370	275	—	—
	—	—	2 765.8	0.009 16	2 456.9	285.2 1 886.6	0.750	$G_0=1.33$，程序自动生成滞止温度
	3.36	28.0	2 610	0.047	2 360	265	—	—
	—	—	2 808	0.004 1	2 486.0	264.0 1 557.3	3.307	$G_0=1.34$，程序自动生成滞止温度
HEG[38] XIV	3.40	8.0	2 810	0.011	2 450	277	0.880	3号喷管膨胀比218，半锥角8°（估计），喉道直径40 mm，出口直径590 mm，DLR－TAU计算程序
	—	—	—	0.011 4	2 487.5	299.8 1 851.5	0.982	$G_0=1.32$

（续表）

风　洞	h_0/(MJ/kg)	P_0/MPa	T_0/K	ρ/(kg/m^3)	u/(m/s)	T, T_V/K	P/kPa	附　注
XIII	3.3	17.0	2 740	0.025 9	2 410	266	1.990	3 号喷管
	—	—	—	0.024 7	2 453.3	288.3 1 648.7	2.048	$G_0 = 1.33$
XXXI	6.0	70.0	4 400	0.012 6	3 270	253	0.930	5 号喷管膨胀比1 146，半锥角 8°（估计），喉道直径 26 mm，出口直径 880 mm，DLR-TAU 计算程序
	—	—	—	0.010 65	3 407.0	209.7 1 785	0.641	$G_0 = 1.28$
III	12.0	44.0	7 000	0.003 3	4 700	800	0.79	2 号喷管膨胀比 1 600，半锥角 6.5°，喉道直径 22 mm，出口直径 880 mm，DLR-TAU 计算程序
	—	—	—	0.002 55	4 650.0	728.5 2 726	0.534	$G_0 = 1.26$
HEG[121]	13.5	48.3	7 369	0.003 255	4 776	694	0.687	计算模型：化学非平衡热力学平衡，和 III 比较可以看到文献[121]计算静温出现的偏差

（续表）

风　洞	h_0/(MJ/kg)	P_0/MPa	T_0/K	ρ/(kg/m^3)	u/(m/s)	T, T_V/K	P/kPa	附　注
HEG[121]	—	—	—	0.002 49	4 860	932.5 2 780	0.667	$G_0=1.258$
HEG[38] IV	15	90	8 100	0.005 3	5 200	1 060	1.680	2 号喷管
	—	—	—	0.004 11	5 193.6	985.1 2 604	1.162	$G_0=1.252$
I	22	35	9 100	0.001 7	5 900	1 140	0.660	2 号喷管
	—	—	—	0.001 4	5 951	1 138.7 3 462.8	0.458	$G_0=1.245$
HEG[121]	22.4	35.0	9 200	0.001 361	5 956	1 060	0.476	计算模型：化学非平衡热力学平衡
	—	—	—	0.001 38	6 010.8	1 114.5 3 490.6	0.441	$G_0=1.245$
HEG[38] II	23	85	9 900	0.003 5	6 200	1 450	1.700	2 号喷管
	—	—	—	0.003 16	6 281.9	1 203.3 3 056.7	1.090	$G_0=1.243$
HIEST[122]	4.45	24.06	3 475	0.026 3	2 717	315 475	—	型面喷管喉道直径 50 mm，出口直径 800 mm，喷管膨胀比 256，半锥角 8°（估计），DPLR 计算程序

（续表）

风　洞	h_0/（MJ/kg）	P_0/MPa	T_0/K	ρ/（kg/m^3）	u/（m/s）	T，T_v/K	P/kPa	附　注
HIEST[122]	—	—	—	0.022 7	2 861.9	336.5 1 826	2.194	$G_0 = 1.29$
	7.96	53.51	5 225	0.028 4	3 703	820 827	—	同上
	—	—	—	0.029 0	3 726.3	923.2 2 155	7.697	$G_0 = 1.275$
HIEST[123] 2233	2.984	15.442	2 525	0.018 93	2 322.0	216.0	1.179	型面喷管喉道直径50 mm，出口直径800 mm，膨胀比256，半锥角8°（估计）JAXA-in-house计算程序
	—	—	—	0.020 7	2 355.0	200.0 1 588	1.193	$G_0 = 1.34$
2227	3.175	16.111	2 659	0.018 78	2 389.4	232.9	1.261	同上
	—	—	—	0.020 5	2 423.5	235.2 1 630.4	1.386	$G_0 = 1.33$
2218	3.638	31.076	2 976.0	0.031 94	2 547.4	274.9	2.531	同上
	—	—	—	0.035 0	2 578.0	324.5 1 585	3.264	$G_0 = 1.315$

（续表）

风　洞	h_0/(MJ/kg)	P_0/MPa	T_0/K	ρ/(kg/m^3)	u/(m/s)	T, T_V/K	P/kPa	附　注
2228	4.695	13.74	3 592.0	0.011 73	2 870.7	385.8	1.306	同上
	—	—	—	0.012 3	2 923.0	383.5 2 050	1.354	$G_0 = 1.285$
2232	4.633	12.716	3 550	0.011 0	2 851.7	378.6	1.202	同上
	—	—	—	0.011 5	2 902.1	386.1 2 055	1.278	$G_0 = 1.286$
2231	4.830	26.770	3 696.0	0.021 89	2 917.1	402.2	2.540	同上
	—	—	—	0.023 1	2 973.7	374.6 1 878.6	2.487	$G_0 = 1.284$
2230	5.133	26.831	3 859.0	0.020 89	3 003.2	438.0	2.640	同上
	—	—	—	0.002 2	3 055.7	419.1 1 943	2.643	$G_0 = 1.283$
2216	6.215	31.867	4 402.0	0.021 20	3 290.1	576.1	3.531	同上
	—	—	—	0.021 9	3 325.9	613.4 2 087	3.859	$G_0 = 1.28$
2239	6.406	55.638	4 553.0	0.035 61	3 345.6	603.3	6.203	—
	—	—	—	0.036 8	3 394.8	600.7 1 923.5	6.351	$G_0 = 1.278$
2217	7.332	32.394	4 894.0	0.018 87	3 553.4	728.4	3.985	—
	—	—	4 949.5	0.019 2	3 591.8	762.1 2 278.1	4.190	$G_0 = 1.276$

（续表）

风　洞	h_0/(MJ/kg)	P_0/MPa	T_0/K	ρ/(kg/m^3)	u/(m/s)	T，T_V/K	P/kPa	附　注
2240	8.963	51.605	5 646.0	0.025 21	3 905.3	961.5	7.054	—
	—	—	—	0.025 1	3 931.9	1 050.2 2 303.9	7.558	$G_0 = 1.27$
2221	9.872	14.773	5 716.0	0.007 0	3 999.9	963.4	2.016	—
	—	—	—	0.006 75	4 003.1	966.7 2 911	1.875	$G_0 = 1.267$
2238	11.585	24.713	6 529	0.009 99	4 327.4	1 183.7	3.563	—
	—	—	—	0.009 72	4 326.6	1 257.9 2 953.5	3.508	$G_0 = 1.263$
2235	12.797	43.195	7 125	0.015 71	4 554.5	1 383.9	6.538	—
	—	—	—	0.015 19	4 593.6	1 393.6 2 845.0	6.078	$G_0 = 1.259$
2226	13.452	15.209	7 034	0.005 50	4 577.7	1 216.4	2.097	—
	—	—	—	0.005 25	4 597.4	1 203.0 3 389.4	1.812	$G_0 = 1.260$
2244	14.445	48.940	7 699	0.015 97	4 809.8	1 558.9	7.589	—
	—	—	—	0.015 23	4 874.3	1 497.7 2 941	6.549	$G_0 = 1.254$
2314	15.298	32.292	7 792	0.010 02	4 905.5	1 512	4.732	—
	—	—	—	0.009 62	4 952.4	1 460.8 3 213.2	4.033	$G_0 = 1.252$

（续表）

风　洞	h_0/(MJ/kg)	P_0/MPa	T_0/K	ρ/(kg/m^3)	u/(m/s)	T, T_V/K	P/kPa	附　注
2337	20.300	42.931	8 977	0.010 48	5 583.7	1 968.8	6.742	—
	—	—	—	0.011 86	5 630.2	1 840.9 3 379.9	6.267	$G_0 = 1.247$
HYPULSE[124]	2.456	9.932	2 140	—	2 116	208	0.696	喷管膨胀比 175,喉道直径 5.1 cm,出口直径 66.7 cm,复现 Mach 数 7 的飞行速度
	—	—	—	0.023 4	2 113.7	190.9 1 509.7	1.285	$G_0 = 1.345$
	4.82	27.74	3 679	—	2 914	440	3.46	喷管膨胀比 225,喉道直径 4.45 cm,出口直径 67 cm,复现 Mach 数 10 的飞行速度
	—	—	—	0.027 4	2 955.9	416.6 1 860.2	3.279	$G_0 = 1.285$
	5.32	22.7	3 922	—	3 053	513	3.11	同上
	—	—	—	0.020 7	3 063.7	519.6 2 026.7	3.091	$G_0 = 1.283$

静温偏差。总体而言,*FEF* 模型简单直观,当对大数据量实施分析时,*FEF* 模型能够满足快速计算的要求。

4.5 喷管出口的试验气体组分

4.5.1 组分的计算

有限化学反应速率(非平衡)和无穷大化学反应速率假设下喷管出口的试验气体组分是有差别的,文献[125]基于双曲型喷管,比较了两种假设下的空气组分差别,如图 4.5.1 所示。可以看到,在图中的滞止条件和喷管几何条件下,氧原子和一氧化氮分子的浓度存在显著差异。图 4.5.1 也暗示,Bary 突然冻结模型的合理性,气体组分在冻结位置之后变化不大。另外,根据文献[43]和[59],试验气体组分所受反应速率的影响并不特别明显。因此,可以采用平衡气体假设在冻结点附近求解试验气体组分来近似代替出口的试验气体组分。图 4.5.2

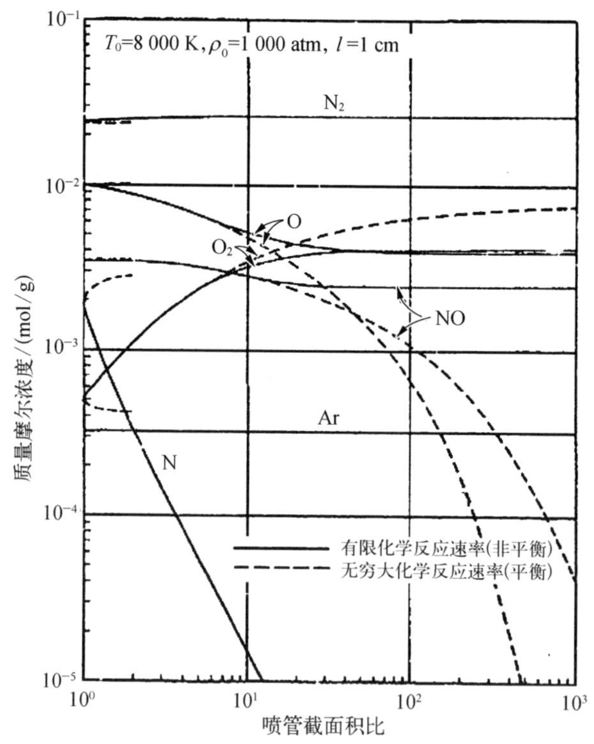

图 4.5.1 基于双曲型喷管的组分质量摩尔浓度分布[125]

取自文献[126],给出了双曲型喷管下空气的离解分数与滞止熵及喷管长度的关系,图中喷管长度采用喉道半径与半膨胀角正切的比值加以特征化,氧原子和一氧化氮的质量摩尔浓度则是其与氧气的质量分数的比值,可以视为某种无量纲化离解分数。可以看到,在一定的滞止熵的范围内,喷管长度尺寸对氧原子和一氧化氮分子的离解分数的影响非常有限,远不及滞止熵。

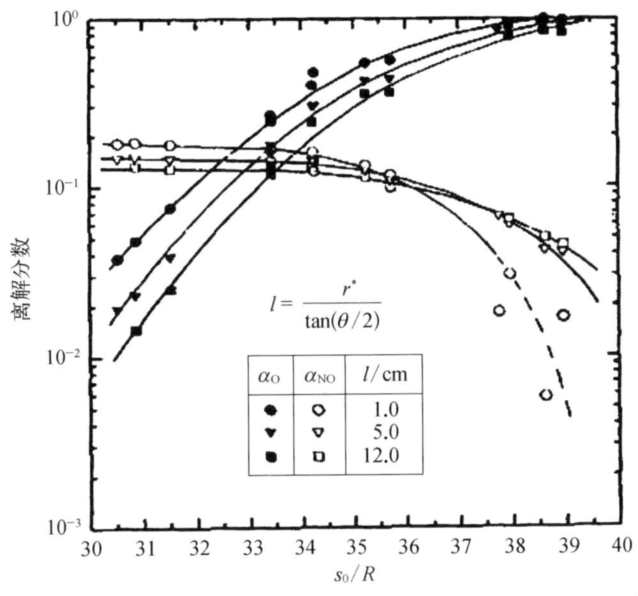

图 4.5.2　基于双曲型喷管的离解分数与滞止焓及喷管长度的关系[126]

以下喷管出口试验气体组分的计算模型主要基于 Prabhu 和 Erichson 的平衡态的相关结果[127]。这个计算模型假定冻结点位置与喷管出口位置试验气流的组分相同,而冻结位置试验气流的组分由平衡条件下空气化学组分的计算办法给出。而后,通过一定的修正使之能对非平衡流动的气体组分做出预测。这里假定空气包含 O_2、N_2、O、NO、N、NO^+、e^+、N^+、O^+、Ar、Ar^+ 11 种组分,其单位质量的摩尔数(或称质量摩尔浓度,mol/kg)为 n_i。在平衡假设下,存在着 7 个独立的化学反应,包含了 11 种化学组分,这 7 个化学反应方程是

$$\text{(I)}\ O_2 = 2O$$

$$\text{(II)}\ N_2 + O_2 = 2NO$$

$$\text{(III)}\ N_2 = 2N$$

$$\text{(IV)}\ NO^+ + e^- = NO$$

$$(\mathrm{V})\ N^+ + e^- = N$$

$$(\mathrm{VI})\ O^+ + e^- = O$$

$$(\mathrm{VII})\ Ar^+ + e^- = Ar$$

这 7 个非线性平衡方程包含了 11 种组分的摩尔数,对应着 7 个平衡常数,这些平衡常数为

$$K_1 = n_3^2/n_1 \tag{4.5.1}$$

$$K_2 = n_4^2/(n_1 n_2) \tag{4.5.2}$$

$$K_3 = n_5^2/n_2 \tag{4.5.3}$$

$$K_4 = n_4/(n_6 n_7) \tag{4.5.4}$$

$$K_5 = n_5/(n_8 n_7) \tag{4.5.5}$$

$$K_6 = n_3/(n_9 n_7) \tag{4.5.6}$$

$$K_7 = n_{10}/(n_{11} n_7) \tag{4.5.7}$$

其中摩尔数意义下的平衡常数 K_i（$i=1,\ 2,\ \cdots,\ 7$）与配分压力下的平衡常数 $K_{p,\,i}$ 之间存在关系:

$$K_i = K_{p,\,i}\left(\frac{P_{st}}{\rho RT}\right)^{\Delta N}$$

其中, $P_{st} = 101\ 325$ Pa 为标准大气压; ΔN 为组分在反应过程中摩尔数的增量。当组分参与(I)和(III)反应时, $\Delta N = 1$; 当组分参与(IV)、(V)、(VI)和(VII)反应时, $\Delta N = -1$; 当组分参与(II)反应时, $\Delta N = 0$。

平衡常数 K_i 由参与化学反应的组分所形成的 Gibbs 自由能确定。注意到, O、N 和 Ar 存在质量平衡方程,使得各种组分摩尔数之间形成约束方程:

$$2n_1 + n_3 + n_4 + n_6 + n_9 = n_O \tag{4.5.8}$$

$$2n_2 + n_4 + n_5 + n_6 + n_8 = n_N \tag{4.5.9}$$

$$n_{10} + n_{11} = n_{Ar} \tag{4.5.10}$$

其中, n_O、n_N 和 n_{Ar} 分别是 O、N 和 Ar 的单位质量摩尔数。混合物的中性条件亦提供了约束方程:

$$n_6 + n_8 + n_9 + n_{11} = n_7 \tag{4.5.11}$$

原则上,可以联合方程(4.5.1)~方程（4.5.11)获得单一的非线性方程,并通过迭代的办法求解。为了简化求解过程,文献[127]确定了 4 个由温度和密度所主导的区域,分别对应着 4 个不同的模型,见图 4.5.3,而且在每个区域上,根据反应特征,11 个组分被划分为主要组分和次要组分两类,见表 4.5.1。由此,可以根据不同温度和密度范围,确定 11 个组分中的主要组分,这些主要组分由非线性方程和适当的线性方程约束,次要组分视为可以调节的常数。在迭代求解过程中,需要在每一个迭代步骤中更新次要组分。需要说明的是,这四个模型在某些区域会出现重叠。

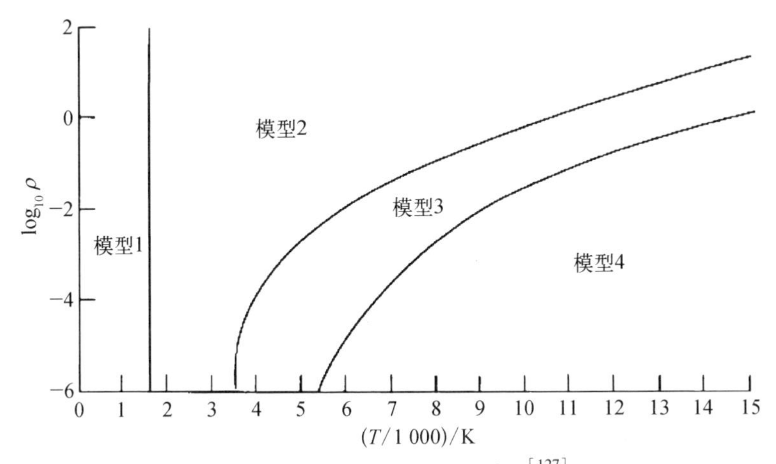

图 4.5.3　模型计算结果的对比[127]

表 4.5.1　模型计算结果的对比[127]

模型 1	模型 2	模型 3	模型 4
	主要组分		
O_2	O_2	N_2	O
N_2	N_2	O	N
Ar	O	N	e^-
—	NO	Ar	N^+
—	N	—	O^+
—	Ar	—	Ar
	次要组分		
O	NO^+	O_2	O_2
NO	e^-	NO	N_2

（续表）

模型 1	模型 2	模型 3	模型 4
N	N^+	NO^+	NO
NO^+	O^+	e^-	NO^+
e^-	Ar^+	N^+	Ar^+
N^+	—	O^+	—
O^+	—	Ar^+	—
Ar^+	—	—	—

就激波风洞而言，选择模型 2 和模型 3 就已经足够了。以下重点介绍模型 2，这个模型主要满足如下环境：温度足够高，空气充分发生离解，但是尚未产生显著的电离。在此条件下，空气的主要组成部分是 O_2、N_2、O、NO、N 和 Ar，其他电离组分处于次要位置，控制方程因此可以得到简化。控制这六个组分的为方程(4.5.1)~方程(4.5.3)和方程(4.5.8)~方程(4.5.10)等六个方程。摩尔数 $n_6 \sim n_9$，以及 n_{11} 假定等于伪常数(初值为 0)。这些方程可以最终合并为仅包含氧原子的单位质量摩尔数 n_3 的方程。整个求解步骤如下。利用方程(4.5.1)~方程 (4.5.3)得

$$\frac{n_4}{n_3 n_5} = \sqrt{\frac{K_2}{K_1 K_3}} = K_e \tag{4.5.12}$$

因此，$n_4 = K_e n_3 n_5$。方程(4.5.1)和方程(4.5.3)给出

$$n_1 = \frac{n_3^2}{K_1} \tag{4.5.13}$$

$$n_2 = \frac{n_5^2}{K_3} \tag{4.5.14}$$

将式(4.5.13)和式(4.5.14)代入式(4.5.8)，采用 n_3 表示 n_5：

$$n_5 = \frac{1}{K_e n_3}\left(\frac{n'_0}{2} - \frac{2n_3^2}{K_1} - n_3\right) \tag{4.5.15}$$

其中，n'_0 表示 n_0 的近似值。将式(4.5.15)代入方程(4.5.9)，消去 n_2、n_4 和 n_5，可得仅含 n_3 的方程：

$$\sum_{i=0}^{4} b_i n_3^i = 0 \tag{4.5.16}$$

其中，

$$b_4 = \frac{8 - 2K_2}{K_1}$$

$$b_3 = 8 - K_2 - 2K_3K_e$$

$$b_2 = -4n'_O + 2K_1 + \frac{1}{2}(n'_O - n'_N)K_2 - K_1K_3K_e$$

$$b_1 = \frac{1}{2}(-4 + K_3K_e)K_1n'_O$$

$$b_0 = \frac{1}{2}K_1(n'_O)^2$$

其中，n'_N 表示 n_N 的近似值。注意到 $\frac{1}{2}n'_O = n_O - n_6 - n_9$，以及 $\frac{1}{2}n'_N = n_N - n_6 - n_8$。上述关于 n_3 的方程可以采用 Newton 迭代法求解。未知数 n_3 的初始值通过如下方程求解获得：

$$2n_1 + n_3 + n'_4 = n_O \tag{4.5.17}$$

$$n_1 = \frac{n_3^2}{K_1} \tag{4.5.18}$$

$$\frac{n'_4}{n_3} = \sqrt{\frac{2K_1}{n_N K_2}} \tag{4.5.19}$$

其中，n'_4 为 n_4 的近似值。这些方程包含了 NO、O_2、O 等组分中的氧，是一个很好的近似值，可以作为初始值使用。以下是求解步骤。

步骤 1：设置 $n_6 = n_8 = n_9 = 0$，以及 $n_{10} = n_{Ar}$；

步骤 2：计算 n_3；

步骤 3：计算 $n'_O = \frac{1}{2}n_O = n_O - n_6 - n_9$，$n'_N = \frac{1}{2}n_N = n_N - n_6 - n_8$；

步骤 4：决定 $b_i (i = 0, 1, \cdots, 4)$；

步骤 5：计算 $\Delta n_3 = -\frac{F}{F'}$，其中 $F = \sum_{i=0}^{4} b_i n_3^i$，$F' = \sum_{i=1}^{4} i b_i n_3^{i-1}$；

步骤 6：更新 n_3，计算主要组分

$$n_3 = n_3 + \Delta n_3$$

$$n_3 = \frac{1}{K_e n_3}\left(n_O - \frac{2n_3^2}{K_1} - n_3\right)$$

$$n_4 = K_e n_3 n_5$$

$$n_2 = \frac{1}{2}(n'_N - n_4 - n_5)$$

$$n_1 = \frac{1}{2}(n'_O - n_4 - n_3)$$

步骤 7：计算次要组分

$$n_7 = \sqrt{\frac{n_4}{K_4} + \frac{n_5}{K_5} + \frac{n_3}{K_6} + \frac{n_{10}}{K_7}}$$

$$n_6 = \frac{n_4}{K_4 n_7}$$

$$n_8 = \frac{n_5}{K_5 n_7}$$

$$n_9 = \frac{n_3}{K_6 n_7}$$

$$n_{11} = \frac{n_{10}}{K_7 n_7}$$

$$n_{10} = n_{Ar} - n_{11}$$

步骤 8：如果收敛则终止，否则回到步骤 3，进行循环。

4.5.2 相关热力学参数

在文献[127]中，针对前述 11 种组分，计算了相应的热力学性质。分子形

式的组分的热力学性质主要从文献[128]获得。单原子组分的热力学数据主要采用统计热力学近似关系获得,数据来自文献[129]~[131]。各个组分的比热数据亦来自文献[129]~[131]的相关数据,并依照最小二乘法原则,采用多项式拟合获得。这些多项式的形式为

$$C_{p,i}/R = \sum_{j=1}^{5} a_{i,j} T^{j-1} \tag{4.5.20}$$

$$H_i^0 C_{p,i}/(RT) = \sum_{j=1}^{5} a_{i,j} T^{j-1}/j + a_{i,6}/T \tag{4.5.21}$$

$$s_i^0/R = \sum_{j=2}^{5} a_{i,j} T^{j-1}/(j-1) + a_{i,6} \ln T + a_{i,7} \tag{4.5.22}$$

$$G_i^0/(RT) = H_i^0/(RT) - s_i^0/R \tag{4.5.23}$$

其中,$C_{p,i}$ 为第 i 个组分的比定压热容;$a_{i,j}$ 为热力学函数所对应的多项式的系数;R 为普适气体常数;T 为混合气体温度;H_i^0 为第 i 个组分(在单位质量摩尔数下)的焓(J/mol);s_i^0 为第 i 个组分(在单位质量摩尔数下)熵[J/(mol·K)];G_i^0 为第 i 个组分(在单位质量摩尔数下)的 Gibbs 自由能。在上述式子中,系数 $a_{i,6}$ 和 $a_{i,7}$ ($i = 1, 2, \cdots, 11$) 是积分常数。其中,$a_{i,6}$ 由生成焓决定,可以通过 JANAF 化学热力学表获得,所有组分的参考温度均为 0 K;$a_{i,7}$ 的值由 T = 298.15 K 下的熵决定。系数 $a_{i,1} \sim a_{i,7}$ ($i = 1, 2, \cdots, 11$) 见文献[A12]之表 II,在表中,温度范围 200~15 000 K被划分为 5 个小区域。为了确保不同区域之间的连续性,采用满足最小方差的多项式进行拟合。

7 种不同化学反应所需要的平衡态常数,需要使用标准状态下所有组分的 Gibbs 自由能加以确定。反应(4.5.1)~反应(4.5.7)的平衡常数 $K_{p,j}$ 可以表示为

$$K_{p,j} = \exp[-\Delta G_j^0/(RT)],\ j = 1, 2, \cdots, 11 \tag{4.5.24}$$

其中,$\Delta G_j^0 = \sum_i v_i G_i^0 - \sum_i v'_i G_i^0$,$v_i$ 和 v'_i 为化学反应系数,ΔG_j^0 为标准状态下形成第 i 个组分所需要的 Gibbs 自由能。例如,在反应(II)($N_2 + O_2 = 2NO$)中,有

$$\Delta G_2^0 = 2(G^0)_{NO} - (G^0)_{N_2} - (G^0)_{O_2}$$

$$K_{p,2} = \exp[-\Delta G_2^0/(RT)]$$

所有组分构成的混合物的滞止焓为

$$\frac{h}{RT}=\sum_{i=1}^{11}H_i^0 n_i \tag{4.5.25}$$

因为参考温度为 0 K,每个组分的内能可以简单表示为

$$E_i^0=H_i^0-RT,\quad i=1,2,\cdots,11 \tag{4.5.26}$$

混合物的内能表示为

$$e=\sum_{i=1}^{11}E_i^0 n_i=h-nRT \tag{4.5.27}$$

其中, n 为混合物总摩尔数。混合物的熵为

$$s=-Rn\ln(P/P_{st})+\sum_{i=1}^{11}n_i[s_i^0-R\ln(n_i)] \tag{4.5.28}$$

其中, $P=n\rho RT$ 为混合物的压力; $P_{st}=101\ 325$ Pa 为标准状态下的大气压力。

以上叙述了 Prabhu 和 Erichson 的气体组分与热力学性质的计算模型。在这个工作的基础上,空气组分浓度最终可以表示为温度和密度的函数,即 $C_j=C_j(\rho,T)$, 这是一条非常直观快速的研究途径,也是作者采用这一计算方法的原因。需要说明的是,上述结果源于平衡气体假设,如果要用于 FEF 模型,则需要进行一定的修正,以便能和有限速率化学反应相匹配。密度和温度均需要乘以修正因子,密度修正因子为 1.0~1.25,温度修正因子为 1.05~1.15。表 4.5.2 和表 4.5.3 分别给出了 T5 风洞和 HEG 风洞若干车次组分质量摩尔浓度的对比结果,可供参考。表中选择的修正办法是 $C_j=C_j(1.1\rho_{C,f},\ 1.05T_{C,f})$, 这里 $\rho_{C,f}$ 和 $T_{C,f}$ 分别为化学冻结处空气的密度和温度。总体而言,采用这种简单的修正获得组分质量摩尔浓度的办法是快速有效的。

表 4.5.2 T5 风洞若干车次组分质量摩尔浓度百分比[35]

车次	T_f /K	D_f/ (kg/m^3)	$[N_2]$	$[O_2]$	[O]	[NO]	附 注
2395	—	—	0.662	0.032 7	0.272	0.025 3	实验结果
	4 686.0	0.273	0.643	0.016	0.282	0.045	当前计算结果
2397	—	—	0.723	0.136	0.078 2	0.052 7	实验结果
	3 481.0	0.564	0.722	0.136	0.071 6	0.061 2	当前计算结果

（续表）

车次	T_f /K	D_f/ (kg/m^3)	[N_2]	[O_2]	[O]	[NO]	附 注
2399	—	—	0.747	0.174	0.013 8	0.056 6	实验结果
	2 656.5	1.05	0.765	0.193	0.004 64	0.028	当前计算结果
2401	—	—	0.703	0.102	0.141 7	0.044 4	实验结果
	3 700	0.35	0.700	0.101	0.127	0.062 7	当前计算结果

表 4.5.3 HEG 风洞的高焓运行状态参数与当前模型计算结果的对比[132]

条 件	I		II		III		IV	
P_0/ MPa	38.63		90.85		44.97		111.10	
T_0/ K	9 055		9 727		7 279		8 113	
h_0/ (MJ/kg)	21.06		22.3		13.19		14.84	
γ_0	—	1.248	—	1.243	—	1.26	—	1.254
P_∞ / kPa	0.43	0.497	1.21	1.275	0.47	0.603	1.32	1.446
T_∞ / K	790	1 078	1 036	1 281	553	881	722	989
ρ_∞ / (g/m^3)	1.64	1.607	3.59	3.467	2.83	2.382	6.15	5.097
M_∞	9.7	—	9.03	—	9.98	—	9.48	—
u_∞ / (km/s)	5.919	5.879	6.16	6.180	4.81	4.812	5.15	5.189
Re_∞ / 10^5	2.7	—	5.21	—	4.77	—	9.32	—
T_{CF}/ K	—	4 105	—	3 692	—	3 000	—	2 672
D_{CF}/ (kg/m^3)	—	0.269	—	0.247	—	0.505	—	0.430
MW/(g/mol)	24.93	25.036	26.60	25.893	27.64	28.23	27.96	28.66
[N_2]/(mol/kg)	26.4	25.922	26.2	25.844	25.8	26.01	25.8	26.28
[N]/(mol/kg)	6.12×10^{-5}	0.147	1.48×10^{-5}	0.038	2.15×10^{-5}	1.081×10^{-3}	1.05×10^{-5}	1.438×10^{-4}
[O_2]/(mol/kg)	1.11	0.928	2.01	2.064	4.45	5.389	4.87	6.202
[O]/(mol/kg)	11.2	10.653	9.07	8.117	3.34	1.756	2.49	2.80

（续表）

条 件	I		II		III		IV	
[NO]/(mol/kg)	1.10	1.971	1.14	2.236	2.27	1.945	2.27	1.390
$[NO^+]$/(mol/kg)	1.08×10^{-5}	3.738×10^{-4}	1.08×10^{-6}	1.022×10^{-4}	2.4×10^{-6}	6.63×10^{-6}	1.82×10^{-6}	1.14×10^{-7}
[Ar]/(mol/kg)	0.345	0.321	0.345	0.321	0.345	0.321	0.345	0.321
$[e^-]$/(mol/kg)	1.08×10^{-5}	3.738×10^{-4}	7.83×10^{-6}	1.022×10^{-4}	2.40×10^{-6}	2.73×10^{-6}	1.82×10^{-6}	3.13×10^{-7}
	实验结果	当前计算结果	实验结果	当前计算结果	实验结果	当前计算结果	实验结果	当前计算结果

4.6 喷管出口试验气流的性质

4.6.1 试验气流的偏差带来的影响

对某些流动现象而言，地面模拟设备需要复现的重要参数是自由流密度和自由流速度。这两个参数能够确保自由流的动量和能量获得复现。但是当自由流速度比较大时，自由流温度很难同时得以复现，温度的缺失使得地面设备在模拟自由流的诸多参数上存在偏差，这些参数包括黏性系数、热传导系数、Mach 数和单位 Reynolds 数等。从表 4.6.1 中，可以清楚地看到在高焓条件下，Mach 数和单位 Reynolds 数在地面模拟与实际飞行中的差别。一般来说，假如风洞模型的尺寸是真实飞行器尺寸的 λ（$\lambda < 1$），那么为了实现 Reynolds 数的复现，需要风洞的自由流的单位 Reynolds 数是实际飞行环境的 λ^{-1}。表 4.6.1 显示，风洞中获得的单位 Reynolds 数约为真实飞行 Reynolds 数的 1/4～1/2。这就意味着为了复现 Reynolds 数，要么风洞模型的尺寸是真实飞行器的 2～4 倍，要么舍弃对其他流动的参数的复现来获得正确 Reynolds 数的模拟[27]。

在层流条件下，高超声速平板层流相似解表明边界层无量纲位移厚度 $\dfrac{\delta^*}{x} \sim \dfrac{1}{\sqrt{Re}}$，详尽细节参见文献[4]。在反射型激波风洞中，在气流的密度和速度获得正确复现时，由于 Reynolds 数的模拟一般偏小，风洞获得的边界层无量纲

表 4.6.1　地面模拟环境与飞行环境差异[27]

速度/(km/s)	高度/km	温度/K		Mach 数		单位 Reynolds 数(/10^6s^{-1})	
		飞行	试验	飞行	试验	飞行	试验
3.048	15.24	217	774	10.33	5.55	40.19	16.07
4.572	15.24	217	1 125	15.49	6.97	60.33	19.26
6.858	15.24	217	1 540	20.65	8.03	80.38	21.42
8.572	26.52	223	1 090	25.45	11.85	16.54	5.512
10.29	38.10	245	740	29.13	17.00	3.077	1.400
12.00	48.77	271	510	32.34	23.70	0.748	0.472

位移厚度会比真实飞行条件下的边界层无量纲位移更厚。边界层无量纲位移厚度 $\frac{\delta}{x}$ 主要依赖自由流的 Mach 数 M，即 $\frac{\delta}{x} \sim \frac{M^2}{\sqrt{Re}}$，由于自由流温度的复现存在缺失，地面模拟获得的 Mach 数偏小，结合表 4.6.1 的数据，如以 3.048 km/s 飞行速度为例，真实飞行条件下的边界层无量纲位移厚度大约为风洞相应值的 1.39 倍。在湍流条件下，高超声速喷管下游边界层位移厚度满足[58]

$$\frac{\delta^*}{x} = 0.42Re_{\mathrm{ref}}^{-0.2775} \tag{4.6.1}$$

其中，x 为从喷管锥顶或者源流点算起的距离，$Re_{\mathrm{ref}} = \rho_{\mathrm{ref}} u_\infty x/\mu_{\mathrm{ref}}$，$\rho_{\mathrm{ref}}$ 和 μ_{ref} 为点 x 处采用自由流压力计算的密度和黏性系数，下标“ref”对应 Eckert 参考焓。式(4.6.1)根据喷管 $5 \leqslant M \leqslant 22$ 和 $10^3 \leqslant Re \leqslant 10^7$ 范围内的相关数据拟合得到。高超声速喷管的边界层厚度公式为[58]

$$\frac{\delta}{x} = 0.195M^{0.375}Re_x^{-0.166} \tag{4.6.2}$$

式(4.6.2)在 $5 \leqslant M \leqslant 22$ 和 $10^3 \leqslant Re \leqslant 10^7$ 范围内得到一定的实验数据证实。仍以表 4.6.1 中 3.048 km/s 飞行速度为例，假如采用式(4.6.2)估计，可以知道飞行环境和风洞环境获得的无量纲边界层厚度比较接近。此外，针对自由活塞激波风洞，文献[133]研究了具有非平衡化学反应的层流边界层的密度和速度型。关于高焓流动边界层研究的更多细节可参阅文献[134]。

在一个相当广泛的滞止条件下,喷管出口的流动与平衡态之间存在偏离,因此需要细致评估非平衡现象对试验测量的各个物理量所带来的影响。以脱体激波和钝头之间的距离为例,略加说明。Lighthill 曾经指出,激波和钝头之间的流动可以假定是不可压缩的,并采用这个假设来推算脱体激波与钝头之间的距离[9]。这个脱体距离与激波前后的密度比成反比。利用激波关系式,可以发现,由于冻结的原因,激波后的密度减小。这意味着,在非平衡流动中,钝头激波脱体距离将增大,甚至可以达到平衡态相应值的 2 倍,如图 4.6.1 所示,更为细致的评述见文献[31]。

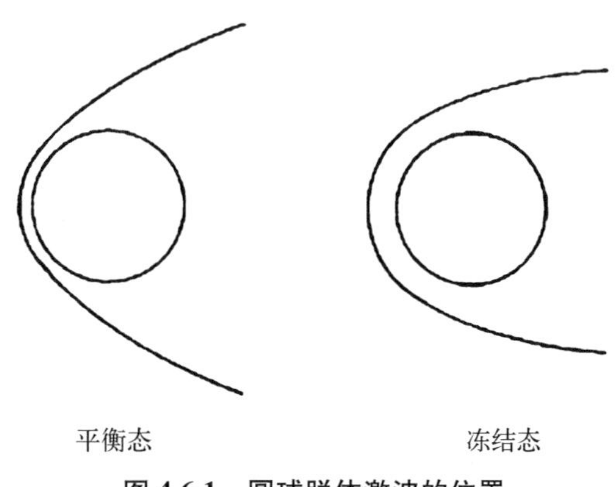

图 4.6.1 圆球脱体激波的位置

1964 年,Gibson 在研究了这类钝体绕流问题之后指出,自由流离解效应对某些参数(如密度)的影响在激波后迅速衰减。例如,在 Newton 流体和波后瞬间达到平衡态的假设下,当激波和自由流的夹角 β 减小时,波后(与波前)密度比将大约以因子 $\left(1-\dfrac{h_{\mathrm{f}}}{h_0\sin^2\beta}\right)$ 减小,这里 h_{f} 表示冻结焓, h_0 表示滞止焓。该因子适用于夹角大于 35°的情况[45,135]。Gibson 自由流离解衰减效应暗示建立有效的地面模拟或者数值模型是可能的,即使自由流离解的模拟存在一定偏差,但这种偏差对流动下游的影响逐步衰减。图 4.6.2 通过给出沿着流线变化的无量纲密度(气流密度与相应平衡态条件下密度之比)与双尺度参数的变化关系,展示了这种逐步衰减的影响,可以看出,到达平衡态的密度随着双尺度参数的增加而增加。在这个图中,冻结焓 h_{f} 小于 1/3 滞止焓 h_0 时的气流密度变化和冻结焓值为 0 时的密度变化十分接近。

一般而言,在正激波情况下,上游的离解冻结对密度的影响不如在斜激波情况下显著,这是因为对于斜激波而言,静焓减小,而冻结焓保持不变,于是冻结焓占据静焓的比重增加[45]。因此,当弓形激波和来流垂直或者接近垂直时,自由流离解冻结对于流动(特别是激波前后密度比)的影响很小,在小的激波角下,其影响则是很大的。在中等激波角下,针对钝体和平板上的流动两种情况,

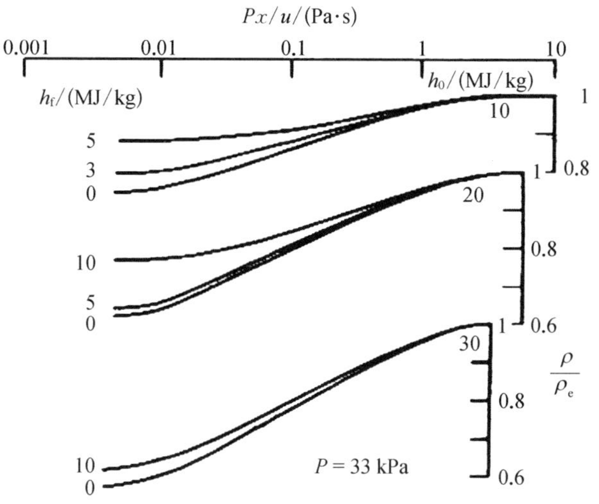

图 4.6.2　常压力下的松弛和上游冻结之间的关系[45]

Stalker 通过地面模拟对这些非平衡效应带来的影响进行了研究,结果表明,对那些和来流并不正交或者接近正交的曲面激波而言,位于激波下游的流动的离解反应受到抑制[45,135],但是这种抑制对伴随流场模拟的影响还有待深入的探究。在采用冲压发动机构型或者其构型部件的(缩尺)模型从事自由流离解冻结的试验模拟时,一般的相似性准则仍然难以得到彻底解决[45]。关于曲面激波后非平衡效应及松弛效应对激波脱体距离的影响见文献[136]和[137]。

当比热比为常数时,风洞自由流动压 $q=\dfrac{1}{2}\rho u^2$ 和 Pitot 压力 P_{P} 之间的关系可以采用 Rayleigh 超声速 Pitot 管公式表述[138]:

$$\frac{q}{P_{\mathrm{P}}}=\Gamma(\gamma)\left(1-\frac{\gamma-1}{2\gamma}\frac{1}{M^2}\right)^{\frac{1}{\gamma-1}} \tag{4.6.3}$$

其中,M 为 Mach 数;$\Gamma(\gamma)$ 是比热比 γ 的函数,具体形式为

$$\Gamma(\gamma)=\left(\frac{4}{\gamma}\right)^{\frac{1}{\gamma-1}}\left(\frac{\gamma}{\gamma+1}\right)^{\frac{\gamma+1}{\gamma-1}}$$

当 $M^2\sim 1$ 时,$\dfrac{q}{P_{\mathrm{P}}}\approx\Gamma(\gamma)$,$\Gamma(\gamma)$ 是 γ 的弱增函数,当 $\dfrac{9}{7}<\gamma<\dfrac{7}{5}$ 时,这个值从 0.532 变为 0.543 6。但是,由于真实气体效应,比热比在流动过程中发生变化,

Rayleigh 超声速 Pitot 管公式将不再成立。喷管出口自由流 Mach 数随着滞止条件和喷管几何因素发生显著变化，Pitot 压力 P_P 和 Mach 数几乎无关。文献[81]给出的 Pitot 压力的一个经验性表达式为

$$P_P = \rho_\infty u_\infty^2 (1 - 0.5\rho_\infty / \rho_S) \tag{4.6.4}$$

其中，ρ_S 为 Pitot 探针头部正激波波后的密度。这个表达式考虑到探针前激波脱体的行为和滞止点速度为 0 的情况，并假定气体从激波后等熵减速达到滞止条件。对于双原子气体，式(4.6.4)可以近似为 $P_P \approx 0.92\rho_\infty u_\infty^2$，T4 风洞即采用这个近似公式[56]。这个式子对其他高焓风洞也是有效的，因为在探针前气体离解的长度一般远比激波脱体距离要长[81]。文献[139]提供 3 HIEST 风洞和 HEG 风洞从事超声速燃烧研究的自由流状态，根据这些数据，HEG 风洞 Pitot 压力 $P_P \approx 0.950\rho_\infty u_\infty^2$，HIEST 风洞 Pitot 压力 $P_P \approx 0.924\rho_\infty u_\infty^2$。也有研究者采用 $P_P \approx 0.98\rho_\infty u_\infty^2$ 的近似形式。另外，由于某些不确定因素的存在，即使在同样的初始状态下，获得的流场也可能存在差别，文献[32]讨论了 T4 风洞的不确定性问题。

4.6.2 黏性和热传导率

喷管出口试验气流的黏性和热传导率是十分重要的物理量。这里仅就黏性系数和热传导率计算加以说明。气体黏性的形成和气体分子的运动有关，气体分子的速度可以由平均速度和热运动速度叠加而成，前者是气团的宏观速度，后者则主要取决于气体的温度，如果相邻气团的宏观速度不一致，则这两个气团之间的气体分子将发生相互交换，从而带来动量的变化，使得气团的速度具有平均化的趋势。这便是黏性的成因。利用统计热力学的 Bolzmann 方程，可以获得气体的黏性系数的表达式[4]。

在温度较低的情况下，黏性系数仅依赖气体的温度，而和压力无关，这一观点是 Sutherland 公式立论的基础。Sutherland 公式的一般形式为

$$\frac{\mu}{\mu_{ref}} = \left(\frac{T}{T_{ref}}\right)^{3/2} \frac{T_{ref} + c}{T + c} \tag{4.6.5}$$

其中，μ_{ref} 和 T_{ref} 分别为参考黏性系数和参考温度；c 为 Sutherland 常数。文献[140]提供的一个具体的表达形式为[单位为 g/(cm · s)]

$$\mu = 1.458\ 4 \times 10^{-6} \frac{T^{3/2}}{T + 110.33} \tag{4.6.6}$$

类似地，气体的热传导系数 k 亦可由 Sutherland 公式表达，其常用形式如下[单位为 cal/(cm · s · K)]：

$$k = 5.977\ 6 \times 10^{-6} \frac{T^{3/2}}{T + 194.4} \tag{4.6.7}$$

一般而言，当温度处于 500 K 以下时，采用 Sutherland 公式的计算精度很高；当温度为 500~1 500 K 时，Sutherland 公式的计算误差逐渐增大；当温度处于 1 500 K 以上时，Sutherland 公式的偏差较大[140]，使用时要特别注意。

自由活塞激波风洞喷管出口的气体组分和空气组分之间存在差别，这种差别将影响黏性的计算。为了评估这一影响，文献[140]对不同组分模型的计算结果进行了比较，如图 4.6.3 所示，其结果表明不同模型在计算黏性上存在较大差别，基于平衡气体 11 组分模型(Gupta 模型)计算的黏性系数更接近真实情况。因此，可以采用平衡气体假设下的黏性系数作为对真实试验气流(冻结流)黏性系数的近似。Gupta 等的结果还表明，在平衡气体假设下，如果温度不高于 3 000 K，那么可以认为空气的黏性系数仅是温度的函数，而与压力无关[140]。在

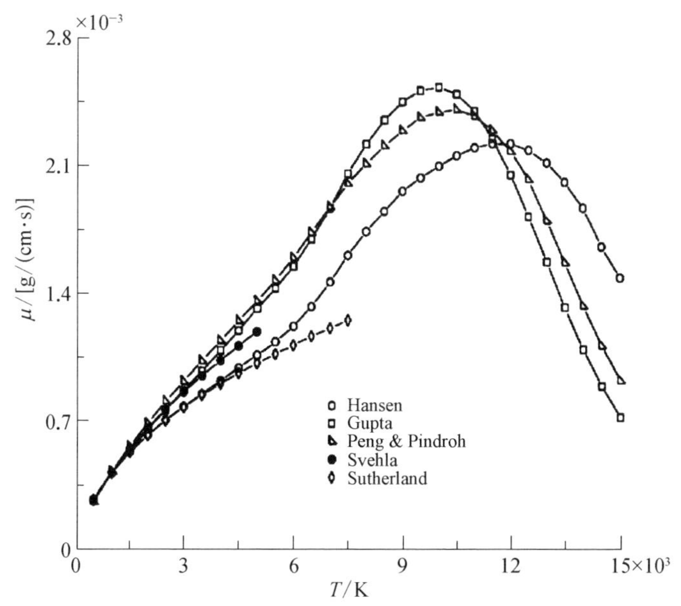

图 4.6.3　一个标准大气压下空气的黏性系数与温度的关系[140]

此温度之上,压力的作用亦不可忽视。但是在每一个固定压力下,黏性系数[单位为 g/(cm · s)]均可以表示成温度的多项式函数,具体表达式如下:

$$\mu = \sum_{i=0}^{5} a_i X^i \tag{4.6.8}$$

其中,a_i 为多项式系数 $X = \frac{T}{1\,000}$。在我们所关心的压力范围内,对应系数 a_i 的值见表 4.6.2。在实际计算中,喷管出口的试验气体黏性由表 4.6.2 中三组数据插值得到。相应的热传导系数 k [单位为 cal/(cm · s · K)]的表达式为

$$\ln k = \sum_{i=0}^{5} a_i X^i \tag{4.6.9}$$

其中, $X = \ln(T/10\,000)$, 系数 a_i 则更为复杂,参见文献[116],热传导系数 k 与温度的关系见图 4.6.4。

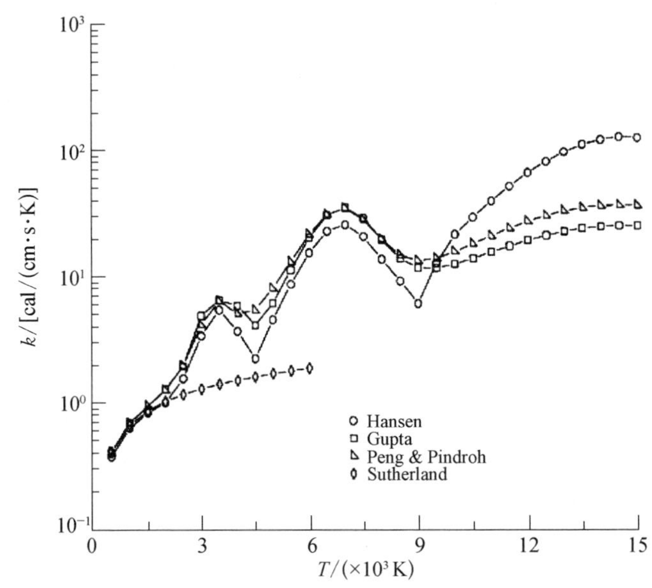

图 4.6.4 一个标准大气压下不同组分的空气总热传导系数与温度的关系[140]

除此之外,文献[140]还对平衡气体的热力学性质与热传导性质进行了研究,这些重要的物理量包括焓、比定压热容、压缩因子及 Prandtl 数等。在给定的压力下,这些物理量均可以表示为温度的多项式函数。文献[141]~[146]提供了氮气相关的热力学性质,文献[147]和[148]提供了二氧化碳的热/化学性质。

表 4.6.2　黏性公式对应的系数[140]

压力/atm	温度/K	a_1	a_2	a_3	a_4	a_5	a_6
0.01	500~8 750	0.508 504 3 $\times10^{-4}$	0.477 484 0 $\times10^{-3}$	−0.132 213 3 $\times10^{-3}$	0.236 225 6 $\times10^{-4}$	−0.801 497 8 $\times10^{-6}$	−0.645 833 8 $\times10^{-7}$
0.1	500~9 750	0.639 411 2 $\times10^{-4}$	0.438 502 0 $\times10^{-3}$	−0.102 414 1 $\times10^{-3}$	0.165 430 5 $\times10^{-4}$	−0.501 410 6 $\times10^{-6}$	−0.371 087 5 $\times10^{-7}$
1.0	500~11 250	0.578 188 7 $\times10^{-4}$	0.443 822 1 $\times10^{-3}$	−0.102 084 1 $\times10^{-3}$	0.168 875 4 $\times10^{-4}$	−0.862 232 4 $\times10^{-6}$	−0.223 919 3 $\times10^{-9}$

4.7　飞行弹道与滞止参数

4.7.1　低焓情况下的经典结果

为了高超声速飞行器的研究与发展，自由活塞激波风洞应尽可能提供和真实飞行接近的模拟环境。为了实现这个目的，在风洞理论设计中，有时需要根据飞行器的速度-高度图来确定喷管贮室所需要满足的滞止压力、温度和密度。对于高超声速“冷”喷管而言，试验气体可以看成是完全气体，滞止压力与滞止温度可以采用一维等熵膨胀关系进行计算：

$$\frac{P_0}{P}=\left(\frac{\rho_0}{\rho}\right)^{\gamma}=\left(1+\frac{\gamma-1}{2}M^2\right)^{\frac{\gamma}{\gamma-1}} \tag{4.7.1}$$

$$\frac{T_0}{T}=\left(1+\frac{\gamma-1}{2}M^2\right) \tag{4.7.2}$$

其中，P_0、T_0 和 ρ_0 分别为试验气体滞止压力、滞止温度和密度；M 为喷管出口 Mach 数。但是，当模拟的飞行环境所需要的滞止压力和滞止温度很高时喷管流动则呈现出明显的非平衡特征。此时采用完全气体假设加以“反向”推算，一般得到的滞止温度（比真实气体情况）偏高，滞止压力偏低。

当模拟的速度不太快时，可以引入非完全气体的状态方程，获得一维等熵膨胀关系。例如，Tsien 利用 van der Waals 状态方程导出了一维等熵流动关系式[149],Eggers 和 Randall 等分别采用 Berthelot 状态方程(适用于双原子气体)和 Beattie-Bridgeman 状态方程导出了气体流动的等熵关系式,这个结果将空气视为单一组分(氧气),仅考察其振动激发带来的偏离[150,151],适用的温度范围在 3 000 K 以下。超高速喷管平衡流气体性质图表[108,109],以及针对喷管的非平衡流的近似解[29],也不适合这种“反向”计算。

在低焓情况下,假如真实气体效应并不显著(假定气体处于振动平衡态),那么真实气体效应下的流场参数可以由完全气体假设下的对应结果叠加一个小扰动获得。这个小扰动的具体形式,通过引入不同的非完全气体方程获得。Eggers 正是以 Berthelot 状态方程作为基础,开展上述工作的。Berthelot 状态方程适用于双原子分子,通常具有两种形式,在一个宽泛的 Mach 数、温度和压力范围内,状态方程具有形式:

$$P = \frac{\rho RT}{1 - b\rho} - \frac{c\rho^2}{T} \tag{4.7.3}$$

其中,分子尺寸常数 $b = \dfrac{1}{3\rho_c}$,分子间作用力常数 $c = \dfrac{3T_c P_c}{\rho_c^2}$,$T_c$、$P_c$ 和 ρ_c 分别表示临界温度、临界压力和临界密度。对于具体的流动问题,根据文献[150],采用一阶近似,即

$$P = \rho RT\left(1 + b\rho - \frac{c\rho}{T^2}\right) \tag{4.7.4}$$

其中,$b = 7.095\,9 \times 10^{-4}$,$c = 1.411\,06 \times 10^{4}$。以上就是双原子分子气体流动遵循的 Berthelot 状态方程。一个非常直接的想法是,对完全气体的等熵膨胀关系进行适当修正,使得结果接近真实气体情况,对式(4.7.1)和式(4.7.2)而言,采用数学语言表述为

$$\left(\frac{P_0}{P}\right)_r = \left(\frac{P_0}{P}\right)_i f_P,\quad \left(\frac{T_0}{T}\right)_r = \left(\frac{T_0}{T}\right)_i f_T \tag{4.7.5}$$

其中,下标“r”表示真实气体情况,“i”表示理想情况;f_P 和 f_T 分别为压力和温度的修正函数。因此,主要问题转化为如何获得这些修正函数,这是文献[149]~[151]的出发点。给定飞行空域的大气静压、静温及飞行 Mach 数(作为输入量),利用式(4.7.1)~式(4.7.5)进行迭代求解即可获得滞止压力和滞止温度。

为了便于应用，给出一组有关滞止温度、滞止压力和密度的表达式，这是 Eggers 结果的一个简化形式，仅给出相关表达式，忽略详细推导过程。假定风洞模拟的飞行 Mach 数 M 满足 $5 \leqslant M \leqslant 15$，大气静压、静温及飞行 Mach 数已知。对滞止温度、滞止压力和密度而言，其表达式通过修正完全气体假设下的相关结果得到，现表述为

$$\frac{T}{T_0} = \left(\frac{T}{T_0}\right)_i (1 + B_T b\rho_0 + W_T) \tag{4.7.6}$$

$$\frac{P}{P_0} = \left(\frac{P}{P_0}\right)_i (1 + B_P b\rho_0 + W_P) \tag{4.7.7}$$

$$\rho_0 = f(P_0, T_0) = \frac{-\left(1 - \frac{c}{RT_0^2}\right) + \sqrt{\left(1 - \frac{c}{RT_0^2}\right)^2 + 4b\frac{P_0}{RT_0}}}{2b} \tag{4.7.8}$$

其中，

$$B_T = B_T(M) = 2\left[\left(\frac{P}{P_0}\right)_i - \left(\frac{\rho}{\rho_0}\right)_i\right] + \left(\frac{\gamma - 1}{\gamma}\right)_i\left[1 - \left(\frac{P}{P_0}\right)_i\right] \tag{4.7.9}$$

$$W_T(M) = \left(\frac{\gamma - 1}{\gamma}\right)_i \left(\frac{\theta}{T_0}\right)_i \mathrm{e}^{-\left(\frac{\theta}{T_0}\right)_i} \tag{4.7.10}$$

$$B_P = \left(\frac{\gamma}{\gamma - 1}\right)_i B_T \tag{4.7.11}$$

$$W_P = -\frac{T_0}{\theta}\left(\frac{\theta}{T_0}\right)_i \mathrm{e}^{-\left(\frac{\theta}{T_0}\right)_i} \tag{4.7.12}$$

参数 $\theta = 3\,055$ K 表示振动的特征温度。需要说明的是，在实际计算中，式(4.7.12)也可以采用近似：$W_P \approx -\mathrm{e}^{-\left(\frac{\theta}{T_0}\right)}$，得到的结果反而更接近真实情况。喷管喉道和喷管出口之间面积关系，也可以通过修正得到。假定自由流 Mach 数预先给定，那么对应的喷管截面积比满足

$$\frac{A^*}{A} = \left(\frac{A^*}{A}\right)_i \left[1 + B_A b\rho_0 + D_A\left(\frac{\theta}{T_0}\right) \mathrm{e}^{-\frac{\theta}{T_0}}\right] \tag{4.7.13}$$

其中，

$$B_A = \left[\frac{\gamma+1}{2(\gamma-1)}\right]_{\mathrm{i}} [B_T(M) - B_T(M^*)] \tag{4.7.14}$$

$$\begin{aligned} D_A \approx & \left[\frac{\gamma+1}{2(\gamma-1)}\right]_{\mathrm{i}} \left[D_T\left(\frac{\theta}{T_0}, M\right) - D_T\left(\frac{\theta}{T_0}, M^*\right)\right] \\ & - \mathrm{e}^{-\frac{\gamma_i-1}{2}\frac{\theta}{T_0}} \left\{\frac{\gamma_{\mathrm{i}}+1}{2} + \left(\frac{T_0}{\theta}\right)\left[1 - \frac{(\gamma_{\mathrm{i}}-1)^2(\gamma_{\mathrm{i}}+1)^2}{8\gamma_{\mathrm{i}}}\left(\frac{\theta}{T_0}\right)^2\right]\right\} \\ \approx & - \mathrm{e}^{-\frac{\gamma_i-1}{2}\frac{\theta}{T_0}} \left(\frac{\gamma_{\mathrm{i}}^2-1}{2\gamma_i} + \frac{T_0}{\theta}\right) \end{aligned} \tag{4.7.15}$$

$$D_T\left(\frac{\theta}{T_0}, M\right) = \left(\frac{\gamma-1}{\gamma}\right)_{\mathrm{i}} \left\{1 - \mathrm{e}^{\left(\frac{\theta}{T_0}-\frac{\theta}{T_{\mathrm{i}}}\right)}\left[1 - (\gamma_{\mathrm{i}}-1)\frac{\theta}{T_{\mathrm{i}}}\left(\frac{T_0}{T_{\mathrm{i}}}-1\right)\right]\right\} \tag{4.7.16}$$

M^* 为喉道处气流的 Mach 数。式(4.7.13)表明,喷管中心流区任意位置的 Mach 数仅依赖此处的截面积比,试验气体状态也最终由此处的截面积比唯一确定。对平衡流而言,上述结果并未有本质的改变,不过喷管中心流区任意位置的 Mach 数则由此处的面积扩张比和一个热力学量(如内能或者焓值)共同决定。表 1.3.2 的相关结果即由上述方法获得。

总之,Eggers 的研究思路本质上是基于振动平衡假设的小扰动法,随着喷管滞止温度的升高,这种方法的误差也逐步增加。一般而言,当滞止温度在 3 000 K以下时,Eggers 的方法具有较好的精度。

4.7.2 高焓下的近似结果

在高焓条件下,试验设备在模拟飞行速度时,无法兼顾 Mach 数,利用飞行弹道推算滞止条件也变得复杂了不少。为了处理这个问题,需要预先提供喷管的膨胀比。利用飞行弹道"反向"推算滞止参数的问题可以采用更为确切的表述:给定的喷管膨胀比 $r_A = A_{\mathrm{exit}}/A^*$,假定喷管出口试验气体静压、静温和速度(这三个值由飞行器速度-高度图给出)已知,求解其对应的滞止压力、滞止温度和滞止焓(下限)。以下给出解决这类问题的一个办法。

首先,由拟一维喷管流的质量守恒得

$$\rho^* u^* = \rho_\infty u_\infty r_A \tag{4.7.17}$$

其中,ρ^* 和 u^* 分别为喷管喉道位置的气流密度与速度。根据式(4.4.1)可以得到

$$P_0 \rho_0 = \left(\frac{\rho^* u^*}{k_1}\right)^2 \tag{4.7.18}$$

其中,k_1 接近常数。将式(4.7.18)代入式(4.7.17)可得

$$P_0 \rho_0 = \left(\frac{1}{k_1}\rho_\infty u_\infty r_A\right)^2 \tag{4.7.19}$$

滞止焓 h_0 可以写成

$$h_0 = C_p T_\infty + \frac{1}{2}u_\infty^2 + h_f \tag{4.7.20}$$

如果认为式(4.7.20)右侧的第一项 $C_p T_\infty$ 相对其他两项是高阶小量,那么滞止焓的下限可以表示为

$$\underline{h}_0 = \frac{1}{2}u_\infty^2 + h_f = \frac{1}{2}(1 + \alpha_{f/u}) u_\infty^2 \tag{4.7.21}$$

其中,$\alpha_{f/u}$ 为冻结焓与转化为动能的焓的比值。假定滞止条件满足平衡气体假设,那么滞止压力、密度与滞止焓之间存在关系:

$$\frac{P_0}{\rho_0} = \underline{h}_0 \frac{\gamma_0 - 1}{\gamma_0} \tag{4.7.22}$$

由于比热比 γ_0 满足

$$\gamma_0 = \gamma(P_0, \rho_0) \tag{4.7.23}$$

方程(4.7.23)的具体形式见文献[152]。将方程(4.7.18)、方程(4.7.22)和方程(4.7.23)联立,可得到一个封闭的方程组,由此解出滞止压力、密度和比热比。进一步地,假定比热比 γ_0 具有一个近似表达:$\gamma_0 \approx \gamma(\underline{h}_0)$。从严格的意义上讲,这个近似是不合适的,因为在平衡气体假设下,至少还需要一个参数(如压力)才能获得比热比的准确表达。但是,当滞止压力在 100 atm 以上时,压力对比热比的影响相对微弱,因此上述假设是合理的[152]。借鉴文献[152],比热比的拟

合公式表示为

$$\gamma = \begin{cases} 0.002h^2 - 0.04h + 1.415, & h \leqslant 10 \\ -0.002h + 1.2805, & 10 < h \leqslant 30 \\ -0.0005h + 1.2418, & 30 < h \leqslant 40 \end{cases} \tag{4.7.24}$$

其中,焓 h 单位为 MJ/kg。(为了提高计算的准确性,该式获得的比热比一般低于正常值 2%~4%)自由活塞激波风洞在高焓运行时,滞止压力一般不会小于 15 MPa,这是使用上述近似表达的依据。将方程(4.7.18)和方程(4.7.22)联立,得

$$\begin{aligned} P_0 &= \frac{\rho^* u^*}{k_1}\sqrt{\left(1 - \frac{1}{\gamma_0}\right) h_0} = \frac{\rho_\infty u_\infty r_A}{k_1}\sqrt{\left(1 - \frac{1}{\gamma_0}\right) h_0} \\ &= \frac{\rho_\infty u_\infty r_A}{k_1}\sqrt{\frac{1}{2}\left(1 - \frac{1}{\gamma_0}\right)(1 + \alpha_{f/u})} \end{aligned} \tag{4.7.25}$$

$$\begin{aligned} \rho_0 &= \frac{\rho^* u^*}{k_1}\frac{1}{\sqrt{\left(1 - \frac{1}{\gamma_0}\right) h_0}} = \frac{\rho_\infty u_\infty r_A}{k_1}\frac{1}{\sqrt{\left(1 - \frac{1}{\gamma_0}\right) h_0}} \\ &= \frac{\rho_\infty u_\infty r_A}{k_1}\frac{1}{\sqrt{\frac{1}{2}\left(1 - \frac{1}{\gamma_0}\right)(1 + \alpha_{f/u})}} \end{aligned} \tag{4.7.26}$$

滞止温度由平衡气体的状态方程 $T_0 = T(P_0, \rho_0)$ 给出,具体表达形式见文献[93]。经过简单计算,可以知道,$\left(1 - \frac{1}{\gamma_0}\right)^{1/2}$ 的具体近似形式对提高计算的准确性十分重要。通过方程(4.7.25)和方程(4.7.26)可以看出,即使焓(包括参数 $\alpha_{f/u}$)和比热比引起的误差很小,由于截面积比 r_A 很大,这些误差也会被进一步放大。

为了进一步减小误差,喉道声速可以表示为[114]

$$a^* = u^* = \sqrt{\vartheta Z\gamma RT} \tag{4.7.27}$$

其中,参数 ϑ 满足 $\vartheta = \left[1 + \rho\left(\frac{\partial Z}{\partial \rho}\right)_T / Z\right] > 1$, Z 为气体的压缩因子。随着气体

比热比 γ 的增加(温度下降),参数 ϑ 越来越小并趋于 1。参数 ϑ 拟合为

$$\sqrt{\vartheta} \approx 1 + 0.5(1.41 - \gamma) \tag{4.7.28}$$

注意到 $P = Z\rho RT$, 则单位面积上的质量流为 $\rho^* u^* = k_1\sqrt{\vartheta P_0 \rho_0}$。式(4.7.25)和式(4.7.26)可以改写为

$$P_0 = \frac{\rho^* u^*}{\sqrt{\vartheta} k_1}\sqrt{\left(1 - \frac{1}{\gamma_0}\right) \underline{h}_0} = \frac{\rho_\infty u_\infty r_A}{\sqrt{\vartheta} k_1}\sqrt{\left(1 - \frac{1}{\gamma_0}\right) \underline{h}_0} \tag{4.7.29}$$

$$\rho_0 = \frac{\rho^* u^*}{\sqrt{\vartheta} k_1}\frac{1}{\sqrt{\left(1 - \frac{1}{\gamma_0}\right) \underline{h}_0}} = \frac{\rho_\infty u_\infty r_A}{\sqrt{\vartheta} k_1}\frac{1}{\sqrt{\left(1 - \frac{1}{\gamma_0}\right) \underline{h}_0}} \tag{4.7.30}$$

通过与此前几个计算方法的对比,此修正进一步减小了高焓情况下的误差(如 HEG 风洞的高喷管膨胀比),而且使得低焓条件的计算精度得到了兼顾。

在具体计算时,采用如下流程:冻结焓由拟合函数(4.7.28)给出,并依据式(4.7.21)求出滞止焓下限,而比热比采用式(4.7.24)近似表达,并由式(4.7.29)和式(4.7.30)计算滞止压力和密度。参考 HEG 风洞的若干典型的运行状态[38,132,153],表 4.7.1 给出了采用上述算法获得的滞止状态。参考 T5 风洞若干车次[35],表 4.7.2 也给出了相应的反向计算结果。

表 4.7.1　反向计算 HEG 的滞止状态

条件	运行状态序号	喷管膨胀比	出口气流密度/(g/m^3)	出口气流速度/(km/s)	滞止焓/(MJ/kg)	滞止压力/MPa	滞止温度/K	滞止比热比
高焓	I	1 600	1.7	5.9	22.15	39.85	9 429.8	1.214
	II		3.5	6.2	24.86	90.16	10 233.2	1.209
	III		3.3	4.7	13.20	49.55	7 212.8	1.232
	IV		5.3	5.2	16.58	97.20	8 431.9	1.225
中焓	XXXI	1 146	12.6	3.27	5.95	68.34	4 213.7	1.269
低焓	XIII	218	25.9	2.41	3.11	20.87	2 593.9	1.326
	XIV		11.0	2.45	3.22	6.88	2 667.2	1.323

注:k_1 = 0.689,假定气流通过喷管的焓损失为 10%。

表 4.7.2 反向计算 T5 风洞的滞止状态

车次	滞止压力/MPa	滞止焓值/(MJ/kg)	滞止温度/K	出口气流速度/(km/s)	出口气流密度/(kg/m³)	出口气流温度/K
1	25.9	20.6	8 787	5.453	0.014 9	2 525
	18.74	18.47	8 448.4	—	—	—
3	19.9	11.4	6 389	4.181	0.019 6	1 586
	14.55	10.17	5 862.6	—	—	—
5	59.5	9.54	5 921	3.924	0.066 7	1 429
	43.6	8.85	5 414	—	—	—
7	60.8	17.3	8 528	5.083	0.040 5	2 530
	44.4	15.74	7 994	—	—	—

注：$k_1=0.689$，假定气流通过喷管的焓损失为 10%。

计算误差的产生主要有三个方面的原因，分别来自滞止焓、比热比、自由流密度和速度。这些误差糅合在一起，经过喷管膨胀比的放大作用，使得最终的计算误差进一步增加。具体地说，滞止焓下限 h_0 比真实的滞止焓偏小，导致滞止压力偏小，密度偏大，滞止温度偏小。当采用相同的焓进行计算时，由质量守恒方程(4.7.17)知道，下游密度和速度带来的误差将放大 r_A 倍，这是计算误差的主要来源。另外，大气模型之间存在的差异(如 US 标准大气参数[154]和 COSPAR 大气参数[155]之间就有所差别)也将影响计算结果。式(4.7.29)和式(4.7.30)中变量 k_1 经由式(4.4.7)通过比热比加以表示。但是，在实际计算中，当膨胀比较大时，k_1 应当选择得再大些，采用式(4.4.10)表示 k_1 更好。

表 4.7.3 给出了 Apollo 返回舱飞行弹道所对应的滞止状态，滞止焓 $h_0 \approx \sigma \underline{h}_0$，常数 σ 约为 110%。Apollo 返回舱的再入轨道依据文献[156]线性拟合并拼接得到，相关的大气信息则参照 US 标准大气参数[154]。需要说明的是，这个由飞行弹道推算地面模拟时的滞止状态的办法对于低焓条件也是适用的，这一点可以通过表 4.7.2 及表 4.7.3 中的低焓情况计算看到。以上飞行参数反推滞止参数的研究还可为“正向”的 CFD 计算提供初始条件，经过几次 CFD 计算和修正，可以找到更为精确的滞止条件使之收敛到自由流条件。

表 4.7.3　Apollo 返回舱飞行弹道所对应的滞止状态

再入描述		速度/(km/s)	高度/km	密度/(g/m^3)	压力/kPa	温度/K	滞止压力/MPa	滞止温度/K	滞止焓/(MJ/kg)
始段缓慢减速	线性减速(k=0.017)	7.853	94.16	0.001 62	0.088	187.8	—	—	—
		7.450	70.44	0.077 9	4.88	218.4	2.857	10 813	37.46
中段中度减速	线性减速(k=0.036)	7.450	70.44	0.077 9	4.88	218.4	2.857	10 813	37.46
		7.193	63.14	0.208 0	14.23	238.4	7.109	10 561	34.64
	拐点，线性减速(k=0.300 5)	7.193	63.14	0.208 0	14.23	238.4	7.109	10 561	34.64
		6.917	61.68	0.250 7	17.44	242.4	7.919	10 092	31.76
		6.367	59.85	0.315 5	22.41	247.4	8.541 5	9 491.7	26.45
末段剧烈减速	线性减速(k=0.503)	6.367	59.85	0.315 5	22.41	247.4	8.541 5	9 491.7	26.45
		4.716	56.57	0.471 2	34.68	256.5	7.12	6 897	13.30
	线性减速(k=0.959)	4.716	56.57	0.471 2	34.68	256.5	7.12	6 897	13.30
		3.413	55.11	0.560 8	41.93	260.5	4.56	4 296	6.53
		2.789	54.01	0.638 3	48.27	263.5	3.68	3 282	4.23
		0.862 4	52.55	0.756 2	58.07	267.5	—	—	—

注：喷管膨胀比 1 600，暂不模拟双尺度，仅模拟自由流速度和密度，表中 $u = kH + a$，H 为高度，k 为斜率，$k = \dfrac{\Delta u}{\Delta H}$。

4.8 高焓喷管设计

4.8.1 高焓喷管设计的特点与经验

在反射型激波风洞中,喷管前承激波管,后接试验段/真空箱,是形成模拟流场的重要部件。图 4.8.1 是 T4 风洞 Mach 数 7 型面喷管的装配图[51],提供了喷管的空间位置和结构初步信息。基于完全气体假设的超声速/高超声速喷管的设计思路首先由 Busseman 在 20 世纪 20 年代提出,最后的完备则是在 20 世纪 60 年代由 Sivells 和 Korte 完成[157,158]。特别地,对高超声速风洞而言,为了满足各类高超声速飞行器及超燃冲压发动机研究的需要,喷管贮室需要达到很高的压力和温度,在此情况下,完全气体假设已经不再适合。20 世纪 60 年代前后,人们已经注意到这个问题,并对真实气体状况下的喷管设计展开了初步的探索,这些设计方法大多采用平衡气体假设[108,159-161]。由于高焓流动的复杂性,到目前为止,真实气体状况下的喷管设计仍未达到完备状态。

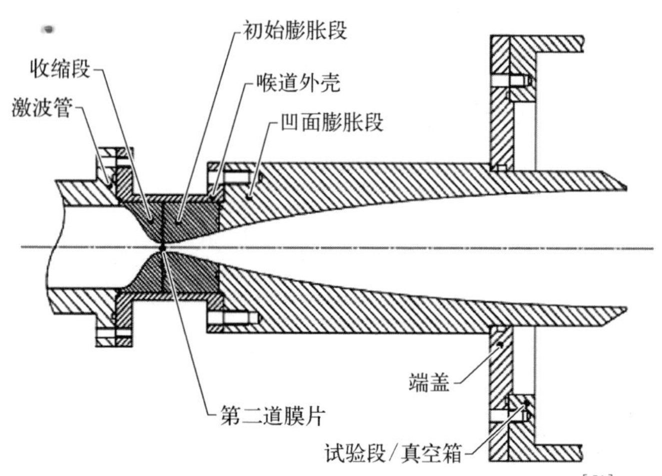

图 4.8.1 T4 激波风洞 Mach 数 7 型面喷管的装配图[51]

完全气体条件下的超声速喷管设计的一个基本假设是边界层的厚度与喷管半径相比是可以忽略的。因此,在设计气动型线时,喷管中的流场可以视为无黏的。一旦气动型线确定,就可以考虑采用边界层位移厚度加以修正。这是经典的喷管设计方法——特征线方法(method of characteristic, MOC)的实施前提和设计思路,具体设计细节请参阅文献[138]和[157]。这种设计方法需要事先知道喉道附近声速线的位置、中轴线上某一点的 Mach 数,以及喷管出口处均匀流条件。在具体设计过程中,首先需要利用这些初始条件产生中轴线上的 Mach 数分布;之后由这个分布建立特征线网格,并通过积分特征线的流量,使之保持守恒来确定喷管的无黏型线;最后采用边界层计算程序获得(在某个具体的运行条件下)位移厚度修正后的型线。不同的 MOC 的设计流程存在差别,造成这种差别的主要原因是声速线和中轴线上 Mach 数分布的确定办法,以及无黏流场与边界层的计算方法存在不同。在高焓条件下,喷管的边界层发展相当显著。例如,在 Ames-16 英寸激波风洞中,针对 Mach 数 12、Mach 数 14 和 Mach 数 16 喷管,Pitot 压力的计算结果显示喷管出口边界层的厚度可达喷管直径的 25%甚至更高[162]。另外,T4 风洞使用的 Mach 数 6 短化喷管,喷管出口直径为 0.26 m,核心流最大直径约为 0.23 m,出现在喷管出口下游 0.2 m 左右,整个核心流区域呈纺锤形[163],参见图 4.8.2。从严格意义上讲,在高焓条件下,喷管边界层的厚度无法满足 MOC 的基本假设,但这并未明显削弱 MOC 的使用。

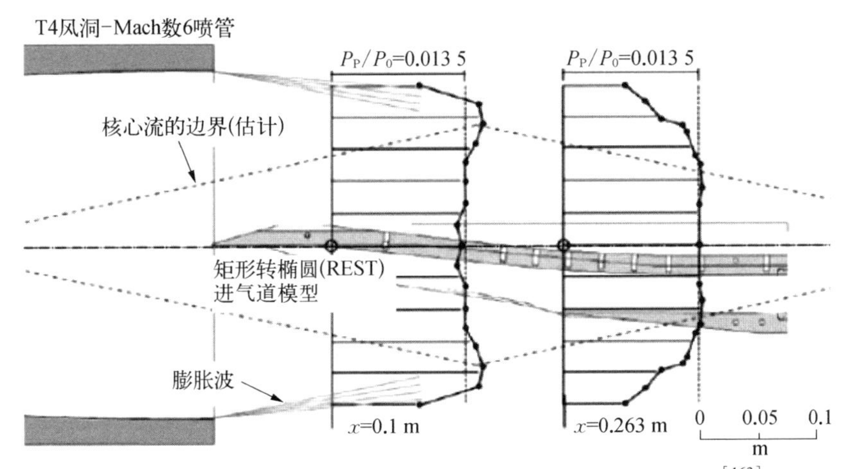

图 4.8.2　T4 风洞的 Mach 数 6 喷管的核心流区域与模型装配[163]

在喷管设计中,CFD 方法用于验证流场品质及设计 Mach 数。如果设计的流场品质及 Mach 数没有达到,那么通常意味着边界层假定不可行,需要更换设计思路,采用分析设计(design by analysis, DOA)法直接考虑黏性效应[164]。当边界层很厚时,CFD 设计方法常常更精确(由于反射型激波风洞运行时间很短,喷管壁面仍然保持较低温度,边界层还很薄,以致在不少情况下采用 MOC-BL 办法也能达到设计精度)。在计算过程中,为了保证模拟精度,需要采用好的网格,即便求解反射激波风洞的喷管流动中很薄的边界层,分析设计法仍然需要花费大量计算时间[158]。据文献[165]和[166],T4 风洞、Mach 数 6 短化喷管采用 MOC 设计,而 Mach 数 7、8B 和 10B 喷管则采用 DOA 方法获得。

高焓喷管的边界层发展和膨胀比成正比,而双尺度参数和膨胀比的平方根成反比。因此,在高焓喷管设计中需要根据模拟需求,谨慎地选择喉道、膨胀比以及扩张角等要素。在喷管设计中,(拟)定常流动的维持时间是一个制约因素。从试验者的角度看,重要的流动特征需要在很短的试验时间内达到定常状态,这势必限制模型的尺寸。而从设计者的角度来看,喷管定常流动的维持时间越长越好。结合这两个方面,风洞喷管不但要在试验段提供可持续的均匀平行的定常流动,而且需要喷管能够迅速起动达到定常状态,尽可能少地消耗试验气体。当反射型激波风洞在高焓状态下运行时,试验气体用量一般会更少,这个问题因此变得特别尖锐。锥形喷管和短化的型面喷管起动速度较快,可以有效地缓解试验气体的消耗。

相比锥形喷管,型面喷管一般可以获得更为优质的流场。但是,在高焓值情况下,型面喷管的设计存在不少问题。由于非平衡现象的存在,采用 MOC 进行型面喷管设计已经部分失效。受制于计算成本,DOA 方法又不足以完全承担这一任务。一个折中的办法是,根据不同区域的流场特点,采用不同的办法进行型线设计,然后加以拼接。即便如此,这种设计依然存在诸多问题。特别地,就非平衡流动而言,型面喷管在非设计状态下运行时,流场效果明显恶化,未知扰动不时出现[56]。这一细节足以说明高焓流动的复杂性以及喷管设计的难度,这个问题一直缺少有效的解决办法。在高焓情况下,锥形喷管可以在更宽泛的条件下获得大面积的几近均匀的核心流。以 T5 风洞的锥形喷管为例,在其 20 cm 的核心流区域,各种流动参数的不均匀程度低于 3%[35]。当喷管喉道和出口直径相同时,锥形喷管的长度比型面喷管更短,起动也更快[35]。锥形喷管的另一个好处在于,不必在意设计状态。在高焓情况下,锥形喷管通常比型面喷管拥有更多的优势,T5 风洞、HEG 风洞和 HIEST 风洞中均有锥形喷管以供使用。

CFD 技术的发展为喷管型线的进一步优化提供了便利。Korte 和 Hodge 曾发展了一套基于 CFD 技术的喷管设计和优化程序,这个程序主要针对量热完全气体。其思路是,首先通过传统 MOC 形成喷管型线,作为进一步设计和优化的起始条件[164];然后这个最初的气动型线被分裂为若干片段,并通过三次样条曲线加以表示,样条曲线的参数通过求解非线性的最小方差优化问题获得;最后,以喷管出口流场设计参数和均匀性作为目标函数,通过变更这些样条函数的系数,完成迭代,最终达到全局最优的气动型线。这个技术的主要优点是基于黏性方程,将设计和评估很好地统一起来。其不足是计算时间成本过大,仅允许气动型线有很小的变化[164]。针对 AEDC-APTU 风洞的 Mach 数 6 喷管(滞止压力 4.595 MPa,滞止温度 1 592 K),Shope 采用具有有限化学反应速率的 N-S 方程,以出口轴向温度和速度偏差作为目标函数,对喷管型线进行优化,并在若干技术环节上进行了改进[167]。AEDC-APTU 风洞喷管流动的计算细节参见文献[168]。

4.8.2　高焓喷管设计概述

在高焓气流膨胀通过喷管的过程中,气体的比热比是逐步增加的。型面喷管的 MOC 中使用的 Prandtl-Meyer 函数是气体比热比和声速的函数,必须和变比热比条件相容。通常采用两种途径来考虑这类真实气体效应所带来的影响:一是采用热力学参数表;二是采用 CFD 技术。前者基于平衡气体假设,多出现在早期的设计中,如文献[169]和[170];后者则是随着非平衡流动研究的深化而逐步得到应用。MOC 结合 CFD 的设计思路通常采用轴对称或者二维非平衡流动模拟程序获得试验气体的多个热力学参数,并以此作为 MOC 方法后续设计的基础[56,88,89,158]。文献[170]~[174]研究了真实气体条件下风洞喷管或者发动机推力喷管设计。特别地,针对振动平衡假设条件下的 MOC,Candler 和 Perkins 指出[175],振动温度在喷管喉道附近很快冻结,非平衡现象比较严重,平衡假设不甚合适;过快发展的边界层厚度使得 MOC 得到的特征线穿透了边界层并在邻近喷管壁面处发生折转,如图 4.8.3 所示。这种情况使得喷管型线的消波效果受到较大影响,流场品质随之恶化;同时,这种情况也使设计 Mach 数下的喷管长度被低估[171]。

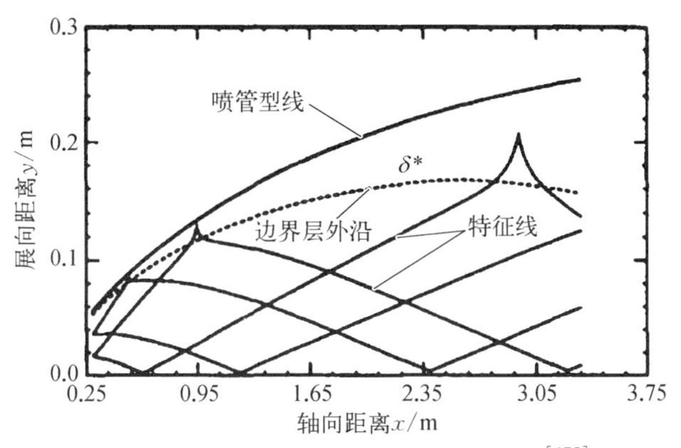

图 4.8.3　振动非平衡条件下喷管特征线[175]

针对电弧加热风洞，Matsuzaki 提供的一个喷管设计思路是，尽可能使得流动伴随的化学反应过程在锥段附近就发生冻结，锥段后的喷管型线根据冻结流参数采用传统的 MOC 获得[176]。沿用这个思路，并考虑到自由活塞激波风洞中化学反应冻结的实际情况，作者在型线设计过程中，将无黏的型线轴划分为喉道前的收缩段和喉道后的凹面膨胀段两个部分，收缩段喷管型线由多项式曲线和圆弧拼接而成，凹面膨胀段的喷管型线由圆弧、锥形线和多项式曲线光滑拼接而成，如图 4.8.4 所示。锥段（2 区）之前的曲线 *HGFA* 利用经验给出，并通过喷管入口直径、喉道直径、半锥角 θ，以及曲线 *HGF* 和锥段 *FA* 的轴向长度 5 个参数加以调控。利用锥段 *FA* 的半锥角 θ 和轴向长度的改变影响化学冻结位置，确保化学反应冻结在锥段中前部位置发生。锥段后的区域（3 区和 4 区）的流动可以视为冻结流，型线 *AD* 通过传统的 MOC 获得，可参见文献[157]和[176]。生成型线 *AD* 所需要的初始条件包括两个部分：其一是锥形段（区域 2）的轴线上各处流动参数（坐标、速度、Mach 数、静温、比热比等）；其二是喷管出口流动参数（速度、Mach 数、静温、比热比等）。假如喷管喉道直径和面积膨胀比及滞止条件已知，那么这两部分流动参数可以采用拟一维的非平衡计算程序获得。

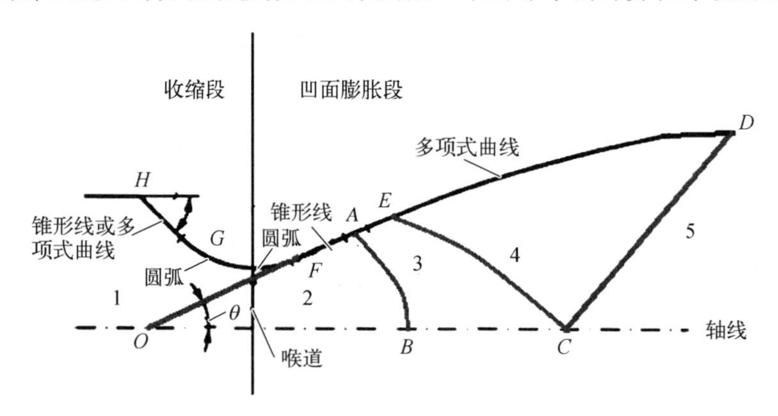

图 4.8.4　高超声速喷管的流场区域划分

喉道前段：区域 1；锥形段：区域 2；型面段：区域 3、4 和 5

由于试验气体明显偏离完全气体状态，锥形段（区域 2）的流动并非严格意义上的径向流[172]，尽管如此，特征线 *AB* 上诸点（坐标、速度、Mach 数、Prandtl-Meyer 角）仍可通过径向流假设计算得到。为了减少化学“冻结”假设带来的误差，基于拟一维非平衡流动的计算结果，计算过程中采用等效比热比获得特征线 *AB* 上诸点的参数。等效比热比的选择存在不同方法，可参见文献[56]和[158]。喷管轴线上的 Mach 数分布采用传统的 Cresci 3 次多项式函数获得。

这样可以获得覆盖 $ABCD$ 区域的特征线网格,并根据质量守恒最终生成无黏型线 AD。非平衡流和冻结流的划分导致 2 区和 3 区的边界层位移厚度估计存在间断,因此边界层修正从喷管出口开始向喉道推进,间断点附近的无量纲边界层位移厚度满足线性关系。在具体设计中,还可考虑通过 Mach 数增量补偿的方式弱化特征线在喷管壁面附近的畸变。

喉道前段(区域 1)的曲线方程一般凭经验给出。不同设计者在设计中存在差别,这些差别对流动品质影响微弱,以致不易评估。一般而言,短促光滑的喉道前段可避免边界层额外的增长,保持喉道附近的平滑也有助于获得更好的流动稳定性并减少热载荷。文献[153]、[158]和[176]提供了不同形式的型线方程,可供参考与比对。在真实气体效应下,喷管流动声速线曲率依然存在,这意味着喷管喉道区域的曲率具有收缩效应。在一维或者轴对称流动的计算中,收缩效应导致质量流减少,需要乘以一个收缩系数加以修正,相关细节见文献[157]。

在不同曲线拼接的过程中,可能出现的一个情况是,从喉道至锥形段末端这一段的型线设计中所得到的锥形段位置要高于偏转流段的型线位置,为了消除这一情况,需要将锥形区域稍微缩短[158]。锥形流(源流)区根据滞止条件事先为喷管选择好。大的半锥角可以使得冻结提前,但是如果首次选择的半锥角过大,可能导致设计中没有锥形流区,需要不断减小膨胀角,得到锥形流区,直至得到合理的型线设计[158]。根据经验,半锥角为 5°~15°比较稳妥。

毫无疑问,由于非平衡现象的存在,CFD 技术在高焓喷管设计中的作用越发重要。

4.8.3　边界层修正

为了获得所希望的流场,需要对无黏喷管型线做出修正,修正方法是采用无黏型面加上理论估计的边界层位移厚度。在高超声速喷管设计中,边界层修正特别重要,因为在某些极端情况下,它的边界层厚度甚至和喷管出口半径相当。对于常规高超声速风洞,在相对高的 Reynolds 数和中等程度 Mach 数(6~12)的范围内,采用 von Karman 动量积分方程的 Stewartson 变换,可以获得边界层位移厚度 δ^* 和动量厚度 θ 的比值 $\dfrac{\delta^*}{\theta}$ 以及表面摩擦系数的半经验估计结果,进而完成边界层修正,并采用这个修正办法设计了 Mach 数 6~12 的喷管[158]。从理论的角度看,通过 CFD 程序可以获得更为精确的边界层修正,这个修正按照位移厚度 δ^* 的定义式积分求解得到。不过,CFD 程序的修正效果有待进一步评判。例如,在某项喷管边界层研究中(滞止温度 300 K,滞止压力 20 000 psi)数值计算获得的边界层位移厚度和试验值相差 2 倍,边界层位移厚度的快速增长预测不准[177]。

理论研究和工程经验表明,根据 Reynolds 数和 Mach 数的不同范围,采用不同的边界层修正办法,方可获得满意的补偿效果。在激波风洞或者热射风洞中,当流动 Mach 数接近 20 时,估计喷管的湍流边界层流动存在很大的困难,合适的设计方法主要以实验数据为基础进行。Elliott 等的理论可以对喷管上游区(喉道区域)的边界层位移厚度给出很好的结果,Edenfield 通过直接测量予以证实,因此这个方法依旧可以作为上游区的边界层修正指南。但是在下游区域,这个办法及其他理论途径都很难成功计算边界层厚度,只得采用完全的经验修正来代替[58]。

基于 AEDC 的 9 号风洞 Mach 数 14 高超声速喷管,Laster 等研究不同边界层位移厚度拟合式之间的差别[177],参见图 4.8.5。图中 Lukasiewicz 边界层位移厚度拟合式见式(4.6.1),基于 9 号风洞出口位置处的 Pitot 压力测量值导出的边界层位移厚度的表达式(依照完全气体假设计算)为

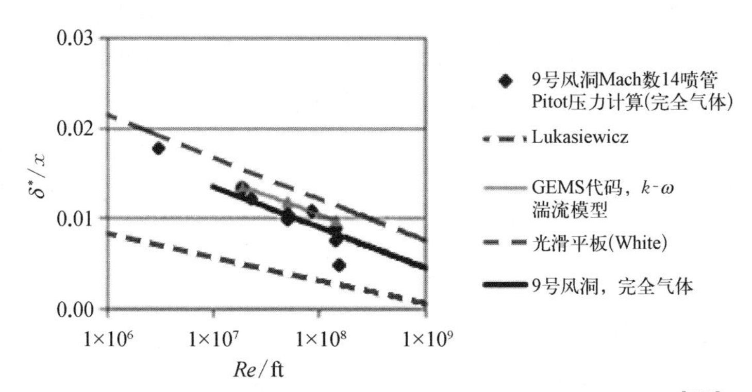

图 4.8.5　9 号风洞 Mach 数 14 喷管边界层位移厚度的关联性[177]

$$\delta^*/x = 0.13Re_x^{-1/7} \tag{4.8.1}$$

GEMS 代码所用的拟合式为

$$\delta^*/x = 0.145Re_x^{-1/7} \tag{4.8.2}$$

White 平板边界层厚度的拟合式为

$$\delta/x = 0.16Re_x^{-1/7} \tag{4.8.3}$$

其中，x 为喷管的轴向距离(喉道为始点)。图 4.8.5 显示 Lukasiewicz 的经验公式低估了 Mach 数 14 喷管边界层位移厚度，而 White 的拟合式则相反。在这两个经验公式中，由于指数“-1/7”或“-0.277 5”的存在，当地 Reynolds 数的影响被缩小，以致边界层无量纲位移厚度接近常数，仅通过出口 Reynolds 数就可以近似地确定。图 4.8.5 还暗示，喷管型线的几何特征对边界层位移、厚度的影响相对微弱，平板边界层的相关结果具有借鉴价值。在进行 VKI 长射风洞型面喷管设计时，Simeoides 采用 Lukasiewicz 的经验公式(4.6.1)获得真实气体条件下的边界层位移厚度[173]。VKI 长射风洞以氮气作为试验工质，自由流 Mach 数为 15~25，单位 Reynolds 数(m^{-1})上限为 3×10^7，风洞的最大滞止压力为 4 000 atm，滞止温度为 1 900~2 400 K，有用试验时间约为 20 ms[173]，更多细节还可参见文献[178]。

AEDC 的 9 号风洞 Mach 数 14 高超声速喷管喉道直径为 1.0 in(约25 mm)，出口直径为 60 in(约 1.524 m)，长度为 512 in(约 13.00 m)，采用氮气作为试验气体，对应滞止压力为 6.8~1 364 atm，滞止温度为 1 528~1 833 K，相关介绍见文献[177]、[179]~[181]。图 4.8.6 取自文献[177]，给出了 Mach 数 14 喷管边界层位移厚度的发展，可以看到，在较低的出口 Reynolds 数下，喷管边界层位移厚度约为出口直径的 12.5%，这样核心流区域的直径接近出口直径的 75%。在其他条件不变的情况下，喷管出口 Reynolds 数通常和滞止压力正相关，因此适度增加滞止压力可以缓解边界层的发展。

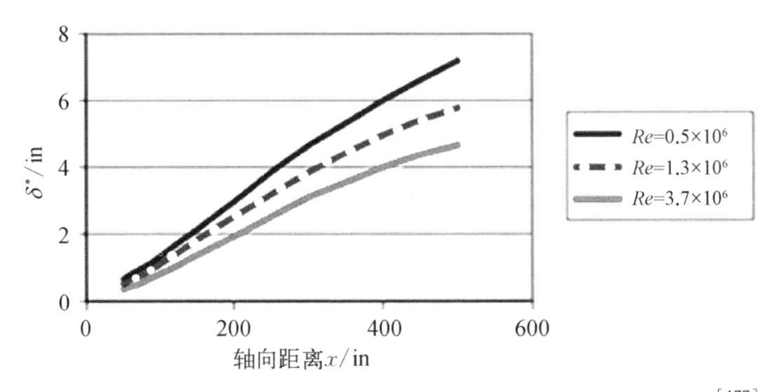

图 4.8.6　GEMS 代码获得的 Mach 数 14 喷管边界层位移厚度[177]

依据 Johns Hopkins 大学应用物理实验室(Applied Physics Laboratory, APL)的 10 MW 电弧加热风洞喷管边界层修正以及 Lee 的相关结果，Matsuzaki 给出边界层位移厚度 δ^* 的经验公式[176]：

$$\frac{\delta^*}{x}=\frac{0.0064(M_x)^{1.25}}{Re_x^{0.14}} \tag{4.8.4}$$

轴向距离 x 处的边界层厚度 δ_x 满足

$$\delta_x=2.5\delta_x^* \tag{4.8.5}$$

对冻结流而言，尚不清楚这些边界层修正公式的恰当程度，上述这些修正办法只是对空气（$\gamma=1.4$）相关结果的“借用”，有待于进一步的检验与完善。另外，需要指出的是，在低 Reynolds 数状态下，喷管的边界层厚度的增长率将超过流动均匀区半径的增长率，此时需要对喷管进行截短处理，以便获得一个最大的试验流直径。

参考文献

[1] Vincenti W G, Kruger C H. Introduction to Physical Gas Dynamics[M]. New York: John Wiley & Sons, 1965.

[2] 卞荫贵，徐立功.气动热力学[M].2 版.合肥：中国科学技术大学，2011.

[3] McBride B J, Heimel S, Ehlers J G, et al. Thermodynamic properties to 6 000 K for 210 sunstances involving the first 18 elements[R]. Washington D. C.: NASA SP-3001, 1963.

[4] Anderson J D. Hypersonic and High Temperature Gas Dynamics[M]. Reston: AIAA Press, 2006.

[5] Millikan R C, White D R. Systematics of vibrational relaxation[J]. Chemical Physics, 1963, 39(12): 3209-3218.

[6] Rathakrishnan E G. High Enthalpy Gas Dynamics[M]. Singapore: Wiley Press, 2015.

[7] Gupta J M, Yos J M, Thompson R A, et al. A review of reaction rates and thermodynamic and transport properties for the 11 - species air model for chemical and thermal non-equilibrium calculations to 30 000 K[R]. Washington D. C.: NASA TM-101528, 1990.

[8] Thompson R A, Lee K F, Gupta R N. Computer codes for the evaluation of thermodynamic properties, transport properties, and equilibrium constants of an 11-species air model[R]. Washington D. C.: NASA-TM-102602, 1990.

[9] Freeman N C. Non-equilibrium theory of ideal — dissociating gas through a conical nozzle [R]. London: Aeronautical Research Council, A. R. C. Technical Report, C. P. No. 438, 1959.

[10] Mate R E, Lordi J A. Techniques for solving non-equilibrium expanding flow problems[R]. Buffalo: Aerospace Research Laboratory, Report No. 65-2, 1965.

[11] Tirumalesa D. Nozzle flows with coupled vibrational and dissociational nonequilibrium[R]. Toronto: University of Toronto, UTIAS Report, No. 123, 1966.

[12] Anderson J D. A time-dependent analysis for vibrational and Chemical nonequilibrium nozzle flows[J]. AIAA Journal, 1970, 8(3): 545-550.

[13] Park C. Review of chemical-kinetic problems of future NASA mission, I: Earth entries[J]. Journal of Thermophysics and Heat Transfer, 1993, 7(3): 385-398.

[14] Babu V, Subramaniamt V V. Numerical solutions to nozzle flows with vibrational Nonequilibrium[J]. Journal of Thermophysics and Heat Transfer, 1995, 9(2): 227-232.

[15] Abe K, Kihara H, Nishida M, et al. Computation and experiment of nonequilibrium nozzle flow of arc-heated air[J]. Journal of Thermophysics and Heat Transfer, 2005, 19(4): 428-434.

[16] Rich J W, Treanor C E. Vibrational relaxation in gas-dynamic flows[J]. Annual Review of Fluid Mechanics, 1970, 2: 355-396.

[17] Jones R A, Myrabo L N. A numerical investigation of the effect of vibrational non-equilibrium in expanding flows[C]. San Diego: AIAA-95-2076, The 30th AIAA Thermophysics Conference, 1995.

[18] Phinney R. Non-dimensional solutions of flows with vibrational relation[J]. AIAA Journal, 1964, 2(2): 240-245.

[19] Campbell C H, Candler G V. Detailed simulation of nitrogen dissociation in shock waves[C]. Norfork: AIAA-99-3633, The 33rd AIAA Thermophysics Conference, 1999.

[20] Rock S G, Candler G V, Hornung H G. Analysis of thermo-chemical nonequilibrium models for carbon dioxide flows[C]. Nashville: AIAA-92-2852, The 27th AIAA Thermophysics Conference, 1992.

[21] Park C. Non-equilibrium Hypersonic Aerothermodynamics[M]. New York: John Wiley & Sons 1989.

[22] Kim J G, Iain D, Boyd I D. Modeling of strong nonequilibrium in nitrogen shock waves[C]. San Diego: AIAA-2013-3150, The 44th AIAA Thermophysics Conference, 2013.

[23] Josyula E, Bailey W F. Modeling of thermal dissociation in nonequilibrium hypersonic flows[C]. San Francisco: AIAA 2006-3421, The 9th AIAA/ASME Joint Thermophysics and Heat Transfer Conference, 2006.

[24] Steinberg M. Carbon dioxide dissociation rates behind shock waves[R]. Washington D. C.: NASA CR-166, 1964.

[25] Papadopoulos P, Prabhu D, Olynick D, et al. CFD code comparisons mars entry simulations[C]. Reno: AIAA-98-0272, The 36th AIAA Aerospace Sciences Meeting and Exhibit, 1998.

[26] Doraiswamy S, Kelley J D, Candler G V. Vibrational modeling of CO_2 in high-enthalpy nozzle flows[J]. Journal of Thermophysics and Heat Transfer, 2010, 24(1): 9-17.

[27] Wittliff C E, Wilson M R, Vidal R J, et al. Study of high density hypervelocity flows and similitudes[R]. Arnold Air Force Base: Arnold Engineer and Development Center, AEDC-TR-67-72, 1967.

[28] Hall J C, Treanor C E. Non-equilibrium effects in supersonic nozzle flows[R]. Neuilly sur Seine: AGARD Dograph-124, 1967.

[29] Boyer D W, Eschenroeder A Q, Russo A L. Approximate solutions for non-equilibrium airflow in hypersonic nozzles, Cornell aeronautical laboratory[R]. Arnold Air Force Base:

Arnold Engineer and Development Center, AEDC TN-60-181, 1960.

[30] Hall J G, Russo A L. Studies of chemical non-equilibrium in hypersonic nozzle flow[R]. Buffalo: Cornell Aeronautical Laboratory, CAL Report, No. AD-1118-A-6, 1959.

[31] Bray K N C. Atomic recombination in hypersonic wind tunnel nozzle[J]. Journal of Fluid Mechanics, 1960, 6(1): 243-274.

[32] Mee D J. Uncertainty analysis of conditions in the section of the T4 shock tunnel[R]. Brisbane: University of Queesland, UQ Research Report, No. 4193, 2010.

[33] Lordi J A, Mates R E. Computer program for the numerical solution of non-equilibrium expansions of reacting gas mixtures[R]. Washington D. C.: NASA CR-472, 1966.

[34] Smart M K, Macrossan M N. Extension of a non-equilibrium nozzle flow program to include vibrational relaxation[R]. Brisbane: University of Queesland, UQ Research Report, No. 1987/03, 1987.

[35] Marineau E C, Hornung H G. Heat flux calibration of T5 hypervelocity shock tunnel conical nozzle in air[C]. Orlando: AIAA-2009-1158, The 47th AIAA Aerospace Sciences Meeting including the New Horizons forum and Aerospace Exposition, 2009.

[36] Wright M, Candler G, Bose D. Data-parallel line relaxation method for the Navier-Stokes Equations[J]. AIAA Journal, 1998, 36(9): 1603-1609.

[37] Takahashi M, Kodera M, Itoh T, et al. Influence of thermal non-equilibrium on nozzle flow condition of high enthalpy shock tunnel HIEST Japan Aerospace Exploration Agency (JAXA) [C]. Bremen: AIAA-2009-7267, The 16th AIAA/DLR/DGLR International Space Planes and Hypersonic Systems and Technologies Conference, 2009.

[38] Hannemann K, Schramm J M, Wagner A, et al. A closely coupled experimental and numerical approach for hypersonic and high enthalpy flow investigations utilising the HEG shock tunnel and the DLR TAU code[R]. Brussels: RTO-EN-AVT-186, 2010.

[39] Bray K N C. Simplified sudden-freezing analysis for non-equilibrium nozzle flows[J]. ARS Journal, 1961, 31(3): 831-834.

[40] Lordi J A, Mates R E. Non-equilibrium effects on high enthalpy expansions air[J]. AIAA Journal, 2015, 3(10): 1972-1974.

[41] Hornung H G. Ground testing for hypervelocity flow, capabilities and limitations[R]. Brussels: RTO-EN-AVT-186, 2010.

[42] Harris C J, Warren W R. Correlation of non-equilibrium chemical properties of expanding air flows[R]. Boston: General Electric Company, G. E. Document R64 DS92, 1964.

[43] Hornung H G, Belanger J. Role and techniques of ground testing for simulation of flows up to orbital speed[C]. Seattle: AIAA-90-1377, The 16th AIAA Aerodynamic Ground Testing Conference, 1990.

[44] Crane K C, Stalker R J. Mass-spectrometric analysis of hypersonic flows[J]. Journal of Physics D: Applied Physics, 1977, 10(5): 679-695.

[45] Stalker R J. Modern developments in hypersonic wind tunnels[J]. The Aeronautical Journal, 2006, 110(1103): 21-39.

[46] Stalker R J, Paull A, Mee D J, et al. Scramjets and shock tunnels — The Queensland

experience[J]. Progress in Aerospace Sciences, 2005, 41(6): 471-513.

[47] Mateer G G, Peterson V L. Charts for equilibrium and frozen nozzle flows of carbon dioxide [R]. Washington D. C.: NASA SP-3019, 1965.

[48] Sangiovanni J J, Barber T J, Syed S A. Role of hydrogen/air chemistry in nozzle performance for a hypersonic propulsion system[J]. Journal of Propulsion and Power, 1993, 9(1): 134-138.

[49] Stalker R J, Truong N K, Morgan R G, et al. Effects of hydrogen-air nonequilibrium chemistry on performance of a model scramjet[J]. Aeronautical Journal, 2004, 108(1089): 575-584.

[50] Yoder D A, Georgiadis N J, O'Gara M R. Frozen chemistry effects on nozzle performance simulations[R]. Washington D. C.: NASA: TM 2009-215507, 2009.

[51] Craddock C S. Computational optimization of scramjets and shock tunnel nozzle [D]. Brisbane: University of Queesland, Thesis for Degree of Ph.D., 1999.

[52] Amann H O. Experimental study of the starting process I a reflection nozzle[J]. Physics of Fluid, Supplement I, 1969: 150-153.

[53] Smith C E. The starting process in a hypersonic nozzle[J]. Journal of Fluid Mechanics, 1966, 24(4): 625-640.

[54] Glass I I, Hall J G. Shock tubes[R]. Handbook of Supersonic Aerodynamic, Section 18, Washington D. C.: Naval Ordnance, NAVORD Report No. 1488, 1959.

[55] 陈强. 激波管流动：理论和试验技术[M]. 合肥：中国科学技术大学, 1979.

[56] Jacobs P A. Transient hypervelocity flow in axisymmetric nozzles[C]. Reno: AIAA-91-0295, The 29th Aerospace Sciences Meeting, 1991.

[57] Wang Y P, Hu Z M, Jiang Z L, et al. Numerical investigation of the starting process in a long-test-duration hypervelocity shock tunnel[C]. Dallas: AIAA-2015-2291, The 22nd AIAA Computational Fluid Dynamics Conference, 2015.

[58] Lukasiewicz J. Experiment methods of hypersonics [C]. New York: Marcel Dekker, Inc., 1973.

[59] Hornung H G. Performance data of the new free piston shock tunnel at GALCIT [C]. Nashville: AIAA-1992-3943, The 17th AIAA Aerospace Ground Testing Conference, 1992.

[60] Clark F L, Ellison J C. Recent work in flow evaluation and techniques of operations for the Langley hypersonic nitrogen facility[R]. Washington D. C.: NASA-TM-X-59637, 1967.

[61] Ames Research Center. Research facilities summary: Guns and ranges[R]. Moffett Field: NASA Ames Research Center, 1967.

[62] Bird K D, Martin J E, Bell T J, et al. Recent developments in the use of the hypersonic shock tunnel as a research and development facility[C]. Proceeding of the 3th Hypervelocity Techniques Symposium, Denver, 1964: 7-50.

[63] Smithson H K. Evaluation of throat materials in the hotshot tunnel F[R]. Arnold Air Force Base: Arnold Engineer and Development Center, AEDC-TDR-64-56, 1964.

[64] Vassallo F A, Nowlan D T. High temperature nozzle throat heat transfer and thermal protection for hypersonic shock tunnels, Part I-analysis studies [R]. Buffalo: Cornell

Aeronautical Laboratory, CAL Report, No. HM-1510-Y-10, 1964.

[65] Davis J, Campbell R, Medley J, et al. Hypervelocity scramjet capabilities of the T5 free piston tunnel at Caltech[C]. Orlando: AIAA-92-5037, The 4th International Aerospce Planes Conference, 1992.

[66] Enkenhus K R, Maher E F. The aerodynamics design of axisymmetric nozzles for high temperature air [R]. Washington D.C.: Naval Ordnance, NAVWEPS Report 7395, 1963.

[67] Itoh K, Ueda S, Komuro T, et al, Hypervelocity aerothermodynamic and propulsion research using high enthalpy shock tunnel HIEST[C]. Norfolk: AIAA-99-4960, The 9th AIAA International Space Planes and Hypersonic Systems and Technologies Conference, 1999.

[68] Blanks J R, de Witt J R. Calibration tests of AEDC free piston shock tunnel[C]. Colorado Springs: AIAA-94-2526, The 18th AIAA Aerospace Ground Testing Conference, 1994.

[69] Maus J, Laster M. The G-Range impulse facility a high performance free piston shock tunnel [C]. Nashville: AIAA-92-3946, The 17th AIAA Aerospace Ground Testing Conference, 1992.

[70] Tanno H, Tomoyuki K, Kazuo S, et al. Heat flux measurement of Apollo capsule model in the free-piston shock tunnel HIEST[C]. Bremen: AIAA-2009-7304, The 16th AIAA/DLR/DGLR International Space Planes and Hypersonic Systems and Technologies Conference, 2009.

[71] Chinitz W, Anderson G Y, Bushnell D M, et al. Facility opportunities and associated stream chemistry considerations for hypersonic air-breathing propulsion [J]. AIAA Journal of Propulsion and Power, 1994, 10(1): 6-17.

[72] McGilvray M. Scamjet test at high enthalpies in expansion tube facilities[D]. Brisbane: University of Queesland, Thesis for the Degree of Ph.D., 2008.

[73] Smart M, Stalker R. Scramjet combustion process [R]. Brussels: RTO-EN-AVT-185, 2010.

[74] Skinner K A. Mass spectrometer of hypersonic combustion[D]. Brisbane: University of Queesland, Thesis for the Degree of Ph.D., 1994.

[75] Paull A. A simple shock tunnel driver gas detector[J]. Shock Waves, 1996, 6(5): 309-312.

[76] Sudani N, Valiferdowsi B, Hornung H G. Test time increase by delaying driver gas contamination for reflected shock tunnels[J]. AIAA Journal, 2000, 38(9): 1497-1503.

[77] Carson G T. Analytical chemical kinetic investigation of the effects of oxygen, hydrogen, and hydroxyl radicals on hydrogen air combustion[R]. Washington D. C.: NASA Technical Report, TN-D-7769, 1974.

[78] Harradine D, Lyman J, Oldenborg R, et al. Hydrogen-air combustion calculations — The chemical basis of efficiency in hypersonic flows[C]. San Antonio: AIAA-88-2713, AIAA Thermophysics Plasmadynamics and Laser Conference, 1988.

[79] Bakos R, Chinitz W, Erdos J. An assessment of ground test facility capabilities for measurement of hypervelocity scramjet performance[C]. Chattanooga: AIAA-95-6148, The 6th AIAA International Aerospace Planes and Hypersonics Technologies Conference, 1995.

[80] Bray K N C, Appleton J P. Atomic recombination in nozzles: Methods of analysis for flows with complicated chemistry[R]. London: Ministry of Aviation, C. P. No. 636, 1963.

[81] Eitelberg G. First results of calibration and use of the HEG[C]. Colorado Springs: AIAA-94-2525, The 18th AIAA Aerospace Ground Testing Conference, 1994.

[82] Porter J W. Part I Chemical reactions during flow in rocket nozzles, Part II Gas dischange rates through De Laval nozzles and the experimental determination of desorption rates[D]. Pasadenia: California Institute of Technology, Thesis for Degree of Ph.D., 1963.

[83] Lordi J A. Comparison of exact and approximate solutions for non-equilibrium nozzle flows [J]. ARS Journal, 1962, 32(11): 1285-1286.

[84] McGuire J R. Ignition Enhancement for Scramjet Combustion [M]. Sydney: University of New South Wales, Thesis for Degree of Ph.D., UNSW, 2007.

[85] Cheng H K, Lee R S. Freezing of dissociation and recombination in supersonic nozzle flows I, II[J]. AIAA Journal, 2015, 6(5): 823-831.

[86] Richmond J K, Parsons R J, Swithenbank J. On shock tunnel simulation of scramjet combustion chamber performance[R]. Seattle: Boeing Scientific Research Laboratories, AD-682-127, 1968.

[87] Rein M. Partial chemical equilibrium: Theory and implementation in the program SURF[R]. Pasadenia: GAL, CIT, Report FM 91-1, 1991.

[88] Jacobs P A, Stalker R J. Mach 4 & Mach 8 axisymmetric nozzle for high enthalpy shock tunnel[J]. Areospace Journal, 1991, 95(11): 324-334.

[89] Jacobs P A, Stalker R J. Hypervelocity flow in axisymmetric nozzles[C]. Melbourne: The 10th Australasian Fluid Mechanics Conference, 1989.

[90] Blythe P A. Non-equilibrium flow through a nozzle[J]. Journal of Fluid Mechanics, 1963, 17(1): 126-140.

[91] Blythe P A. Asymptotic solutions in non-equilibrium nozzle flow [J]. Journal of Fluid Mechanics, 1964, 20(2): 243-273.

[92] Erickson W D. Vibrational nonequilibrium flow of nitrogen in hypersonic nozzle [R]. Washington D. C.: NASA-TN-D-1810, 1963.

[93] Reddy N M, Daum F L. Similar solutions in vibrational non-equilibrium nozzle flows[R]. Wright Patterson Air Force Base: ARL 70-0144, 1970.

[94] Michiko F, Lee B J, Jeung I S, et al. Numerical simulation of hypervelocity flow on hemisphere in T2 shock tunnel[C]. Reno: AIAA-2006-581, The 44th AIAA Aerospace Sciences Meeting and Exhibit, 2006.

[95] Park C, Lee S L. Validation of multi-temperature nozzle flow code NIZNT[C]. Orlando: AIAA-93-2862, The 28th AIAA Thermophysics Conference, 1993.

[96] Phinney R. Criterion for vibrational freezing in a nozzle expansion[J]. AIAA Journal, 1962, 1(2): 496-497.

[97] Munafò A, Kapper M G, Cambier J L, et al. Investigation of nonequilibrium effects in axisymmetric nozzle and blunt body nitrogen flows by means of a reduced rovibrational collisional model[R]. Wright Patterson Air Force Base: Air Force Research Laboratory,

AFRL-RZ-ED-TP-2011-585, 2011.

[98] Ishihara T, Ogino Y, Ohnishi N, et al. Numerical study on anomalous heating over blunt body in free piston tunnel HIEST[C]. Grapevine: AIAA-2013-0909, The 51st AIAA Aerospace Science Meeting Including the New Horizons Forum and Aerospace Exposition, 2013.

[99] Olejiniczak J, Wright M. Computational modeling of T5 laminar and turbulent heating data on blunt cones, Part 1: Titan application[C]. Reno: AIAA-2005-176, The 43th AIAA Aerospace Sciences Meeting and Exhibit, 2005.

[100] Backx E. The effect of non-equilibrium effects on the measurement of flow properties in the longshot hypersonic tunnel[R]. Sint-Geneseius-Rode: Von Karman Institute for Fluid Dynamics, VKI-Technical Note 83, 1972.

[101] Gordon S, McBride B J. Computer program for calculation of complex chemical equilibrium compositions and applications I. analysis[R]. Washington D. C.: NASA Reference Publication 1311, 1994.

[102] Stollery J L, Smith J E. A note on the variation of vibrational temperature along a nozzle[J]. Journal of Fluid Mechanics, 1962, 13(2): 225-236.

[103] Neuenschwander W. Explicit relationships for the thermodynamic properties of molecular and dissociated air mixtures to 25000R[C]. Buffalo: AIAA-89-1735, The 24th AIAA Thermophysics Conference, 1989.

[104] Hansen C F. Approximations for the thermodynamic and transport properties of high temperature air[R]. Washington D. C.: NASA TR R-50, 1959.

[105] Thompson R A, Lee K P, Gupta R N. Computer codes for the evaluation of thermodynamic and transport properties for equilibrium air to 30 000 K[R]. Washington D. C.: NASA Technical Memorandum 104107, 1991.

[106] Hansen C F. Thermodynamic and transport and properties of high temperature air[R]. Washington D. C.: NASA TR Report 323, 1959.

[107] 张志成. 高超声速气动热和热防护[M]. 北京：国防工业出版社，2003.

[108] Erickson W D, Creekmore H S. A study of equilibrium real-gas effects in hypersonic air nozzles, including charts of thermodynamic properties for equilibrium air[R]. Washington D. C.: NASA TN D-231, 1961.

[109] Baum G M, Jorgensen L H. Charts for equilibrium flow properties of air in hypervelocity nozzles[R]. Washington D. C.: NASA TN-D-1333, 1962.

[110] Yoshikawa K K, Katzen E D. Charts for air flow properties in equilibrium and frozen flows in hypervelocity nozzles[R]. Washington D. C.: NASA TN D-693, 1962.

[111] Mateer G G, Peterson V L. Charts for equilibrium and frozen nozzle flows[R]. Washington D. C.: NASA SP-3019, 1965.

[112] Jorgenson L H, Redmond R J. Charts for equilibrium flow properties of carbon dioxide in hypersonic nozzle[R]. Washington D. C.: NASA-SP-3015,1965.

[113] Grossman B. Fundamental Concepts of Real Gas Dynamics[M]. Blacksburg: Virginia Polytechnic Institute and State University, 2000.

[114] Johnson R C. Real gas effects in critical flow through nozzles and thermodynamic properties of Nitrogen and Helium at pressures 30 000 000 N/s^2[R]. Washington D. C.: NASA-SP-3046, 1968.

[115] Sanchez M M. Rocket Propulsion, Lecture 14: Non-equilibrium Flows [M]. Cambridge: MIT, 2002.

[116] Tirumalesa D. Sonic line in non-equilibrium flows[R]. Toronto: University of Toronto, UTIAS Technical Note, No.94, 1966.

[117] Davies L D, Wilson J L. Influence of reflected shock and boundary-layer interaction on shock tube flows[J]. Physics of Fluids, 1969, 12(5): 1-37.

[118] Heims S P. Effects of chemical dissociation and molecular vibrations on steady one dimensional flow[R]. Washington D. C.: NASA, TN D-87, 1959.

[119] Krishnamurthy R, Rogers R C, Tiwari S N. A numerical study of hypervelocity flows through a scramjet combustor[C]. Reno: AIAA-94-0773, The 32nd Aerospace Sciences Meeting and Exhibit, 1994.

[120] German P, Cummings E, Hornung H. Transition on a sharp cone at high enthalpy new measurements in the shock tunnel T5 at GALCIT[C]. Reno: AIAA-93-0343, The 31st Aerospace Sciences Meeting and Exhibit, 1993.

[121] Wagner A. Experimental investigation of hypersonic boundary layer transition on a cone model in the High Enthalpy Shock Tunnel (HEG) at Mach 7.5[C]. San Francisco: AIAA 2011-2374, The 17th AIAA International Aerospace Planes and Hypersonics Technologies Conference, 2011.

[122] Cruden B A, Brandis A M, Oleiniczak J O, et al. Measurement of ultraviolet radiative heating augmentation in HIEST reflected shock tunnel[C]. Dallas: AIAA-2015-2512, The 45th AIAA Thermophysics Conference, 2015.

[123] Tanno H, Komuro T, Sato K, et al. Aeroheating measurement of Apollo shaped capsule with boundary layer trip in the free-piston shock tunnel HIEST[C]. National Harbor: AIAA-2014-0434, The 52nd Aerospace Sciences Meeting, 2014.

[124] Rogers R C, Shih A T, Tsai C Y, et al. Scramjet tests in a shock tunnel at flight Mach 7, 10, and 15 conditions[C]. Salt Lake City: AIAA-2001-324, The 37th AIAA/ASME/SAE/ASEE Joint Propulsion Conference and Exhibit, 2001.

[125] Eschenroeder A O, Boyer D W, Hall J G. Exact solutions for non-equilibrium expansions of air with coupled chemical reactions[R]. Buffalo: Cornell Aeronautical Laboratory, CAL: Report No.AF-1413-A-1, 1961.

[126] Harris C. Comment on nonequilibrium effects on high enthalpy expansions of air[J]. AIAA Journal, 1966, 4(6): 1148-1150.

[127] Prabhu R K, Erickson W D. A rapid method for the computation of equilibrium chemical composition of air to 15 000 K[R]. Washington D. C.: NASA Technical Paper 2792, 1988.

[128] Glushko V P, Curvich L V, Bergman G A, et al. Thermodynamic properties of individual substances[M]. 3rd ed. Moscow: Nauka, 1978.

[129] Moore C E. Selected tables of atomic spectra. Atomic energy levels and multiplet tables NI,

NII, NIII. NSRDS - NBS 3 [R]. Section 7, Washington D. C.: U. S. Dep. of Commerce, 1976.

[130] Moore C E. Selected tables of atomic spectra. Atomic energy levels and multiplet tables O I, NII, NIII. NSRDS - NBS 3 [R]. Section 7, Washington D. C.: U. S. Dep. of Commerce, 1976.

[131] Moore C E. Atomic energy levels as derived from the analyses of optical spectra[R]. Section 5, Washington D. C.: U.S. Dep. of Commerce: NSRDS-NBS 35, 1971.

[132] Beck W H, Hannemann K, Weiland M. Modifications to the DLR high enthalpy shock tunnel HEG for measurements on supersonic combustion[C]. Kyoto: AIAA-2001-1860, The 10th AIAA/NAL-NASDA-ISAS International Space Planes and Hypersonic Systems and Technologies Conference, 2001.

[133] Baird J P, Gai S L, Lyons P R A. Density and velocity profiles in non-equilibrium laminar boundary layers in air[C]. Williamsburg: AIAA-85-0976, The 20th AIAA Thermophysics Conference, 1985.

[134] Yanaw G. High enthalpy hypersonic boundary layer flow[R]. University Park: Pennsylvania State University, Ionosphere Research Laboratory, Scientific Report 395, 1972.

[135] Stalker R J. Hypervelocity aerodynamics with chemical non-equilibrium[J]. Annual Review of Fluid Mechanics, 1989, 21: 37-60.

[136] Hornung H G. Non-equilibrium ideal gas dissociation after a curved shock wave[J]. Journal of Fluid Mechanics, 1976,74(1): 143-159.

[137] Hornung H G, Smith G H. The influence of relaxation on shock detachment[J]. Journal of Fluid Mechanics, 1979, 93(2): 225-239.

[138] Liepmann H W, Roshko A. Elements of Gasdynamics [M]. New York: John Wiley & Sons, 1957.

[139] Schramm J M, Sunami T, Ito K, et al. Experimental investigation of supersonic combustion in the HIEST and HEG free piston driven shock tunnels[C]. Nashville: AIAA-2010-7122, The 46th AIAA/ASME/SAE/ASEE Joint Propulsion Conference, 2010.

[140] Gupta R N, Lee K P, Thompson R A, et al. Calculations and Curve Fits of Thermodynamic and Transport Properties for Equilibrium Air to 30 000 K[M]. Washington D. C.: NASA Reference Publication-1260, 1991.

[141] Lewis C L, Burgess III E G. Thermodynamic properties of air and nitrogen to 15,000°K with application[J]. AIAA Journal, 1963, 2(10): 1928-1929.

[142] Lewis C L, Neel C A. Thermodynamic properties for imperfect air and nitrogen to 15,000 deg K[J]. AIAA Journal, 1964, 2(10): 1947-1949.

[143] Treanor C E, Loganq J G. Thermodynamic properties of nitrogen from 2 000 degrees K to 8 000 degrees K[R]. Buffalo: Cornell Aeronautical Laboratory, Report No. BE-1007-A-B, 1957.

[144] Hilsenrath J, Klein M. Table of thermodynamic properties of nitrogen in chemical equilibrium in including second virial corrections from 2 000 K to 15 000 K[R]. Arnold Air Force Base: Arnold Engineer and Development Center, AEDC-TDR-63-162, 1964.

[145] Johnson R C. Real gas effects in critical flow through nozzles and thermodynamic properties of nitrogen and helium at pressures to 300×10^5 Newtons per square meter (Appprox. 300 atm)[R]. Washington D. C.: NASA SP-3046, 1968.

[146] Brano D, Capitelli M, Sposito F, et al. Simulation of nitrogen dissociation in a strong shock wave[C]. Anaheim: AIAA-2001-2761, The 35th AIAA Thermophysics Conference, 2001.

[147] Woodward H T. Thermodynamic properties of carbon-dioxide and nitrogen mixtures behind a normal shock wave[R]. Washington D. C.: NASA TN-D-1553, 1963.

[148] Kudryavtsev N N, Kuznetsova L A, Surzhikov S T. Kinetics and Nonequilibrium radiation of CO_2-N_2 shock waves[C]. Anabeim: AIAA-2001-2728, 32nd AIAA Plasma Dynamics and Lasers Conference, 2001.

[149] Tsien H S. One dimensional flows of a gas characterized by van der Waals equation of state [J]. Journal of Mathematics and Physics, 1947, 25: 301-324.

[150] Eggers A J. One dimensional flows of an imperfect diatomic gas[R]. Washington D. C.: NACA TN-1681, 1949.

[151] Randall R E. Thermo-dynamic properties of gases equations derived from the Beattie-Bridgeman equation of state assuming variable specific heats[R]. Arnold Air Force Base: Arnold Engineer and Development Center, AEDC TR-57-10, 1957.

[152] Srinivasan S, Tannehill J C, Weilmuenster K J. Simplified curve fits for the thermodynamic properties of equilibrium air [R]. Washington D. C.: NASA Reference Publication 1181, 1987.

[153] Eitelberg G, Beck W H, Schneider M, et al. Performance comparison of the conical and contoured nozzle in the HEG [C]. Albuquerque: AIAA-98-2773, The 20th AIAA Advanced Measurement and Ground Testing Technology Conference, 1998.

[154] U. S. Standard Atmosphere [R]. Washington, D. C.: U. S. Government Printing Office, 1976.

[155] Rees D. Cospar International Refence Atmosphere (CIRA-1986) [M]. New York: Pergamon Press, 1988.

[156] Holden M S. LENS facilities experimental studies to evaluate the modeling of boundary layer transition, shock/boundary layer interaction, real gas, radiation and plasma phenomena in contemporary CFD codes[R]. Brussels: RTO-EN-AVT-186, 2010.

[157] Sivells J C. A computer program for the aerodynamic design of axisymmetric and planar nozzles for supersonic and hypersonic wind tunnels[R]. Arnold Air Force Base: Arnold Engineer and Development Center, AEDC-TR-78-63, 1978.

[158] Korte J J. Inviscid design of hypersonic wind tunnel nozzles for a real gas[C]. Reno: AIAA-2000-0677, The 38th AIAA Aerospace Sciences Meeting and Exhibit, 2000.

[159] Lee D J. Axisymmetric nozzles for hypersonic flows[R]. Columbus: Ohio State University Report, No. TN-459-1, 1959.

[160] Johnson C B, Boney L R, Ellison J C, et al. Real gas effects on hypersonic nozzle contours with a method of calculation[R]. Washington D. C.: NASA TN D-1622, 1963.

[161] Raezer S D, Bunt E A, Olsen H L, et al. Application of D. C. plasma arc heating to

hypersonic propulsion testing[J]. Journal of Spacecraft, 1964, 1(2): 153-160.

[162] Tokarcik-Polsky S, Papadopoulos P, Venkatapathy E, et al. The NASA Ames 16-inch shock tunnel nozzle simulations and experimental comparison[C]. Chattanooga: AIAA-95-6038, The 6th AIAA International Aerospace Planes and Hypersonics Technologies Conference, 1995.

[163] Chan W Y K, Jacobs P A, Mee D J. Suitability of the k-ω turbulence model for scramjet flowfield simulations[J]. International Journal for Numerical Methods in Fluids, 2012, 70(4): 493-514.

[164] Korte J J, Hodge J S. Flow quality of hypersonic wind tunnel nozzles designed by computational fluid dynamics[J]. Journal of Spacecraft and Rockets, 1955, 32(4): 469-580.

[165] Craddock C S. Design of the axisymmetric HyShot nozzle for T4[R]. Brisbane: University of Queensland, Research Report 02/2000, 2000.

[166] Hannemann K, Itoh K, Mee D J, et al. Free Piston Shock Tunnels HEG, HIEST, T4 and T5[M]. Heidelberg: Springer, 2015: 181-264.

[167] Shope F L. Design optimization of hypersonic test facility nozzle contours using splined corrections[R]. Arnold Air Force Base: Arnold Engineer and Development Center, AEDC-TR-04-2, 2005.

[168] Candler G V. APTU nozzle code manual[R]. Arnold Air Force Base: Arnold Engineer and Development Center, AEDC-TR-05-2, 2005.

[169] Ellison J C, Johnson C B. Real gas inviscid nozzle contours for nitrogen at Mach 15, 17 and 19 with tabulated properties for calculation of boundary layer effects[R]. Washington D. C.: NASA-TN-D-2496, 1965.

[170] Johnson C B, Boncy L R. A method for calculating a real gas two dimensional nozzle contour including the effects of gamma[R]. Washington D. C.: NASA-TM-X-3243, 1975.

[171] Glowacki W J. NOL hypervelocity wind tunnel report No.2: Nozzle design[R]. White Oak: Naval Ordaance Laboratory, NOLTR-71-6, 1971.

[172] Simeonides G. The aerodynamic design of hypersonic contoured axisymmeric nozzles including real gas effects[R]. Sint-Genesius-Rode: Von Karman Institute for Fluid Dynamics, Technical Memorandum 43, 1987.

[173] Gaffney. Design of a Mach 15 total enthalpy nozzle with non uniform inflow using rotational MOC[C]. Reno: AIAA-2005-0691, The 43rd AIAA Aerospace Meeting and Exhibit, 2005.

[174] Young R B. Automated nozzle design through axis-symmetric method of characteristics coupled with chemical kinetics[D]. Auburn: Auburn University, Thesis for the Degree of Master of Science, 2012.

[175] Candler G, Perkins J. Effects of vibrational none-equilibrium on axisymmetric hypersonic nozzle design[C]. Reno: AIAA-91-0297, The 29th Aerospace Sciences Meeting, 1991.

[176] Matsuzaki R. Design of contoured nozzle for arc heated wind tunnels[C]. Colorado Springs: AIAA-94-2593, The 18th AIAA Aerospace Ground Testing Conference, 1994.

[177] Laster M L, Jordan J L, Merkle C, et al. Remarks on the design of hypersonic high Reynolds number nozzles with energy addition[C]. San Francisco: AIAA-2006-2057, The 25th AIAA Aerodynamics Aerodynamics Technology and Ground Testing Conference, 2006.

[178] Grossir G, Ilich Z, Paris S, et al. Theoretical considerations to extend the operational map of the VKI longshot hypersonic wind tunnel[C]. Washington D.C.: AIAA-2016-3818, The 32nd AIAA Aerodynamic Measurement Technology and Ground Testing Conference, 2016.

[179] Marren D E, Lafferty J F. The hypervelocity wind tunnel No.9-continued excellence through improvement and modernization[C]. Reno: AIAA-98-0631, The 36th AIAA Aerospace Sciences Meeting and Exhibit, 1998.

[180] Marren D E. Aero-optical demonstration test in the AEDC hypervelocity wind tunnel 9[R]. Arnold Air Force Base: Arnold Engineer and Development Center, ADA-370537, 1999.

[181] Boe K, Candler G V. A novel simulation approach for the AEDC hypervelocity tunnel 9 Mach 14 nozzle[C]. Honolulu: AIAA 2011-3888, The 41st AIAA Fluid Dynamics Conference and Exhibit Online Proceedings, 2011.

第 5 章

自由活塞激波风洞理论设计

5.1 自由活塞激波风洞理论设计与优化

5.1.1 理论设计前的准备

风洞是一种复杂的空气动力学设备,其设计工作需要多个学科的专业人才共同参与。按照约定俗成的看法,风洞设计包含理论设计(或称气动设计)和结构设计两个紧密联系的部分或阶段。相比常规高超声速风洞,反射型激波风洞结构相对简单,但涉及的流动问题相对复杂。因此,风洞设计的决策者应当具有足够的气动专业知识和必要的工程经验,以便更好地贯彻理论设计,并解决风洞理论设计和结构设计之间可能出现的矛盾。

自由活塞激波风洞理论设计的主要任务是,根据模拟要求,给出自由活塞激波风洞主要部件的几何参数和相应的运行参数,并对风洞的结构设计进行指导。在理论设计过程中,常常需要对不同的设计方案进行评判和选择,而且不需要对设计方案进行优化和调整。好的设计方案是不同要求相互平衡的产物,所谓不同要求包括模拟能力、空间限制、建设/运行成本、结构限制和可操作程度等若干方面。自由活塞激波风洞理论设计方案需要确定的参数很多,经过简化,归纳起来主要包含两类。

第一类是几何参数(共 5 个):压缩管长度 L、压缩管长径比 L/D、激波管长度 l、激波管和压缩管直径比 d/D、高压空气贮室容积 V_G(为压缩管容积的 0.6~1.0)。喷管尺寸暂不考虑。

第二类是运行参数(共 6 个):高压空气压力 $P_{A,0}$、活塞质量 m_p、驱动气体中氦气的体积分数 C_H 及初始压力 $P_{HA,0}$、试验气体(空气)的初始压力 P_1(假定高压空气、驱动气体和试验气体的初始温度均为室温)、压缩比 λ。

理论设计需要平衡风洞的几何参数和运行参数,使风洞达到较佳的性能。在设备参数中,假如压缩管长径比、激波管和压缩管直径比以及激波管长径比的组合 (L/D, d/D, l/d) 事先已经被挑选出来,那么只需要确定压缩管长度 L 即可。压缩管长度 L 的选择主要参考两个因素: ① 风洞建设的空间限制(外在因素);② 模拟流场核心区的尺寸(内在因素)。6 个运行参数均为变量,但是一般会有一些限制。例如,压缩比 λ 通常限制在 40~60,或变化或固定。对于每一运行状态,理论上都存在一个最佳的活塞质量 m_p,但是风洞一般仅拥有若干个质量不同的活塞。

以下归纳了自由活塞激波风洞理论设计过程中可能用到的若干经验性结果,这些结果提供了设计过程中需要注意的环节。

1. 压缩管

压缩管长径比 L/D 越大,越容易获得更长的常压力驱动时间,而且活塞软着陆也就越容易实现,与此同时氦气-氩气消耗量随之增加,L/D 控制在 60~120 较为适宜,这样可以兼顾活塞控制和运行成本两个方面。例如,HEG 风洞压缩管长径比为 60,HIEST 风洞压缩管长径比为 70,T5 风洞压缩管长径比为 100,而 T4 风洞压缩管长径比为 110。假如激波管直径 d 和压缩管下泄喉道尺寸相当,那么,激波管和压缩管直径比 d/D 越小,(固定压缩比下)常压力驱动时间越长,而且越有利于活塞减速。但是 d/D 过小,不仅限制了模拟流场的尺寸,也将使得激波管中的流动品质进一步恶化。激波管和压缩管直径比 d/D 范围一般控制在 1/5~1/2 比较适宜。

选择若干组不同压缩管参数 (L/D, d/D),结合活塞的运动学方程,可以获得活塞质量和速度、常压力驱动时间等许多重要信息。例如,当压缩管参数选择 (100, 1/3.0), (90, 1/2.8), (90, 1/3), (85, 1/3.3), (80, 1/2.8), (80, 1/3.3) 这 6 种组合时,常压力驱动时间的指标一般依次递减。在设计中,不能仅以常压力驱动时间作为唯一标准,而是需要将空间、活塞质量、运行成本、试验流场等多种因素综合加以考虑再确定。

2. 活塞质量

风洞滞止状态下的最高焓和最高压力通常不能同时获得。风洞的压力恢复系数 η 定义为膜片打开时刻喷管滞止压力 P_0 和压缩管末端压力 $P_{HA,r}$ 的比值,即 $\eta = P_0/P_{HA,r}$,这个参数为 0.6~1.1。风洞的尺寸越大,压力恢复系数越大。在其他条件已确定的情况下,活塞质量和风洞滞止压力成正比。一旦最大滞止压力确定,最大活塞质量亦随之确定。换一个角度来说,在压缩管末端的破膜压

力 $P_{HA,r}$ 固定时,仅需要通过调节激波管初始填充压力,获得相应的焓以及喷管滞止压力。压缩管末端的破膜压力 $P_{HA,r}$ 无须过大(为初始高压空气压力的数倍),上限保持在 100 MPa 左右。假如风洞运行参数点 (b_1, b_2) 已经确定,那么活塞质量 m_p 和 D^3 成正比。因此,适当的压缩管直径 D 有助于控制活塞质量 m_p。若风洞压缩管和激波管满足 $L/D=90$, $d/D=1/3$,运行参数点为(0.016 9, 18.75),压缩比为 50,压缩管末端允许的压力上限为 100 MPa,则当 $D=0.6$ 时,活塞质量上限 $m_p=1\ 215.86$ kg,当 $D=0.5$ 时,活塞质量上限 $m_p=713.07$ kg。

3. 运行参数

风洞运行参数 (b_1, b_2) 的选择需要综合考虑三个因素:其一是调谐操作(或者软着陆)的要求,其二是常压力驱动时间的要求,其三是活塞质量的要求(乘积 b_1b_2 越大,活塞质量越小)。为了实现活塞的调谐操作(或者软着陆),参数点的可行集范围很小。大量计算表明,参数 b_1 为 0.010~0.020,参数 b_2 为 10~30,对应的调谐参数 $\bar{\omega}=\lambda P_{A,0}/P_{HA,r}$ 为 4~8。驱动气体组分对调谐操作有一定的影响,当驱动气体中氩气的含量逐步增加时,驱动气体泄漏速度将减缓,压缩管末端压力衰减变缓(常压力驱动时间增加),这一情况对活塞的减速更有利,其负面影响是驱动能力有所下降。以氦气作为驱动气体获得的软着陆参数点,对于氩气-氦气混合的驱动气体,活塞的软着陆要求仍然满足。

4. 缝合 Mach 数

在真实气体(平衡气体假设)条件下,如果认为驱动气体(氦气)和激波管中被驱动气体的温度均为室温 T_1,那么缝合 Mach 数 M_{ST} 仅是压缩比 λ 和试验气体初始压力 P_1 的函数,即 $M_{ST}=g(\lambda, P_1)$。特别地,当压缩比固定时,缝合 Mach 数是试验气体初始压力 P_1 的函数,见图 3.2.4。为了获得相对高的喷管滞止压力,激波管初始的填充压力一般为 0.05~2 atm。对于给定的压缩比,缝合 Mach 数是唯一的,对应着唯一的压力比 P_{41}。因此,膜片打开时刻驱动气体压力和初始压力由缝合条件确定。试验气体 2 区或者 5 区的状态(温度、焓、压力、密度等)也由缝合 Mach 数确定。利用已经选定活塞压缩器运行参数点 (b_1, b_2),可以求解出活塞质量 m_p 和高压气体压力 $P_{A,0}$,于是整个运行参数全部确定。缝合操作有利于风洞试验时间的延长,但并不是所有的模拟状态都能实现缝合要求。

当活塞压缩器满足 $L/D=90$, $d/D=1/3$,压缩比 $\lambda=50$,运行参数(0.016 9, 18.75)时,表 5.1.1 给出了不同驱动气体组分浓度下的缝合 Mach 数和其他参数的具体值。当压缩管直径 D 变化时，相应的活塞质量 m_p 可利用表 5.1.1 求得。实际上，由于激波衰减的存在，缝合 Mach 数和活塞质量应当更大，才能达到缝合。另外，为了达到缝合，活塞质量需要和驱动气体压力形成对应。遗憾的是，我们不可能让活塞随时变化，而只能采用几个不同质量的活塞，在有限的几个状态下获得缝合操作。活塞质量的计算和驱动气体的组分无关，也和焓无关，仅依赖激波管所需要的驱动压力。为了获得最高焓，激波管中填充的初始压力一般很低，经过激波反射后获得滞止压力只能达到中等水平，因此所需要的活塞质量并不是特别大。

表 5.1.1　缝合条件下的若干参数（$L/D=90$，$d/D=1/3$，$\lambda=50$）

(a) 驱动气体 90%氦气（体积分数，下同）

P_1/atm	M_{ST}	$\frac{P_{HA,r}}{P_1}$	$\frac{P_{HA,0}}{P_1}$	$\frac{P_{A,0}}{P_{HA,0}}$	$\frac{m_p}{D^3}$/(kg/m^3)	P_{21}	P_{52}	T_{51}	$h_5\approx U_S^2$/(MJ/kg)
0.05	16.0	2 353.67	3.463	96.543	672.19	323.6	12.24	37.99	29.6
0.1	15.83	2 148.13	3.161	96.543	1 266.99	315.5	11.74	40.1	29.0
0.3	15.59	1 866.68	2.747	96.543	3 198.69	302.4	11.02	43.81	28.1
0.5	15.48	1 751.64	2.578	96.543	5 002.60	296.3	10.72	45.76	27.7
1.1	15.33	1 591.30	2.342	96.543	9 998.28	288.8	10.34	49.01	27.2
1.5	15.27	1 533.28	2.257	96.543	13 136.9	285.0	10.16	50.35	26.95
2.0	15.22	1 481.83	2.181	96.543	16 928.1	282.1	10.01	51.75	26.80

(b) 驱动气体 70%氦气

P_1/atm	M_{ST}	$\frac{P_{HA,r}}{P_1}$	$\frac{P_{HA,0}}{P_1}$	$\frac{P_{A,0}}{P_{HA,0}}$	$\frac{m_p}{D^3}$/(kg/m^3)	P_{21}	P_{52}	T_{51}	$h_5\approx U_S^2$/(MJ/kg)
0.1	14.11	1 644.87	2.421	96.543	939.53	249.0	11.36	34.36	23.02
0.3	13.92	1 453.54	2.139	96.543	2 490.74	239.7	10.75	37.40	22.40
0.5	13.84	1 374.54	2.023	96.543	3 925.62	236.8	10.50	39.00	22.14
0.7	13.79	1 325.43	1.951	96.543	5 299.50	234.3	10.34	40.15	21.98
1.1	13.72	1 262.13	1.857	96.543	7 930.08	230.0	10.14	41.64	21.76
1.5	13.68	1 222.57	1.799	96.543	10 164.7	228.4	10.01	42.86	21.63
2.0	13.64	1 186.38	1.746	96.543	13 553.0	226.2	9.89	44.08	21.51

(c) 驱动气体 50%氦气

P_1/atm	M_{ST}	$\frac{P_{HA,r}}{P_1}$	$\frac{P_{HA,0}}{P_1}$	$\frac{P_{A,0}}{P_{HA,0}}$	$\frac{m_p}{D^3}$/(kg/m^3)	P_{21}	P_{52}	T_{51}	$h_5 \approx U_S^2$/(MJ/kg)
0.1	12.16	1 151.88	1.695	96.543	657.94	184.1	10.80	29.4	17.09
0.3	12.03	1 040.73	1.532	96.543	1 783.36	178.9	10.34	31.8	16.73
0.5	11.97	993.93	1.463	96.543	2 838.61	176.2	10.14	33.0	16.56
0.7	11.94	964.87	1.420	96.543	3 857.87	175.6	9.80	33.9	16.48
1.1	11.91	943.72	1.389	96.543	5 929.48	173.5	9.87	35.1	16.40
1.5	11.89	927.36	1.365	96.543	7 945.48	172.6	9.77	36.1	16.34
2.0	11.83	880.79	1.296	96.543	10 062.0	170.3	9.67	36.8	16.16

(d) 驱动气体 30%氦气

P_1/atm	M_{ST}	$\frac{P_{HA,r}}{P_1}$	$\frac{P_{HA,0}}{P_1}$	$\frac{P_{A,0}}{P_{HA,0}}$	$\frac{m_p}{D^3}$/(kg/m^3)	P_{21}	P_{52}	T_{51}	$h_5 \approx U_S^2$/(MJ/kg)
0.1	9.85	680.59	1.001	96.543	388.75	120.0	9.93	22.9	11.22
0.3	9.78	634.83	0.933	96.543	1 087.83	117.6	9.64	24.5	11.06
0.5	9.75	615.16	0.905	96.543	1 756.87	116.5	9.53	25.4	10.99
0.7	9.73	602.69	0.887	96.543	2 409.75	115.8	9.46	26.0	10.94
1.1	9.71	586.68	0.863	96.543	3 686.16	114.6	9.37	26.7	10.89
1.5	9.69	575.88	0.848	96.543	4 934.05	114.3	9.31	27.4	10.85
2.0	9.67	566.12	0.833	96.543	6 467.24	113.7	9.25	27.9	10.81

(e) 驱动气体 10%氦气

P_1/atm	M_{ST}	$\frac{P_{HA,r}}{P_1}$	$\frac{P_{HA,0}}{P_1}$	$\frac{P_{A,0}}{P_{HA,0}}$	$\frac{m_p}{D^3}$/(kg/m^3)	P_{21}	P_{52}	T_{51}	$h_5 \approx U_S^2$/(MJ/kg)
0.1	6.89	259.78	0.382	96.543	148.38	57.40	8.19	13.7	5.49
0.3	6.88	256.04	0.377	96.543	438.74	57.10	8.19	14.2	5.47
0.5	6.88	254.49	0.375	96.543	726.81	57.00	8.19	14.6	5.47
0.7	6.88	253.48	0.373	96.543	1 013.50	57.00	8.19	15.0	5.47
1.1	6.87	251.88	0.371	96.543	1 582.58	56.96	8.19	15.3	5.46
1.5	6.87	250.97	0.369	96.543	2 150.27	56.80	8.19	15.6	5.46
2.0	6.80	250.14	0.368	96.543	2 857.55	55.68	8.18	15.6	5.35

5. 激波管长度

针对不同的运行参数，寻求一个最优的激波管长度，既能获得满意的流场，又能获得最长的有用试验时间，这只是理论上的愿望。激波衰减现象、真实气体效应、计算与测量误差以及实际操作中不确定因素的存在，使得确定激波管最佳（或者次佳）长度变得特别困难。当激波管内径增加时，边界层所引起的激波速度以及激波后压力的衰减将得到一定程度的缓解，但是当激波管长度增加时，有用试验时间未必一定能得到延长。激波管长度的增加将加重管壁边界层的影响，试验气体的定常性和均匀性也将变差。目前，自由活塞激波风洞的激波管长径比大多为 80~130。

6. 喷管滞止条件

在自由活塞激波风洞运行过程中，喷管贮室的实际状态和理论计算的反射激波波后（5 区）状态存在偏差，假如缝合条件能够满足，两者之间才比较接近。如何处理理论和实际之间的“偏差”，是风洞理论设计中需要预先防范的问题。

5.1.2　理论设计流程

风洞理论设计首先要妥善处理风洞均衡性和侧重性问题。均衡性要求风洞设计充分权衡设备规模、模拟能力、投资与运行成本之间的关系，根据现有条件，形成一个规模适当、模拟能力适度、运行成本适宜的设计方案，实现投入和产出的高效性。侧重性则希望设计者根据风洞的模拟要求和自由活塞驱动方式的固有特点，选择合适的运行参数区间，做到重点突出。例如，自由活塞激波风洞的滞止焓和有用试验时间呈反比关系，这个矛盾需在设计中加以平衡。

在设计中，风洞的模拟能力和范围主要参照某些类型的高超声速飞行器的速度-高度参数，整个设计是一种逆向过程。需要提及的是，将试验设施建设与飞行器研发相捆绑的做法由来已久，这种思路可能使得试验设施的建设进度赶不上实际的试验需求。因此，在进行风洞设计时应当考虑风洞的可扩展性，以便风洞能在漫长的服务周期内保持活力。图 5.1.1 给出了自由活塞激波风洞理论设计流程。整个设计流程应当建立在大量理论/数值结果和激波管运行经验之上，但是鉴于激波管流动的复杂性，理论设计并不一定能保证风洞模拟能力得到特别精确的呈现。

还有一些因素很难在理论设计中仔细加以考虑。例如，气体泄漏和能量损失、喷管起动过程对试验时间的影响。在实际操作中，这些因素有时会对流场产生不同程度的影响。相比理论计算，数值模拟程序在流动细节刻画与计算精确

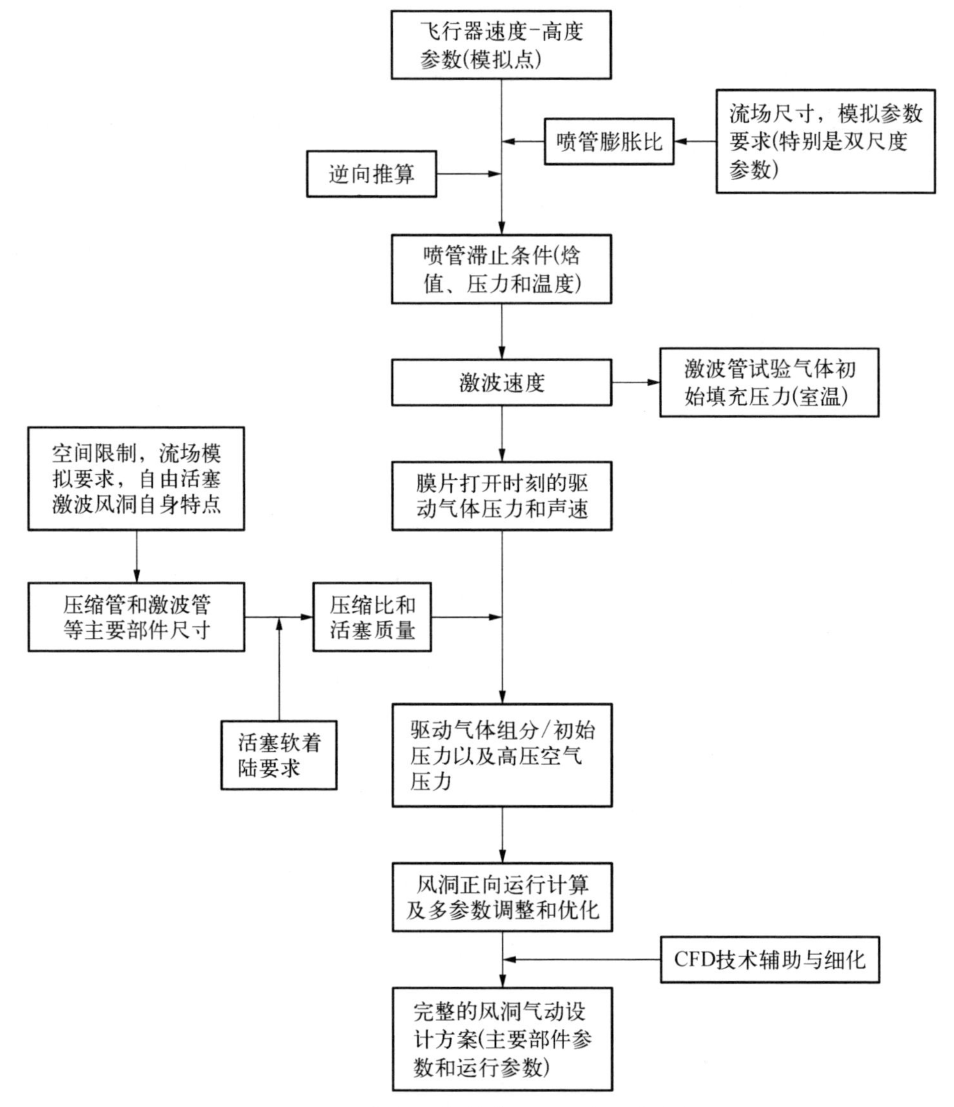

图 5.1.1 自由活塞激波风洞理论设计流程

度上具有明显优势,但是由于设计工作中的时间成本压力,如何恰当地使用数值模拟技术并评价相应结果,也是值得注意的问题。

5.1.3 压缩器运行参数优化

压缩器运行参数优化包括两个部分：一是采用理论分析手段对设计方案进行优选,二是采用数值模拟手段对设计参数进行优化。对于前者,可以通过一个具体的例子来加以说明。假定压缩管尺寸和压缩比已经确定,那么在参数空间 (b_1, b_2) 上如何选择设计点,才能使得压缩器的运行达到最优。为了回答这个问题,假定集合 Θ 是参数空间 (b_1, b_2) 上活塞满足软着陆要求的集合,在集合 Θ 中考量三个主要指标:常压力驱动时间 t_τ、活塞质量 m_p 和膜片打开时刻活塞无量纲速度 β。最理想的情况是,常压力驱动时间尽可能长,活塞质量尽可能小(在获得相同的驱动压力下),膜片打开时刻活塞无量纲速度尽可能大(在同等焓值下具有更高的恢复压力)。接着,引入这三个物理量的权重 Λ_t、Λ_m 和 Λ_β,用以刻画其所对应物理量的重要性程度。权重均为正值,由设计者依据设计目标,设计侧重和相关运行经验等因素给出,且 $\Lambda_t + \Lambda_m + \Lambda_\beta = 1$。最优设计点的选择问题可以转化为最优化问题:

$$\begin{aligned} &\max \quad f(b_1, b_2) = \Lambda_t \log t_\tau + \Lambda_\beta \log\beta - \Lambda_m \log m_{\mathrm{p,\ less}} \\ &\mathrm{s.t.} \quad (b_1, b_2) \in \Theta \end{aligned} \tag{5.1.1}$$

其中,$m_{\mathrm{p,\ less}} = \dfrac{m_\mathrm{p}}{P_{\mathrm{HA},\ 0}} = \dfrac{1}{cb_1b_2}$ 为活塞的特征质量,c 为常数。这意味着,在给定的驱动气体填充压力 $P_{\mathrm{HA},\ 0}$ 下,活塞特征质量和 b_1b_2 成反比,因此 $m_{\mathrm{p,\ less}}$ 存在最小值。另外,根据第 2 章的结果,常压力驱动时间 t_τ 和膜片打开时刻活塞的无量纲速度 β 分别在 (b_1, b_2) 存在最大值,所以最优化问题(5.1.1)在可行集 Θ 中存在最大值。假如还需满足缝合接触面操作,那么最优化问题(5.1.1)可能不一定存在最大值。从整个风洞来看,最优操作主要包括活塞调谐操作和缝合接触面运行两个部分,文献[1]提供了部分计算结果,可供参考。

5.2　自由活塞激波风洞运行模拟

5.2.1　国外情况

自由活塞激波风洞的流动现象是相当复杂的。为了设计和运行此类设备,必须对这类设备所产生的瞬时流动有相当细致的了解。企图通过测量手段,获得此类风洞所有的流动特征是不现实的,这就需要发展与设备相匹配的理论模型和数值模拟程序,澳大利亚、美国、德国和日本等国家的研究者在这方面做了大量的工作。一般而言,试验测量数据和数值计算相互校验才能更准确地把握自由活塞激波风洞的自由流条件[2],基于 HEG 风洞运行经验,图 5.2.1 勾勒出这样一个相辅相成的过程。

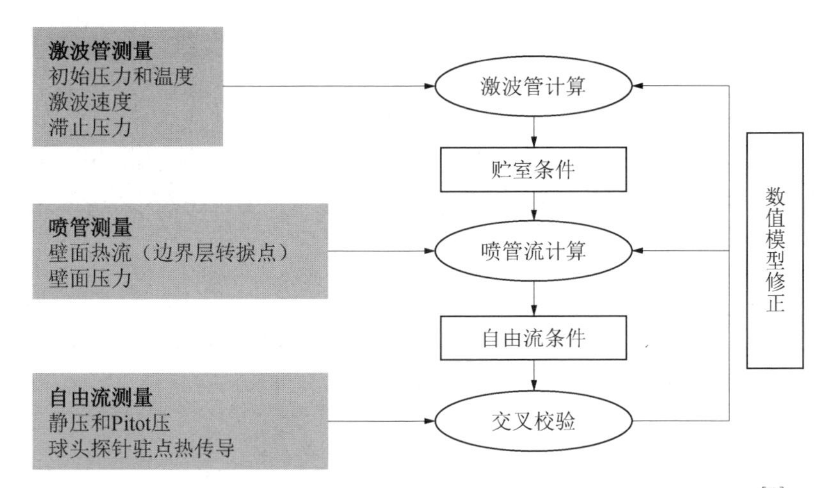

图 5.2.1 试验测量数据和数值计算共同决定 HEG 风洞的自由流条件[2]

以下对国外自由活塞激波风洞所使用的计算程序进行归纳，这些程序在以前的章节中大多已经提及。拟一维计算程序，如 ESTC、NENZF 和 L1D 广泛地应用于 T4 风洞、T5 风洞[3-6]。ESTC 程序主要功能是在平衡流假设下计算激波管流动，计算时需要输入激波的初始速度和高低压气体的状况，由 McIntosh 所开发[3]。计算非平衡喷管流采用的 NENZF 程序，是由 Lordi 和 Mates 于 1966 年开发完成[7]，后来为了进一步提高计算精准度，将振动松弛的影响也加以考虑[8]。L1D 程序是 Jacobs 针对 T4 风洞而开发的一套拟一维程序，该程序基于 Lagrange 形式 N-S 方程，可以对压缩管和激波管中的流动状况进行瞬态模拟，但是不能实现对高温非平衡喷管流的瞬态模拟[5]。LIP 程序有着较为广泛的应用，获得了很好的效果，相关细节参见文献[1]和[9]。在此基础上，昆士兰大学针对膨胀管风洞 X-1 和 X-2，开发了 L1D2 模拟程序[10]。在 T5 风洞运行的早期阶段，曾基于特征线法开发了一套拟一维程序来模拟激波管内的流动[11]。在对 T5 风洞锥形喷管进行热流校测过程中，喷管流采用 DPLR 程序模拟，该程序基于 Park 的非平衡流的双温度模型，忽略电离现象，采用 5 组分 5 反应的有限速率化学模型，振动松弛则采用 Landau-Teller 模型，其结果和 NENZF 程序（假定振动平衡）所得到的自由流组分、速度和密度相差 5%左右[6]。文献[2]对 HEG 风洞所使用的 DLR-TAU 程序，进行了说明。HIEST 风洞的自由流条件通过轴对称的 JAXA in-house 喷嘴程序获得，该程序相关细节参见文献[12]。

5.2.2　理论计算程序 FPST-thc

根据前几章所建立的物理模型，本书曾编制了一个简单的理论计算程序 FPST-thc，该理论计算程序具有良好的物理直观性，在保证一定精度的前提下，可以实现对大量数据的快速分析和评估，有效地降低设计过程中的时间成本压力。FPST-thc 程序主要由 COMPRESS、SHOCKTUBE、NOZ-FAST 三个模块构成，可以给出压缩管、激波管和喷管三个主要区域的流场参数信息，程序主要输入输出参数见表 5.2.1。

表 5.2.1　FPST-thc 程序的输入输出参数

		高压空气贮室	压缩管	压缩管与激波管连接段	激波管	喷　管	其　他
主要输入参数	设备参数	—	直径、长度、活塞长度和活塞质量	长度与直径变化曲线、膜片位置	直径、长度	膨胀比、半锥角、喉道直径	气体泄漏因子、活塞与壁面的接触面积与摩擦系数
	运行参数	初始高压	驱动气体组分、初始压力、温度、压缩比	—	试验气体（空气）的初始填充压力和温度	—	—
基本假设	—	—	完全气体假设/平衡气体假设+经验修正	—	平衡气体假设+经验修正	改进的平衡-冻结模型及无黏假设+经验修正	—
主要输出参数	—	—	活塞速度与轨迹，活塞前、后脸压力	—	激波衰减速度，2 区和 3 区气体状态演化（压力、密度和温度）以及 5 区气体状态；膨胀波的行进（包括与接触面或者激波的相互作用）；缝合判断理论试验时间	喷管贮室和喉道状态（压力、密度、温度、速度）的演化历史；喷管出口参数（压力密度、温度、速度、组分、Reynolds 数、热传导系数）	—

在压缩管位置，活塞运动采用控制方程(2.1.5)和方程(2.1.14)加以刻画，气体的泄漏及其他损失通过数学模型直接等效于活塞两侧的压力损失。活塞被释放的时刻作为程序运行的起始点，但是程序时间坐标的零点设置在膜片打开的时刻。在激波管中，激波初始 Mach 数通过方程(3.1.6)获得，驱动气体的压力损失和温度损失通过相应损失因子进行调节，忽略膜片非理想打开过程对激波速度的影响。入射激波和反射激波的波后状态分别通过方程(3.1.14)和方程(3.1.22)计算获得。另外，参照式(3.4.15)，经验性增加人工黏性，近似获得激波的衰减。在喷管中，假定流动是无黏的。贮室、喉道以及出口处的试验气体状态的计算，参见 4.4 节。气体组分及相关热力学参数的计算见 4.5 节。

FPST-thc 程序仅能获得流场的主要参数，无法刻画细致的流动现象(如喷管的起动过程)。风洞流场的精细刻画需要借助数值模拟。此外，FPST-thc 程序中还包含了为理论设计服务的若干独立的功能，这些功能主要包括：① 活塞软着陆区域的生成和设计点比对、选择；② 缝合操作的参数匹配；③ 飞行环境(模拟)所对应的滞止参数的计算等。

5.3 自由活塞驱动的双模式风洞

5.3.1 外部需求和低焓模拟情况

高超声速飞行器研发的外部需求希望风洞具有良好的兼容性和经济性，以便能够在不明显增加试验周期和研发成本的基础上，进行大量风洞试验，模拟能力跨度大，运行效率高与运行成本低廉的模拟设备日益受到欢迎。为了实现或者部分实现这种“多功能性”的要求，需要妥善处理五个问题：① 对高超声速飞行器速度和高度实现大跨度模拟；② 设备具有较长有用试验时间；③ 模拟流场更接近飞行环境；④ 满足超声速燃烧试验；⑤ 运行成本低廉，试验准备周期短。单一的驱动或者运行模式具有各自擅长的模拟范围。很难胜任“多功能性”的要求。因此，双模式驱动或者运行的风洞为解决或者部分解决上述问题提供了一个可行的技术路线。美国的 HYPULSE 激波/膨胀管风洞便是一个很好的例子[13]。

为了模拟 28~30 km 高度内 Mach 数 7.5 飞行环境，HEG 风洞的滞止压力为 15.67 MPa，滞止温度为 2 624 K，喷管膨胀比为 218，有用试验时间约为 4 ms；而 HIEST 风洞对应的滞止压力为 14.2 MPa，滞止温度为 2 518 K，喷管膨胀比为

256,有用试验时间估计和 HEG 风洞大致接近[14],更多具体参数见表 5.3.1。在这个超燃试验中,全尺寸的 HyShot IV 模型约为 1 m,自由流速度暂取 2 350 m/s,如果希望获得 20 个模型长度的试验气流,那么有用试验时间需要 9 ms 多。这意味着传统自由活塞激波风洞在低焓状态下运行时,试验时间受到很大限制。

表 5.3.1　HEG 风洞和 HIEST 风洞 Mach 数 7.5 超燃推进试验自由流参数和滞止条件[14]

参　数	HEG 风洞		HIEST 风洞	
	自由流	燃烧室进口	自由流	燃烧室进口
滞止压力/MPa	15.67	—	14.2	—
滞止温度/K	2 624	—	2 518	—
滞止焓/(MJ/kg)	3.371	—	3.021	—
静压/Pa	1 829	100 243	1 245	68 000
静温/K	258	1 261	234	1 125
密度/(kg/m^3)	0.024 57	0.275 8	0.018 7	0.21
速度/(m/s)	2 370	1 937	2 345	1 900
动压/kPa	69.00	517.4	51.42	379.1
黏性/(N · s/m^2)	1.64×10^{-5}	5.09×10^{-5}	1.51×10^{-5}	4.45×10^{-5}
比热比	1.398 9	1.316 5	1.400 0	1.326 0
氧气质量速率/(kg/s)	—	0.091	—	0.068
Mach 数	7.35	2.74	7.65	2.90
单位 Reynolds 数/m^{-1}	3.55×10^6	10.31×10^6	2.86×10^6	9.0×10^6
Pitot 压力/kPa	131	—	95	—

注：标准条件下大气压 0.1 MPa,温度 300 K,焓 0.302 48 MJ/kg。

根据文献[14]提供的细节,为了配合上述试验,HEG 风洞采用 1.9 MPa 的高压空气推动质量达 850 kg 的活塞压缩驱动气体(氦气-氩气混合气体),活塞最大速度为 67 m/s,主膜采用 5 mm 厚的不锈钢,主膜打开时,驱动气体压力为 24 MPa,温度为 1 600 K。主膜片位置形成入射激波,入射激波沿着 17 m 长的激波管向下游传播,在激波管末端,入射激波速度接近 1.8 km/s。假如驱动气体初始温度为 300 K,那么在等熵条件下,压缩比约为 12.32。由于活塞速度很低,实际压缩过程并不满足等熵条件,所以实际的压缩比要比 12.32 大一些。假定氦气-氩气混合气体中氦气的体积分数为 50%,简单的计算显示,激波末端速度接近初始速度的 75%。

自由活塞激波风洞通常存在两种不利因素需要谨慎对待,其一是激波衰减,其二是驱动气体对试验气体的污染。前者制约了风洞的焓值,也可能影响风洞有用试验时间;后者主要影响风洞有用试验时间。弱化这两个因素的不利影响,是提升自由活塞激波风洞性能的重要途径之一。

5.3.2 双模式风洞的概念和初步设计

传统的自由活塞激波风洞一个主要的设计特点是:在压缩管末端管子截面发生突然收缩并和激波管相连,主膜片位于收缩段下游(或者上游)紧靠收缩段的位置(图 3.1.10)。相比等截面激波管,这样的变截面结构有助于风洞获得更高的入射激波强度。在自由活塞激波风洞中,入射激波衰减有时可能相当显著。例如,在 T4 风洞的 2499 车次中,激波末端速度约为初始速度的 69%,激波焓值损失 50%以上[5]。本书第 3 章已指出,边界层黏性和反射膨胀波作用是导致激波衰减主要的两个因素,后者的影响可能更主要。这是因为,在自由活塞激波风洞压缩结束时刻(即主膜片打开时刻),活塞前脸十分靠近主膜片,这导致激波管的驱动段过短。当主膜片打开时,膜片附近形成的膨胀波迅速发生反射,并在激波管中过早地追赶上接触面甚至激波,致使激波严重衰减。基于这一认识,风洞不再通过变截面的方式增加激波强度,而是通过增加驱动段长度抑制反射膨胀波对激波的影响,而增加驱动段长度的办法也优于增加活塞末端速度的过驱动操作[15]。在同等压缩比下,尽管入射激波速度低于传统水平,但是反射膨胀波的不利影响被抑制,激波末端速度可能不会低于传统水平。由于驱动气体长度的增加,风洞滞止压力的平稳时间有望更长。

根据图 3.4.5 可以知道,当激波管驱动段长度,以及驱动气体和被驱动气体声速固定时,入射激波 Mach 数越小,反射膨胀波越会在离膜片更近的位置追赶上接触面或者激波。这一结论暗示,自由活塞激波风洞的低焓模拟条件下的有用试验时间将受到较大的制约。因此,为了增加自由活塞激波风洞低焓模拟的有用试验时间,使用变截面自由活塞压缩器更有优势。为了进一步延长自由活塞激波风洞低焓模拟的有用试验时间,本书基于变截面自由活塞压缩器,提出了双模式运行风洞的概念设计方案。在此方案下,风洞可以在反射型激波模式下运行,也可以在炮模式下进行。风洞的反射型激波模式主要用于产生中高焓气流,风洞的炮模式旨在延长低焓状态下的有用试验时间。自由活塞驱动的(炮-激波)双模式风洞试图集成炮风洞和反射型激波风洞两种不同运行模式的优点,它可以看成是传统自由活塞激波风洞的一个改进版本。图 5.3.1 提供了这种双模式风洞在炮模式运行的一个轮廓,主要部件尺寸见表 5.3.2。表 5.3.3 提供了两种运行模式更多的细节。设计中有两处新颖点，其一是采用变截面压缩管；其二是通过主膜片位置的变更，获得不同压缩比，丰富驱动气体状态。重活塞仅在压缩管前(粗)段中运动，并将驱动气体压缩至后段细管中。为了配合轻活塞的使用，激波管需等于或者略小于压缩管细段内径。轻活塞有效阻隔了驱动气体和被驱动气体，遏制了污染，从而延长了风洞的有用试验时间。

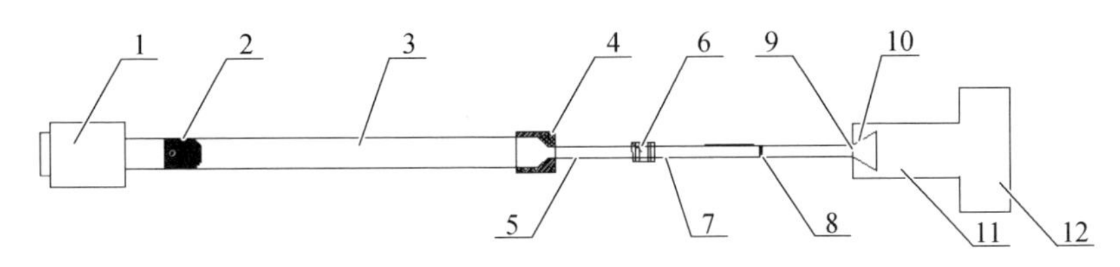

图 5.3.1　高性能激波(炮)风洞装置俯视图

1. 高压空气室(含活塞发射机构)　2. 重活塞　3. 压缩管前(粗)段　4. 活塞缓冲机构(含惯性质量)　5. 压缩管后(细)段　6. 主夹膜机构　7. 激波管　8. 轻活塞　9. 第二道膜片　10. 喷管　11. 试验段　12. 真空箱

表 5.3.2　风洞参数表

名　称	参　　数	附　　注
高压空气室	长度 3.6 m，直径 2.2 m	最高承压 25 MPa，实际可容纳高压气体的体积约 9.5 m^3
压缩管尺寸	压缩管粗段长度 40.0 m，直径 0.55 m，容积 9.5 m^3，压缩管细段长度 5.5 m，直径 0.18 m，容积 0.14 m^3	最高承压 80 MPa，主膜片夹持位置可在压缩管细段下游 5.5 m 和 4.5 m 处，活塞仅在压缩管粗管中移动
激波管尺寸	压缩管细段长度 18.0 m，直径 0.16 m	最高承压 100 MPa

表 5.3.3　两种运行模式下主要特征

序　号	活塞压缩器	驱 动 气 体	附　　注
反射激波模式(RS)	压缩比 40.0~50.0	主要使用氦气-氩气混合气体，膜片打开时刻驱动气体压力约 78 MPa，温度约 2 935 K	以压缩管截面变化处的压力和温度作为驱动气体的最终状态
炮模式(GUN)	压缩比 25.0~35.0	主要使用空气，膜片打开时刻驱动气体压力约 40 MPa，温度约 945 K	以压缩管截面变化处的压力和温度作为驱动气体的最终状态

自由活塞驱动的炮模式主要瞄准滞止温度 1 700~2 800 K 的范围,这是传统炮风洞和自由活塞激波风洞模拟的薄弱地带。炮模式采用空气(或者氮气)作为驱动气体运行成本低廉。由于重活塞的压缩,风洞的驱动温度(膜片打开时刻驱动气体的温度)将为室温的数倍,因此,相比传统的炮风洞,自由活塞驱动的炮模式除了可以获得更高的滞止温度,还将最大限度地保留炮风洞有用试验时间长和试验气流平稳的优点。这种运行模式类似二级轻气炮,不过,二级轻气炮的主要功能是获得特别高的弹丸速度,最早的发展工作可以追溯到 1946 年,自此以后,相关研究陆续问世[16-21]。特别地,文献[21]还讨论了二级轻气炮在重活塞压缩过程中出现的应力波问题,这种情况在自由活塞激波风洞中也时常出现,具有借鉴意义。据作者所知, Kimura 等也曾提出将重活塞压缩器用于炮风洞[22],不过研究兴趣在控制重活塞运动,获得平稳的驱动压力上,这一目的和本书研究的出发点有显著不同。以下的理论研究将显示自由活塞驱动的炮模式的价值和可行性。

5.3.3 炮风洞简述

理论计算显示,采用炮风洞可以获得很高的滞止温度和时间,但大量的运行实践表明,由于轻质活塞的承压限制,以及活塞振荡过程中试验气体滞止温度的衰减,炮风洞的滞止温度低于 2 000 K,滞止压力低于 34 MPa[23]。中国航天空气动力技术研究院(CAAA)的 FD-20 炮风洞长达 40 年的运行经验也证实了这一点[24]。文献[24]对炮风洞的性能、运行和试验进行了论述,可供参考。粗略而言,轻质活塞有效阻隔了驱动气体和被驱动气体(试验气体),避免了驱动气体对被驱动气体的提前污染,在相同尺寸和运行状态下,这使得炮风洞比反射激波风洞具有更长的有用试验时间[23]。另外,由于激波在轻质活塞和激波管末端多次反射,炮风洞的滞止压力和温度也将更高,图 5.3.2 形象地勾勒了炮风洞存在的波系,从中可以看到轻质活塞受到 3 区气体和反射激波的共同作用,发生减速和振荡,最终达到平衡(匀速下行)状态,此时风洞建立起平稳的流场。这个过程称为平衡活塞运行方式。炮风洞的滞止压力演化能够反映出活塞这一运动细节。炮风洞相关综述亦可参见文献[25]。

中国航天空气动力技术研究院拥有 FD-20、FD-20a 两座炮风洞。其中 FD-20 风洞建设于 20 世纪 70 年代末,并经过数次改造和升级。风洞驱动段长 10 m,内径为 160 mm;被驱动段长 20 m,内径为 130 mm;试验段长 3 m,内径为 1.6 m,喷管出口直径均为 480 mm。风洞滞止压力为 6.0~19.5 MPa,滞止温度为

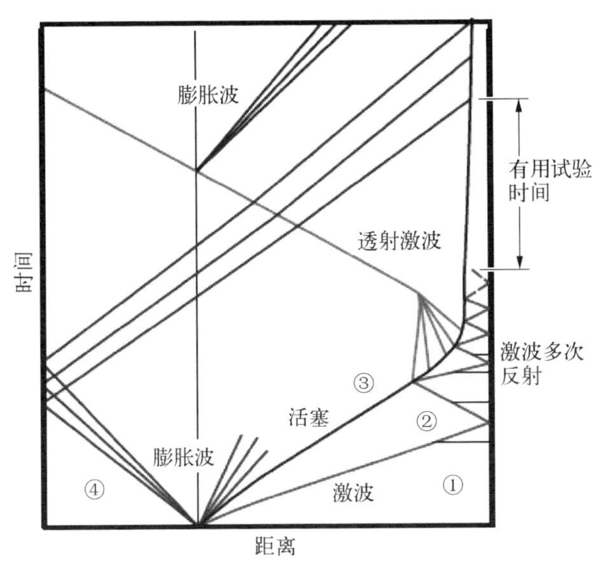

图 5.3.2　炮风洞波系图

800~1 700 K,单位 Reynolds 数(m^{-1})为 2.0×10^6 ~ 2.3×10^7,风洞的运行时间为 25~60 ms。FD-20 风洞具有八种不同运行状态,具体运行的状态参数见表 5.3.4。风洞运行时采用平衡活塞技术,在试验气体达到平衡态后,其滞止压力和滞止温度分别表示为 P_e 和 T_e。炮风洞的压力恢复系数 $P_{e4}=P_e/P_4$ 因设备不同而存在差异,一般在 0.5~0.8 的范围内,FD-20 风洞的压力恢复系数范围为 0.50~0.67[24]。当通过喉道前的压力传感器获得滞止压力 P_e 时,其滞止温度 T_e 为[24]

$$T_e = T_5\left(\frac{P_5}{P_e}\right)^{\frac{1-\gamma_5}{\gamma_5}} \tag{5.3.1}$$

其中,P_5 和 T_5 表示反射激波波后的气体压力和温度(通过理论计算给出)。FD-20 风洞的运行状态下的最高滞止温度约为 1 717 K,接近超燃推进试验模拟 Mach 数 6 环境所需要的滞止温度。但模拟 Mach 数 7 和 Mach 数 8 环境则存在局限。不过,炮风洞运行的压力范围、Reynolds 数范围、运行时间,以及运行成本非常适合超燃推进试验。自由活塞驱动的炮模式,有助于提升炮风洞的滞止温度水平,满足超燃推进试验的需要。平衡活塞技术的更多细节参见文献[26]和[27]。

表 5.3.4 FD-20 风洞若干实际试验状态参数表[24]

状态：激波 Mach 数	喷管出口直径/mm	名义 Mach 数	驱动压力 P_4/MPa	被驱动力 P_1/MPa	活塞质量/g	滞止压力 P_e/MPa	压力恢复系数 P_{e4}（实际值/理论值）	滞止温度 T_e/K	温度增益系数 T_{e1}（实际值/理论值）
状态 1：2.166	480	6	11	0.2	180	6.08	0.553 （0.832）	921	3.20 （3.59）
状态 2：2.264	400	6	11	0.15	180	6.30	0.572 （0.795）	973	3.38 （3.96）
状态 3：2.404	480	8	11	0.1	180	7.28	0.662 （0.739）	1 265	4.39 （4.53）
状态 4：2.481	480	12	11	0.08	180	6.73	0.618 （0.707）	1 348	4.68 （4.88）
状态 5：2.280	480	10	23	0.3	210	14.38	0.625 （0.789）	1 083	3.76 （4.02）
状态 6：2.272	480	8/10	30	0.4	320	19.32	0.628 （0.792）	1 075	3.72 （3.99）
状态 7：2.610	480	12	30	0.15	320	16.87	0.562 （0.650）	1 522	5.28 （5.51）
状态 8：2.749	480	14	30	0.1	320	15.19	0.506 （0.590）	1 717	5.96 （6.26）

5.3.4　滞止状态的提升

为了更加贴近真实情况，以下将以 FD-20 风洞的实际运行状况作为估计自由活塞驱动的炮模式性能的基础。重活塞对驱动气体实施压缩视为等熵过程。因此，被压缩气体压力和温度的增益可以表示为压缩比和比热比的函数，即

$$\frac{P_{dr}}{P_{dr,0}} = \lambda^{\gamma}, \quad \frac{T_{dr}}{T_{dr,0}} = \lambda^{\gamma-1} \tag{5.3.2}$$

当采用空气取代氦气作为被压缩气体时，由于比热比减小，在相同的压缩下，加压加热效率下降很多。当采用空气作为驱动气体时，压缩过程需要考虑真实气体效应。活塞动能有一部分用于激发分子振动能，压缩加热的效率随着温度的增加而逐步降低。空气的实际增益应当处于比热比 1.3 和 1.4 的 2 个结果之间。压缩管粗段/细段连接处的压力 P_{dr}^{*} 和温度 T_{dr}^{*} 一般处于最低水平。考虑到压缩过程中的各种能量损失和气体泄漏，等效驱动压力和温度采用几何平均获得：

$$P_{4,\mathrm{eff}} = \sqrt{P_{dr}P_{dr}^{*}}, \ T_{4,\mathrm{eff}} = \sqrt{T_{dr}T_{dr}^{*}} \tag{5.3.3}$$

利用临界条件(5.3.2)，等效驱动压力和温度可以表示为

$$\frac{P_{4,\mathrm{eff}}}{P_{dr}} = \sqrt{\left(\frac{2}{\gamma_{dr}+1}\right)^{\frac{\gamma_{dr}}{\gamma_{dr}-1}}}, \ \frac{T_{4,\mathrm{eff}}}{T_{dr}} = \sqrt{\frac{2}{\gamma_{dr}+1}} \tag{5.3.4}$$

其中，γ_{dr} 为膜片打开时刻的驱动气体声速。假如室温为 290 K，在压缩比 30 下，等效驱动气体温度约为 962 K，相比室温提升了 2.32 倍，此温度下对应的等效比热比为 1.343(表 5.3.5)。从压缩效果和活塞控制两个方面综合加以考虑，压缩比选择在 25~35 的范围内较佳。表 5.3.6 给出了重活塞压缩器介入后，风洞滞止压力和滞止温度的变化情况。由于驱动气体温度较高，在相同的(驱动/被驱动)压力比值下，激波速度增加到原来的 1.348~1.480 倍。滞止温度增加到原来的 1.302~1.599 倍，二者增速接近。例如，活塞在平衡运行模式下，热量损失比重保持恒定，那么，温度增益系数 T_{e1} 的理论值 $(T_{e1})_{th}$ 和实际运行值 $(T_{e1})_{ac}$ 之间的比值保持恒定，即

$$\left[\frac{(T_{e1})_{th}}{(T_{e1})_{ac}}\right]_{C} = \left[\frac{(T_{e1})_{th}}{(T_{e1})_{ac}}\right]_{N} \tag{5.3.5}$$

其中,下标"th"表示理论值;"ac"表示实际运行值;下标"C"表示重活塞压缩器介入;下标"N"表示无重活塞压缩器介入。比值 $\left[\frac{(T_{e1})_{th}}{(T_{e1})_{ac}}\right]_N$ 通常随着高低压比 P_{41} 的增加而缓慢增加,范围为 0.89~0.95。于是,风洞实际的滞止温度(预测值)满足

$$[(T_{e1})_{ac}]_C = [(T_{e1})_{th}]_C \left[\frac{(T_{e1})_{th}}{(T_{e1})_{ac}}\right]_N \tag{5.3.6}$$

按照上述公式,以表 5.3.4 中的状态 8 为例,理论计算获得 $[(T_{e1})_{th}]_N = 6.261$,对应测量值 $[(T_{e1})_{ac}]_N = 5.92$,经过活塞压缩器 30 倍压缩加热后,略加计算可以得到,$[(T_{e1})_{ac}]_C = 8.358$,这意味着风洞获得滞止温度可达 2 424 K。类似地,对于表 5.3.6 中的状态 6,理论上可以获得滞止温度可达 3 000 K,考虑到 FD−20 风洞滞止温度理论值和实际值之比 $\left[\frac{(T_{e1})_{th}}{(T_{e1})_{ac}}\right]_N$ 的大致范围,可以估计实际运行的滞止温度接近 2 850 K。从表 5.3.6 还可以看到,活塞压缩器的使用显著地提升了激波强度,但是 T_{e5} 的值却明显下降,范围为 1.050~1.226。从实践的角度看,轻质活塞的使用主要是为了获得更长的有用试验时间。

表 5.3.5 真实气体效应下空气的压缩效率

压缩比	理论压力增益 $P_{dr}/P_{dr,0}$	理论温度增益 $T_{dr}/T_{dr,0}$	比热比	声速/(m/s)	等效驱动压力比(估计)	等效驱动温度比(估计)	等效比热比
20	62.53	3.13	1.346	589.8	45.83	2.885	1.352
25	84.39	3.37	1.342	611.8	61.94	3.12	1.346
30	107.8	3.59	1.338	630.3	79.11	3.32	1.343
35	132.48	3.78	1.336	646.3	97.27	3.50	1.340
40	158.32	3.96	1.334	660.4	116.28	3.66	1.337
50	213.20	4.26	1.331	684.8	156.64	3.94	1.334

概括而言,在 FD−20 风洞常用的(驱动/被驱动)压力比值下,炮模式的滞止压力提升约 1/4,滞止温度提升 1/3 以上。如果采用氮气作为驱动气体,则压力、温度还可以有小幅提升。炮模式可以获得 2 850 K 的滞止温度,略高于 HEG

表 5.3.6　平衡区域的参数的对比(考虑真实气体效应)

状态序号	P_{41} (P_1)	激波 Mach 数		P_{e1}		T_{e1}		P_{e5}, T_{e5}		轻活塞质量/kg，单位截面积质量/(kg/m^2)	有用试验时间/ms
		常规	重活塞压缩	常规	重活塞压缩	常规	重活塞压缩	常规	重活塞压缩		
1	75 (4 atm)	2.275	3.068	59.46	69.49	3.84	5.05	2.594, 1.279	1.219, 1.050	0.625, 31.06	>25.7
2	110 (1 atm)	2.407	3.319	81.40	98.07	4.32	5.94	2.969, 1.320	1.372, 1.081	0.290, 14.40	>23.4
3	200 (1.5 atm)	2.614	3.721	130.17	164.84	5.16	7.60	3.681, 1.388	1.677, 1.137	0.604, 30.05	>20.4
4	300 (1 atm)	2.753	3.999	176.45	231.31	5.80	8.97	4.264, 1.437	1.938, 1.179	0.598, 29.73	>18.8
5	400 (0.8 atm)	2.851	4.197	217.49	292.19	6.28	10.06	4.734, 1.472	2.155, 1.212	0.628, 31.24	>17.8
6	450 (0.7 atm)	2.891	4.278	236.55	321.00	6.49	10.54	4.941, 1.487	2.252, 1.226	0.618, 30.74	>17.4

注：驱动气体压缩比为 30，对应的等效驱动温度为 962 K，等效比热比为 1.343。激波管状态被驱动气体初始温度均为 $T_1 = 290$ K。$P_{e1} = P_e/P_1$ 为滞止压力和被驱动气体压力之间的比值，$T_{e1} = T_e/T_1$ 为滞止温度和被驱动气体温度之间的比值。激波管内径为 130 mm，压缩管粗段长度为 40.0 m，内径为 0.55 m，细段长度为 6.0 m，直径为 0.18 m，激波管长度为 18 m，内径为 0.16。

风洞Ⅻ状态[14]，但是有用试验时间可达 17.4 ms，具有明显的优势。自由活塞驱动的炮模式前景是诱人的，但是其可行性与否有赖于两个问题的解决：其一是轻活塞的质量和强度是否满足平衡活塞要求；其二是在变截面活塞压缩器中，重活塞是否能够实现软着陆。以下对这两个问题进行研究。

5.3.5 轻活塞质量

炮模式采用平衡活塞运行方式，在实施之前，需要从理论上确定轻活塞的质量。轻活塞本质上是一个阻隔部件（阻隔驱动气体与被驱动气体），其质量受到激波管驱动条件和轻活塞强度的双重制约。在可承受的压力载荷和冲击载荷范围内，轻活塞质量越小，越容易达到平衡态，获得的有用试验时间也就越长。忽略轻活塞承压要求限制，文献[28]列举了若干轻活塞质量的估计办法（附录B）。根据 FD-20 风洞多年的运行经验，这些理论方法获得的轻活塞质量与风洞实际使用的轻活塞质量之间仍然存在较大偏差。这主要是因为轻活塞在达到平衡状态以前出现了多次振荡（图 5.3.2）。在这一过程中，系统能量、动量损失，以及轻活塞的行程都很难准确估计。炮风洞运行经验显示，轻活塞质量更多地依赖驱动气体压力，这一认识使得放弃以前的估计办法成为可能。基于炮风洞相关运行参数和经验，新的轻活塞质量公式为

$$m_{\mathrm{lp}} = \left(2.013P_4 + \frac{24.150}{\log_{10} P_{41}}\right) d^{2.6} \tag{5.3.7}$$

其中，轻活塞质量 m_{lp} 的单位为 kg，压力 P_4 的单位为 atm，激波管直径 d 的单位为 m。上述公式要求激波管直径 d 为 0.08～0.32 m，驱动气体压力在 40 MPa 以下，在这一范围内，轻活塞质量自动满足强度要求（可承受的峰值压力为驱动压力的 1.2 倍以上）。图 5.3.3 显示了式（5.3.7）的预测结果和轻活塞质量实际值的差别，图中纵坐标 m_{lp}/A 表示轻活塞的单位截面质量。对 FD-20a 风洞而言，被驱动段截面积较大，在高驱动气体压力下，轻活塞质量实际值比理论预测值高约 16.5%。对 FD-20 风洞而言，被驱动段截面积较小，无须特别增加轻活塞质量，也可满足强度要求。事实上，FD-20a 风洞使用的轻活塞可以通过精巧的结构设计进一步减轻质量，而 FD-20 风洞中使用的轻活塞质量进行了适度增加，这主要是为了提升厚度，避免轻活塞在运动中发生颠覆。式（5.3.7）还暗示，在驱动压力相同的情况下，被驱动气体（试验气体）压力增加时，轻活塞质量可以随之微弱增加。

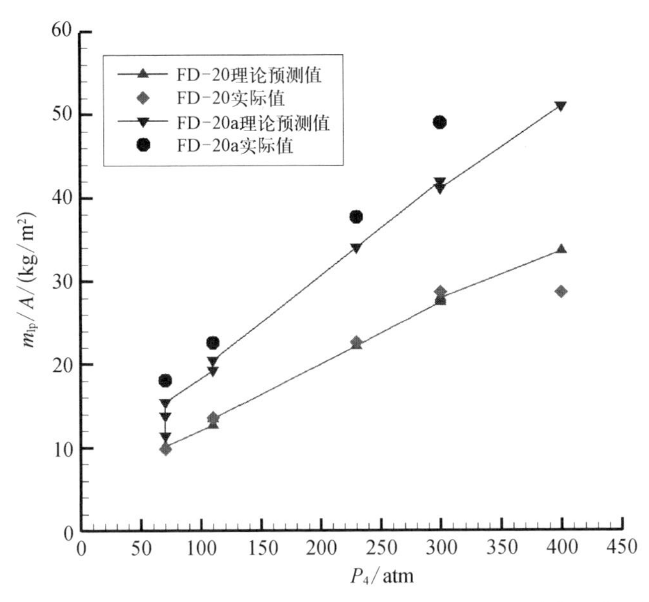

图 5.3.3　FD-20 风洞和 FD-20a 风洞轻活塞质量理论预测值和实际值对比

FD-20a 风洞被驱动段内径为 FD-20 风洞被驱动段内径的两倍，A 为被驱动段截面积

表 5.3.6 给出的 6 个状态中，驱动气体压力为 11～32 MPa，与传统炮风洞的驱动压力十分接近。当驱动气体温度升高时，入射激波强度增加，平衡区的最高压力增幅为 16%～35.7%，但受制于炮风洞的压力恢复系数，平衡区的最高压力仍不足 18 MPa（表 5.3.6），这是轻活塞运行至激波管末端所承受的主要压力载荷。根据式(5.3.7)，轻活塞的单位截面质量满足 $\left(\frac{m_{lp}}{A}\right) \sim d^{0.6}$。如果粗略地认为，轻活塞可以承受的最大压力载荷和截面积成反比，即 $F_{max} \sim d^{-2}$，那么有

$$F_{max}\left(\frac{m_{lp}}{A}\right) \sim d^{-1.4} \tag{5.3.8}$$

式(5.3.8)意味着，在相同驱动气体/被驱动气体的压力比值下（图 5.3.3），当截面半径下降时，轻活塞的单位截面质量虽然也呈下降趋势，但是轻活塞可承受最大压力载荷却在增加（只是增加幅度稍缓而已）。例如，FD-20a 风洞所使用的 2.6 kg 轻活塞（材质为硬铝，直径 0.26 m）可以满足驱动压力 P_4 = 30 MPa 的运行要求。在相同的驱动压力下，当被驱动段直径缩小为 0.16 m 时，根据式(5.3.8)，轻活塞质量减小，但是轻活塞承受最大压力载荷将增加约 1.9 倍。在这个直径

下,虽然驱动气体温度升高,激波强度以及平衡区压力增加,轻活塞所承受的压力载荷也将有所增加,但是轻活塞质量不会受到明显影响。

当轻活塞质量在一定范围内变动时,试验气体总会被动地适应和调整,并抵达平衡态。在驱动状态相同的情况下,轻活塞质量的变化将导致平衡态压力和温度的差异,但是这个差异并不显著,甚至比不上某些不确定因素。这意味着有一定的自由度去选择轻活塞质量,使之满足气动和强度的双重要求。自由活塞驱动的炮模式的有用试验时间依赖试验气体质量、下泄速度、轻活塞质量以及波系相互作用等因素,不容易给出精确计算办法。根据经验,选择自由状态下接触面到达激波管末端的时间作为炮模式有用试验时间的下限(表 5.3.6)。炮风洞轻活塞早期运动的细致研究参见文献[29],炮风洞中瞬态流动演化参见文献[30]。

5.3.6 重活塞的软着陆

自由活塞驱动的炮模式是自由活塞压缩器和炮风洞结合的产物,其可行性还依赖于活塞的压缩过程。由于压缩管采用变截面设计,重活塞只能在压缩管粗段中运动。重活塞运动过程面临两个问题:其一是风洞采用空气作为被压缩气体(即激波管的驱动气体)在较高的压缩比下将出现明显的真实气体效应;其二是在风洞主膜片打开以后,活塞的减速距离将更短。前者使得活塞动力学过程更加复杂,后者增加了活塞软着陆的难度。

在变截面压缩管中,假定压缩管粗段的长度和直径分别为 L_1 和 D_1,压缩管细段的长度和直径分别为 L_2 和 D_2,活塞质量为 m_p。高压空气贮室的初始压力为 $P_{A,0}$,初始声速为 $a_{A,0}$,被压缩气体(激波管的驱动气体)的初始压力为 $P_{Dr,0}$。活塞在运动过程中任意时刻的受力为

$$m_p \ddot{x} = \frac{\pi D^2}{4}(P_A - P_{Dr}) - f$$

其中,x 为活塞位移(以起点为原点,$x < L_1$);P_A 为活塞后脸所受压力;P_{Dr} 为活塞前脸所受压力;f 为摩擦力;t 为时间。在任意时刻,活塞后脸所受压力 P_A 可以表示为

$$\frac{P_A}{P_{A,0}} = \left(1 - \frac{\gamma_A - 1}{2} \cdot \frac{u_p}{a_{A,0}}\right)^{\frac{2\gamma_A}{\gamma_A - 1}}$$

其中，u_p 为活塞的瞬时速度；γ_A 为空气的比热比。膜片打开以前的任一时刻，活塞的前脸所受压力 P_{Dr} 表示为

$$\frac{P_{Dr}}{P_{Dr,0}}=\lambda_x^{\gamma_{Dr}}=\left(\frac{L_{eff}-x}{L_{eff}}\right)^{-\gamma_{Dr}}$$

其中，λ_x 为 x 处的压缩比；γ_{Dr} 为被压缩气体的比热比；$L_{eff}=L_1+L_2\left(\frac{D_2}{D_1}\right)^2$。为了研究方便，仍然引入无量纲参数 $\xi(\tau)=\frac{L_{eff}-x}{D_1}$，$\tau=\frac{ta_{A,0}}{D_1}$，$\phi(\tau)=\frac{u}{a_{A,0}}$，则活塞无量纲运动学方程可以表述为（膜片打开前）

$$\begin{cases}\dfrac{d\phi}{d\tau}=b_1b_2\xi^{-\gamma_{Dr}}-b_1\left(1-\dfrac{\gamma_A-1}{2}\phi\right)^{\frac{2\gamma_A}{\gamma_A-1}}-f_{les}\\ \dfrac{d\xi}{d\tau}=-\phi\end{cases}\tag{5.3.9}$$

其中，$b_1=\frac{\pi}{4}\frac{P_{A,0}D_1}{m_pa_{A,0}^2}$；$b_2=\frac{P_{Dr,0}}{P_{A,0}}\left(\frac{L}{D}\right)^{\gamma_{Dr}}$；无量纲的摩擦阻力 $f_{les}=\frac{\mu\theta b_1b_2}{\xi^{\gamma_{Dr}}}$；$\mu$ 为摩擦系数；θ 为活塞密封圈有效接触面积与活塞侧面积之比。

假定主膜片在预设压缩比 λ 下打开，此时活塞位移 x_r 满足 $x_r=L_{eff}-\frac{L_{eff}}{\lambda}$，对应的无量纲位移为 $\xi_r=\frac{L_{eff}}{\lambda D_1}$，下标“r”表示膜片打开时刻（下同）。在膜片打开后，活塞无量纲运动学方程可以表述为

$$\begin{cases}\dfrac{d\phi}{d\tau}=b_3-b_4\left(\dfrac{\mu}{\xi}\right)^{\gamma_{Dr}}-f_{les}\\ \dfrac{d\mu}{d\tau}=-b_5\left(\dfrac{\mu}{\xi}\right)^{\frac{\gamma_{Dr}+1}{2}}\\ \dfrac{d\xi}{d\tau}=\phi\end{cases}\tag{5.3.10}$$

其中，$\mu = \dfrac{m_{Dr}}{m_{Dr,r}}$ 为压缩管中被压缩气体无量纲质量，$b_3 = b_1 \dfrac{P_{A,r}}{P_{A,0}}$，$P_{A,r}$ 为膜片打开时刻活塞后脸所受压力，$b_4 = b_1 b_2$，$b_5 = \xi_r^{\frac{\gamma_{Dr}-1}{2}} \phi_{rc}$。$\phi_{rc}$ 为临界的无量纲速度，表达式为

$$\phi_{rc} = \left(\frac{2}{\gamma_{Dr}+1}\right)^{\frac{\gamma_{Dr}+1}{2(\gamma_{Dr}-1)}} \lambda^{\frac{\gamma_{Dr}-1}{2}} \left(\frac{D_2}{D_1}\right)^2 \tag{5.3.11}$$

在参数空间 (b_1, b_2) 求解方程(5.3.9)和方程(5.3.10)即可获得活塞运动的具体细节和总体特征。计算中假定相邻步长的压缩过程近似满足等熵关系，即活塞前脸被压缩气体压力 P_{Dr} 和温度 T_{Dr} 按照如下形式进行迭代求解：

$$\frac{P_{Dr,i+1}}{P_{Dr,i}} = \left(\frac{\lambda_{i+1}}{\lambda_i}\right)^{\gamma_i}, \quad \frac{T_{Dr,i+1}}{T_{Dr,i}} = \left(\frac{\lambda_{i+1}}{\lambda_i}\right)^{\gamma_i - 1} \tag{5.3.12}$$

其中，λ_i 为第 i 迭代步下的被压缩气体的体积压缩比；γ_i 为第 i 步迭代步下被压缩气体比热比，可以表示为温度的函数，形式为[31]

$$\gamma_i(\lambda) = \gamma_i(T(\lambda)) = 1 + \frac{\gamma_P - 1}{1 + (\gamma_P - 1)\left(\dfrac{\eta}{T}\right)^2 \dfrac{e^{\eta/T}}{(e^{\eta/T} - 1)^2}} \tag{5.3.13}$$

其中，$\gamma_P = 1.4$；η 为振动的特征温度，对空气 $\eta = 3\,055$ K，对氮气 $\eta = 3\,353$ K。

在固定压缩比 30 下，计算结果表明，驱动气体无论采用氦气还是空气，活塞均可以完成足够的减速，并在压缩管粗段末端达到安全速度。图 5.3.4 左半部分中红色区域表示使得活塞达到较低末端速度所对应的初始参数区域(位移范围 39~40 m，速度范围-5~20 m/s)。图 5.3.4 右半部分给出了参数空间上临界速度 β 分布，粗略而言，乘积 $b_1 b_2$ 越大，临界速度 β 越小，其中右半部分的蓝色区域上临界速度 β 相对较低。图 5.3.4 有助于实际运行状态的确定。表 5.3.7 给出了空气在真实气体/完全气体两种假设下的计算结果。总体而言，在膜片打开之前，两种假设下的活塞速度非常接近。真实气体效应降低了活塞的压缩效率，但不明显，在膜片打开时刻，两种假设下驱动气体压力偏差不足 10%。在膜片打开以后，真实气体效应使得被压缩气体(驱动气体)下泄流量减小，但由于驱动气体压力偏低，活塞减速更慢。

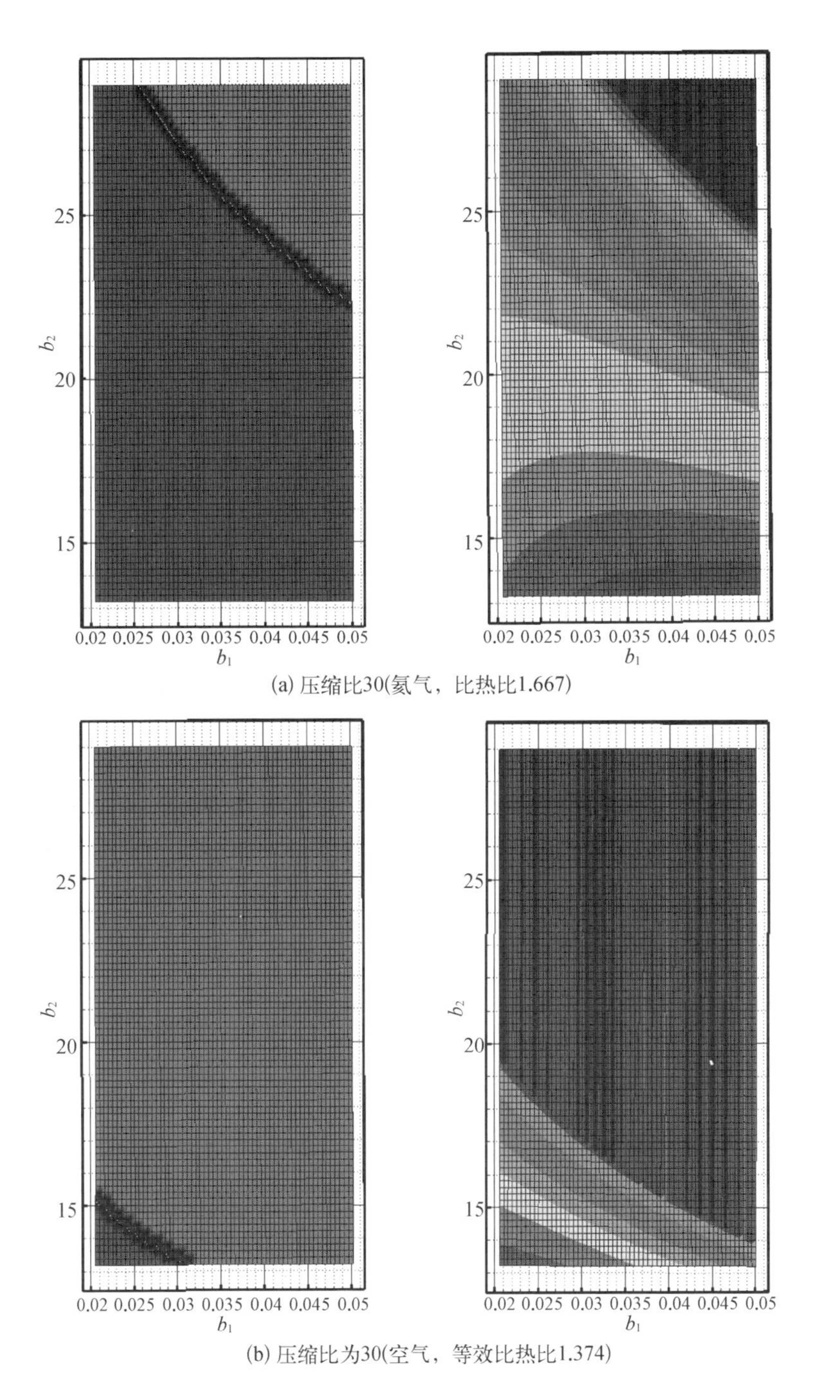

(a) 压缩比30(氦气，比热比1.667)

(b) 压缩比为30(空气，等效比热比1.374)

图 5.3.4　压缩管粗段末端活塞接近安全速度的参数集合（左图红色部分）及临界速度分布（右图）（后附彩图）

表 5.3.7　不同空气比热比对应的活塞运动/压缩气体最终参数

	真实气体(变比热比)	完全气体(比热比 1.4)
活塞峰值速度/(m/s)	259.54	259.49
活塞峰值位置/m	30.359	30.329
活塞峰值时间/ms	177.91	177.79
膜片打开时刻活塞压缩比	30.00	30.00
膜片打开时刻活塞最终位置	39.289	39.289
膜片打开时刻活塞速度/(m/s)	140.98	131.88
膜片打开时刻活塞无量纲速度	3.574	3.156
膜片打开时刻压缩气体压力/MPa	8.152	8.862
膜片打开时刻压缩气体温度/K	1 040.15	1 130.70
膜片打开时刻压缩气体声速/(m/s)	630.28	671.28
膜片打开时刻压缩气体时间/ms	215.85	216.01
膜片打开时刻压缩气体比热比	1.338	1.4
下游 39.50 m 处活塞速度/(m/s)	120.93	106.70
下游 39.80 m 处活塞速度/(m/s)	68.57	23.36
下游 39.814 6 m 处活塞速度/(m/s)	64.34	0.358
下游 39.919 0 m 处活塞速度/(m/s)	0.359	—
膜片打开情况	是	是

注：压缩管粗段长度 40.0 m，直径 0.55 m；细段长度 6.0 m，直径 0.18 m。活塞(仅在粗管中移动)质量 130 kg。高压气体(空气)压力 1.955 MPa，室温 290 K。被压缩气体(空气)压力 75.72 kPa，室温 290 K。初始状态对应的参数坐标$(b_1, b_2)=(0.017, 16.0)$。体积压缩比 30。

以上分析显示了这种双模式风洞的理论可行性，也将激发相关工程实践的热情。

参考文献

[1] Schemperg K, Mundt C. Study of numerical simulations for optimized operation of free piston shock tunnel HELM [C]. Dayton: AIAA - 2008 - 2653, The 15th AIAA International Aerospace Planes and Hypersonic Systems and Technologies Conference, 2008.

[2] Hannemann K, Schramm J M, Wagner A, et al. A closely coupled experimental and numerical approach for hypersonic and high enthalpy flow investigations utilising the HEG shock tunnel and the DLR TAU code[C]. Brussels: NATO, RTO-EN-AVT-186, 2010.

[3] McIntosh M K. Computer program for the numerical calculation of frozen and equilibrium conditions in shock tunnels[R]. Canberra: Australian National University, Department of Physics, Technical Report, 1968.

[4] Jacobs P A. Transient hypervelocity flow in axisymmetric nozzles[C]. Reno: AIAA-91-0295, The 29th AIAA Aerospace Sciences Meeting, 1991.

[5] Jacobs P A. Quasi-one-dimensional modeling of free piston shock tunnel[J]. AIAA Journal, 1994, 32(1): 137-145.

[6] Marineau E C, Hornung H G. Heat flux calibration of T5 hypervelocity shock tunnel conical nozzle in air[C]. Orlando: AIAA 2009-1158, The 47th AIAA Aerospace Sciences Meeting Including the Horizons Forum and Aerospace Exposition, 2009.

[7] Lordi J A, Mates R E. Computer program for the numerical solution of non-equilibrium expansions of reacting gas mixtures[R]. Washington D. C.: NASA-CR-472, 1966.

[8] Smart M K, Macrossan M N. Extension of a non-equilibrium nozzle flow program to include vibrational relaxation[R]. Brisbane: University of Queensland, Research Report, No.1987/03, 1987.

[9] Byrne T J. Modeling piston motion in T-ADFA free piston shock tunnel[R]. Sydney: University of New South Wales at the Australian Defence Force Academy, Final Thesis Report, 2008.

[10] Gildfind D E. Design of lightweight pistons for X2 and X3 expansion tube free piston drivers[C]. The 17th Australasian Fluid Mechanics Conference, Auckland, 2010.

[11] Belanger J, Hornung H. Numerical predictions and actual behavior of the free piston shock tunnel T5[C]. Colorado Springs: AIAA-94-2527, The 18th AIAA Aerospace Ground Testing Conference, 1994.

[12] Tanno H, Komuro T, Sato K, et al. Aeroheating measurement of Apollo shaped capsule with boundary layer trip in the free-piston shock tunnel HIEST[C]. National Harbor: AIAA-2014-0434, The 52nd Aerospace Sciences Meeting, 2014.

[13] Erdos J I, Bakos R J, Castrogiovanni A, et al. Dual mode shock-expansion/reflected-shock tunnel[C]. Reno: AIAA-97-0560, The 35th AIAA Aerospace Sciences Meeting and Exihibit, 1997.

[14] Schramm J M, Sunami T, Itoh K, et al. Experimental investigation of supersonic combustion in the HIEST and HEG free piston shock tunnels[C]. Orlando: AIAA-2010-7122, The 45th AIAA Aerospace Sciences Meeting, 2010.

[15] Zhu H. The dual mode tunnel driven by free piston[R]. Beijing: China Academy of Aerospace Aerodynamics, CAAA-0204-15-01, 2015.

[16] Stephension W B, Anderson D E. Design of a large two-stage light gas model launcher[R]. Arnold Air Force Base: Arnold Engineering Development Center, AEDC TR-61-6, 1961.

[17] Jeelani S, Kelly J J, Whitfield J K, et al. Two stage light gas gun installation for hypervelocity impact studies[R]. Arnold Air Force Base: Arnold Engineering Development Center, AD-766810, 1973.

[18] Patin R M. A one-dimensional simulation model for a two stage light gas gun with deformable piston[C]. Reno: AIAA-86-0048, The 24th AIAA Aerospace Sciences Meeting, 1986.

[19] Fernando E M, Mueller A C. The dynamics of projectiles launched by a two-stage light-gas gun[R]. Arnold Air Force Base: Arnold Engineering Development Center, AD-A274 380, 1991.

[20] Bogdanoff D W. Optimization study of the Ames 0.5″ two stage light gas gun[R]. Moffett

Field: NASA Ames Research Center, NASA Technical Memorandum 110386, 1996.

[21] Doolan C. A two stage light gas gun for study of high speed impact in propellants [R]. Salisburg: DSTO Aeronautical and Maritime Research Laboatory, DSTO TR 1092, 2001.

[22] Kimura T, Kuwata C, Nadai Y. Optimum operating technique of two stage hypersonic gun tunnel[J]. AIAA Journal, 1978, 16(11): 1185-1188.

[23] Lukasiewicz J. Experiment Methods of Hypersonic [M]. New York: Marcel Dekker, Inc., 1973.

[24] 王增和. 炮风洞 FD-20 校测报告[R]. 北京: 北京空气动力研究所技术报告,No.0204-8087, 1980.

[25] Buttsworth D. Gun tunnel [M]//Igra O, Seiler F, et al. Experimental Methods of Shock Wave Research. Heidelberg: Springer, 2016: 381-396.

[26] East R A, Pennelegion L. The equilibrium piston technique for gun tunnel operation [R]. London: Aeronautical Research Council, Current Papers C.P., No. 607, 1962.

[27] Davies L, Regan J D, Dolman K A. On the equilibrium piston technique in gun tunnels [R]. London: Aeronautical Research Council, Current Papers C.P., No. 982, 1968.

[28] 许小金. FD-20 炮风洞流场参数校测和活塞质量估计[R]. 北京: 北京空气动力研究所技术报告, No.0204-81050, 1981.

[29] Sakurai T. Initial behavior of a gun-tunnel piston [J]. AIAA Journal, 1963, 1 (5): 1180-1181.

[30] Bensassi K, Lani A, Deconinck H, et al. Numerical exploration of transient flow phenomena in hypersonic gun tunnel[C]. San Diego: AIAA 2013-2694, The 21st AIAA Computational Fluid Dynamics Conference, 2013.

[31] Pope A, Goin K L. High Speed Wind Tunnel Testing [M]. New York: John Wiley & Sons, 1965.

附录 A

JF-12 风洞主要参数

表 A.1　JF-12 风洞主要参数

<table>
<tr><td>驱动段/m</td><td>D=0.4，L=99</td><td rowspan="7">喷管共 2 个：
出口直径 D=1.5，Mach 数 5，6，7
出口直径 D=2.5，Mach 数 7，8，9</td></tr>
<tr><td>被驱动段/m</td><td>D=0.72，L=89</td></tr>
<tr><td>入射激波 Mach 数</td><td>3.3～6.4</td></tr>
<tr><td>滞止压力/MPa</td><td>1.2～6.5</td></tr>
<tr><td>滞止温度/K</td><td>1 490～3 500</td></tr>
<tr><td>喷管出口 Mach 数</td><td>5～9</td></tr>
<tr><td>激波管初始压力/atm</td><td>≤0.14</td></tr>
</table>

表 A.2　JF-12 风洞 Mach 数 7 高总温运行参数

<table>
<tr><th></th><th>气体参数</th><th>车次 1</th><th>车次 2</th></tr>
<tr><td rowspan="5">贮室</td><td>滞止压力 P_0/MPa</td><td>2.39</td><td>2.43</td></tr>
<tr><td>滞止温度 T_0/K</td><td>3 313</td><td>3 265.3</td></tr>
<tr><td>密度 ρ_0/(kg/m^3)</td><td>2.540 288</td><td>2.620 252</td></tr>
<tr><td>焓 H_0/(kJ/kg)</td><td>3 676.03</td><td>3 617.94</td></tr>
<tr><td>比热比 γ_0</td><td>1.292</td><td>1.292</td></tr>
<tr><td rowspan="5">流场</td><td>喷管口 Pitot 压力 P_P/kPa</td><td>28.4</td><td>29.17</td></tr>
<tr><td>Mach 数</td><td>6.595</td><td>6.592</td></tr>
<tr><td>速度 V/(m/s)</td><td>2 651.2</td><td>2 630.12</td></tr>
<tr><td>声速 a/(m/s)</td><td>402.00</td><td>398.99</td></tr>
<tr><td>动压 q/Pa</td><td>15 095.8</td><td>15 507.7</td></tr>
</table>

（续表）

	气体参数	车次 1	车次 2
流场	静温 T/K	402	396
	静压 P/Pa	497	511.2
	密度 ρ/(kg/m^3)	0.004 309	0.004 497
	Reynolds 数/m^{-1}	498 139.9	521 294.2
	比热比 γ	1.4	1.4

（表 A.2 由纪锋博士提供）

附录 B

平衡活塞技术

炮风洞通常采用平衡活塞运行方式减小峰值压力，在实施这个运行方式之前，需要从理论上确定轻活塞质量。根据能量守恒定律，被压缩气体的内能增量为 Δe，等于轻活塞损失的动能与轻活塞后脸压力做功之和。其方程表示为（参见第 5 章文献[28]）

$$\Delta e\rho_5 x_1 A = \frac{1}{2}m_{\mathrm{lp}}u_{\mathrm{lp}}^2 + P_5(x_1 - x_e)A \tag{B.1}$$

其中，ρ_5 为 5 区气体密度；m_{lp} 为轻活塞质量；u_{lp} 为轻活塞速度；P_5 为 5 区气体压力；A 为激波管截面积。假定轻活塞从 x_1 处开始减速，并在 x_e 处保持静止，其中 x_1 为轻活塞和反射激波相遇位置，利用质量守恒定律 $\rho_e x_e A = \rho_5 x_1 A$，以及状态方程 $P = \rho RT$，可以得到 $x_e = x_1 P_{5e}/T_{5e}$。在初始位置 x_1 处轻活塞前脸受到的压力为 P_5，后脸受到的压力为 P_3。方程（B.1）表明，5 区气体能量的增加是轻活塞动能和外部力做功之和。假定 5 区气体和平衡区气体之间存在等熵关系，那么方程（B.1）中的内能变化量 Δe 表示为

$$\Delta e = \frac{R}{\gamma_e - 1}(T_e - T_5) \tag{B.2}$$

联系方程（B.1），可以得

$$m_{\mathrm{lp}}\Delta e = x_e A\frac{P_e}{\gamma_e - 1} - x_1 A\frac{P_5}{\gamma_5 - 1} \tag{B.3}$$

轻活塞质量的计算主要通过式（B.1）和式（B.3）给出，未做任何修正。如果上述推导成立，那么轻活塞的实际质量和平衡压力之间线性正相关。理论计算获得的平衡压力和轻活塞质量无关。影响轻活塞质量的主要参数是 P_{5e} 和 T_{5e}，这两

个参数由透射激波强度决定,并和激波强度正相关。由此获得的一个定性的结论是,加热驱动带来的更高的平衡压力和温度,但是同时使透射激波强度减弱,轻活塞质量要求更轻。另外,第 5 章文献[28]引述了采用 Stalker 峰值压力公式给出平衡条件下轻活塞质量的表达式:

$$m_{\mathrm{lp}} = x_{\mathrm{e}} P_5 A \frac{2}{\gamma_5 - 1} \frac{1}{u_2^2} \left[(P_{\mathrm{e5}})^{\frac{\gamma_5 - 1}{\gamma_5}} - (\gamma_5 - 1) P_{25} - 1 \right] \tag{B.4}$$

由于摩擦等因素造成的能量损失,上述两种办法获得的轻活塞质量与实际活塞质量相差很大。在式(B.4)中采用 $\gamma_5 = 1.4$, 可以进一步减小预测偏差,但是效果仍然不够理想。

为了更好地估计轻活塞质量,本书从动量定理 $m_{\mathrm{lp}} \ddot{x} = (P_{\mathrm{b}} - P_{\mathrm{a}})A$ 出发,有如下推导。轻活塞的位移 x 的范围从 x_1 到 x_{e}; 轻活塞前脸压力 P_{b} 在 x_1 处为 P_5, 在 x_{e} 处为 P_{e}, 轻活塞后脸压力 $P_{\mathrm{a}} = P_3$, 可以得到

$$\overline{m_{\mathrm{lp}}} \ddot{x} = \frac{P_{\mathrm{b}}}{P_3} \left(\frac{x_1}{x_1 - x} \right)^{\gamma - 1} - P_3$$

其中, $\overline{m_{\mathrm{lp}}} = m_{\mathrm{lp}}/A$ 为单位截面积上的轻活塞质量。轻活塞经历的是非均匀减速的过程。考虑等效的平均情况,假定存在某个平均速度满足

$$2 \ddot{x} (x_1 - x_{\mathrm{e}}) = u_2^2$$

考虑到各种能量损失,再做两点假设: ① 轻活塞振荡几次才达到平衡,轻活塞行走距离为 $2(x_1 - x_{\mathrm{e}})$; ② 轻活塞前脸平均压力 $P_{\mathrm{b}} = P_5$, 于是上式可以表述为

$$m_{\mathrm{lp}} = \frac{A(p_5 - p_3)(x_1 - x_{\mathrm{e}})}{u_2^2} \tag{B.5}$$

表 B.1 给出了 FD-20 风洞几组实际运行的详细结果,由此可以看到轻活塞质量理论值和实际值之间的差异,相比而言,式(B.5)的预测结果更接近真实情况,但仍然不能正确反映轻活塞质量的变化趋势。

本书认为,式(B.1)求解轻活塞质量的办法理论上合理,实际上不可行。轻活塞仅是个阻隔的部件,在满足承压要求下,其质量相对独立(只要足够轻即可),换句话说,对一个运行状态而言,轻活塞质量具有一个分布范围,在此范围内轻活塞质量可以自由选择,驱动气体/被驱动气体将会根据轻活塞质量有限度

地自我调节,并推动轻活塞达到平衡态。这种看法还有待于试验进一步确证。

表 B.1　FD-20 炮风洞几组运行状态

	$P_{41}=55$ $P_1=2.0$ atm		$P_{41}=110$ $P_1=1.0$ atm	$P_{41}=75$ $P_1=3.0$ atm	$P_{41}=200$ $P_1=1.5$ atm	$P_{41}=300$ $P_1=1.0$ atm
M_S	2.166		2.404	2.272	2.610	2.749
P_{21}	5.306		6.575	5.856	7.780	8.648
T_{21}	1.827		2.044	1.921	2.249	2.395
U_{21}	1.420		1.657	1.527	1.856	1.987
γ_2	1.384		1.377	1.381	1.370	1.365
M_3	1.983		2.477	2.197	2.951	3.298
M_R	1.821		1.928	1.870	2.012	2.063
P_{52}	3.687		4.150	3.898	4.523	4.761
T_{52}	1.527		1.597	1.560	1.649	1.681
γ_5	1.354		1.343	1.349	1.336	1.333
M_{RST}	2.744		3.278	2.973	3.804	4.196
P_{e3}	8.620		12.369	10.147	16.713	20.380
P_{e5}	2.338		2.981	2.603	3.695	4.281
T_{e5}	1.248		1.322	1.281	1.390	1.438
m_{lp}/kg	1.404	(B.1)	0.837	2.29	1.414	1.0
	0.447	(B.4)	0.273	0.749	0.442	0.302
	0.329	(B.5)	0.186	0.524	0.305	0.213
m_{lp}实际值/kg	0.18		0.18	0.21	0.32	0.32

注：初始状态时,常温空气 $T_4=T_1=290$ K。

后　　记

高超声速风洞是进行高超声速研究的一项基本设备。经验表明,高超声速飞行器气动设计中的许多问题不可能单纯依靠理论分析加以解决,只有将风洞实验和理论分析相结合才能更好地理解和解决实际问题。鉴于风洞在实验中的基础性地位,高超声速风洞一直是支撑高超声速飞行器研发的关键技术之一。

高超声速飞行面临很多挑战,其中一个重要挑战是如何在抵御飞行中高热环境的同时,提高飞行器的有效载荷。解决这一挑战的途径不尽相同,但是无论何种途径都离不开对飞行环境的准确模拟和理解。作为一类脉冲型的高超声速风洞,自由活塞激波风洞的出现正是为了获得和真实飞行相接近的高热环境和高动压环境,以便可以在地面开展多层次、多角度的气动力/热实验。经过数十年的发展,这类激波风洞的价值逐步得到确认。这一情况并不意味着,自由活塞激波风洞理论和技术已经完备。恰恰相反,自由活塞激波风洞的相关研究方兴未艾,这些研究的灵感和结果又透过风洞应用于高超声速研究的其他领域。本书是作者多年来关于此类风洞学习、研究和实践的总结。出版本书,为的是抛砖引玉,或可为进一步提高自由活塞技术水平提供帮助,或可为高超声速领域的研究者提供参考。果如此,余愿足矣。

彩　　图

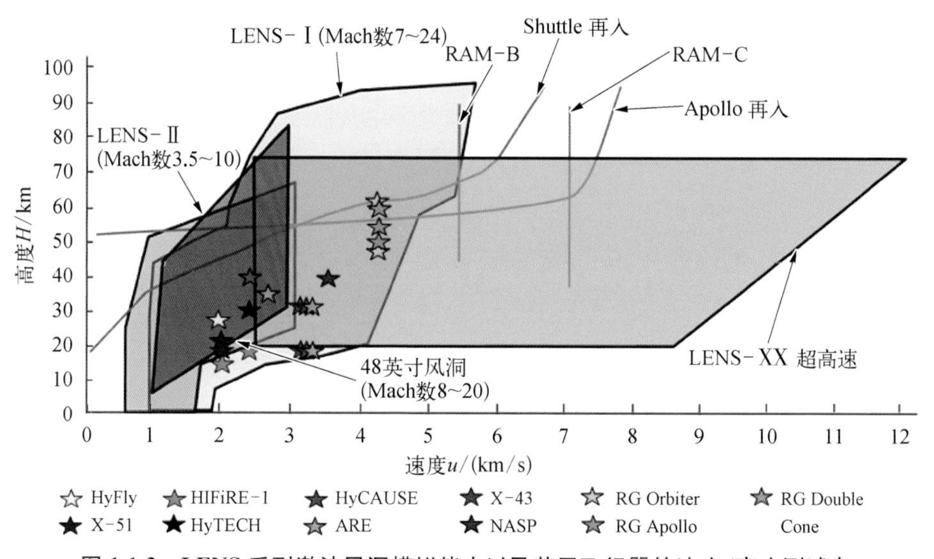

图 1.1.3　LENS 系列激波风洞模拟能力以及若干飞行器的速度/高度测试点

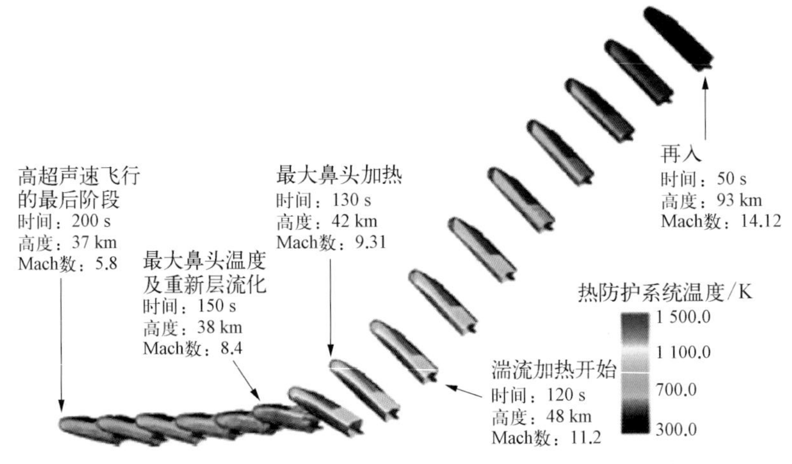

图 1.3.1 日本 HYFLEX 飞行器的再入过程与表面温度变化

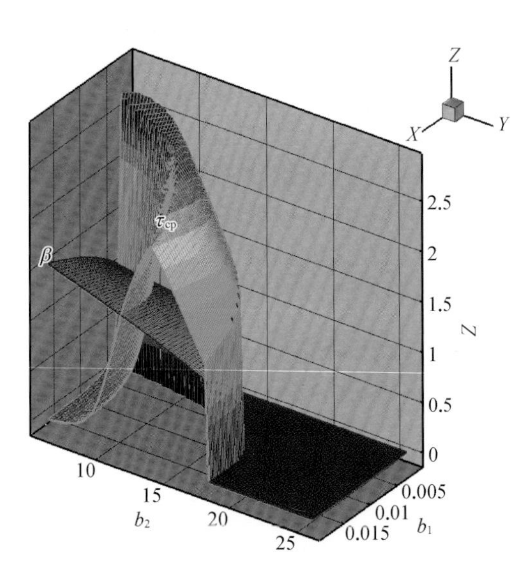

图 2.3.2 活塞常压力驱动时间分布和活塞速度分布

$\frac{L}{D} = 70$, $\frac{d}{D} = 0.3$, $\lambda = 45$, 驱动气体为氦气

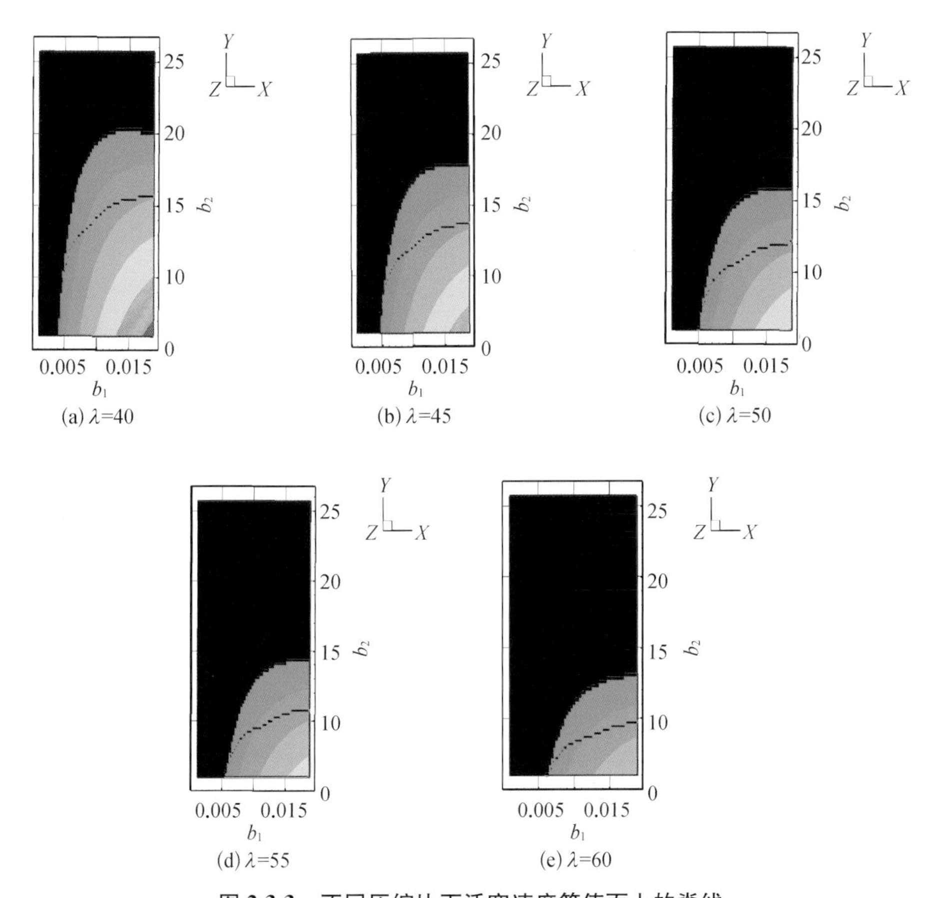

(a) λ=40

(b) λ=45

(c) λ=50

(d) λ=55

(e) λ=60

图 2.3.3　不同压缩比下活塞速度等值面上的脊线

$\frac{L}{D}=70$，$\frac{d}{D}=\frac{1}{3}$，驱动气体为氦气

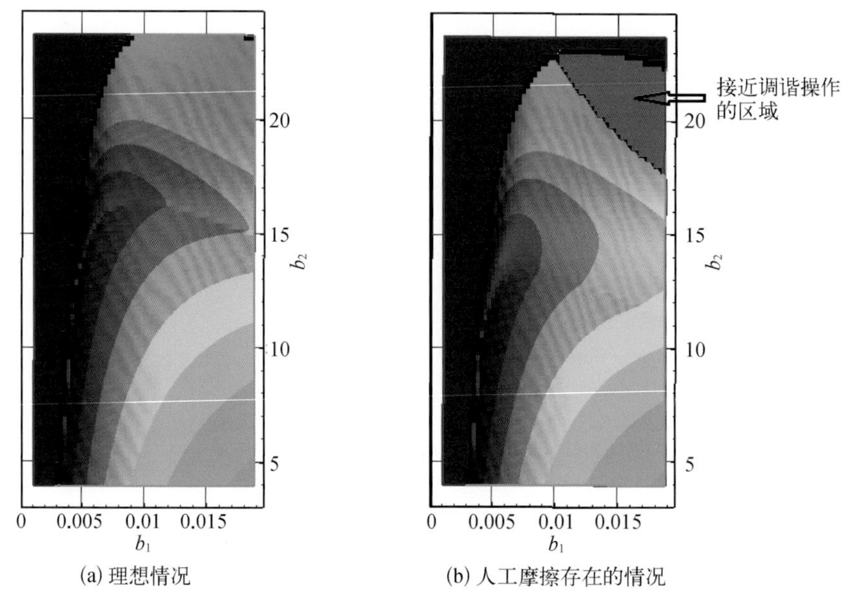

(a) 理想情况　　　　(b) 人工摩擦存在的情况

图 2.4.3　活塞速度分布图($L/D=90, d/D=1/3, \lambda=50$)

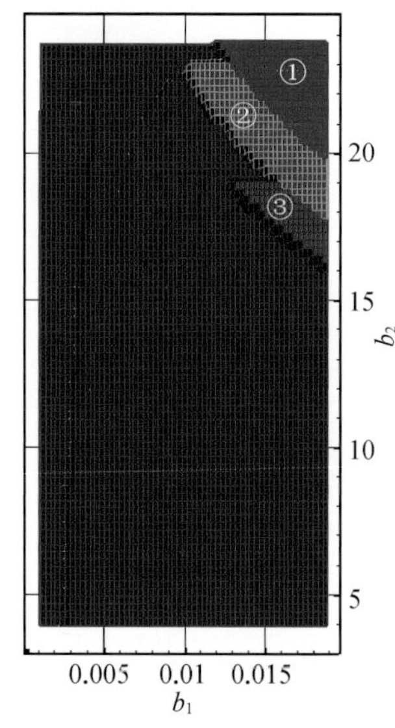

图 2.4.4　不同压缩比下达到或者接近调谐操作的可行参数集合

区域①对应压缩比 40,区域②对应压缩比 50,区域③对应压缩比 60,压缩管尺寸满足 $L/D = 90$, $d/D = 1/3$

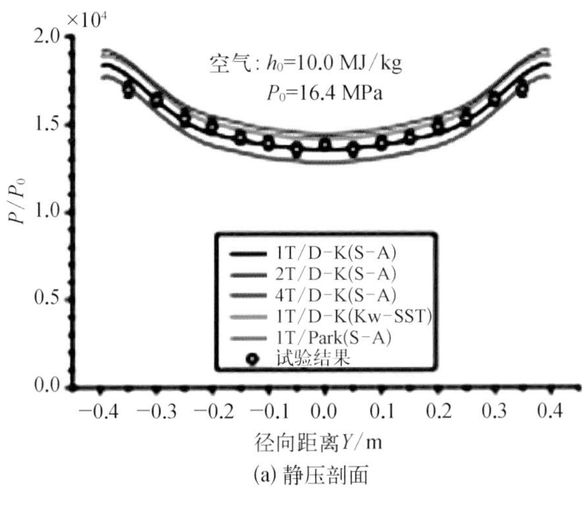

(a) 静压剖面

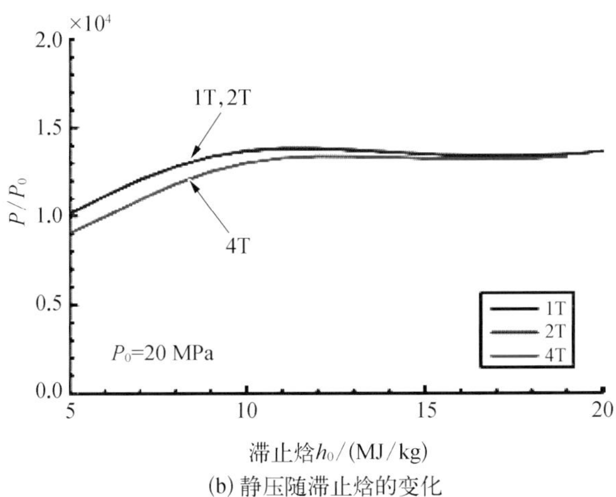

(b) 静压随滞止焓的变化

图 4.3.4　不同模型的自由流静压[37]

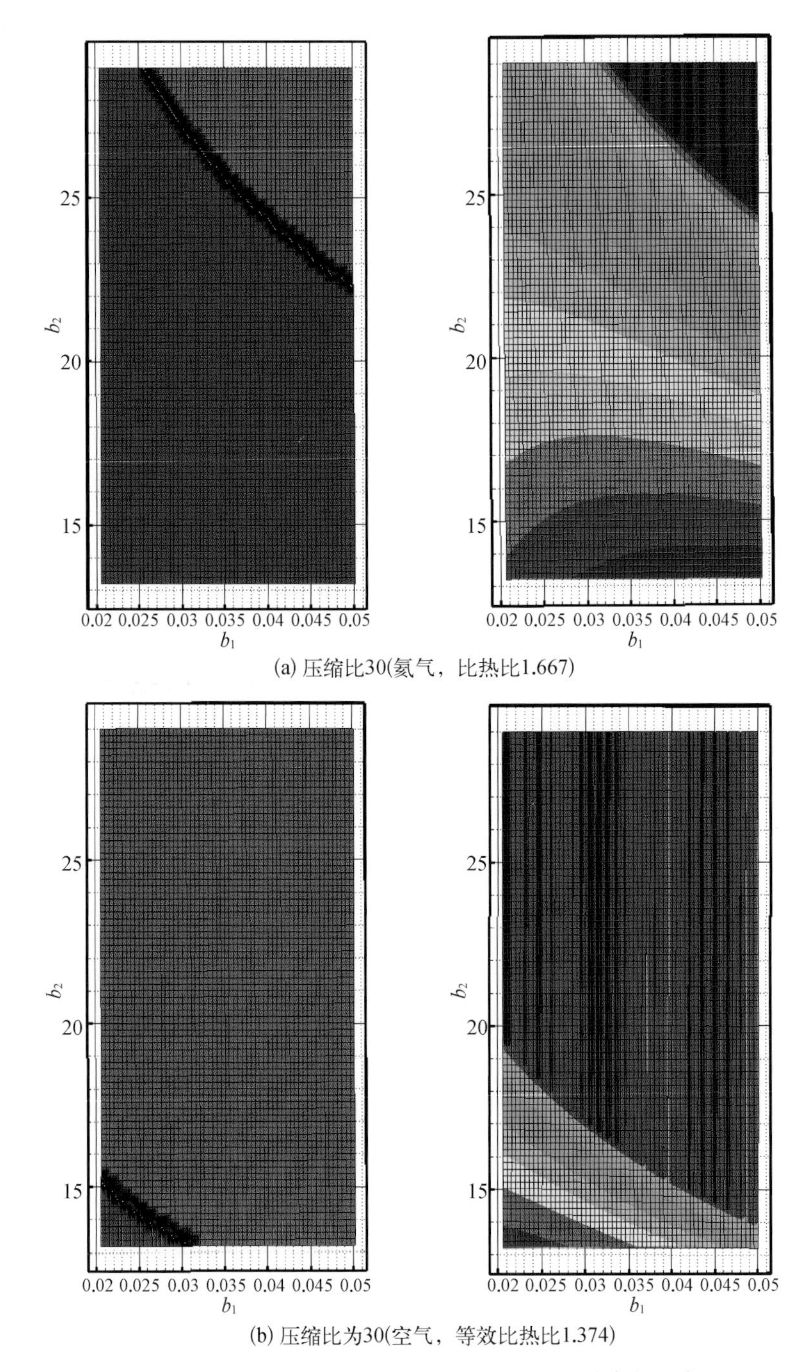

图 5.3.4　压缩管粗段末端活塞接近安全速度的参数集合（左图红色部分）及临界速度分布（右图）